机床夹具及自动化系统设计

主　编　孙永华　卢秋霞　张政梅
副主编　陈开府　李绍华　任　勇
参　编　付长景　李希朝　李　星
李国琳　刘　燕　全　欣
尹建国　王国成

北京理工大学出版社
BEIJING INSTITUTE OF TECHNOLOGY PRESS

内容简介

本书根据教育部最新的职业教育教学改革要求，顺应机械行业企业职业岗位技能的变化，力求体现国家倡导的工匠精神、职业精神、产教融合等要求，按照高等职业教育培养技术技能人才的特点，梳理学生所需的职业能力，以液压泵上体镗三孔车床专用夹具设计、托架钻底孔专用夹具设计、车床尾座顶尖套筒铣键槽和油槽专用夹具设计、风机壳体孔系组合夹具设计、双面钻孔卧式组合机床液压系统设计、搬运机械手气动系统设计、基于 PLC 的水塔水位控制系统设计等 7 个典型工作任务为主线，重点培养学生从事机床夹具及自动化系统设计的能力，使学生在设计过程中具有可操作性和知识的可迁移性。本书内容紧密联系生产实际，图文并茂，每个任务设有任务导入、任务目标、相关知识、任务实施、任务评价等环节，方便读者更好地掌握所学的知识和技能。

本书可作为高等院校、高职院校机械类和近机械类专业机床夹具及自动化系统设计课程的教材，也可作为开放大学、成人教育、自学考试及培训班的教材，以及企业技术人员的参考工具书。

图书在版编目（CIP）数据

机床夹具及自动化系统设计 / 孙永华，卢秋霞，张政梅主编. -- 北京 ：北京理工大学出版社，2024. 12.
ISBN 978-7-5763-4618-3

Ⅰ. TG750. 2

中国国家版本馆 CIP 数据核字第 2025S4N958 号

责任编辑：高雪梅　　**文案编辑**：高雪梅
责任校对：周瑞红　　**责任印制**：李志强

出版发行 / 北京理工大学出版社有限责任公司
社　　址 / 北京市丰台区四合庄路 6 号
邮　　编 / 100070
电　　话 / （010）68914026（教材售后服务热线）
　　　　　（010）63726648（课件资源服务热线）
网　　址 / http://www.bitpress.com.cn

版 印 次 / 2024 年 12 月第 1 版第 1 次印刷
印　　刷 / 三河市天利华印刷装订有限公司
开　　本 / 787 mm×1092 mm　1/16
印　　张 / 21.25
字　　数 / 498 千字
定　　价 / 94.00 元

前言

为贯彻落实党的二十大精神，助推中国制造高质量发展，以高端数控机床、机器人技术为代表的高端制造装备是今后一段时间制造业发展的主要趋势。职业教育以学生的能力培养为中心，以重能力又重素质、重知识更重技能的人才培养理念为指导，在人才培养过程中不仅注重学生的能力培养，而且注重学生的素质教育；不仅重视传授知识，而且重视传授技能。本书以企业典型工作任务和机电类学生将要从事的机床夹具设计、自控系统设计等行业的工作能力需求为依据，突出企业机电系统设计人员工作过程的具体特性，规划每个工作任务的有关知识点及工作范例，使设计过程中的方法和思路具有可操作性和可迁移性。

本书以典型机床夹具、自控系统设计过程与步骤为主线，对车床夹具、钻床夹具、铣床夹具、组合夹具、液压控制系统、气压控制系统及PLC控制系统等企业典型设计案例进行详细说明，同时，将设计需要的定位元件、夹紧元件、对刀导向元件、夹具体、连接元件等标准件及非标准件以图表的形式表示出来。本书以夹具零件及部件、液压元件、气压元件等的最新技术规范和实施标准为依据进行编写，为学生提供机床夹具及自动控制系统的设计方法和思路。本书内容翔实、实用，语言通俗易懂，图例结构清晰，查阅方便快捷，为学生从事机床夹具、自动化装置设计等行业提供了帮助。本书可作为高职、高专机械设计与制造、机械制造及自动化、工业机器人技术、机电一体化及数控技术等机电类专业的教学用书或课程设计指导用书，还可作为相近专业的师生和从事相关工作的工程技术人员的参考书。

本书由山东劳动职业技术学院孙永华、卢秋霞、张政梅担任主编，山东交通职业学院陈开府、山东劳动职业技术学院李绍华、任勇担任副主编，山东劳动职业技术学院付长景、李希朝、李星、李国琳、刘燕、全欣参编，山东开泰集团高级工程师尹建国、中国航空工业集团济南特种结构研究所王国成提供企业案例并参与编写工作。任务1由孙永华、王国成编写；任务2由李希朝、张政梅编写；任务3由刘燕、陈开府编写；任务4由任勇、尹建国编写；任务5由李绍华、全欣编写；任务6由李国琳、付长景编写；任务7由卢秋霞、李星编写。

本书在编写过程中得到了编者所在单位有关领导和广大教师的大力支持与帮助，在此表示衷心的感谢。

由于编者水平有限，难免存在疏漏和不妥之处，敬请广大读者和专家批评指正。

编　者

目录

任务 1　液压泵上体镗三孔车床专用夹具设计 …… 1

1.1　车床专用夹具基本类型 …… 2
1.2　车床专用夹具设计要点 …… 8
1.3　车床专用夹具设计实例 …… 16
1.4　定位原理与定位元件 …… 20
1.5　车床专用夹具的连接方式与连接元件的设计 …… 53
1.6　主要车床的规格及尺寸 …… 55

任务 2　托架钻底孔专用夹具设计 …… 63

2.1　钻床专用夹具基本类型 …… 64
2.2　钻床专用夹具设计要点 …… 66
2.3　钻床专用夹具设计实例 …… 72
2.4　夹紧装置与夹紧元件 …… 77
2.5　主要钻床的规格及联系尺寸 …… 137

任务 3　车床尾座顶尖套筒铣键槽和油槽专用夹具设计 …… 146

3.1　铣床专用夹具基本类型 …… 147
3.2　铣床专用夹具设计要点 …… 149
3.3　铣床专用夹具设计实例 …… 157
3.4　分度装置与对定装置 …… 163
3.5　主要铣床的规格及联系尺寸 …… 178

任务 4　风机壳体孔系组合夹具设计 …… 186

4.1　数控机床组合夹具使用特点和分类 …… 187
4.2　孔系列组合夹具系统 …… 189
4.3　孔系列组合夹具设计实例 …… 200

任务 5　双面钻孔卧式组合机床液压系统设计 …… 206

5.1　液压传动系统的组成及特点 …… 206
5.2　液压基本回路 …… 209
5.3　液压系统的设计 …… 230
5.4　液压系统设计实例 …… 249

任务 6　搬运机械手气动系统设计 …… 261

6.1　气压传动系统的组成及特点 …… 261
6.2　气动基本回路 …… 265
6.3　气动执行元件——气缸 …… 273
6.4　常用气动控制阀 …… 279
6.5　气源装置及辅件 …… 295
6.6　气压传动设计举例 …… 301

任务 7　基于 PLC 的水塔水位控制系统设计 …… 315

7.1　PLC 的结构和基本工作原理 …… 315
7.2　PLC 应用系统设计概述 …… 319
7.3　基于 PLC 的水塔水位控制系统设计 …… 323
7.4　FX2N 系列 PLC 功能指令表 …… 326

参考文献 …… 334

任务1　液压泵上体镗三孔车床专用夹具设计

任务导入

在机床上用来装夹工件的装置，称为机床夹具。为某一工件车工工序的加工要求而专门设计和制造的夹具，称为车床专用夹具，简称车床夹具。使用车床夹具，可保证工件加工精度、提高劳动生产效率。车床夹具的基本组成部分有定位元件、夹紧装置、夹具体及其他元件和机构。车床夹具与其他夹具的共性内容不再赘述，这里主要就车床夹具的特性问题进行说明讨论。本任务液压泵上体镗三孔工序图如图1-1所示，在车床上镗削图1-1中所示的1、2、3三个孔，零件为中批量生产，试设计所需的车床夹具。

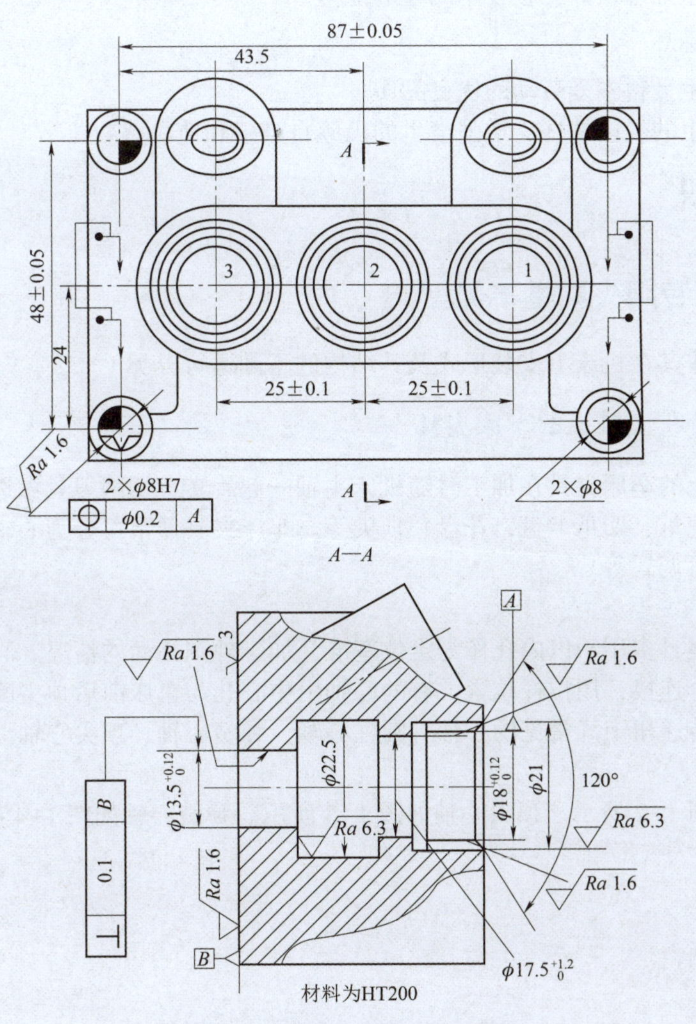

图1-1　液压泵上体镗三孔工序图

任务目标

一、知识目标

(1) 掌握常见车床夹具的结构特点。

(2) 掌握典型车床夹具的定位装置、夹紧装置、夹具体，以及其他装置或元件组成及设计要点。

(3) 了解常见车床夹具的工作特性。

(4) 掌握六点定位原理及定位方式。

(5) 掌握常见定位元件及其选用。

二、技能目标

(1) 掌握车床夹具的结构及其应用。

(2) 在车床夹具设计基础上，能对夹具进行分析。

(3) 培养学生查阅机床夹具设计手册和相关资料的能力。

(4) 提高学生处理实际工程技术问题的能力。

三、素养目标

(1) 培养学生爱科学爱劳动的优良品质。

(2) 培养学生的爱国情怀，增强学生的民族自豪感和使命感。

相关知识

1.1 车床专用夹具基本类型

车床夹具可按其在机床上安装形式及其结构的不同进行分类。

1.1.1 安装在主轴上的车床夹具

安装在主轴上的车床夹具在加工时随机床主轴一起旋转，切削刀具做进给运动。这类车床夹具有通用的三爪、四爪卡盘，花盘、顶尖等。车床夹具通常可分为心轴式、角铁式、花盘式、卡盘式、可调式等。

1. 心轴式车床夹具

心轴式车床夹具多用于以内孔作为定位基准，加工外圆柱面的情况。心轴以莫氏锥柄与机床主轴锥孔配合连接，用拉杆拉紧。有的心轴由中心孔与车床前后顶尖配合使用，用鸡心夹头或自动拨盘传递扭矩。常见的心轴有圆柱心轴、弹簧心轴、顶尖心轴、液性介质弹性心轴等。

圆柱心轴如图 1-2 所示。顶尖心轴如图 1-3 所示。弹簧心轴如图 1-4 所示。

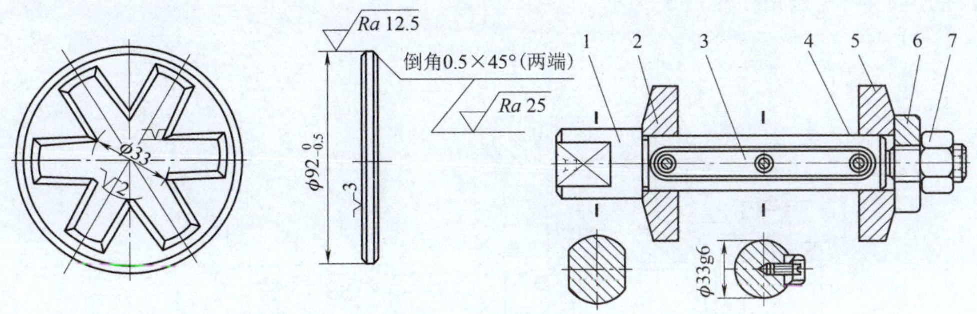

图 1-2　圆柱心轴

1—圆柱心轴；2，5—压板；3—支承板；4—螺钉；6—开口垫圈；7—螺母

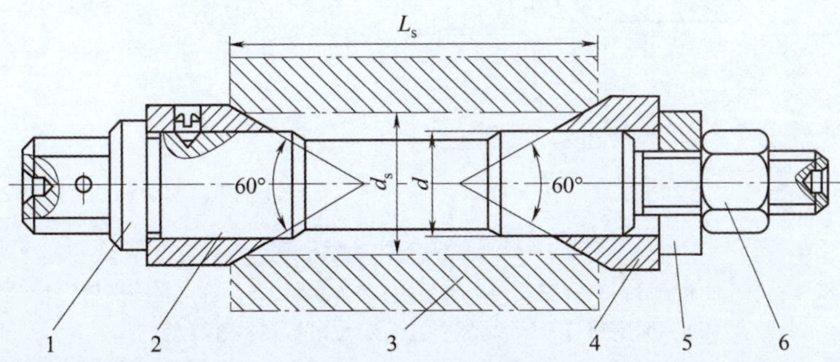

图 1-3　顶尖心轴

1—心轴；2，4—锥套；3—工件；5—开口垫圈；6—螺母

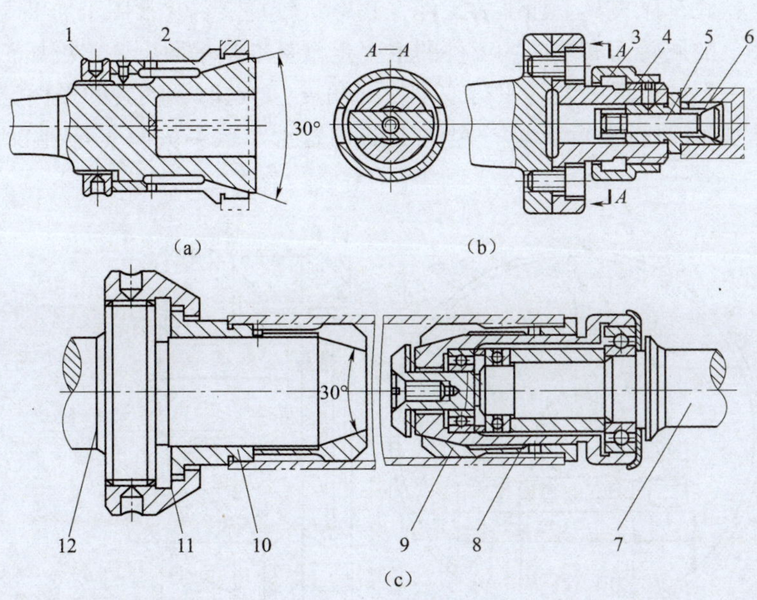

图 1-4　弹簧心轴

(a) 前推式弹簧心轴；(b) 不动式弹簧心轴；(c) 分开式弹簧心轴

1，3，11—螺母；2，6，9，10—套筒；4—滑条；5—拉杆；7，12—小轴；8—锥套

液性介质弹性心轴如图 1-5 所示。

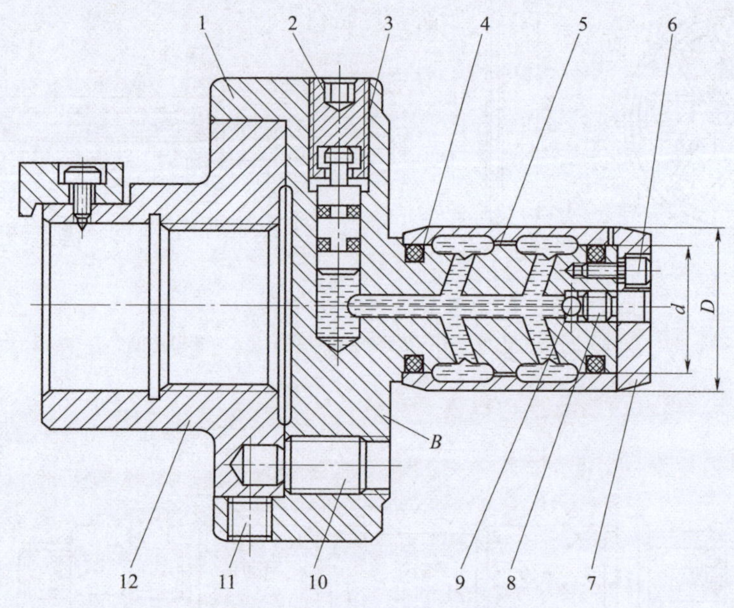

图 1-5　液性介质弹性心轴

1—心轴体；2—加压螺钉；3—柱塞；4—密封圈；5—套筒；6，11—紧固螺钉；7—端盖；8—紧定螺钉；9—堵塞；10—定位销；12—过渡盘

2. 角铁式（或弯板式）车床夹具

角铁式车床夹具如图 1-6 所示。夹具体呈角铁的车床夹具称为角铁式车床夹具，其结构不对称，在角铁式车床夹具上加工的工件，其形状较复杂。它常用于加工壳体、支座、杠杆、接头等零件上的回转面和端面。工件的主要定位基准是平面，要求被加工表面的轴线与定位基准面保持一定的位置关系（平行或呈一定角度）。这时，夹具的平面定位件必须相应地设置在与车床主轴轴线平行或呈一定角度的位置上。此类夹具是毕业设计重点考虑的类型。

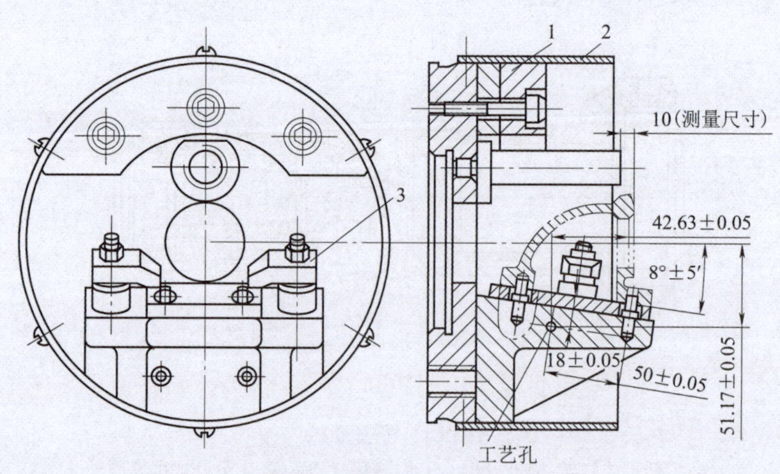

图 1-6　角铁式车床夹具

1—平衡块；2—过渡盘；3—防护罩；4—对刀柱；5—夹具体；6—钩形压板

3. 花盘式车床夹具

花盘式车床夹具如图 1-7 所示，其基本特征是夹具体为一个大圆盘形零件。在花盘式夹具上加工的工件，其形状一般都比较复杂。工件的定位基准是圆柱面和与其垂直的端面，因此，夹具对工件多数也是采用端面定位和轴向夹紧的方式。车床夹具利用夹具体上的止口 E，通过过渡盘与车床主轴连接，安装时可按找正圆 K（代表夹具的回转轴线）校正夹具与机床主轴的同轴度。

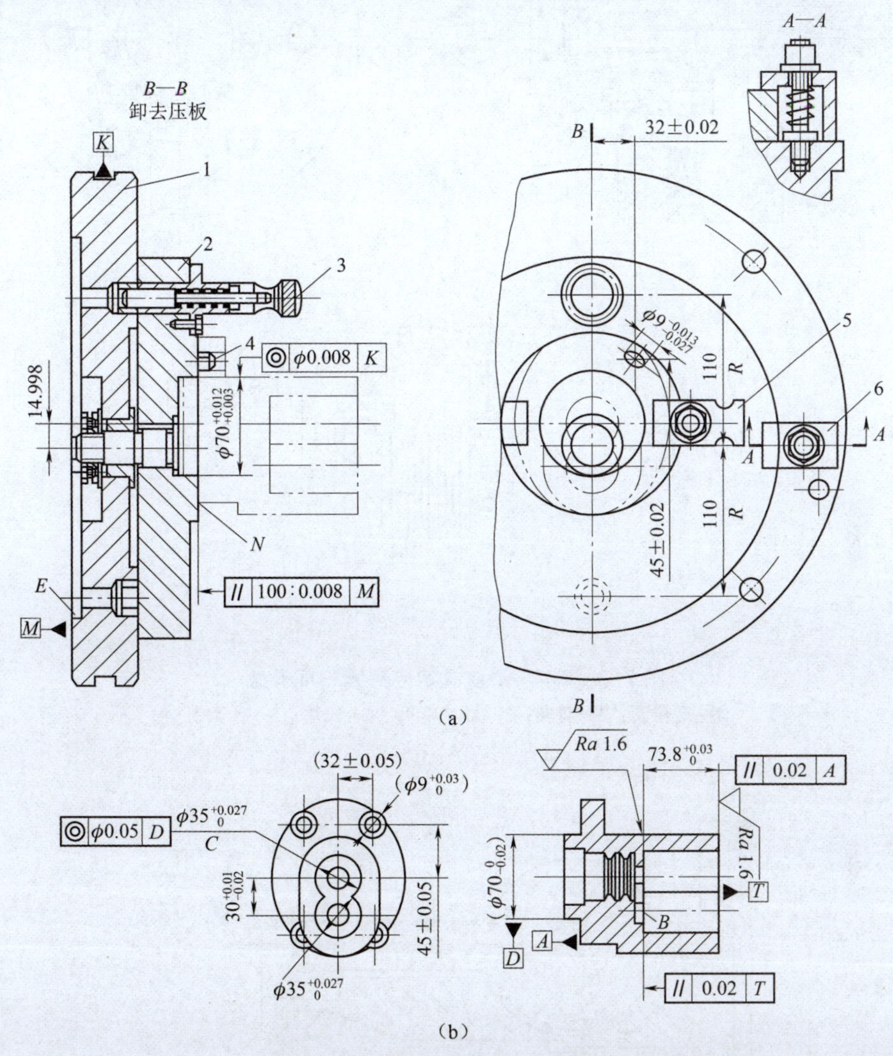

图 1-7　花盘式车床夹具

（a）车削齿轮泵体两孔的车床夹具装配图；（b）车削齿轮泵体两孔工序图

1—夹具体；2—转盘；3—对定销；4—削边销；5—螺旋压板；6—L 形压板

4. 卡盘式车床夹具

使用卡盘式车床夹具的零件通常是回转体或对称零件，因此，卡盘式车床夹具的结构基本上是对称的，回转时不平衡影响较小，如图 1-8 所示。

5. 高效车床夹具

现代化生产朝着高速、高效方向发展，数控车床和高速车磨加工技术广泛应用，一些高效的车床夹具得到推广和使用。如图 1-9 所示，离心式自动夹头，用于车削小型轴类零件。这类夹具无论是在结构上，还是在装夹方式上，均体现了安装迅速、定位准确的特点。

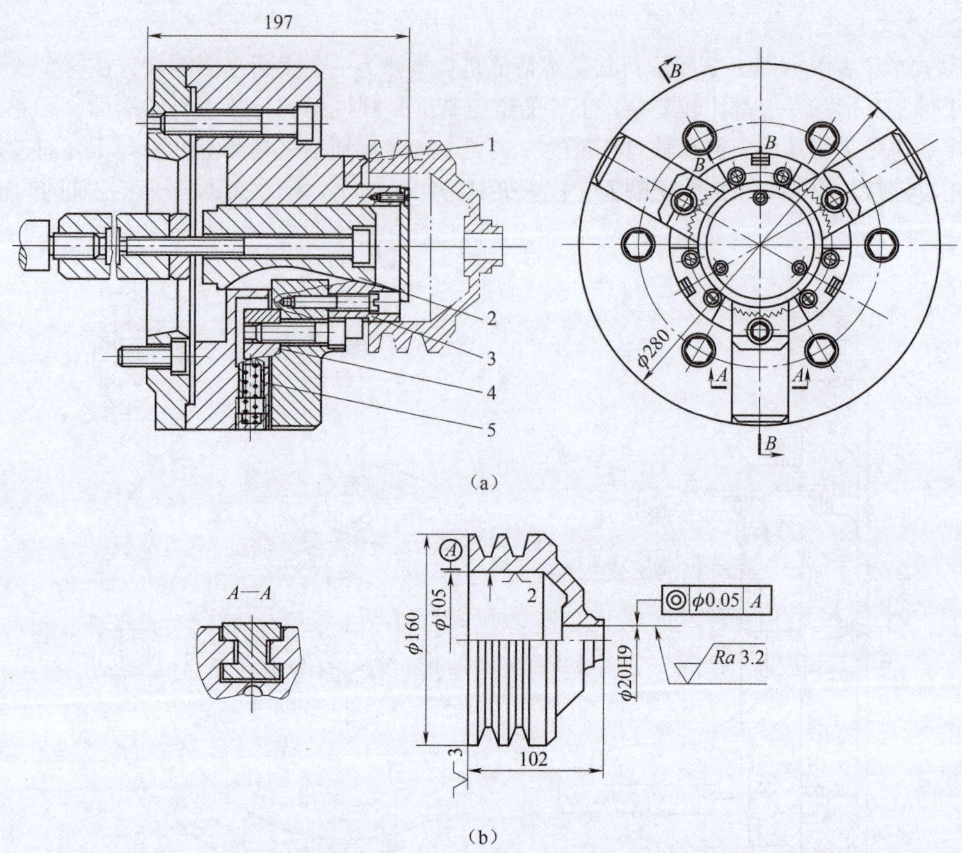

图 1-8　斜楔-滑块式定心夹紧三爪卡盘

1—定位套；2—斜楔；3—滑块卡爪；4—压块；5—弹簧销

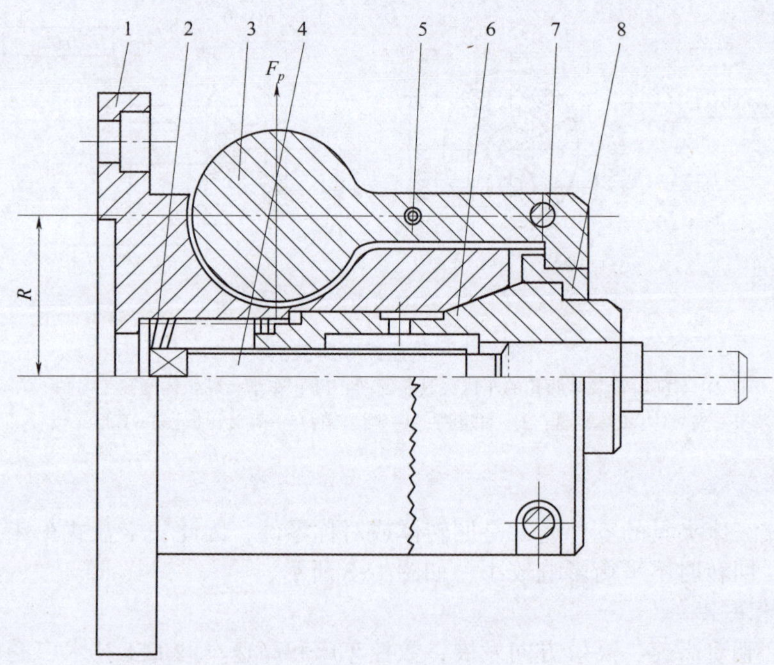

图 1-9　离心式自动夹头

1—夹具体；2—弹簧；3—离心重球；4—调节螺钉；5—小弹簧；6—弹性夹头；7—销轴；8—压盘

1.1.2 其他安装方式的车床夹具

加工某些形状不规则和尺寸较大的工件时，夹具常常安装在车床拖板上，做进给运动，刀具则安装在车床主轴上做旋转运动，如图 1-10 所示。

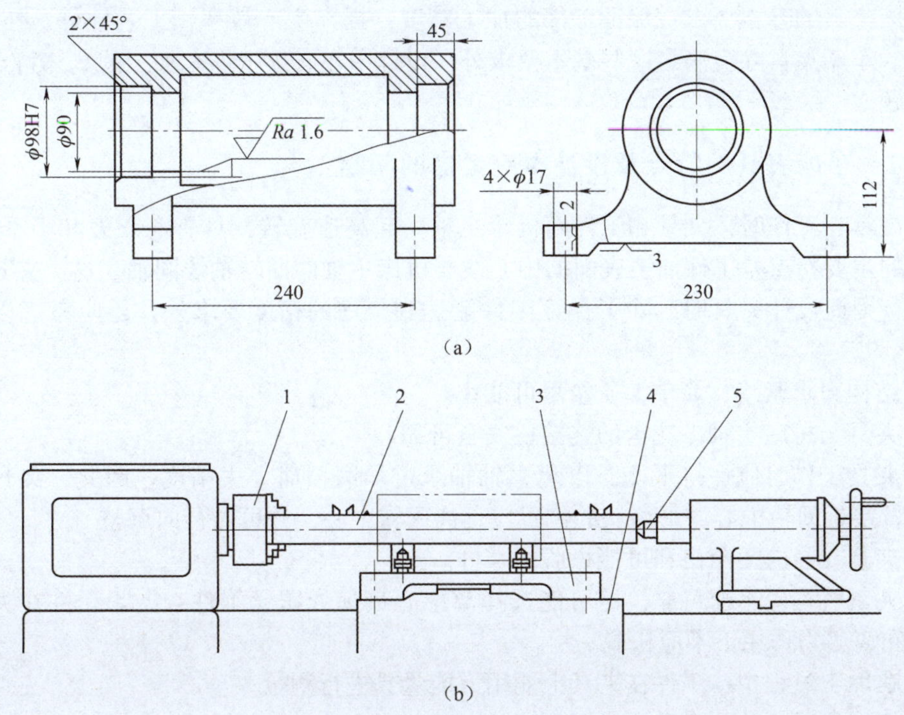

图 1-10 车床镗孔示意图

(a) 镗 φ98 mmH7 孔工序图；(b) 镗孔示意图

1—三爪自定心卡盘；2—镗杆；3—夹具；4—床鞍；5—尾座

1.1.3 车床夹具的组成

1. 定位装置

为了保证加工精度，必须使工件处于正确的加工位置。确定工件在夹具中占据正确位置的过程，称为工件的定位。用来保证工件在夹具中占据正确位置的元件、装置，称为定位装置。

2. 夹紧装置

工件在夹具中定位后，必须用相应的装置将其固定，使工件在加工过程中保持位置不变，这种固定装置称为夹紧装置。夹紧装置的作用是将工件压紧夹牢，保证工件在加工过程中受到外力作用时不离开已占据的正确位置。

3. 夹具体

夹具体是夹具的基础件，将夹具所有元件连接成一个整体。

4. 其他装置

根据需要设置的一些其他元件或装置，如起平衡作用的平衡块、需要分度时的分度装置等。

需要明确的是，与其他机床夹具相比，车床夹具一般没有对刀或导向装置，加工过程中工件的相应精度，要依靠操作人员来保证。

1.2 车床专用夹具设计要点

对机床夹具的基本要求：保证工件的加工精度，提高生产效率，工艺性好，使用性好，经济性好。车床夹具除应满足这些基本要求外，设计中还必须根据车加工的具体特点考虑其他相关问题。

1.2.1 车床夹具的特点及设计中应考虑的问题

车床夹具在工作时，夹具和工件随机床主轴一起高速旋转，具有离心力和不平衡惯量。车床夹具的主要特点是工件加工表面的中心线与机床主轴的回转轴线同轴。这类夹具多数是悬臂结构，因此设计夹具时，除了保证工件能达到工序的精度要求外，还应考虑以下几个问题。

（1）结构力求紧凑、简单，质量尽可能小。

（2）夹具与机床主轴、花盘的连接要安全可靠。

（3）夹具工作时应保持平衡，以免主轴轴承过早磨损而失去精度。因此，夹具元件的重心应尽量接近回转中心，平衡块的位置应远离回转中心，并可做径向调整。

（4）夹具在径向无凸出和可能松脱的零件。

（5）夹紧机构应迅速可靠，尽可能选择离中心最远处压紧工件。夹紧元件在夹具回转时的惯性和离心力作用下不应松脱。

（6）在加工过程中，工件在夹具上能用万能量具进行测量。

（7）切屑能顺利地从夹具中排出和清除。

（8）夹具经调整（如换过渡法兰盘）后即可在另一种型号的机床上使用。因此，通常将夹具的最大外圆设计成校准回转中心的基准，或设计校准内孔，供重新安装时校准中心。

（9）为了缩短设计周期且便于制造，应尽可能选用通用夹具零件。

（10）合理确定夹具主要零件的尺寸，保证夹具具有足够的刚性。

（11）设置机构，使装卸工件方便、迅速，从而缩短辅助时间。

（12）提高加工和装配的结构工艺性。

（13）选择夹具与机床主轴的连接方式时，要依据夹具的径向尺寸和机床主轴前端的结构形式。

1.2.2 车床夹具的设计要求

1. 车床夹具的总体结构

车床夹具通常安装在机床主轴上，并与主轴一起做旋转运动。为保证夹具工作平稳，夹具的结构应尽量紧凑，重心应尽量靠近主轴端，一般要求夹具悬伸长度不大于夹具轮廓外径。对于角铁（弯板）式车床夹具和偏重的车床夹具，应很好地进行平衡，设计恰当的平衡质量和位置。平衡的方法有两种：设置平衡块和加工减重孔。平衡质量可采用近似估算，为弥补估算法的不准确性，平衡块上可设置径向槽，以便将夹具调整至最佳平衡位置后用螺钉固定。为保证工作安全，夹具上所有元件或机构不应超出夹具体的外部轮廓，必要时应加防护罩。此外，要求车床夹具的夹紧机构能提供足够的夹紧力，具有较好的自锁性，以确保工件在切削过程中不会松动。

车床夹具的悬伸长度过大，会加剧主轴轴承的磨损，同时引起振动，影响加工质量。因此，夹具的悬伸长度 L 与轮廓直径 D 的比应控制如下。

（1）直径小于 150 mm 的夹具，$L/D \leqslant 1.25$。

（2）直径在 150~300 mm 的夹具，$L/D \leqslant 0.9$。

（3）直径大于 300 mm 的夹具，$L/D \leqslant 0.6$。

2. 工件在车床夹具中的定位

夹具的定位支承系统用来确定被加工零件与刀具的相对位置，直接影响被加工零件的精度。设计时，应遵循工件定位的六点原则，防止出现欠定位、重复定位的原则性错误。常用的定位方式有完全定位、不完全定位和允许使用的重复定位。主要定位基准面应尽量和工件装配、使用的基准面一致，这样有利于达到装配和配合的要求，符合基准重合原则。避免主要定位基准面的变动并减少装夹次数，可防止增大加工误差。工件上作为主要定位基准的面，其尺寸应尽量大，并接近要加工的部位。若以毛坯面作为主要定位基准面，则支承点的距离应尽量大些，以增加装夹时的稳定性。此外，选择工件上最长的表面作为导向定位基准面，选择工件上较小的表面作为止推定位基准面，可获得稳定可靠的定位。

车床夹具的定位元件或装置必须保证工件加工面的轴线与机床主轴的回转轴线重合，当被加工的回转表面与工序基准面之间有尺寸关联时，应以夹具轴线为基准来确定限位表面的位置，如图 1-6 中的（51.17±0.05）mm。

为了获得定位元件相对于机床主轴轴线的准确位置，有时采用“临床加工”的方法，即限位面的最终加工就在使用该夹具的机床上进行，加工完成后夹具的位置不再变动，避免中间环节对夹具位置精度造成影响。

3. 工件在车床夹具中的装夹

在车削过程中，工件和夹具随主轴旋转，工件除了受切削扭矩的作用，还受到离心力的作用。此外，工件定位基准的位置相对于切削力和重力的方向是变化的。因此，夹紧机构必须产生足够的夹紧力，以防止发生设备及人员事故。

夹紧力的作用位置应尽量指向主要定位基准面，并尽可能与支承部分的接触面相对应，以保证紧固牢靠，避免因夹紧不当而造成工件变形。对于大型工件及某些形状特殊的工件，还应采用辅助支承，以增加装夹的稳定性。但辅助支承的使用，不允许破坏原来的定位状况。

夹紧装置的基本要求如下。

（1）夹紧装置既不应破坏工件的定位，又要有足够的夹紧力，同时还不应产生过大的夹紧变形和损伤工件表面，以保证工件在切削力、重力、离心力的共同作用下不会松脱。

（2）夹紧操作要迅速、方便、安全省力。

（3）手动夹紧机构要有可靠的自锁性，机动夹紧装置要统筹考虑其自锁性和稳定的原动力。

（4）结构应尽量简单紧凑，工艺性好。

4. 夹具体的设计

（1）夹具体设计的基本要求如下。

①夹具体与主轴连接方式的选择要恰当。

②夹具体上的重要表面，如定位面、与机床的连接面，应有适当的尺寸和形位公差。

③为保证夹具不产生变形和振动，夹具体应有足够的强度和刚度。

④结构工艺性好，便于制造、装配、检验。夹具体毛坯面与工件之间的间隙，一般为4～15 mm。

⑤排屑方便。大量的切屑，可采用排屑槽、斜面流出。

⑥在机床上安装时要稳定可靠。

（2）夹具体毛坯的类型如下。

①铸造夹具体。其优点是工艺性好，可铸出各种复杂的形状，具有较好的抗压强度、刚度和抗振性。但生产周期长，需进行时效处理，以消除内应力。常用材料为灰铸铁，如 HT200。

②焊接夹具体。其优点是容易制造、生产周期短、成本低、质量较小，但焊接后需经退火处理，且难铸出复杂形状。

③锻造夹具体。此类夹具体适用于形状简单、尺寸不大、强度和刚度要求大的场合，锻造后需经退火处理。

④装配夹具体。由一组零件连接组装而成，其优点是制造成本低、周期短、精度稳定。

1.2.3 车床夹具的设计步骤

1. 明确设计任务，收集设计资料

在设计夹具时，首先根据被加工零件的零件图、工艺规程、工序图及技术条件，对工件进行工艺分析。了解工件的结构特点、材料，本工序的加工表面、加工要求、加工余量、定位基准和夹紧表面。明确在本夹具上要完成的工序内容、所用的机床，以及与夹具的连接方式、刀具、量具及使用环境、生产纲领、设计进度等。

其次根据设计任务收集有关资料，如车床的规格、主要技术参数、精度，夹具零部件的国家标准，各类夹具图册、夹具设计手册等，还可收集一些同类夹具的设计图样以供参考。

2. 确定夹具结构方案，绘制夹具草图

（1）根据工艺的定位原理，确定工件的定位方式，选择定位元件（必要时分析计算）。

（2）确定工件的夹紧方案，设计夹紧机构。

（3）确定其他装置及元件的结构形式，如平衡块、分度装置等。

（4）选择夹具体的结构形式及夹具在机床上的安装方式。

在确定夹具体结构方案的过程中，会有各种方案供选择。当有多种方案时，应从保证精度和降低成本的角度出发，进行经济分析，选用经济效益较好的、与生产纲领相适应的最佳方案。

（5）确定视图表达方案，绘制夹具的装配草图。

夹具装配草图的表达方案应考虑夹具的摆放、选择主视图，以及其他视图的数量和表达形式、比例、图幅及图纸方向等方面的内容。

草图绘制应尽量规范、标准、考虑全面，这样才能降低绘制正式图样的难度。所以，草图应尽量参照正式图样的要求绘制。设计能力成熟以后，夹具草图的绘制可省略。

（6）确定并标注尺寸及技术要求。

3. 审查方案并改进设计

将绘制的夹具草图送交指导教师审查，征求其意见，然后根据教师提出的问题和改进建议对夹具方案作进一步的修改。通过综合分析，调整、改进、完善设计后，确定最终方案。

4. 绘制正式的夹具总装配图

绘制夹具草图时，由于对夹具整体情况把握得不准确、理解得不全面透彻，因此会出现

很多问题，需做综合性调整。例如，绘图布局问题、零件结构问题、尺寸标注问题、技术要求问题等，在草图中已无法改正，都需要在绘制正式图样时给予考虑改进。

夹具的总装配图必须按国家制图标准绘制，绘图比例尽量采用1∶1。主视图按夹具面对操作人员的方向绘制，一般为剖视。总装配图应把夹具的工作原理、装配关系、各种装置的结构及相互关系表达清楚。

（1）夹具总装配图的绘制顺序。

①根据夹具草图已确定的表达方案，首先选择绘图比例、图幅，剪裁并固定图纸；然后画出图框及标题栏、明细表的范围线，布局各个视图的基线。

②开始绘制底稿，用双点画线将工件的外形轮廓、定位基准面、夹紧表面及加工表面绘制在各个视图的合适位置上，工件的其余结构简单绘出。在夹具图中工件可看成透明体，不遮挡后面的线条。

③围绕工件的几个视图依次绘出夹具的定位元件、夹紧装置、其他装置及夹具体。

④描深。标注必要的尺寸、公差和技术要求（可参照前面夹具装配图上的尺寸标注）。

⑤编写零件序号，绘制并填写标题栏和明细表，编写技术要求。

（2）设计和绘制夹具装配图时的注意事项。

①绘制装配图时，夹具上各个元件和装置都应按工作状态画出，即按工件处于被夹紧时的位置画出。

②所设计的夹具，为其选择的装置结构应合理，其本身的结构也应合理。这样才能保证工件在定位、夹紧、切削和装卸过程中，夹具都能正常而顺利地工作。

③应保证夹具与机床、刀具具有正确的相对位置，不能产生干涉现象。

④定位、夹紧等元件和装置，以及紧固、连接件，应尽量选用标准件（参阅机床夹具设计手册）。

⑤夹具中的运动零部件，运动应灵活自如，不能产生卡死、阻滞现象；若切屑等污物能落入运动部件，应加保护装置；夹具的转位、回转机械等，应有锁紧装置。

⑥各零件和部件应具有良好的结构工艺性；多尺寸累积的部位，应有调整环节；夹具结构应考虑切削过程中的排屑及冷却液的排放问题。

⑦零件的材料、尺寸公差及总装配的技术要求，要合理确定。

⑧对于用特殊方法加工和装配的夹具，或者对操作使用需要说明的夹具，应用文字在技术要求中注明。

5. 进行必要的分析计算

工件的加工精度较高时，应进行工件的加工精度分析，如定位误差分析、加工误差分析及定位基准选择的合理性分析。工件的形状较大、较复杂时，需进行切削力、夹紧力的综合平衡计算，以保证夹紧可靠，必要时还应考虑切削力、夹紧力、惯性力使工件产生弹性变形和热变形时，最终造成的加工误差是否在允许的范围之内，应用公式核算，即

$$\sum \Delta = \sqrt{\Delta_D^2 + \Delta_A^2 + \Delta_J^2 + \Delta_G^2} \leqslant \delta_K - J_C$$

式中　Δ_D——定位误差；

Δ_A——安装误差；

Δ_J——夹具误差；

Δ_G——加工方法误差；

$\sum \Delta$——总加工误差；

δ_K——加工尺寸公差；

J_C——精度储备。

6. 拆画夹具零件图

夹具中的非标准件零件均应拆画出零件图，毕业设计中一般只要求画出夹具体零件图。夹具体零件主视图的摆放位置、投射方向可与夹具装配图上相同，零件的结构、尺寸、技术要求、数量、图号、序号等都要与装配图保持一致，并且相关内容应更加全面完整。

1.2.4 车床夹具总装配图上的尺寸标注

夹具总装配图上应标注必要的、最基本的尺寸，一般包括如下几项。

（1）夹具的轮廓尺寸，如夹具最大回转直径或半径、总长度等。这可表明夹具的轮廓尺寸和运动范围，以便检查夹具与机床、刀具等的相对位置有无干涉现象，以及夹具在机床上安装的可能性。

（2）夹具与机床的联系尺寸，主要是指夹具与车床主轴的配合尺寸及紧固螺钉用孔的相关尺寸和公差等。

（3）配合尺寸，包括工件与夹具定位元件间，以及夹具各组成元件间的配合类别、精度等级和尺寸大小。

（4）装配尺寸，如影响工件装夹的尺寸、影响工件在加工过程中测量的尺寸等。在夹具装配后，某些元件需保持相关尺寸的正确性，夹具才能正常使用。

（5）其他重要尺寸。

1.2.5 车床夹具尺寸公差的制订

1. 公差制订的原则

（1）应保证夹具的定位、制造和调整误差的总和满足误差计算不定式，一般不超过工件工序公差的 1/3。

（2）综合考虑工厂现有设备条件和技术水平，在不增加制造技术难度的情况下，尽量将夹具公差定得小一些，以保证工件的加工精度；增大夹具的磨损公差，延长夹具的使用寿命。

（3）夹具中与工件尺寸有关的尺寸公差，不论其是单向还是双向的，都应改写成对称分布的双向公差。并以此尺寸作为夹具的基本尺寸，来确定该尺寸的制造公差（即夹具公差）。

（4）凡注有公差的部位，在夹具中必须设置相应的检验基准。

（5）为了降低夹具制造中的技术难度，并保证夹具的精度，某些环节可采用调整、修配或就地加工等方法。这时，夹具零件的制造公差可以适当放宽。

2. 夹具与工件被加工部位尺寸公差有直接关系的夹具公差

（1）定位元件之间的尺寸公差。

（2）按工件公差选取夹具公差的参考值，如表 1-1 所示。

表 1-1 按工件公差选取夹具公差的参考值

工件公差/mm	0. 03~0. 10	0. 10~0. 20	0. 20~0. 30	0. 30~0. 50	一般公差
车床夹具公差/mm	1/4×(0. 03~0. 10)	1/4×(0. 10~0. 20)	1/5×(0. 20~0. 30)	1/5×(0. 30~0. 50)	1/5×一般公差

1.2.6 车床夹具的尺寸公差与配合

夹具的公差，一般与机械制造相同，按国家标准选用基孔制订。夹具常用的精度等级和配合类别如表 1-2 所示。

表 1-2　夹具常用的精度等级和配合

精度等级	配合类别
IT6 级	H6/g5；H6/h5
IT7 级	H7/f6；H7/g6 ；H7/h6 ；H7/js6 ；H7/k6 ；H7/m6 ；H7/n6
IT8 级	H8/e7；H8/f7；H8/h7
IT9 级	H9/d9；H9/e9 ；H9/f9 ；H9/h9

夹具各组成元件间的配合类别和精度等级的标注，一般有以下几种情况。

（1）夹具各定位元件之间的配合，常用 H7/g6，H8/e7。

（2）有引导作用并有相对运动的配合，一般取 H7/h6，H7/g6，H8/f7。

（3）无引导作用的相对运动的配合，可取 H9/d9，H9/e9，H9/f9 等类别或更低级别的配合。

（4）没有相对运动的配合。

①无紧固件连接的配合，一般取过渡配合 H9/k8；过盈配合 H9/p8，H7/s6，H8/r7，H8/s7。

②有紧固件连接的配合，可取过渡配合 H7/m6，H7/k6，H7/js6。

上述内容仅供设计时参考，也可根据夹具要求采用其他精度等级的配合类别。

1.2.7　车床夹具形位公差的制订

夹具的技术条件一般用文字逐条阐述，或用形位公差符号标注在图形的有关部位，主要包括以下内容。

（1）定位元件之间或定位元件与夹具体定位基准之间的相互位置精度要求。

（2）定位元件与连接元件（或找正基面）之间的相互位置精度要求。

（3）其他要求，如需要特殊说明的装配要求。

（4）凡与工件加工要求直接有关的元件之间的相互位置（如同轴度、垂直度、平行度等）公差，一般可按相应工件工序加工技术要求所规定数值的 1/5～1/2 选取，通常选取 1/3。与工件加工要求无直接关系的元件位置公差可按表 1-3 选取。

表 1-3　夹具技术条件自由位置公差

技术条件	参考数值/mm
同一平面上的支承钉或支承板的等高公差	≤0.02
定位元件工作表面对定位键槽侧面的平行度或垂直度公差	≤0.02/100
定位元件工作表面对夹具体底面的平行度或垂直度公差	≤0.02/100
找正基面对其回转中心的径向圆跳动公差	≤0.02

1.2.8　车床夹具其他技术要求的制订

在装配图中一般用文字或符号准确、简练地说明对夹具的性能、装配、检验、调整、安装、运输、使用、维护、保养等方面的要求和条件，这些统称装配图中的技术要求。以上内容在装配图中不一定需要全部进行表述，应根据具体情况而定。

1.2.9 车床夹具元件的公差和技术要求

夹具的一般组成元件都已标准化，可以从相关手册上查得这些元件的材料、外形尺寸和精度、表面粗糙度及热处理要求等。

设计车床夹具元件时，夹具元件的公差和技术要求可依据夹具总装配图上的配合公差和技术要求，并参考同类元件综合考虑决定。一般需要包括以下各项内容。

1. 夹具元件毛坯的技术要求

夹具元件毛坯技术要求主要包括毛坯的质量、硬度、毛坯热处理及精度要求等。

2. 夹具元件热处理的技术要求

热处理要求应与零件材料和零件在夹具中的作用相适应，还应包括为改善机械加工性能和为达到要求的机械性能而提出的热处理要求。

常用夹具元件的材料及热处理要求如表 1-4 所示。

表 1-4 常用夹具元件的材料与热处理要求

元件种类	元件名称	材料牌号	热处理要求
夹具体	复杂夹具体	HT200	时效
	焊接夹具体	Q235	
	花盘和车床夹具体	HT300	时效
定位元件	定位心轴 $D \leqslant 35$ mm	T8A	淬火 55~60 HRC
	定位心轴 $D > 35$ mm	45	淬火 43~48 HRC
夹紧元件	斜楔	20	渗碳（0.8 mm≤t≤1.2 mm），淬火—回火 54~60 HRC
	各种形状的压板	45	淬火—回火 45~50 HRC
	卡爪	20	渗碳（0.8 mm≤t≤1.2 mm），淬火—回火 54~60 HRC
	钳口	20	渗碳（0.8 mm≤t≤1.2 mm），淬火—回火 54~60 HRC
	虎钳丝杠	45	淬火—回火 35~40 HRC
	切向夹紧用螺栓和衬套	45	调质 225~255 HB
	弹簧夹头心轴用螺母	45	淬火—回火 35~40 HRC
	弹簧夹头	65Mn	夹持部分淬火—回火 56~61 HRC 弹性部分淬火—回火 43~48 HRC
其他元件	活动零件用导板	45	淬火—回火 35~40 HRC
	靠模、凸轮	20	渗碳（0.8 mm≤t≤1.2 mm），淬火—回火 54~60 HRC
	分度盘	20	渗碳（0.8 mm≤t≤1.2 mm），淬火—回火 54~60 HRC
	低速运转轴承衬套和轴瓦	ZQSn6-6-3	
	高速运转轴承衬套和轴瓦	ZQPb12-8	

3. 夹具元件尺寸公差和技术要求

（1）对于工件一般公差的直线尺寸，其夹具元件的尺寸公差可取±0.1 mm。

（2）对于工件未注公差的角度尺寸，其夹具元件的角度公差可取±10′。

（3）对于工件上有公差的尺寸，夹具元件相应尺寸应取工件公差的1/5~1/2。

（4）对于紧固件用孔的中心距公差，当中心距小于 150 mm 时，应取±0.1 mm；大于150 mm 时，应取±0.15 mm。

（5）对于夹具元件与工件之间的间隙，当夹具元件表面是未加工过的，其间隙为 6~8 mm；当夹具元件表面是加工过的，其间隙为 3~4 mm。

（6）夹具体上的找正基面，其自身形状公差应为 0.02~0.05 mm，表面粗糙度应达到 *Ra* 0.8~1.6 μm。

（7）夹具元件的表面粗糙度。元件上要求加工的部位，必须有相应的表面粗糙度要求。设计时可参考表 1-5。

表 1-5　夹具主要元件的表面粗糙度 *Ra*

表面形状	表面名称	精度等级	外圆和外表面/μm	内孔和内侧面/μm	举例
平面	有相对运动的一般配合表面	IT7 级	0.4~0.8	0.4~0.8	T 形槽
		IT8 级，IT9 级	0.8~1.6	0.8~1.6	活动 V 形块，铰链两侧面
		IT11 级	1.6~3.2	1.6~3.2	叉头零件
	有相对运动的特殊配合表面	精确	0.4~0.8	0.4~0.8	燕尾导轨
		一般	1.6~3.2	1.6~3.2	燕尾导轨
	无相对运动的表面	IT8 级，IT9 级	0.8~1.6	1.6~3.2	定位键两侧面
		特殊	0.8~1.6	1.6~3.2	键两侧面
	有相对运动的导轨面	精确	0.4~0.8	0.4~0.8	导轨面
		一般	1.6~3.2	1.6~3.2	导轨面
	无相对运动的夹具体基面	精确	0.4~0.8	0.4~0.8	夹具体安装面
		中等	0.8~1.6	0.8~1.6	夹具体安装面
		一般	1.6~3.2	1.6~3.2	夹具体安装面
	无相对运动的夹具零件基面	精确	0.4~0.8	0.4~0.8	安装元件的表面
		中等	1.6~3.2	1.6~3.2	安装元件的表面
		一般	3.2~6.3	3.2~6.3	安装元件的表面
圆柱面	有相对运动的配合表面	IT6 级	0.2~0.4	0.2~0.4	快换钻套、手动定位销
		IT7 级	0.2~0.4	0.4~0.8	导向销
		IT8 级，IT9 级	0.4~0.8	0.4~0.8	衬套定位销
		IT11 级	1.6~3.2	1.6~3.2	转动轴颈
	无相对运动的配合表面	IT7 级	0.4~0.8	0.8~1.6	圆柱销
		IT8 级，IT9 级	0.8~1.6	1.6~3.2	手柄
		自由	3.2	3.2	活动手柄、压板

续表

表面形状	表面名称	精度等级	外圆和外表面/μm	内孔和内侧面/μm	举例
锥形表面	顶尖孔	精确	0.4~0.8	0.4~0.8	顶尖、顶尖孔、铰链侧面
		一般	1.6~3.2	1.6~3.2	导向定位元件导向部分
	无相对运动的锥柄刀具	精确	02.~0.4	0.4~0.8	工具圆锥
		一般	0.4~0.8	0.8~1.6	弹簧夹头、圆锥销、轴
	固定紧固用		0.4~0.8	0.8~1.6	锥面锁紧表面
紧固表面	螺钉头部		3.2~6.3	3.2~6.3	螺栓、螺钉
	插件的内孔面		6.3	6.3	压板孔
密封性配合	有相对运动		0.1~0.2	0.1~0.2	缸体内表面
	软垫圈		1.6~3.2	1.6~3.2	缸盖端面
	金属垫圈		0.8~1.6	0.8~1.6	缸盖端面
定位平面		精确	0.4~0.8	0.4~0.8	定位件工作表面
		一般	1.6~3.2	1.6~3.2	定位件工作表面
孔面	径向轴承	D、E	0.4~0.8	0.4~0.8	安装轴承内孔
			0.8~1.6	0.8~1.6	安装轴承内孔
	滚针轴承		0.4~0.8	0.4~0.8	安装轴承内孔
端面	推力轴承		1.6~3.2	1.6~3.2	安装推力轴承端面
刮研	20~25 点/(25 mm×25 mm)		0.8~1.6	0.8~1.6	结合面

另外，根据实践经验，夹具定位元件工作表面应比工件定位基准面的表面粗糙度公差值小 1~2 级（即精度更高一些），目的是减少工件定位基准面的擦伤。

1.3 车床专用夹具设计实例

1.3.1 液压泵上体镗三孔车床夹具设计实例

本任务如图 1-1 所示，在车床上加工液压泵上体的三个阶梯孔，零件为中批量生产，设计所需的车床夹具。

1.3.2 液压泵上体加工工艺性分析

根据工艺规程，在加工阶梯孔之前，工件的顶面与底面、两个 ϕ8 mmH7 孔和两个 ϕ8 mm 孔均已加工完成。本工序车削加工要求为三个阶梯孔的孔距为（25±0.1）mm、三孔轴线与底面的垂直度为 0.1 mm，两个 ϕ8 mmH7 孔对中间阶梯孔 2 的位置度为 ϕ0.2 mm。

1.3.3 液压泵上体镗三孔车床夹具设计方案

1. 夹具设计方案选择

根据加工要求，可设计成图 1-7 所示的花盘式车床夹具。这类夹具的夹具体是一个大圆盘（俗称花盘），在花盘的端面上固定着定位、夹紧元件及其他辅助元件，夹具的结构不对称，需要考虑平衡问题。

2. 定位装置的设计

根据加工要求和基准重合原则，应以底面 B 和两个 $\phi8$ mmH7 孔定位，定位元件采用“一面两销”，定位孔与定位销的主要尺寸如图 1-11 所示。

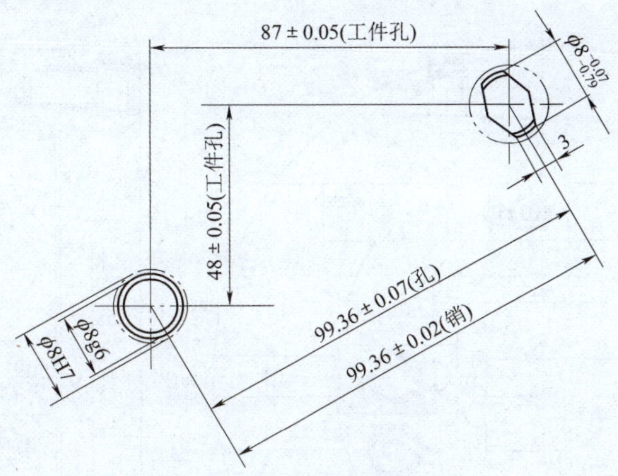

图 1-11　定位孔与定位销的尺寸

(1) 两定位孔中心距 L 及两定位销中心距 l 的计算。

定位孔中心距

$$L=\sqrt{87^2+48^2}\ \mathrm{mm}=99.36\ \mathrm{mm}$$

$$L_{\max}=\sqrt{87.05^2+48.05^2}\ \mathrm{mm}=99.43\ \mathrm{mm}$$

$$L_{\min}=\sqrt{86.95^2+47.95^2}\ \mathrm{mm}=99.29\ \mathrm{mm}$$

$$L=(99.36\pm0.07)\ \mathrm{mm}$$

定位销中心距公差 $\delta_l=(1/5\sim1/3)\delta_L$，定位销中心距 $l=(99.36\pm0.02)$ mm。

(2) 取圆柱销直径为 $\phi8$ mmg6 $=\phi8^{-0.005}_{-0.014}$ mm。

(3) 查表 1-8 得菱形销尺寸 $b=3$ mm。

(4) 菱形销的直径。

补偿值 $$a=\frac{\delta_L+\delta_l}{2}=\frac{0.14+0.04}{2}\ \mathrm{mm}=0.09\ \mathrm{mm}$$

第二定位孔的最小间隙（菱形销孔） $$X_{2\min}=\frac{2ab}{D_{2\min}}=\frac{2\times0.09\times3}{8}\ \mathrm{mm}=0.07\ \mathrm{mm}$$

菱形销的最大直径 $d_{2\max}=D_{2\min}-X_{2\min}=(8-0.07)\ \mathrm{mm}=7.93\ \mathrm{mm}$

菱形销直径的公差取 IT6 级为 0.009 mm，得菱形销的直径为 $\phi8^{-0.07}_{-0.079}$ mm。

3. 夹紧装置的设计

因为此次设计的夹具是中批量生产，所以不必采用复杂的动力装置。为使夹紧可靠，采用两副移动式螺旋压板 5 夹压在工件顶面两端，如图 1-12 所示。

4. 分度装置的设计

液压泵上体三孔呈直线分布，想要在一次装夹中加工完成，需要设计直线分度装置。直线分度装置是指不必松开工件而能使其沿直线移动一定距离，从而完成每个工位加工任务的分度装置。本工序镗三孔即属于加工有一定距离要求的平行孔系。在图 1-12 中，夹具体 6 为固定部分，移动部分为分度滑块 8。分度滑块 8 与夹具体 6 之间用导向键 9 连接，用两对

T 形螺钉 3 和螺母锁紧。由于孔距公差为（25±0.1）mm，分度精度要求不高，因此采用手拉式圆柱对定销 7 即可。为了不妨碍工人操作和观察，对定机构不宜轴向布置，而应径向安装在一侧，另一侧用配重块 1 平衡。

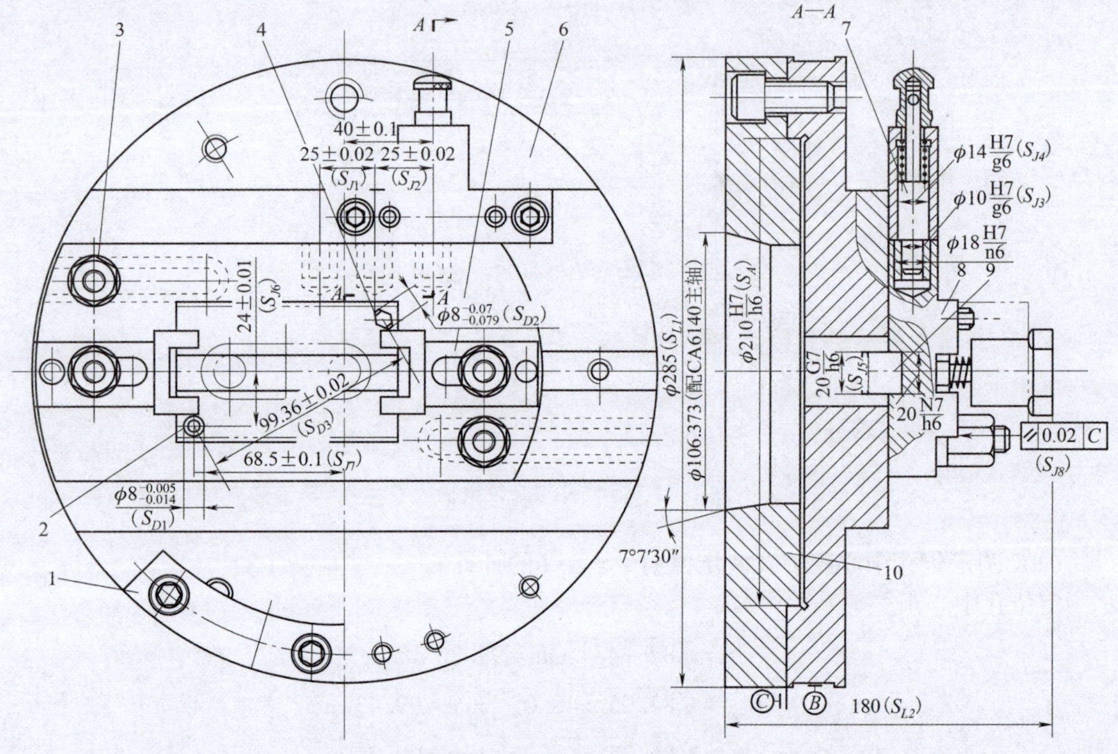

图 1-12　液压泵上体镗三孔夹具

1—平衡块；2—圆柱销；3—T 形螺钉；4—菱形销；5—螺旋压板；6—夹具体；7—对定销；8—分度滑块；9—导向键；10—过渡盘

5. 夹具在车床主轴上的安装

本工序在 CA6140 车床上进行，过渡盘应以短圆锥面和端面在主轴上定位，用螺钉紧固，有关尺寸可查阅表 1-27。夹具体的止口与过渡盘凸缘的配合为 H7/h6。在夹具体的外圆上设置找正圆 *B*，安装夹具时，找正此外圆保证同轴度为 ϕ0.01 mm。

6. 夹具装配图上的尺寸、公差和技术要求

（1）最大外轮廓尺寸为 ϕ285 mm 和长度 180 mm。

（2）影响工件定位精度的尺寸和公差。

①两定位销孔的中心距为（99.36±0.02）mm。

②圆柱销 2 与工件定位孔的配合尺寸为 ϕ8 mmH7/g6。

③圆柱销 2 至第一待加工孔的位置尺寸为（68.5±0.1）mm。

④圆柱销 2 对夹具定位锥孔的位置度为 ϕ0.06 mm。

⑤菱形销 5 的直径为 $\phi 8_{-0.079}^{-0.07}$ mm；主要限位面对 *B* 面的平行度为 0.02 mm。

（3）影响夹具精度的尺寸和公差。

①相邻两对定套的距离为（25±0.02）mm。

②对定套与对定销 8 的配合尺寸为 ϕ10 mmH7/g6。

③对定销与导向孔的配合尺寸为 ϕ14 mmH7/g6。

④导向键 10 与夹具体 7 的配合尺寸为 20 mmG7/h6。

⑤圆柱销 2 到加工孔轴线的尺寸为（68.5±0.1）mm。

（4）影响夹具在车床上安装精度的尺寸和公差。

①夹具体 7 止口与过渡盘的配合尺寸为 ϕ210 mmH7/h6。

②夹具找正基圆与过渡盘定位锥孔轴线的同轴度为 ϕ0.01 mm。

（5）其他重要配合尺寸。

①对定套与分度滑块的配合尺寸为 ϕ18 mmH7/n6。

②导向键与分度滑块的配合尺寸为 20 mmN7/h6。

7. 加工精度分析

加工误差的大小受工件在夹具上的定位误差 Δ_D、夹具误差 Δ_J、夹具的安装误差 Δ_A 和加工方法误差 Δ_G 的影响。夹具最后的总误差应小于相应公差，并有一定的精度储备时，才能可行。

本工序的主要加工要求是三孔的孔距尺寸（25±0.1）mm，由于此尺寸主要受轴线移动分度误差和加工方法误差的影响，因此只要计算这两部分的误差即可。

（1）分度误差 Δ_F 按公式，直线分度的分度误差

$$\Delta_F = 2\sqrt{\delta^2 + X_1^2 + X_2^2 + e^2}$$

式中 δ——两相邻对定套的距离尺寸公差。因为两对定套的距离为（25±0.02）mm，所以 δ=0.04 mm；

X_1——对定销与对定套的最大配合间隙。因为两者的配合尺寸是 ϕ10 mmH7/g6，ϕ10 mmH7 为 $\phi 10^{+0.015}_{0}$ mm，ϕ10 mmg6 为 $\phi 10^{-0.005}_{-0.014}$ mm，所以 $X_1 = (0.015 + 0.014)\ \text{mm} = 0.029\ \text{mm}$；

X_2——对定销与导向孔的最大配合间隙。因为两者的配合尺寸是 ϕ14 mmH7/g6，ϕ14 mmH7 为 $\phi 14^{+0.018}_{0}$ mm，ϕ14 mmg6 为 $\phi 14^{-0.006}_{-0.017}$ mm，所以 $X_2 = (0.018 + 0.017)\ \text{mm} = 0.035\ \text{mm}$；

e——对定销的对定部分与导向部分的同轴度。设 e=0.01 mm，因此

$$\Delta_F = 2\sqrt{0.04^2 + 0.029^2 + 0.035^2 + 0.01^2}\ \text{mm} = 0.123\ \text{mm}$$

（2）加工方法误差 Δ_G 取加工尺寸公差 δ_K 的 1/3，加工尺寸公差 δ_K=0.2 mm，所以 Δ_G = 0.2/3 mm=0.067 mm。

总加工误差和精度储备的计算如表 1-6 所示。

表 1-6　液压泵上体镗三孔夹具的加工误差　　单位：mm

加工要求 / 误差代号	相邻两个待加孔距 25±0.1
Δ_D（定位误差）	0
Δ_A（安装误差）	0
Δ_F（分度误差）	0.123
Δ_G（加工方法误差）	0.2/3=0.07
$\sum\Delta$（总加工误差）	$\sqrt{0.123^2+0.066^2}=0.14$
J_C（精度储备）	0.2-0.14= 0.06

由计算结果可知，该夹具能保证加工精度，并有一定的精度储备。

1.4 定位原理与定位元件

1.4.1 六点定位规则

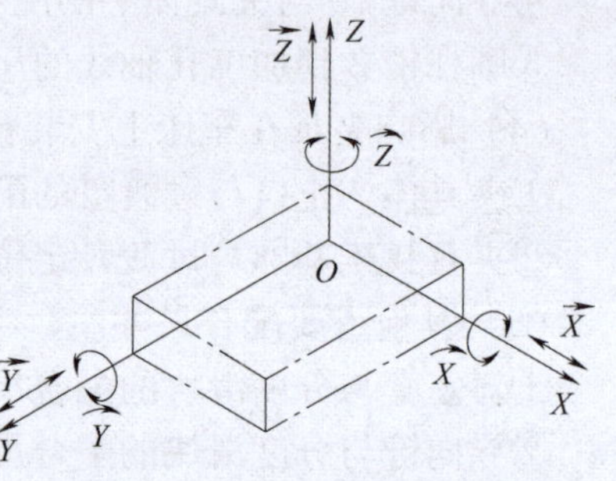

图 1-13 工件的 6 个自由度

任何一个物体在三维空间中都有 6 个自由度，如图 1-13 所示。即沿 X、Y、Z 轴的移动，以 $\vec{X}$、$\vec{Y}$、$\vec{Z}$ 表示；绕着 X、Y、Z 轴的转动，用 $\overset{\curvearrowright}{X}$、$\overset{\curvearrowright}{Y}$、$\overset{\curvearrowright}{Z}$ 所示。其中，$\vec{X}$、$\vec{Y}$、$\vec{Z}$ 称为沿 X、Y、Z 轴线方向的移动自由度；$\overset{\curvearrowright}{X}$、$\overset{\curvearrowright}{Y}$、$\overset{\curvearrowright}{Z}$ 称为绕 X、Y、Z 轴的转动自由度。

工件在夹具中有 6 个自由度，用合理分布的 6 个支承点限制工件的 6 个自由度，使工件在夹具中占有一个确定的位置，这就是六点定位规则，简称六点定则。工件的形状及加工要求不同，6 个支承点的分布形式不同。

图 1-14 所示为六面体类工件的六点定位情况。工件底面 A 安放在不处于同一直线的 3 个支承点上，限制了工件的 3 个自由度 $\vec{Z}$、$\overset{\curvearrowright}{X}$、$\overset{\curvearrowright}{Y}$；侧面 B 靠在 2 个支承点上，两点沿与 A 面平行的方向布置，限制了工件的 2 个自由度 $\vec{X}$、$\overset{\curvearrowright}{Z}$；侧面 C 用 1 个支承点，限制了自由度 $\vec{Y}$。这样，工件的 6 个自由度均被限制，工件在夹具中的位置被完全确定。

图 1-15 所示为盘类工件的六点定位情况。底面用 3 个支承点限制 3 个自由度 $\vec{Z}$、$\overset{\curvearrowright}{X}$、$\overset{\curvearrowright}{Y}$；圆周表面用 2 个支承点限制 2 个自由度 $\vec{X}$、$\vec{Y}$；槽的侧面用 1 个支承点限制自由度 $\overset{\curvearrowright}{Z}$。这样，工件的位置被完全确定。

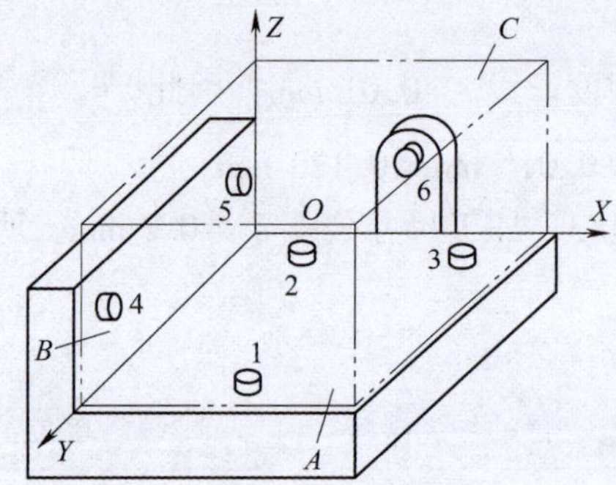

图 1-14 六面体类工件的六点定位

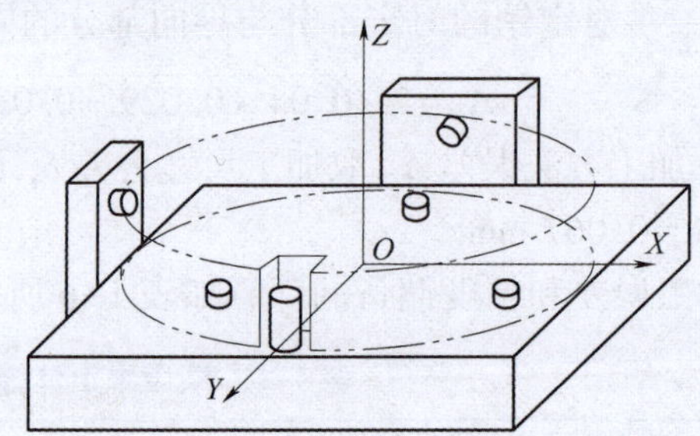

图 1-15 盘类工件的六点定位

1.4.2 定位方式

1. 完全定位

用 6 个支承点限制了工件的全部自由度，称为完全定位。图 1-14、图 1-15 都是完全定位的情况。

2. 不完全定位

根据加工要求，并不需要限制工件全部 6 个自由度的定位称为不完全定位。图 1-16 所示的通槽，工件沿 Y 轴方向的移动并不影响通槽的加工要求，此时只需限制工件的 5 个自由度就可满足加工要求。这种情况在生产中应用得很多。例如，工件装夹在电磁吸盘上磨削平面时只需限制3个自由度；用三爪卡盘装夹工件车外圆，沿 Y 轴的移动和绕 X 轴的转动不需要限制，只需要限制4个自由度。

3. 欠定位

按照加工要求，应限制的自由度没有被限制的定位称为欠定位。在满足加工要求的前提下，采用不完全定位是允许的，但是欠定位是决不允许的。如图1-17所示，工件上铣槽时，若不对 Y 轴方向自由度进行限制，则键槽沿工件轴线方向的尺寸 A 就无法保证。

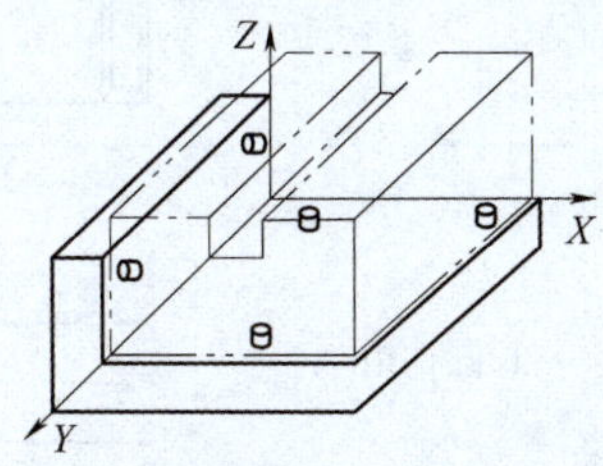

图1-16　铣槽时不完全定位

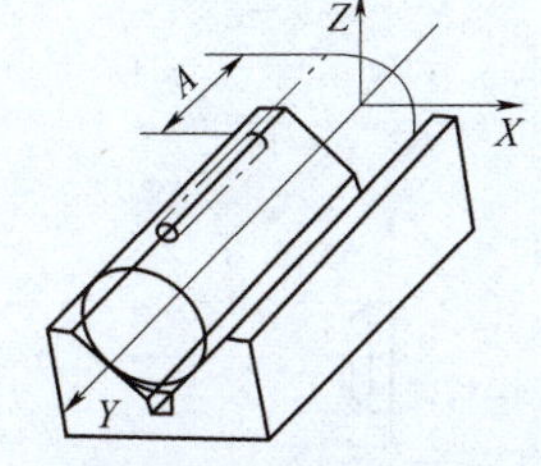

图1-17　工件的欠定位

4. 重复定位

工件上某一个自由度或某几个自由度被重复限制的定位称为重复定位。图1-18所示为加工连杆大孔时其在夹具中定位的情况，连杆以长定位销、支承板及挡销进行定位。其中长销限制了4个自由度 $\vec{X}$、$\vec{Y}$、$\overset{\frown}{X}$、$\overset{\frown}{Y}$；支承板限制了3个自由度 $\vec{Z}$、$\overset{\frown}{X}$、$\overset{\frown}{Y}$；挡销限制了自由度 $\overset{\frown}{Z}$，其中 $\overset{\frown}{X}$、$\overset{\frown}{Y}$ 被重复限制了。由于工件的端面和小头孔不可能绝对垂直，长定位销也不可能和支承板绝对垂直，因此在夹紧工件时，夹具的定位元件就可能产生变形，从而影响工件加工精度。为减少或消除重复定位造成的不良后果，可采取以下措施：一是提高工件和夹具有关表面的位置精度；二是改变定位装置的结构。

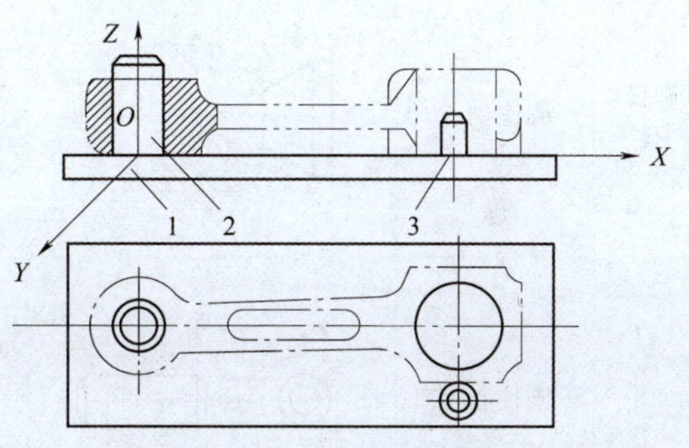

图1-18　工件的重复定位

1—支承板；2—长定位销；3—挡销

1.4.3　定位元件

常用定位元件所能限制的自由度，如表1-7所示。

表1-7　常用定位元件所能限制的自由度　　单位：mm

工件的定位面	定位元件	图例	限制的自由度	定位元件	图例	限制的自由度
平面	1个支承钉	Z X Y	$\vec{X}$	3个支承钉	Z X Y	$\overset{\frown}{X}$、$\overset{\frown}{Y}$、$\vec{Z}$

续表

工件的定位面	定位元件	图例	限制的自由度	定位元件	图例	限制的自由度
	1块窄支承板（同2个支承钉）	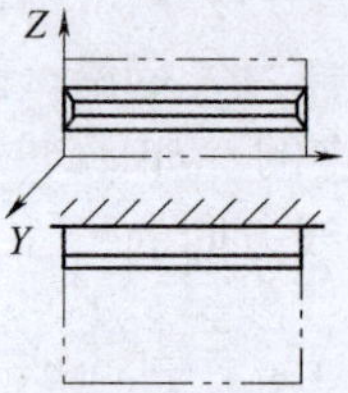	$\overset{\frown}{Y}$、$\vec{Z}$	2块窄支承板（同1块宽矩形板）	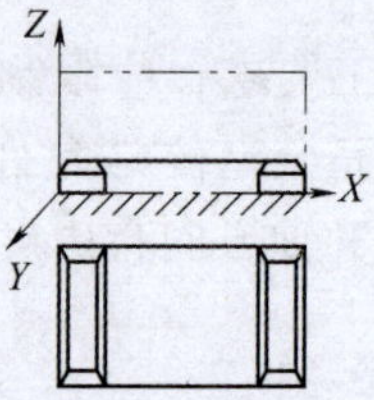	$\overset{\frown}{X}$、$\overset{\frown}{Y}$、$\vec{Z}$
圆柱孔	短圆柱销	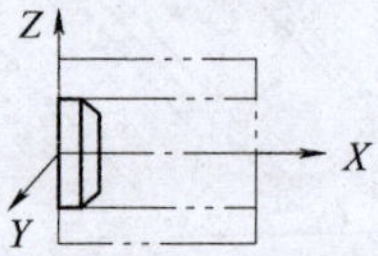	$\vec{Y}$、$\vec{Z}$	长圆柱销	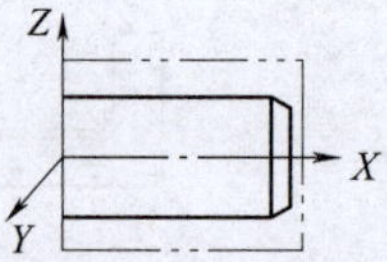	$\overset{\frown}{Y}$、$\overset{\frown}{Z}$、$\vec{Y}$、$\vec{Z}$
圆柱孔	圆锥销	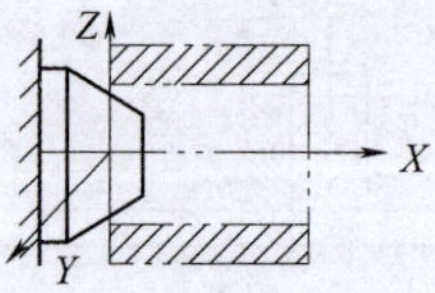	$\vec{X}$、$\vec{Y}$、$\vec{Z}$	固定锥销和活动锥销组合	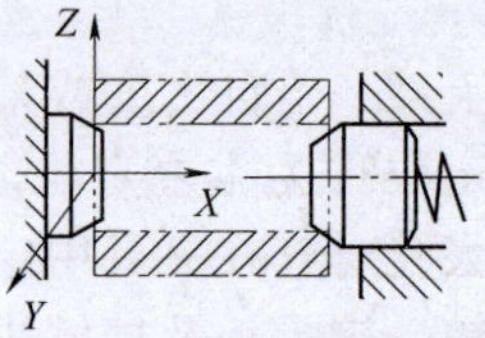	$\vec{X}$、$\vec{Y}$、$\vec{Z}$、$\overset{\frown}{Y}$、$\overset{\frown}{Z}$
圆柱孔	圆柱心轴	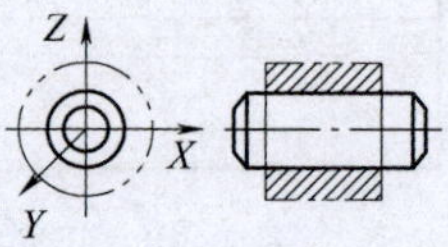	$\vec{X}$、$\vec{Z}$、$\overset{\frown}{X}$、$\overset{\frown}{Z}$	锥度心轴	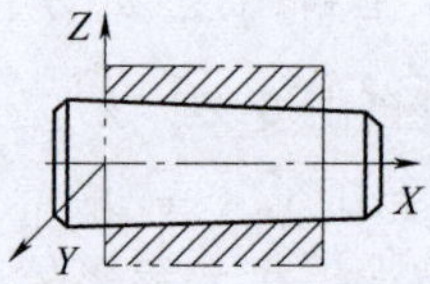	$\vec{X}$、$\vec{Y}$、$\vec{Z}$、$\overset{\frown}{Y}$、$\overset{\frown}{Z}$
外圆柱面	短V形块	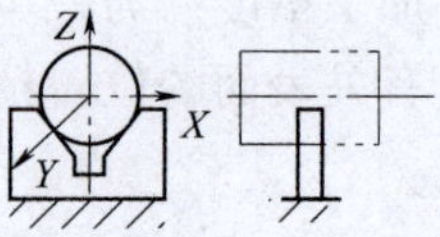	$\vec{X}$、$\vec{Z}$	长V形块（同2个短V形块）	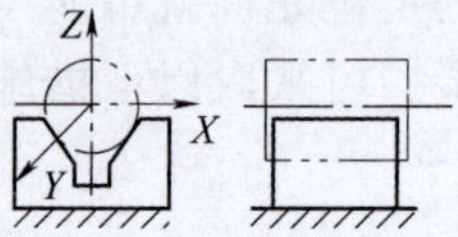	$\vec{X}$、$\vec{Z}$、$\overset{\frown}{X}$、$\overset{\frown}{Z}$
外圆柱面	短定位套	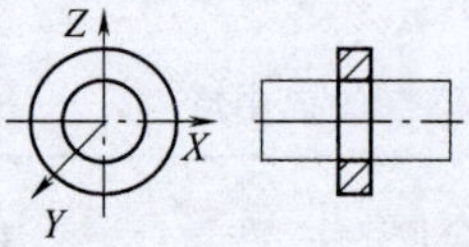	$\vec{X}$、$\vec{Z}$	长定位套	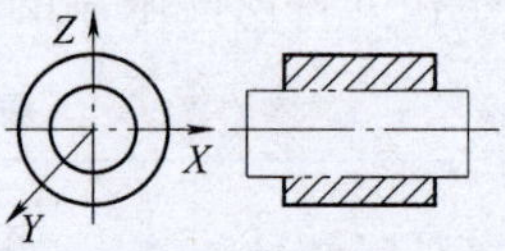	$\vec{X}$、$\vec{Z}$、$\overset{\frown}{X}$、$\overset{\frown}{Z}$
组合定位	小端面长心轴	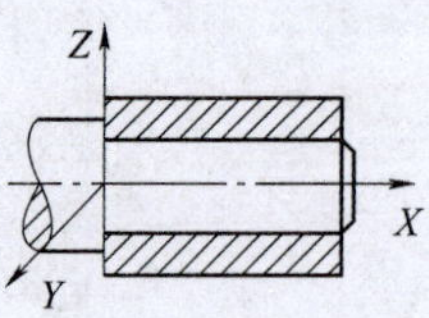	$\vec{X}$、$\vec{Y}$、$\vec{Z}$、$\overset{\frown}{Y}$、$\overset{\frown}{Z}$	一面两销	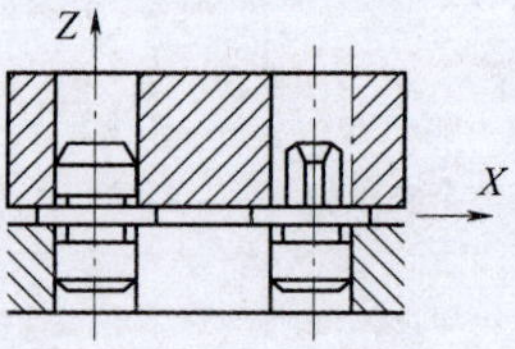	$\vec{X}$、$\vec{Y}$、$\vec{Z}$、$\overset{\frown}{X}$、$\overset{\frown}{Y}$、$\overset{\frown}{Z}$

1. 工件以平面定位及其定位元件

平面定位的主要形式是支承定位。夹具上常用的定位元件有固定支承、可调支承、浮动支承和辅助支承等。除辅助支承外，其余支承均对工件起定位作用。

(1) 固定支承。

固定支承元件有支承钉（JB/T 8029.2—1999）和支承板（JB/T 8029.1—1999）。支承钉的结构如图 1-19 所示。图 1-19（a）所示的平头支承钉与工件接触面积大，不易磨损，适用于已加工表面的定位；当定位基准面是粗糙不平的毛坯表面时，应采用图 1-19（b）所示的球头支承钉，使其与粗糙平面接触良好；图 1-19（c）所示的齿纹头支承钉常用于侧面定位，它能增大摩擦因数，防止工件受力后滑动。支承钉的应用如图 1-20 所示。

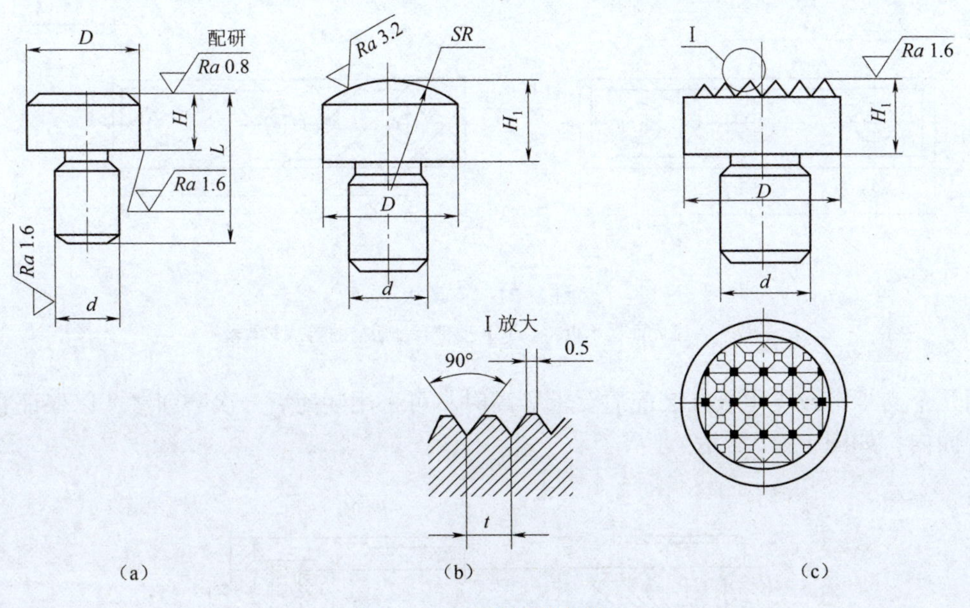

图 1-19　支承钉的结构

(a) 平头支承钉；(b) 球头支承钉；(c) 齿纹头支承钉

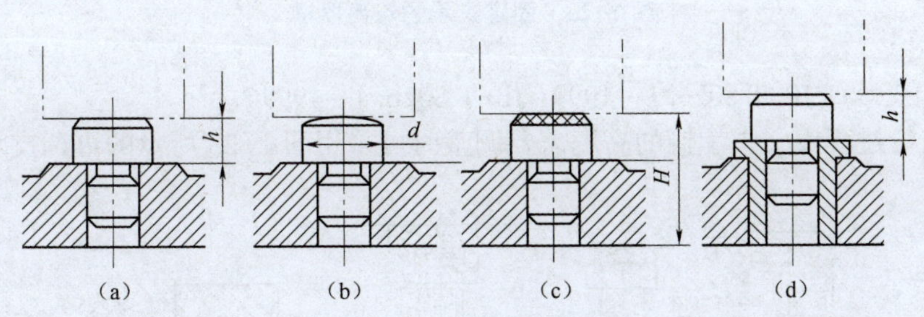

图 1-20　支承钉的应用

(a) 平顶支承钉；(b) 球头支承钉；(c) 齿纹头支承钉；(d) 带衬套支承钉

支承板如图 1-21 所示。图 1-21（a）所示为 A 型光面支承板，其结构简单，便于制造，但沉头螺钉处的积屑难于清除，宜作侧面或顶面支承；图 1-21（b）所示为 B 型带有排屑槽的斜槽支承板，其易于清除切屑和容纳切屑，宜作底面支承。

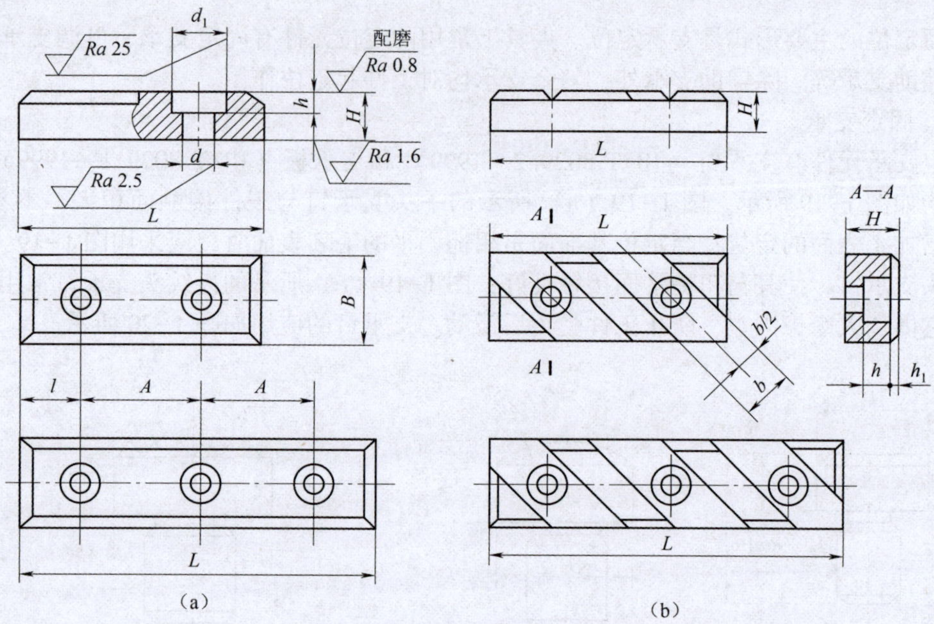

图 1-21 支承板

(a) A 型光面支承板；(b) B 型带有排屑槽的斜槽支承板

当几个支承钉或支承板在装配后要求等高时，可采用装配后一次磨削法，以保证它们在同一平面内，如图 1-22 所示。

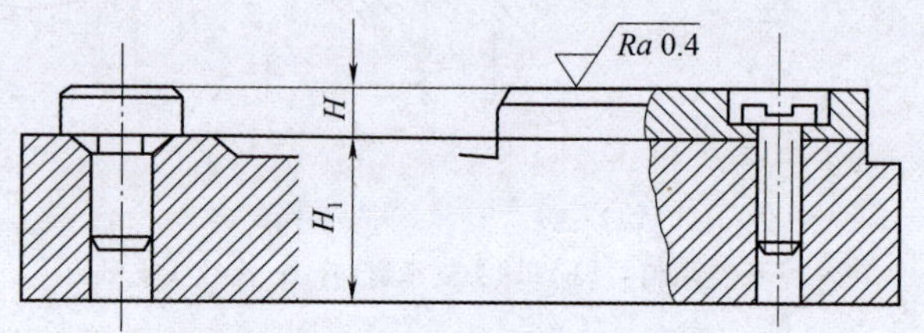

图 1-22 固定支承的等高要求

(2) 可调支承（JB/T 8026. 1—1999 ~ JB/T 8026. 4—1999）。

在工件定位过程中，支承钉的高度需要调整时可采用图 1-23 所示的可调支承。

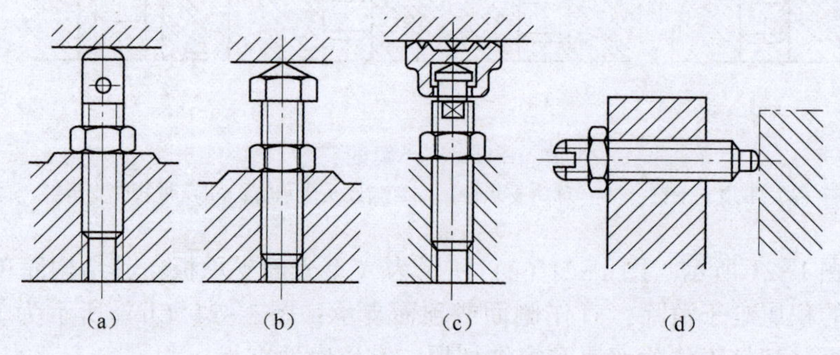

图 1-23 可调支承

(a) 球头可调支承；(b) 锥头可调支承；(c) 浮动可调支承；(d) 侧向可调支承

图 1-24 所示为可调支承钉的应用示例。

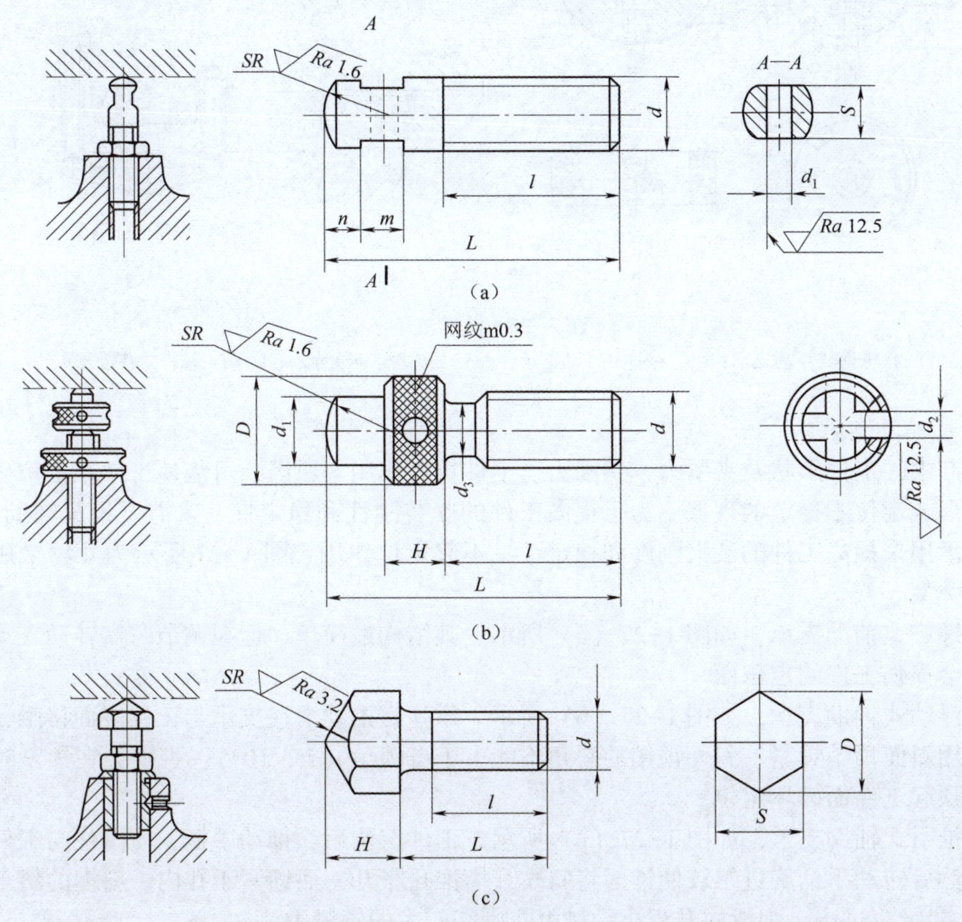

图 1-24　可调支承钉的应用示例

图 1-25 所示为可调支承定位的应用示例。工件为砂型铸件，先以 A 面定位铣 B 面，再以 B 面定位镗两个孔。铣 B 面时若采用固定支承，由于定位基面 A 的尺寸和形状误差较大，铣完后，B 面与两毛坯孔的距离 H_1 和 H_2 变化也很大，致使镗孔时余量不均匀，甚至不够。因此，图中采用了可调支承，定位时适当调整支承钉的高度，便可以避免上述情况。对于小型工件，一般每批调整一次；工件较大时，常常每件都需要调整。可调支承在主要定位表面上最多使用两个。

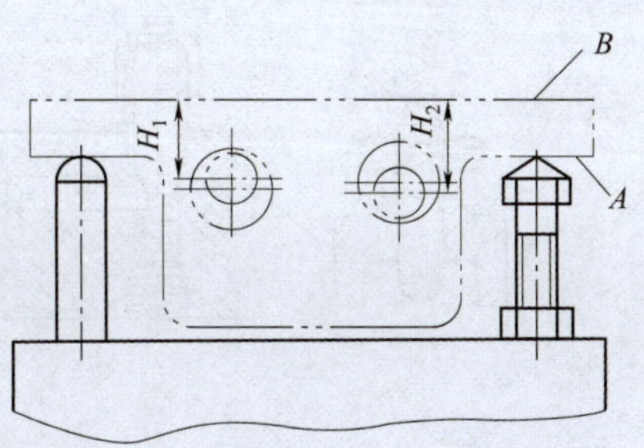

图 1-25　可调支承定位的应用示例

(3) 浮动支承。

在工件定位过程中能自动调整位置的支承称为浮动支承。图 1-26 所示为几种常见的浮动支承形式。一个浮动支承只能限制工件的 1 个自由度，与接触点数无关。浮动支承点的位置随工件定位基准面的变化而自动调节并与之相适应。浮动支承适用于毛坯表面、阶梯表面定位的场合。

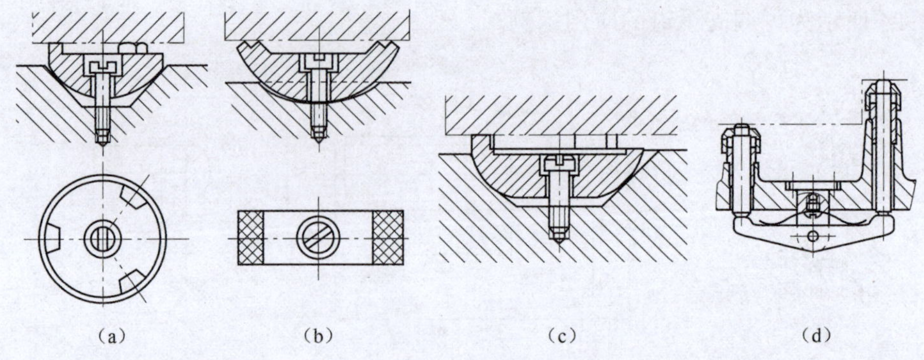

图 1-26　浮动支承

(a) 球面式浮动支承；(b) 杠杆式浮动支承；(c) 三点式浮动支承；(d) 两点杠杆式浮动支承

(4) 辅助支承。

生产中，工件形状及夹紧力、切削力、工件重力作用等原因，可能使工件在定位后仍会产生变形或定位不稳定的现象。为了提高工件的安装刚性和稳定性，常需要设置辅助支承。辅助支承用来提高工件的装夹刚度和稳定性，不起定位作用。图 1-27 所示为几种常用的辅助支承类型。

①螺旋式辅助支承，如图 1-27 (a) 所示。其结构最简单，但在调节时需转动支承，这样可能会损伤工件的定位面。

②浮动式辅助支承，如图 1-27 (b) 所示。靠弹簧推动滑柱支承与工件表面接触，转动手柄，用斜面顶销锁紧。斜面顶销的斜角不能大于自锁角 (7°~10°)，否则会在锁紧时使滑柱支承顶起工件而破坏定位。

③推引式辅助支承，如图 1-27 (c) 所示。工件定位后，推动手柄，使滑柱与工件表面接触，然后转动手柄旋进螺纹使锥面将斜楔开槽锥孔胀开，而锁紧于孔内。斜楔的斜角一般可取 8°~10°，过小，则滑柱升程小；过大，则需较大的锁紧力。

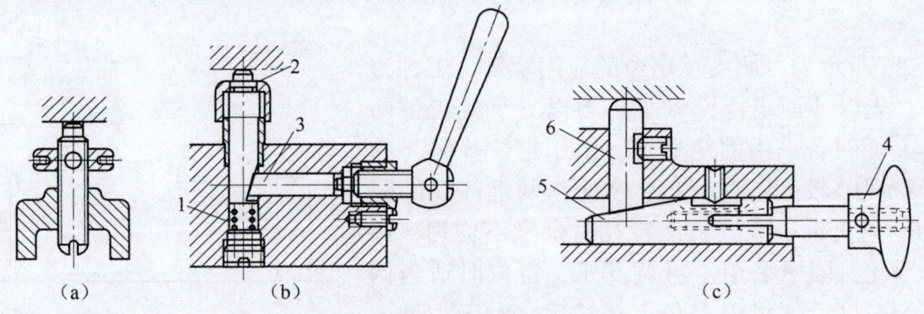

图 1-27　辅助支承

(a) 螺旋式；(b) 浮动式；(c) 推引式

1—弹簧；2—滑柱支承；3—斜面顶销；4—手柄；5—斜楔；6—滑柱

2. 工件以内孔定位及其定位元件

工件以内孔定位常用的定位元件有定位销、定位心轴、锥度心轴、圆锥销等。

(1) 定位销。

图 1-28、图 1-29 所示为常用定位销的结构，其中图 1-28 所示为固定式定位销 (JB/T 8014.2—1999)，图 1-29 所示为可换式定位销 (JB/T 8014.3—1999)。A 型为圆柱销，B 型

为菱形销，其尺寸如表 1-8 所示。在夹具体上应有沉孔，使定位销的圆角部分沉入孔内而不影响定位。各种定位销限制的自由度如表 1-7 所示。

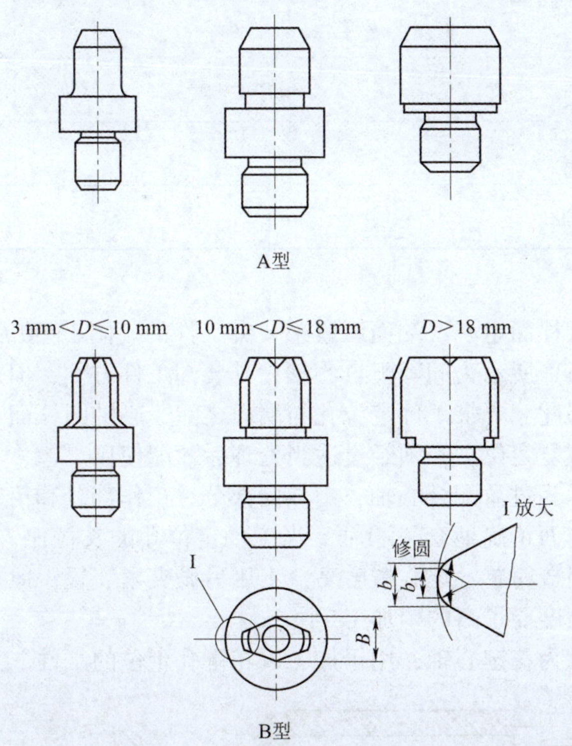

图 1-28　固定式定位销

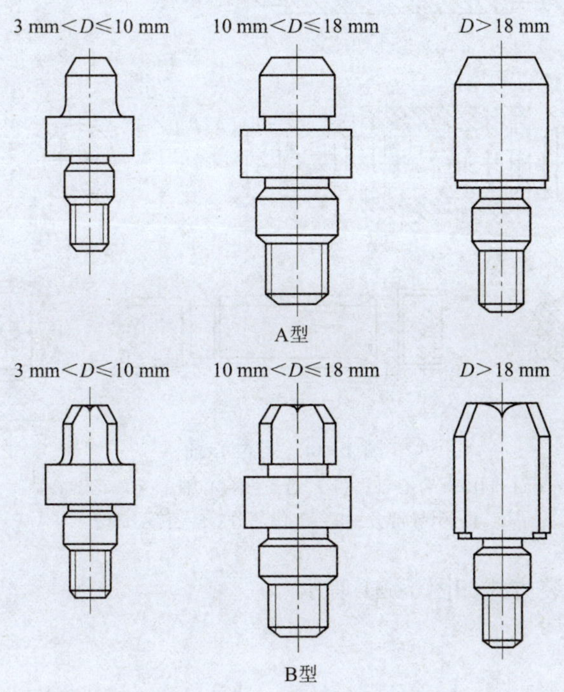

图 1-29　可换式定位销

表 1-8　菱形销的尺寸

<table>
<tr><td>D/mm</td><td>3~6</td><td>6~8</td><td>8~20</td><td>20~24</td><td>24~30</td><td>30~40</td><td>40~50</td></tr>
<tr><td>B/mm</td><td>d-0.5</td><td>d-1</td><td>d-2</td><td>d-3</td><td>d-4</td><td colspan="2">d-5</td></tr>
<tr><td>b_1/mm</td><td>1</td><td>2</td><td colspan="3">3</td><td>4</td><td>5</td></tr>
<tr><td>b/mm</td><td>2</td><td>3</td><td>4</td><td colspan="2">5</td><td>6</td><td>7</td></tr>
</table>

注：D 为用菱形销定位孔的直径。

（2）定位心轴。

定位心轴是以外圆柱面定心，端面压紧来装夹工件的。图 1-30 所示为常用定位心轴的结构形式。图 1-30（a）所示为间隙配合心轴，其装卸工件方便，但定心精度低。工件常以孔与端面联合定位，因此，要求工件定位孔与端面之间、心轴圆柱面与端面间都有较高的垂直度，且这种定位是重复定位，必须经过适当处理后才能使用。

图 1-30（b）所示为过盈配合心轴，由导向部分、工作部分和传动部分组成。导向部分的作用是使工件能迅速而正确地套入心轴。当工件定位孔的长径比 $L/D>1$ 时，心轴的部分稍带锥度。这种心轴制造简单，定心精度高，不用另设夹紧装置，但装卸工件不便，易损伤定位孔，多用于定心精度要求高的精加工。

图 1-30（c）所示为花键心轴，用于加工以花键孔定位的工件。

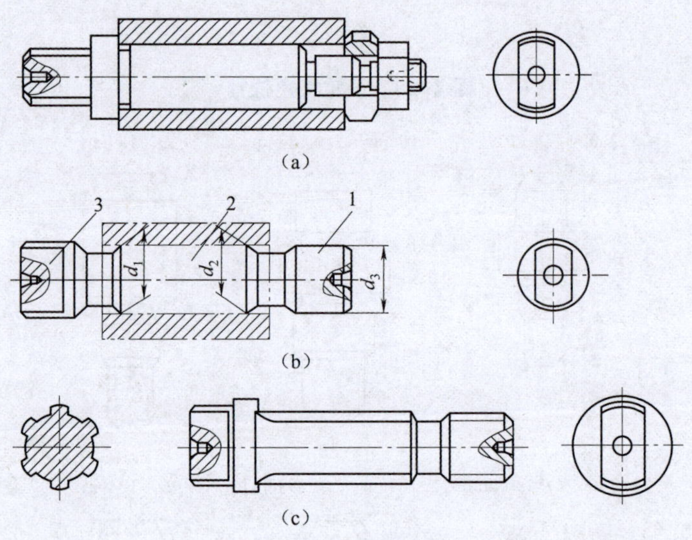

图 1-30　定位心轴

（a）间隙配合心轴；（b）过盈配合心轴；（c）花键心轴

1—引导部分；2—工作部分；3—传动部分

心轴在机床上的安装方式如图 1-31 所示。

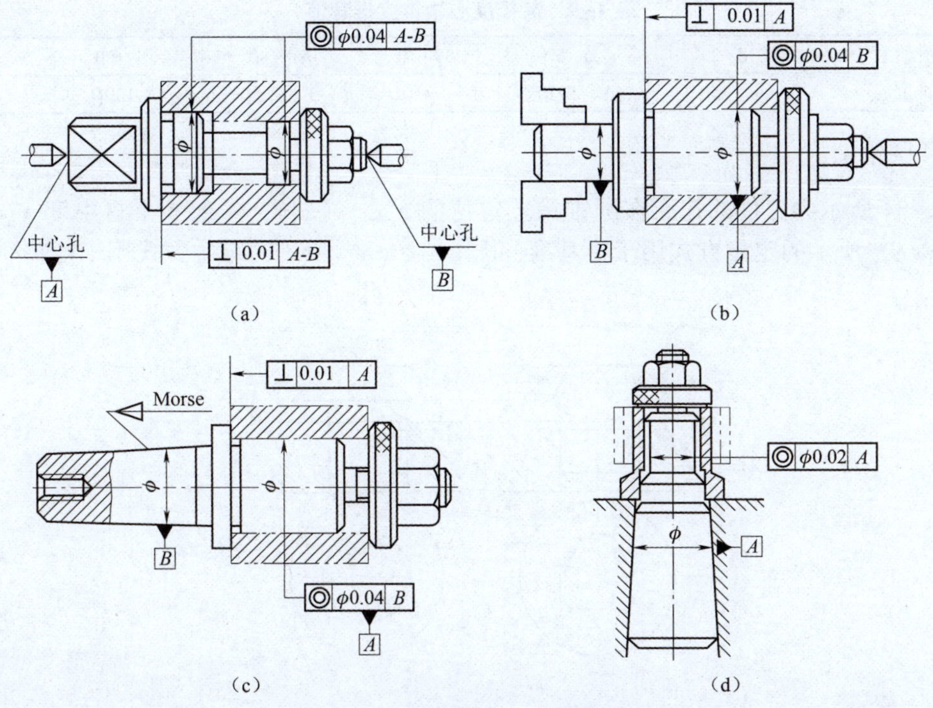

图 1-31　心轴在机床上的安装方式

（a）前后顶尖安装；（b）前三爪盘后顶尖安装；（c）锥柄安装；（d）滚齿机锥柄安装

（3）锥度心轴。

图 1-32 所示为工件在锥度心轴上定位，并靠工件定位圆孔与心轴圆柱面的弹性变形夹紧工件。对定心精度要求很高的心轴，其锥度可按表 1-9 所示选取。这种定位方式的定心精度较高，同轴度可达 ϕ0. 005~0. 01 mm，但其轴向位移量较大，适用于工件定位孔精度不低于 IT7 级的精加工或磨削加工，不能加工端面。一般锥度心轴能限制 5 个自由度，如图 1-33 所示。

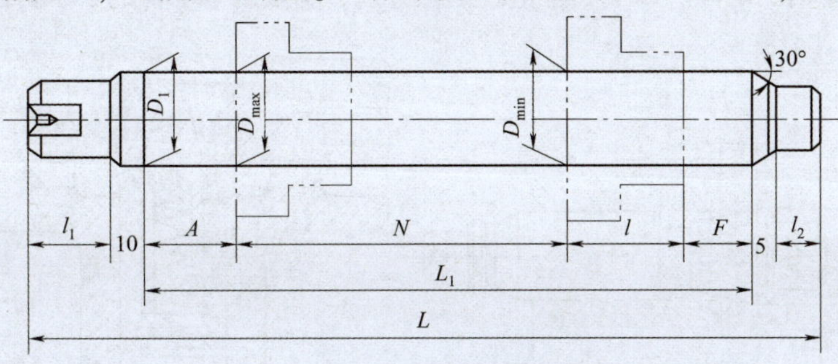

图 1-32　锥度心轴

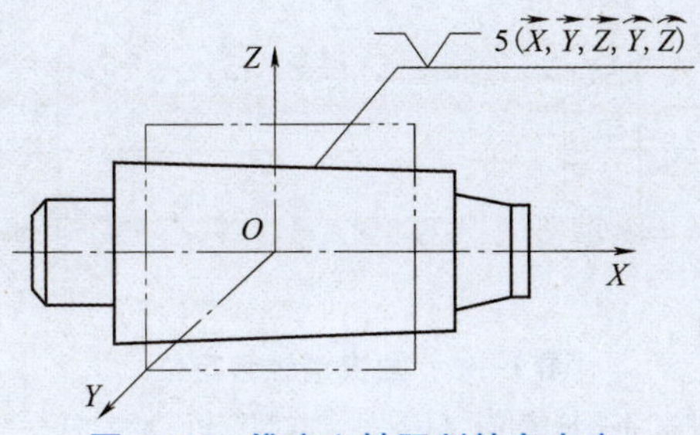

图 1-33　锥度心轴限制的自由度

表 1-9　高精度心轴锥度推荐值

工件定位孔直径 D/mm	8~25	25~50	50~70	70~80	80~100	>100
锥度	1∶250D	1∶200D	1∶150D	1∶125D	1∶100D	1∶1 000D

（4）圆锥销。

图 1-34 所示为工件的孔缘在圆锥销上定位的方式，限制工件的 3 个自由度 $\vec{X}$、$\vec{Y}$、$\vec{Z}$。图 1-34（a）所示的定位方式用于粗基准，图 1-34（b）所示的定位方式用于精基准。

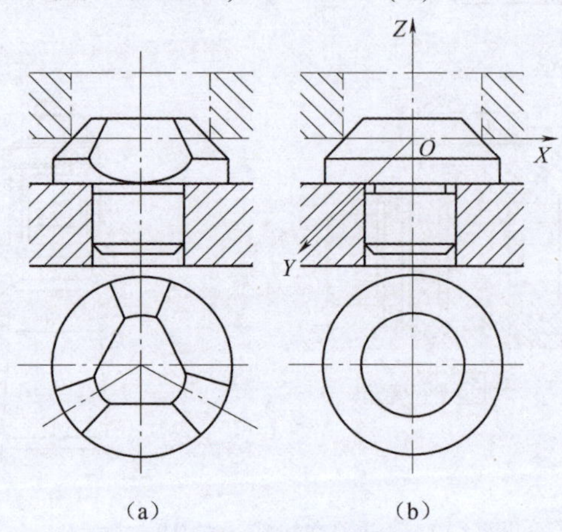

图 1-34　圆锥销定位

（a）用于粗基准；（b）用于精基准

工件用单个圆锥销定位时容易倾斜，一般应和其他定位元件组合定位，如图 1-35 所示。图 1-35（a）所示为圆锥—圆柱组合心轴，锥度部分使工件准确定心。由于锥度较大，因此轴向位置变化不大，较长的圆柱部分可减小工件的倾斜。图 1-35（b）所示为以工件的底面为主要定位基准，定位锥体采用活动式，工件的孔径虽有变化，但不会出现倾斜。图 1-35（c）所示为工件在双圆锥销上定位。以上 3 种组合定位方式，均限制了工件的 5 个自由度。

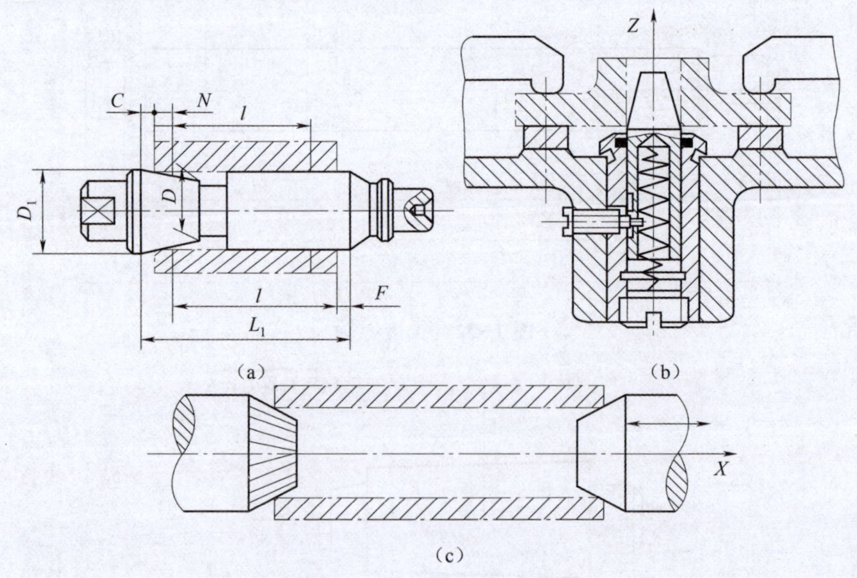

图 1-35　圆锥销组合定位

（a）圆锥-圆柱组合心轴定位；（b）活动式圆锥销定位；（c）双圆锥销定位

3. 工件以外圆柱面定位及其定位元件

以外圆柱面定位常用的定位元件有V形块、定位套、半圆套和圆锥套等。

（1）在V形块上定位。

V形块两斜面间的夹角 α，一般选用60°、90°或120°，以90°应用最广。90° V形块的典型结构和尺寸均已标准化，如图1-36所示。使用V形块定位的特点是对中性好，可用于定位非完整外圆表面。

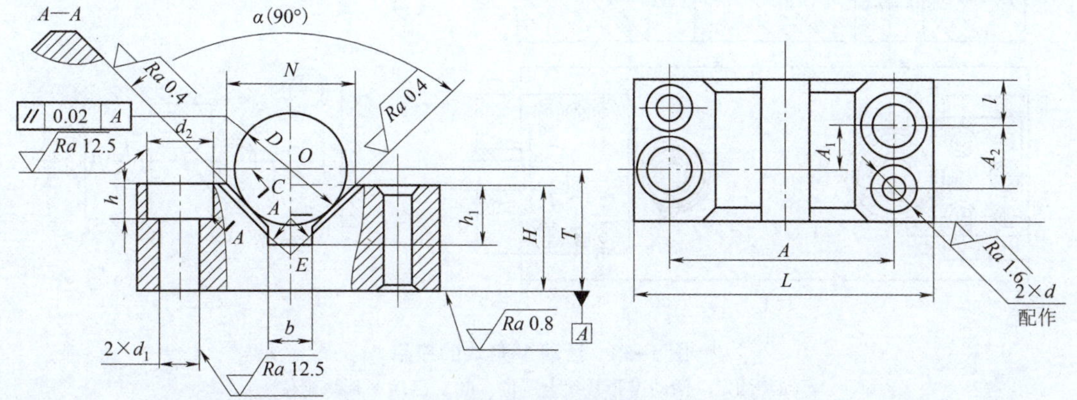

图1-36　90° V形块

V形块有长短之分，长V形块（或2个短V形块的组合）限制工件的4个自由度，而短V形块一般只限制工件的2个自由度，如图1-37所示。

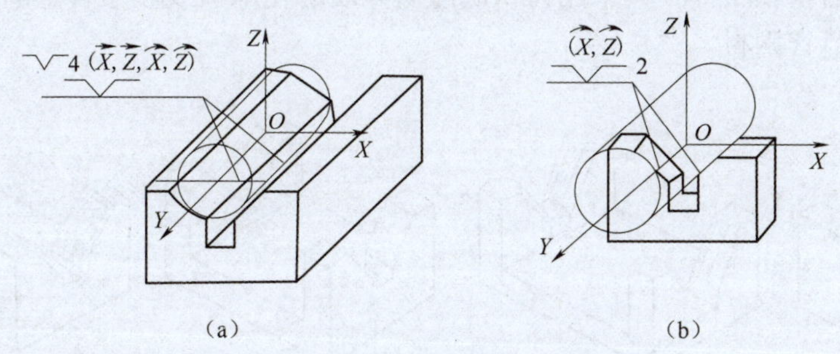

图1-37　长短V形块的定位及应用

（a）长V形块定位；（b）短V形块定位

V形块又有固定和活动之分，活动V形块在可移动方向上对工件起不到定位作用，如图1-38所示。

V形块在夹具中的安装尺寸 T 是V形块的主要设计参数，该尺寸常用作V形块检验和调整的依据，由图1-36可以求出

$$T=H+\frac{1}{2}\left(\frac{D}{\sin\dfrac{\alpha}{2}}-\frac{N}{\tan\dfrac{\alpha}{2}}\right) \tag{2-1}$$

式中　D——V形块的设计心轴直径，mm；

N——V形块的开口尺寸，mm；

T——V形块理论圆的中心高度尺寸，mm；

H——V 形块的高度，mm；

α——V 形块的两限位基面间的夹角，(°)。

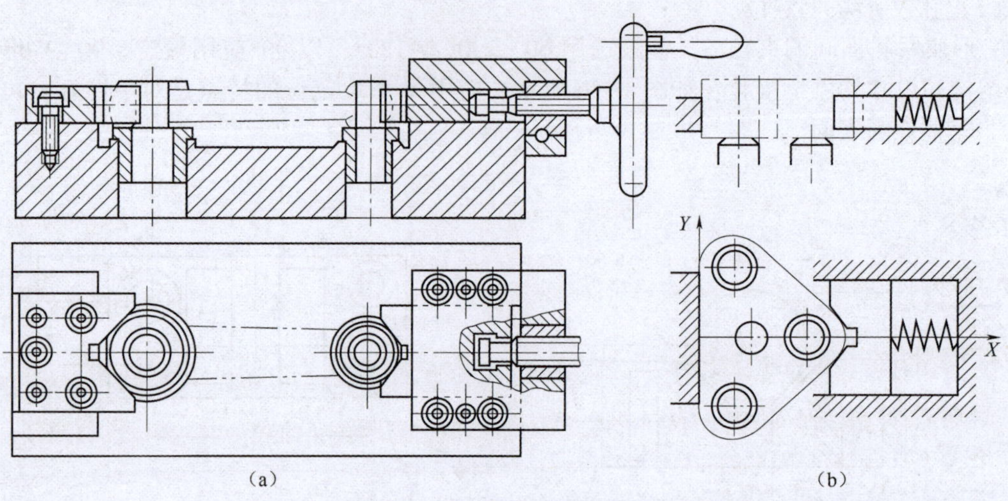

图 1-38　活动 V 形块的应用

(a) 固定—活动 V 形块组合定位；(b) 活动 V 形块定位

常用的 V 形块结构如图 1-39 所示。图 1-39 (a) 所示的 V 形块适用于较短的精基面定位；图 1-39 (b) 所示的 V 形块适用于粗基准或阶梯轴的定位；图 1-39 (c) 所示的 V 形块适用于长的精基面或两段基准面相距较远的轴定位；图 1-39 (d) 所示的 V 形块适用于直径和长度较大的重型工件，其采用铸铁底座镶淬硬的支承板或硬质合金的结构，以减少磨损、提高寿命并节省钢材。

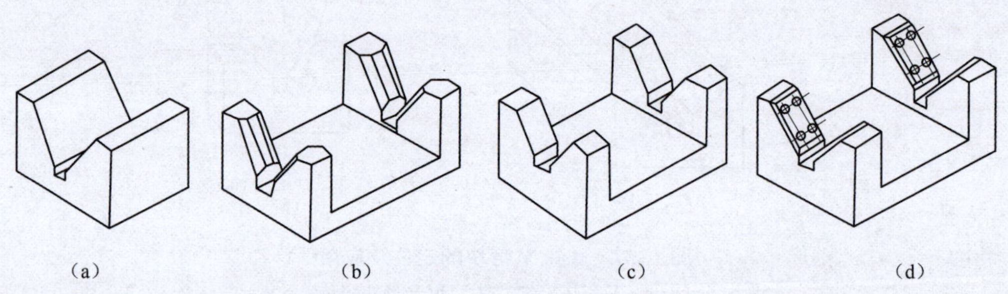

图 1-39　V 形块结构

(a) 长 V 形块；(b) 两短 V 形块（粗基准面）；(c) 两短 V 形块（精基准面）；(d) 镶淬硬支承板两短 V 形块

(2) 定位套。

图 1-40 所示为装在夹具体上的定位套结构。其中图 1-40 (a) 所示为长定位套，限制工件的 4 个自由度；图 1-40 (b) 所示为短定位套，限制工件的 2 个自由度。为了保证轴向定位精度，定位套常与端面联合定位。

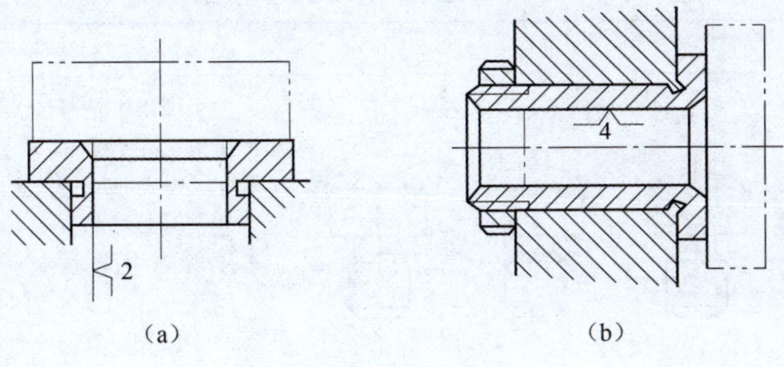

图 1-40　常用定位套

(a) 短定位套；(b) 长定位套

图 1-41 所示为外圆柱面用半圆套定位的结构。下半圆套固定在夹具体上用于定位，其最小直径应取工件定位外圆的最大直径。上半圆套是可动的，起夹紧作用。半圆套定位的优点是夹紧力均匀，装卸工件方便，常用于曲轴等不适合以整圆定位的大型轴类零件的定位。

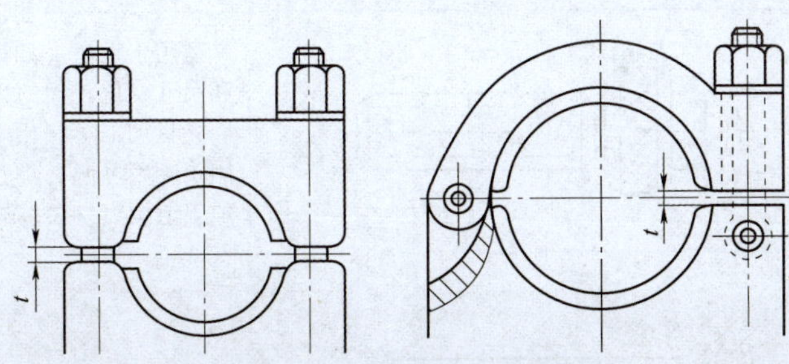

图 1-41　半圆套定位装置结构

(3) 圆锥套。

图 1-42 所示为通用的外拔顶尖（JB/T 10117.3—1999）。工件以圆柱面的端部在外拔顶尖的锥孔中定位，锥孔中有齿纹，以便带动工件旋转。顶尖体的锥柄部分插入机床主轴孔中。

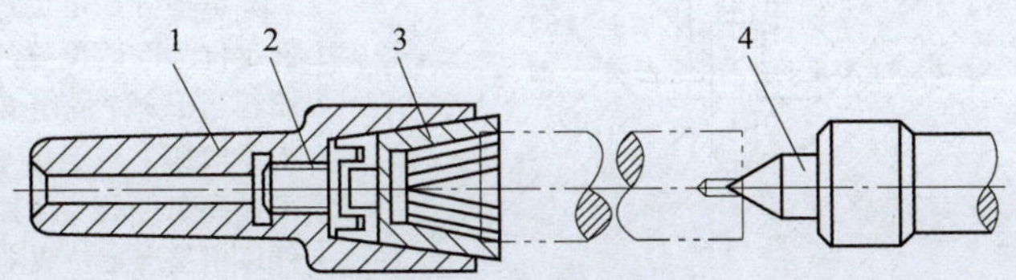

图 1-42　通用的外拔顶尖

1—顶尖体；2—螺钉；3—圆锥套；4—后顶尖

1.4.4　常用定位元件的选用

常用定位元件应按照工件的定位方法和定位元件的结构、形状、尺寸及布置形式等特点进行选择。常用定位元件的选用主要取决于工件的加工要求、工件定位基准和外力的作用状况等因素。

工件以平面定位时定位元件的选用，如表 1-10 所示。

表 1-10　平面定位时定位元件的选用表

类型	名称	简图	工作特点及使用说明
主要支承	支承钉	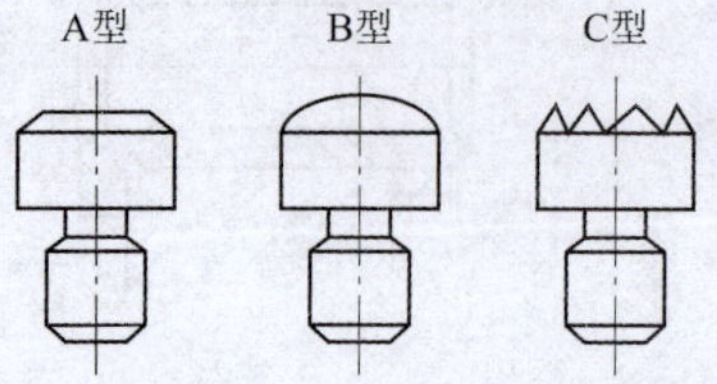 A型　B型　C型	A 型用于精基准，B 型用于粗基准，C 型用于侧面定位。支承钉与夹具体孔的配合为 H7/r6 或 H7/n6。支承钉需经常更换时可加衬套，其外径与夹具体孔的配合也为 H7/r6 或 H7/n6，内径与支承钉的配合为 H7/js6，使用几个 A 型支承钉时，装配后应磨平工作表面，以保证其等高性
	支承板	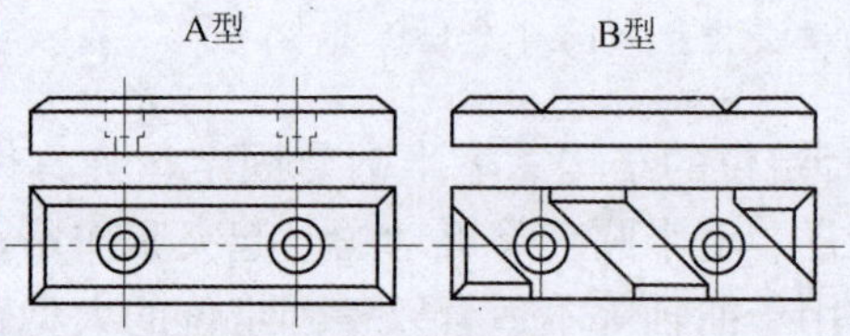 A型　B型	适用于精基准。A 型用于侧面和顶面定位，B 型用于底面定位。支承板用螺钉紧固在夹具体上。受力较大或支承板有移动趋势时，应增加圆锥销或将支承板嵌入夹具体槽内。采用两个以上支承板定位时，装配后应磨平工作表面，以保证其等高性
	可调支承	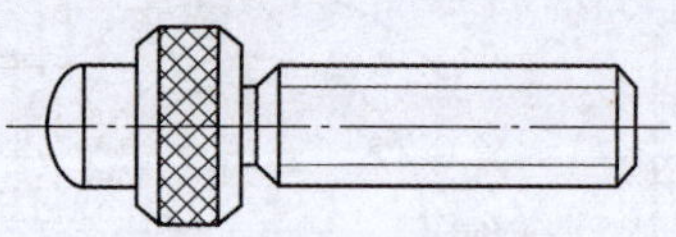	适用于毛坯（如铸件）分批制造，其形状和尺寸变化较大的粗基准定位，也可用于同一夹具加工形状相同而尺寸不同的工件，或用于专用可调夹具和成组夹具中。每批工件加工前调整一次，调整后用锁紧螺母锁紧
	浮动支承	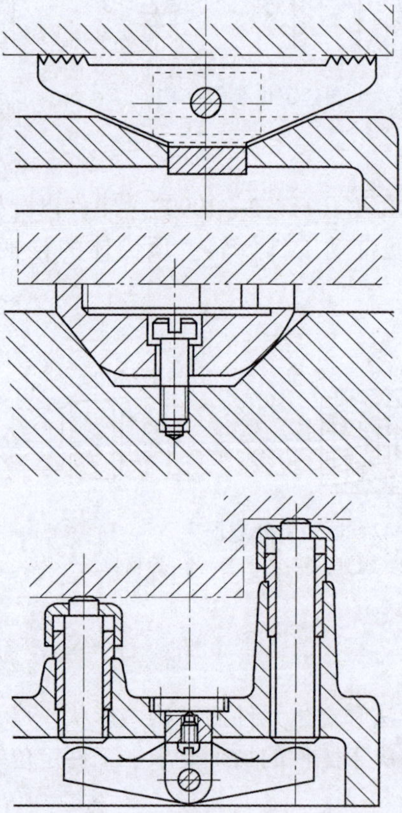	支承本身在定位过程中所处的位置，随工件定位基准面位置的变化而自动调整，其作用相当于一个固定支承，只限制 1 个自由度。由于增加了与定位基准面接触的点数，因此可提高工件的安装刚性和稳定性。适用于工件以粗基准定位或刚性不足的场合

续表

类型	名称	简图	工作特点及使用说明
	螺旋式辅助支承	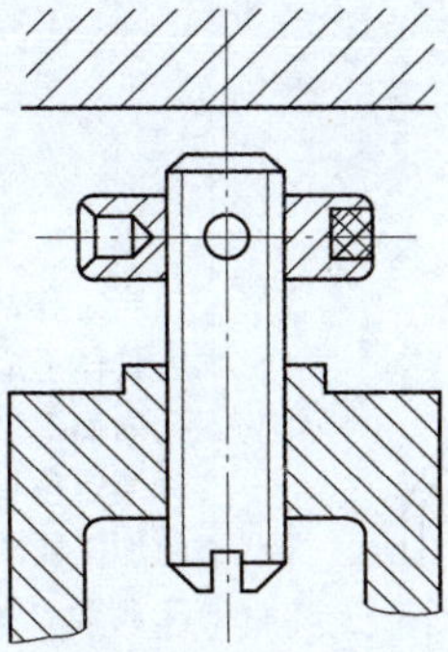	在于提高工件的安装刚性和定位的稳定性，并不起约束自由度的作用。使用时必须对工件逐个进行调整，以适应工件支承表面的位置变化。结构简单，但效率较低
辅助支承	浮动式辅助支承	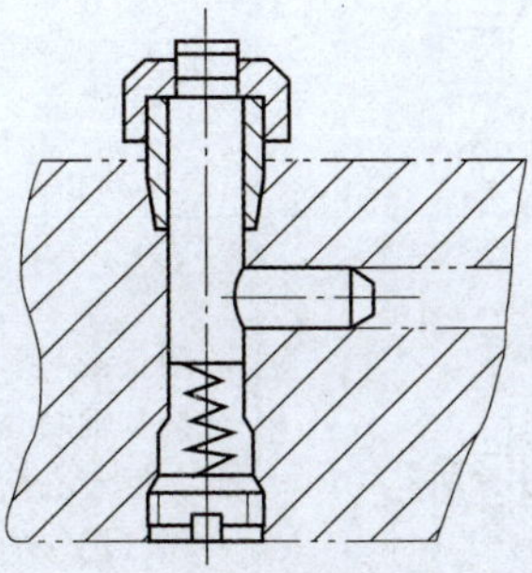	支承销的高度高于主要支承，当工件安装在主要支承上后，支承销被工件定位基准面压下，并与其他主要支承一起与工件定位基准面保持接触，然后锁紧。适用于工件质量较轻，垂直作用的切削负荷较小的场合
	推引式辅助支承	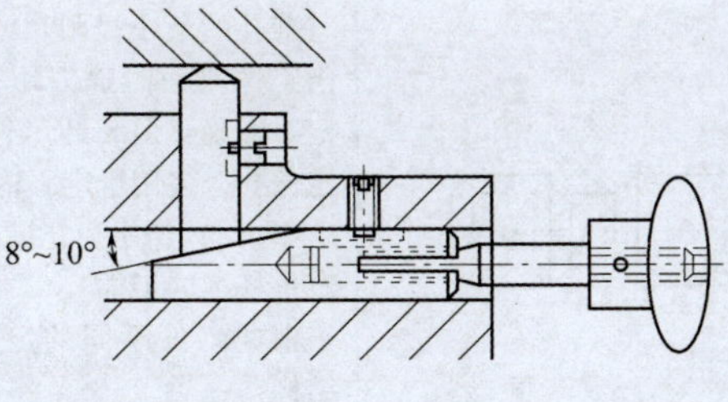	支承销的高度高于主要支承，当工件安装在主要支承上后，推动支承销与工件定位基准面接触，然后锁紧。适用于工件质量较重，垂直作用的切削负荷较大的场合。斜面角为8°～10°

工件以圆柱孔定位时定位元件的选用，如表 1-11 所示。

表 1-11　工件以圆柱孔定位时定位元件的选用表

名称	简图	工作特点及使用说明
定位销	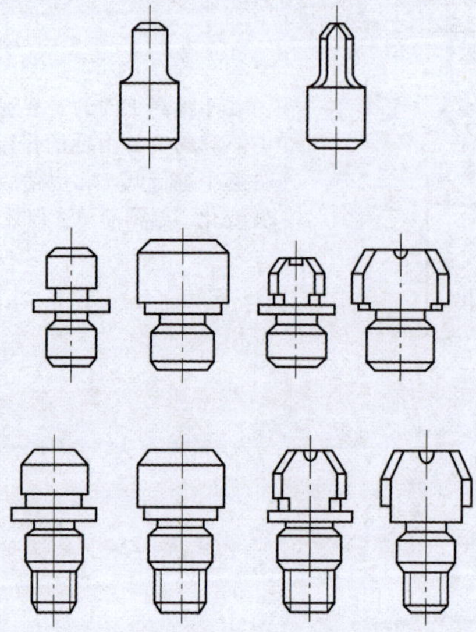	当工作部分直径 D< 3 mm 时采用小定位销，夹具体上应有沉孔，使定位销圆角部分沉入孔内而不影响定位。大批量生产时，应采用可换定位销。工作部分的直径，可根据工件的加工要求和安装方便程度，按 g5、g6、f6、f7 制造，与夹具体配合为 H7/r6 或 H7/n6，衬套外径与夹具体配合为 H7/n6，其内径与定位销配合为 H7/h6 或 H7/h5。当采用工件上孔与端面组合定位时，应该加上支承垫板或支承垫圈
定位心轴	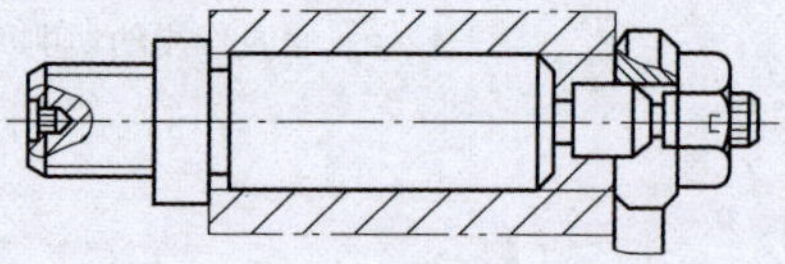 (a) 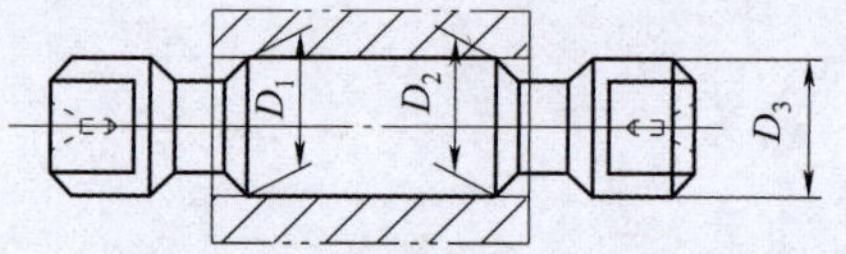 (b) 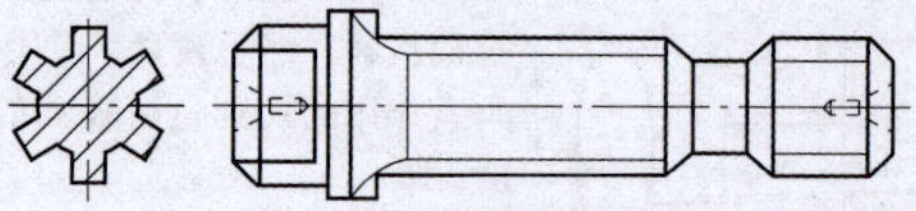 (c)	图（a）所示为间隙配合心轴。心轴工作部分按基轴制 h6、g6 或 f7 制造。装卸工件较方便，但定心精度不高。 图（b）所示为过盈配合心轴。引导部分直径 D_3 按 e8 制造，其基本尺寸为基准孔的最小极限尺寸，其长度约为基准孔长度的 1/2。工作部分直径按 r6 制造，其基本尺寸为基准孔的最大极限尺寸。当工件基准孔的长径比 L/D>1 时，心轴的工作部分应稍带锥度。直径 D_1 按 r6 制造，其基本尺寸为孔的最大极限尺寸；直径 D_2 按 r6 制造，其基本尺寸为基准孔的最小极限尺寸。心轴上的凹槽供车削工件端面时退刀用。这种心轴制造简便，定心准确，但装卸工件不便，且易损伤工件定位孔，多用于定心精度要求较高的场合。 图（c）所示为花键心轴，用于以花键孔为定位基准的工件。 根据工件不同的定心方式来确定心轴的结构

续表

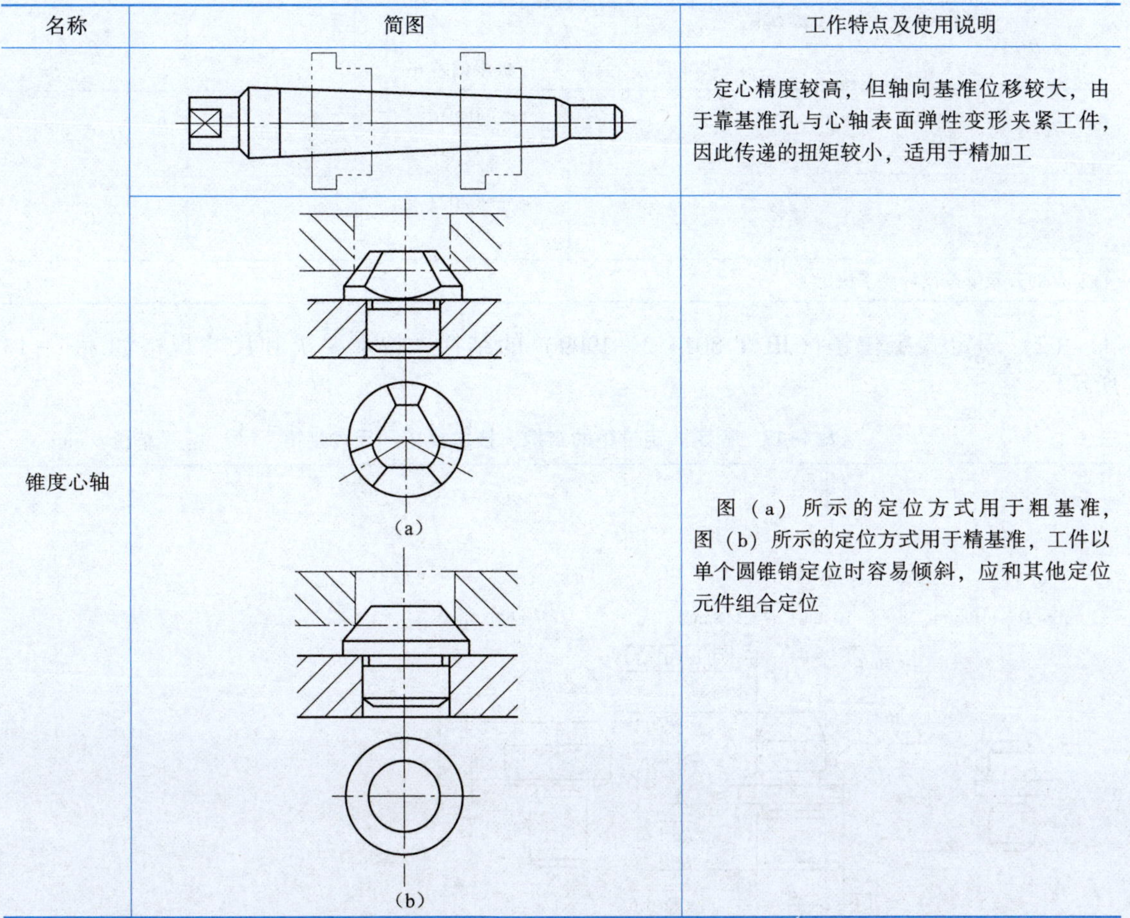

名称	简图	工作特点及使用说明
锥度心轴		定心精度较高，但轴向基准位移较大，由于靠基准孔与心轴表面弹性变形夹紧工件，因此传递的扭矩较小，适用于精加工
	(a) (b)	图（a）所示的定位方式用于粗基准，图（b）所示的定位方式用于精基准，工件以单个圆锥销定位时容易倾斜，应和其他定位元件组合定位

1.4.5 定位元件的尺寸规格

定位元件的设计，应按照国家标准和中国机械行业标准（JB/T）执行。常用定位元件的标准如下。

1. 定位销

（1）小定位销（JB/T 8014.1—1999）的结构、技术要求和尺寸规格如表 1-12 所示。

表 1-12　小定位销的结构、技术要求和尺寸规格　　单位：mm

技术条件：
1.材料：T8A按GB/T 1299—2014的规定。
2.热处理：55~60 HRC。
3.其他技术条件按JB/T 8044—1999的规定。

标记示例：
D=2.5 mm、公差带为f7的A型小定位销：
定位销　A2.5f7 JB/T 8014.1—1999。

Ra 12.5 （√）

续表

D	H	d		L	B
		基本尺寸	极限偏差 r6		
1~2	4	3	+0.016 +0.010	10	D−0.3
3~5	5	5	+0.023 +0.015	12	D−0.6

注：D 的公差带按设计要求决定。

（2）固定式定位销（JB/T 8014.2—1999）的结构、技术要求和尺寸规格如表 1-13 所示。

表 1-13　固定式定位销的结构、技术要求和尺寸规格　　单位：mm

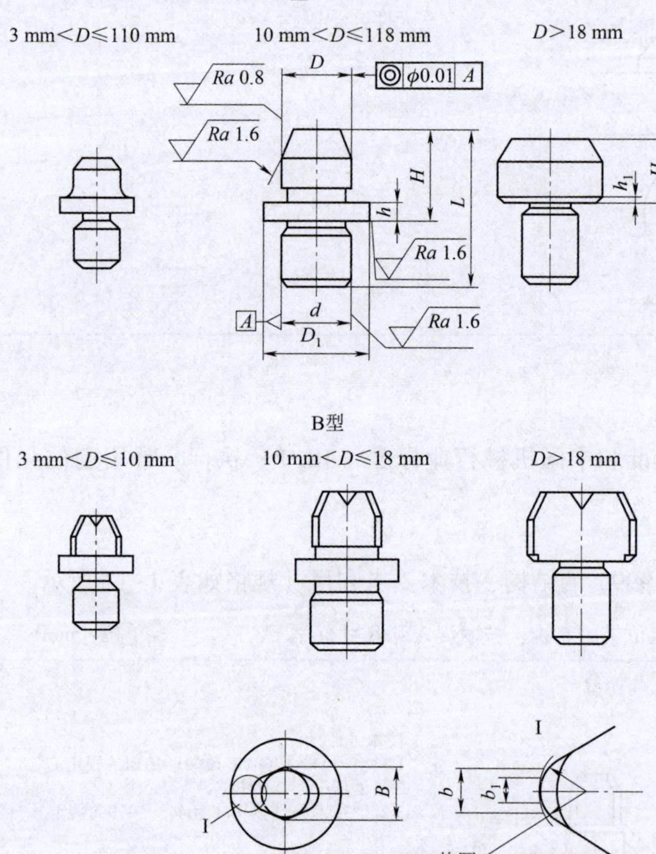

技术条件：

1.材料：D≤18 mm，T8按GB/T 1299—2014的规定；D>18 mm，20钢按GB/T 699—2015的规定。

2.热处理：T8为55~60 HRC；20钢渗碳深度0.8~1.2 mm，55~60 HRC。

3.其他技术条件按JB/T 8044—1999的规定。

Ra 12.5 （√）

标记示例：

D=11.5 mm、公差带为f7、H=14 mm的A型固定式定位销：

定位销 A11.5f7×14 JB/T 8014.2—1999。

续表

<table>
<tr><th rowspan="2">D</th><th rowspan="2">H</th><th colspan="2">d</th><th rowspan="2">D</th><th rowspan="2">L</th><th rowspan="2">h</th><th rowspan="2">h_1</th><th rowspan="2">B</th><th rowspan="2">b</th><th rowspan="2">b_1</th></tr>
<tr><th>基本尺寸</th><th>极限偏差 r6</th></tr>
<tr><td rowspan="2">3~6</td><td>8</td><td rowspan="2">6</td><td rowspan="2">+0.023
+0.015</td><td rowspan="2">12</td><td>16</td><td>3</td><td rowspan="10"></td><td rowspan="2">D-0.5</td><td rowspan="2">2</td><td rowspan="2">1</td></tr>
<tr><td>14</td><td>22</td><td>7</td></tr>
<tr><td rowspan="2">6~8</td><td>10</td><td rowspan="2">8</td><td rowspan="4">+0.028
+0.019</td><td rowspan="2">14</td><td>20</td><td>3</td><td rowspan="2">D-1</td><td rowspan="2">3</td><td rowspan="2">2</td></tr>
<tr><td>18</td><td>28</td><td>7</td></tr>
<tr><td rowspan="2">8~10</td><td>12</td><td rowspan="2">10</td><td rowspan="2">16</td><td>24</td><td>4</td><td rowspan="9">D-2</td><td rowspan="9">4</td><td rowspan="15">3</td></tr>
<tr><td>22</td><td>34</td><td>8</td></tr>
<tr><td rowspan="2">10~14</td><td>14</td><td rowspan="2">12</td><td rowspan="13">+0.034
+0.023</td><td rowspan="2">18</td><td>26</td><td>4</td></tr>
<tr><td>24</td><td>36</td><td>9</td></tr>
<tr><td rowspan="2">14~18</td><td>16</td><td rowspan="2">15</td><td rowspan="2">22</td><td>30</td><td>5</td></tr>
<tr><td>26</td><td>40</td><td>10</td></tr>
<tr><td rowspan="3">18~20</td><td>12</td><td rowspan="3">12</td><td rowspan="15"></td><td>26</td><td rowspan="15"></td><td rowspan="3">1</td></tr>
<tr><td>18</td><td>32</td></tr>
<tr><td>28</td><td>42</td></tr>
<tr><td rowspan="3">20~24</td><td>14</td><td rowspan="6">15</td><td>30</td><td rowspan="6">2</td><td rowspan="3">D-3</td><td rowspan="6">5</td></tr>
<tr><td>22</td><td>38</td></tr>
<tr><td>32</td><td>48</td></tr>
<tr><td rowspan="3">24~30</td><td>16</td><td>36</td><td rowspan="3">D-4</td></tr>
<tr><td>25</td><td>45</td></tr>
<tr><td>34</td><td>54</td></tr>
<tr><td rowspan="3">30~40</td><td>18</td><td rowspan="3">18</td><td rowspan="6">+0.041
+0.028</td><td>42</td><td rowspan="6">3</td><td rowspan="6">D-5</td><td rowspan="3">6</td><td rowspan="3">4</td></tr>
<tr><td>30</td><td>54</td></tr>
<tr><td>38</td><td>62</td></tr>
<tr><td rowspan="3">40~50</td><td>20</td><td rowspan="3">22</td><td>50</td><td rowspan="3">8</td><td rowspan="3">5</td></tr>
<tr><td>35</td><td>65</td></tr>
<tr><td>45</td><td>75</td></tr>
<tr><td colspan="11">注：D 的公差带按设计要求决定。</td></tr>
</table>

（3）可换定位销（JB/T 8014.3—1999）的结构、技术要求和尺寸规格如表 1-14 所示。

表 1-14　可换定位销的结构、技术要求和尺寸规格　　单位：mm

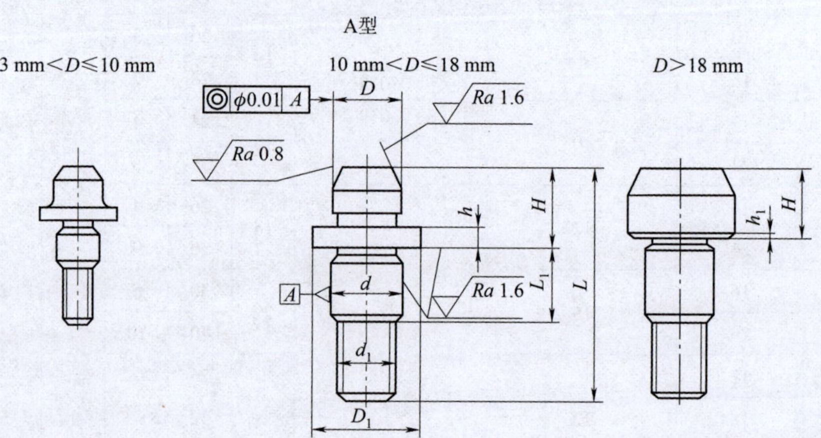

技术条件：
1.材料：$D \leq 18$ mm，T8按GB/T 1298—2008的规定；$D > 18$ mm，20钢按GB/T 699—2015的规定。
2.热处理：T8为55~60 HRC；20钢渗碳深度0.8~1.2 mm，55~60 HRC。
3.其他技术条件按JB/T 8044—1999的规定。

Ra 12.5 (√)

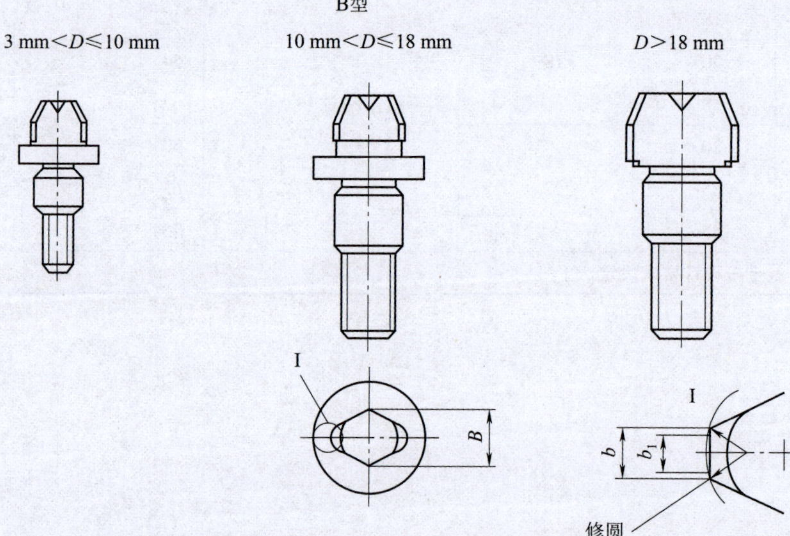

标记示例：
D=12.5 mm、公差带为f7、H=14 mm的A型可换定位销：
定位销　A12.5f7×14 JB/T 8014.3—1999。

续表

D	H	d		d_1	D_1	L	L_1	h	h_1	B	b	b_1
		基本尺寸	极限偏差 h6									
3~6	8	6	0 -0.008	M5	12	26	8	3	—	*D*-0.5	2	1
	14					32		7				
6~8	10	8	0 -0.009	M6	14	28		3		*D*-1	3	2
	18					36		7				
8~10	12	10		M8	16	35	10	4		*D*-2	4	3
	22					45		8				
10~14	14	12	0 -0.011	M10	18	40	12	4				
	24					50		9				
14~18	16	15		M12	22	46	14	5				
	26					56		10				
18~20	12	12		M10	—	40	12	—	1			
	18					46						
	28					55						
20~24	14	15		M12		45	14		2	*D*-3	5	
	22					53						
	32					63						
24~30	16					50	16			*D*-4		
	25					60						
	34					68						
30~40	18	18	0 -0.013			60	20		3	*D*-5	6	4
	30			M16		72						
	38					80						
40~50	20	22				70	25				8	5
	35			M20		85						
	45					95						

注：*D* 的公差带按设计要求决定。

（4）定位衬套（JB/T 8013. 1—1999）的结构形式和尺寸规格如表 1-15 所示。

表 1-15　定位衬套的结构形式和尺寸规格　　单位：mm

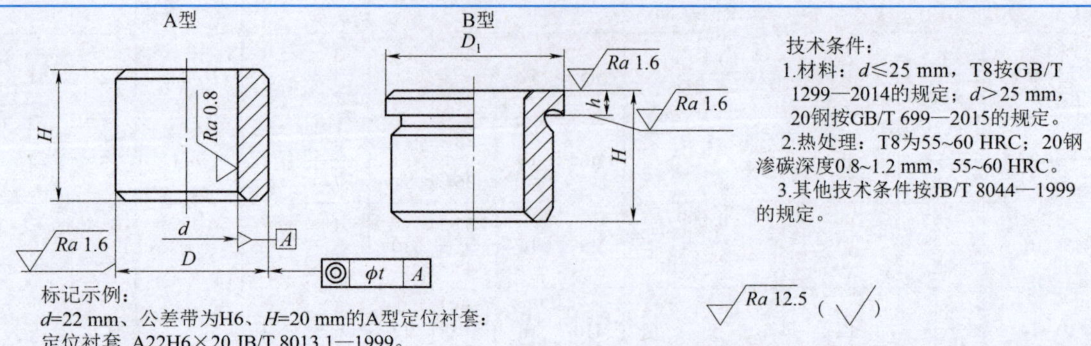

技术条件：

1.材料：d≤25 mm，T8按GB/T 1299—2014的规定；d>25 mm，20钢按GB/T 699—2015的规定。

2.热处理：T8为55~60 HRC；20钢渗碳深度0.8~1.2 mm，55~60 HRC。

3.其他技术条件按JB/T 8044—1999的规定。

标记示例：

d=22 mm、公差带为H6、H=20 mm的A型定位衬套：

定位衬套　A22H6×20 JB/T 8013.1—1999。

d 基本尺寸	*d* 极限偏差 H6	*d* 极限偏差 H7	*H*	*D* 基本尺寸	*D* 极限偏差 n6	D_1	*h*	*t* 用于 H6	*t* 用于 H7
3	+0. 006 0	+0. 010 0	8	8	+0. 019 +0. 010	11	3	0. 005	0. 008
4	+0. 008 0	+0. 012 0	10	8	+0. 019 +0. 010	11	3	0. 005	0. 008
6	+0. 008 0	+0. 012 0	10	10	+0. 019 +0. 010	13	3	0. 005	0. 008
8	+0. 009 0	+0. 015 0	10	12	+0. 023 +0. 012	15	3	0. 005	0. 008
10	+0. 009 0	+0. 015 0	12	15	+0. 023 +0. 012	18	3	0. 005	0. 008
12	+0. 011 0	+0. 018 0	12	18	+0. 023 +0. 012	22	4	0. 005	0. 008
15	+0. 011 0	+0. 018 0	16	22	+0. 028 +0. 015	26	4	0. 005	0. 008
18	+0. 011 0	+0. 018 0	16	26	+0. 028 +0. 015	30	4	0. 008	0. 012
22	+0. 013 0	+0. 021 0	20	30	+0. 028 +0. 015	34	4	0. 008	0. 012
26	+0. 013 0	+0. 021 0	20	35	+0. 033 +0. 017	39	5	0. 008	0. 012
30	+0. 013 0	+0. 021 0	25 45	42	+0. 033 +0. 017	46	5	0. 008	0. 012
35	+0. 016 0	+0. 025 0	25 45	48	+0. 033 +0. 017	52	5	0. 008	0. 012
42	+0. 016 0	+0. 025 0	30 56	55	+0. 039 +0. 020	59	5	0. 008	0. 012
48	+0. 016 0	+0. 025 0	30 56	62	+0. 039 +0. 020	66	5	0. 008	0. 012
55	+0. 019 0	+0. 030 0	30 56	70	+0. 039 +0. 020	74	5	0. 025	0. 040
62	+0. 019 0	+0. 030 0	35 67	78	+0. 039 +0. 020	82	6	0. 025	0. 040
70	+0. 019 0	+0. 030 0	35 67	85	+0. 045 +0. 023	90	6	0. 025	0. 040
78	+0. 019 0	+0. 030 0	40 78	95	+0. 045 +0. 023	100	6	0. 025	0. 040

（5）锥度心轴（JB/T 10116—1999）的结构形式和尺寸规格如表 1-16 所示。

表 1-16　锥度心轴的结构形式和尺寸规格　　单位：mm

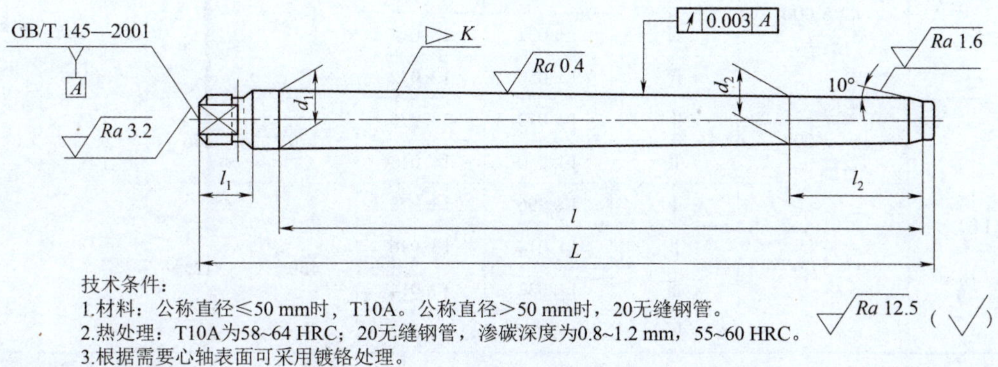

适用工件孔径8~50 mm
GB/T 145—2001
A
Ra 3.2
K
Ra 0.4
0.003 A
Ra 1.6
10°
d1
d2
l1
l2
l
L
技术条件：
1.材料：公称直径≤50 mm时，T10A。公称直径＞50 mm时，20无缝钢管。
2.热处理：T10A为58~64 HRC；20无缝钢管，渗碳深度为0.8~1.2 mm，55~60 HRC。
3.根据需要心轴表面可采用镀铬处理。
Ra 12.5

<table>
<tr><th>公称直径</th><th>K</th><th>支号</th><th>d_1</th><th>d_2</th><th>L</th><th>l</th><th>l_1</th><th>l_2</th></tr>
<tr><td rowspan="3">8</td><td rowspan="3">1 : 3 000</td><td>Ⅰ</td><td>8. 002</td><td>7. 982</td><td rowspan="3">95</td><td rowspan="3">80</td><td rowspan="3">10</td><td rowspan="3">20</td></tr>
<tr><td>Ⅱ</td><td>8. 022</td><td>8. 002</td></tr>
<tr><td>Ⅲ</td><td>8. 042</td><td>8. 022</td></tr>
<tr><td rowspan="3">10</td><td rowspan="3">1 : 3 000</td><td>Ⅰ</td><td>10. 002</td><td>9. 982</td><td rowspan="3">105</td><td rowspan="3">85</td><td rowspan="3">12</td><td rowspan="3">25</td></tr>
<tr><td>Ⅱ</td><td>10. 022</td><td>10. 002</td></tr>
<tr><td>Ⅲ</td><td>10. 042</td><td>10. 022</td></tr>
<tr><td rowspan="7">11</td><td rowspan="3">1 : 3 000</td><td>Ⅰ</td><td>11. 002</td><td>10. 978</td><td rowspan="3">125</td><td rowspan="3">99. 5</td><td rowspan="14">14</td><td rowspan="7">27. 5</td></tr>
<tr><td>Ⅱ</td><td>11. 026</td><td>11. 002</td></tr>
<tr><td>Ⅲ</td><td>11. 050</td><td>11. 026</td></tr>
<tr><td rowspan="4">1 : 5 000</td><td>Ⅰ</td><td>10. 996</td><td>10. 978</td><td rowspan="4">140</td><td rowspan="4">117. 5</td></tr>
<tr><td>Ⅱ</td><td>11. 014</td><td>10. 996</td></tr>
<tr><td>Ⅲ</td><td>11. 032</td><td>11. 014</td></tr>
<tr><td>Ⅳ</td><td>11. 050</td><td>11. 032</td></tr>
<tr><td rowspan="7">12</td><td rowspan="3">1 : 3 000</td><td>Ⅰ</td><td>12. 002</td><td>11. 978</td><td rowspan="3">125</td><td rowspan="3">102</td><td rowspan="7">30</td></tr>
<tr><td>Ⅱ</td><td>12. 026</td><td>12. 002</td></tr>
<tr><td>Ⅲ</td><td>12. 050</td><td>12. 026</td></tr>
<tr><td rowspan="4">1 : 5 000</td><td>Ⅰ</td><td>11. 996</td><td>11. 978</td><td rowspan="4">145</td><td rowspan="4">120</td></tr>
<tr><td>Ⅱ</td><td>12. 014</td><td>11. 996</td></tr>
<tr><td>Ⅲ</td><td>12. 032</td><td>12. 014</td></tr>
<tr><td>Ⅳ</td><td>12. 050</td><td>12. 032</td></tr>
</table>

续表

公称直径	K	支号	d_1	d_2	L	t	l_1	l_2
13	1∶3 000	Ⅰ	13.002	12.978	130	104.5	14	32.5
		Ⅱ	13.026	13.002				
		Ⅲ	13.050	13.026				
	1∶5 000	Ⅰ	12.996	12.978	145	122.5		
		Ⅱ	13.014	12.996				
		Ⅲ	13.032	13.014				
		Ⅳ	13.050	13.032				
14	1∶3 000	Ⅰ	14.013	13.976	170	146		35
		Ⅱ	14.050	14.013				
	1∶5 000	Ⅰ	13.996	13.978	150	125		
		Ⅱ	14.014	13.996				
		Ⅲ	14.032	14.014				
		Ⅳ	14.050	14.032				

2. 固定支承

（1）支承板（JB/T 8029.1—1999）的结构形式和尺寸规格如表 1-17 所示。

表 1-17　支承板的结构形式和尺寸规格　　单位：mm

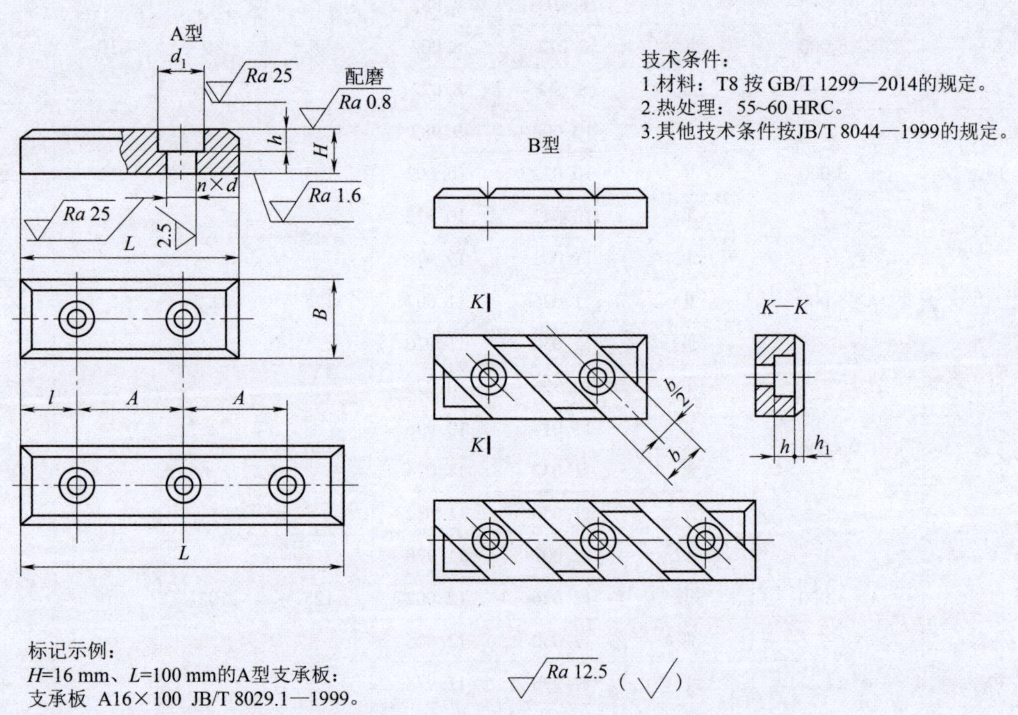

A型
d_1
Ra 25
配磨
Ra 0.8
h
H
n×d
Ra 1.6
Ra 25
2.5
L
B
l
A
A
L
B型
K
K—K
b/2
b
h
h_1
K
技术条件：
1.材料：T8 按 GB/T 1299—2014的规定。
2.热处理：55~60 HRC。
3.其他技术条件按JB/T 8044—1999的规定。
标记示例：
H=16 mm、L=100 mm的A型支承板：
支承板 A16×100 JB/T 8029.1—1999。
Ra 12.5 （√）

续表

<table>
<tr><th>H</th><th>L</th><th>B</th><th>b</th><th>l</th><th>A</th><th>d</th><th>d_1</th><th>h</th><th>h_1</th><th>孔数 n</th></tr>
<tr><td rowspan="2">6</td><td>30</td><td rowspan="2">12</td><td rowspan="4"></td><td rowspan="2">7.5</td><td rowspan="2">15</td><td rowspan="2">4.5</td><td rowspan="2">8</td><td rowspan="2">3</td><td rowspan="4"></td><td>2</td></tr>
<tr><td>45</td><td>3</td></tr>
<tr><td rowspan="2">8</td><td>40</td><td rowspan="2">14</td><td rowspan="2">10</td><td rowspan="2">20</td><td rowspan="2">5.5</td><td rowspan="2">10</td><td rowspan="2">3.5</td><td>2</td></tr>
<tr><td>60</td><td>3</td></tr>
<tr><td rowspan="2">10</td><td>60</td><td rowspan="2">16</td><td rowspan="2">14</td><td rowspan="2">15</td><td rowspan="2">30</td><td rowspan="2">6.6</td><td rowspan="2">11</td><td rowspan="2">4.5</td><td rowspan="6">1.5</td><td>2</td></tr>
<tr><td>90</td><td>3</td></tr>
<tr><td rowspan="2">12</td><td>80</td><td rowspan="2">20</td><td rowspan="4">17</td><td rowspan="4">20</td><td rowspan="2">40</td><td rowspan="4">9</td><td rowspan="4">15</td><td rowspan="4">6</td><td>2</td></tr>
<tr><td>120</td><td>3</td></tr>
<tr><td rowspan="2">16</td><td>100</td><td rowspan="2">25</td><td rowspan="4">60</td><td>2</td></tr>
<tr><td>160</td><td>3</td></tr>
<tr><td rowspan="2">20</td><td>120</td><td rowspan="2">32</td><td rowspan="4">20</td><td rowspan="4">30</td><td rowspan="4">11</td><td rowspan="4">18</td><td rowspan="4">7</td><td rowspan="4">2.5</td><td>2</td></tr>
<tr><td>180</td><td>3</td></tr>
<tr><td rowspan="2">25</td><td>140</td><td rowspan="2">40</td><td rowspan="2">80</td><td>2</td></tr>
<tr><td>220</td><td>3</td></tr>
</table>

（2）支承钉（JB/T 8029.2—1999）的结构形式和尺寸规格如表 1-18 所示。

表 1-18 支承钉的结构形式和尺寸规格 单位：mm

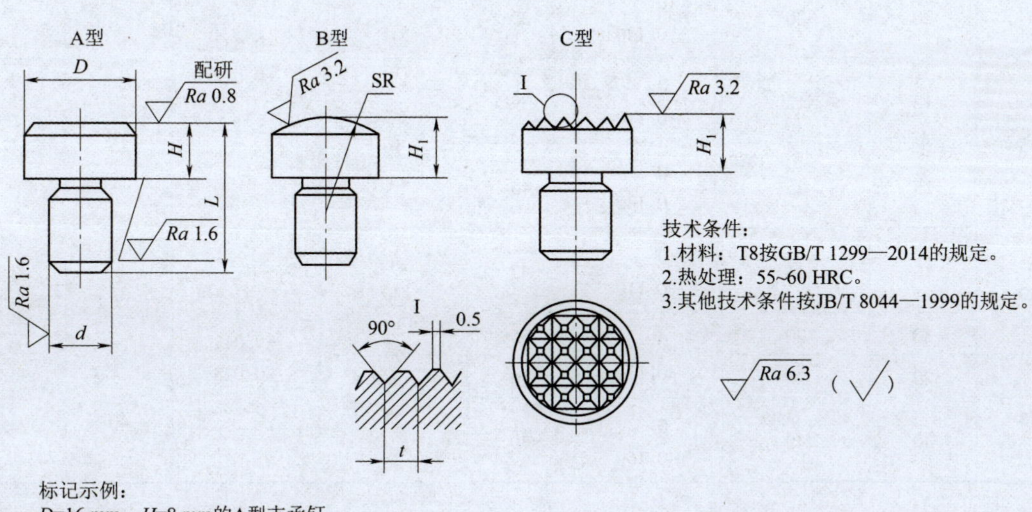
A型
B型
C型
D
配研
Ra 0.8
H
L
Ra 1.6
Ra 1.6
d
Ra 3.2
SR
H_1
I
Ra 3.2
H_1
技术条件：
1.材料：T8按GB/T 1299—2014的规定。
2.热处理：55~60 HRC。
3.其他技术条件按JB/T 8044—1999的规定。
I
90°
0.5
t
Ra 6.3 （√）
标记示例：
D=16 mm、H=8 mm的A型支承钉：
支承板 A16×8 JB/T 8029.2—1999。

续表

D	H	H_1		L	d		SR	t
		基本尺寸	极限偏差 h11		基本尺寸	极限偏差 r6		
5	2	3	0 −0. 060	6	3	+0. 016 +0. 010	5	1
	5	5		9				
6	3	3	0 −0. 075	8	4	+0. 023 +0. 015	6	
	6	6		11				
8	4	4		12	6		8	1. 2
	8	8	0 −0. 090	16				
12	6	6	0 −0. 075		8	+0. 028 +0. 019	12	
	12	12	0 −0. 110	22				
16	8	8	0 −0. 090	20	10		16	1. 5
	16	16	0 −0. 110	28				
20	10	10	0 −0. 090	25	12	+0. 034 +0. 023	20	
	20	20	0 −0. 130	35				
25	12	12	0 −0. 110	32	16		25	2
	25	25	0 −0. 130	45				
30	16	16	0 −0. 110	42	20	+0. 041 +0. 028	32	
	30	30	0 −0. 130	55				
40	20	20		50	24		40	
	40	40	0 −0. 160	70				

（3）支板（JB/T 8030—1999）的结构形式和尺寸规格如表 1-19 所示。

表 1-19 支板的结构形式和尺寸规格 单位：mm

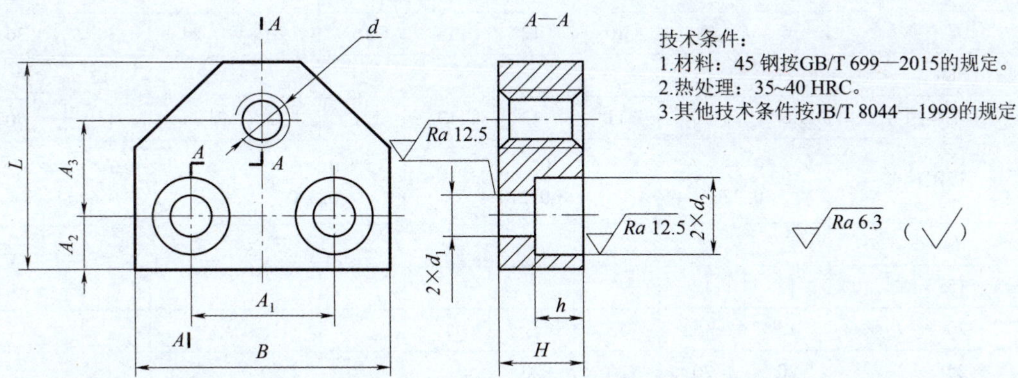

技术条件：
1.材料：45 钢按GB/T 699—2015的规定。
2.热处理：35~40 HRC。
3.其他技术条件按JB/T 8044—1999的规定。

Ra 6.3 （√）

标记示例：
d=M8、L=30 mm的支板：
支板 M8×30 JB/T 8030—1999。

d	L	B	H	A_1	A_2	A_3	d_1	d_2	h
M5	18	22	8	11	5. 5	8	4. 5	8	5
	24					14			
M6	24	28	10	15	6. 5	12	5. 5	10	6
	30					18			
M8	30	35	12	20	8	14	6. 6	11	7
	38					22			
M10	38	45	15	25	10	18	9	15	9
	48					28			
M12	44	55	18	32	12	18	11	18	11
	58					32			
M16	52	75	22	48	14	22	13. 5	20	13
	68					38			

3. 可调支承

（1）六角头支承（JB/T 8026. 1—1999）的结构形式和尺寸规格如表 1-20 所示。

表 1-20 六角头支承的结构形式和尺寸规格 单位：mm

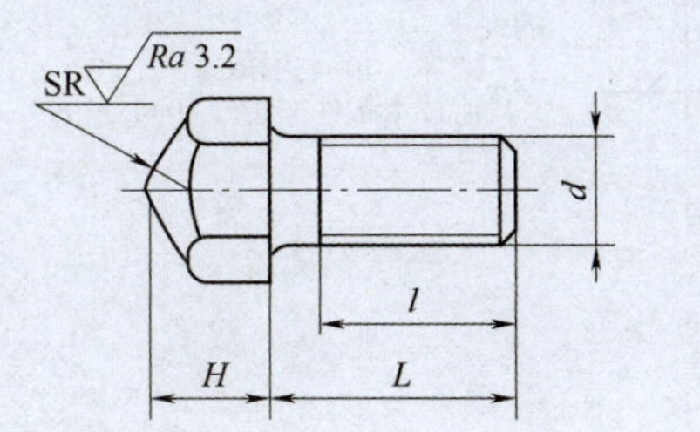

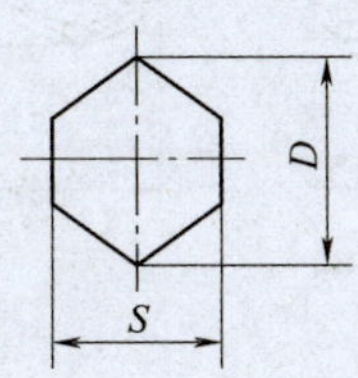

技术条件：
1.材料：45钢按GB/T 699—2015的规定。
2.热处理：L≤50 mm，全部40~55 HRC；L>50 mm，头部40~55 HRC。
3.其他技术条件按JB/T 8044—1999的规定。

Ra 12.5 （√）

标记示例：
d=M10、L=25 mm的六角头支承：
支承 M10×25 JB/T 8026.1—1999。

续表

d		M5	M6	M8	M10	M12	M16	M20	M24	M30	M36
D_{max}		8.63	10.89	12.7	14.2	17.59	23.35	31.2	37.29	47.3	57.7
H		6	8	10	12	14	16	20	24	30	36
SR		5							12		
S	基本尺寸	8	10	11	13	17	21	27	34	41	50
	极限偏差	0 −0.220		0 −0.270			0 −0.330		0 −0.620		
L		l									
15		12	12								
20		15	15	15							
25		20	20	20	20						
30			25	25	25	25					
35				30	30	30	30				
40				35	35	35	35	30			
45								35	30		
50					40	40	40		35		
60						45	45	40	40	35	
70							50	50	50	45	45
80							60	60	55	50	50
90									60	60	
100								70	70		60
120									80	70	
140										100	90
160											100

（2）顶压支承（JB/T 8026.2—1999）的结构形式和尺寸规格如表 1-21 所示。

表 1-21　顶压支承的结构形式和尺寸规格　　单位：mm

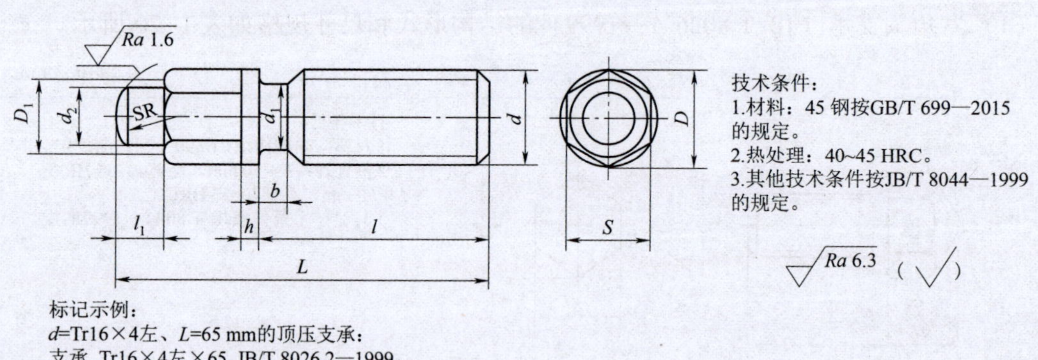

Ra 1.6
D_1
d_2
SR
d_1
d
D
b
l_1
h
l
L
S
技术条件：
1.材料：45 钢按GB/T 699—2015的规定。
2.热处理：40~45 HRC。
3.其他技术条件按JB/T 8044—1999的规定。
Ra 6.3
标记示例：
d=Tr16×4左、L=65 mm的顶压支承：
支承 Tr16×4左×65 JB/T 8026.2—1999。

续表

d	$D\approx$	L	S 基本尺寸	S 极限偏差	l	l_1	$D_1\approx$	d_1	d_2	b	h	SR
		55			30							
Tr16×4 左	16. 2	65	13		40	8	13. 5	10. 9	10			10
		80		0 −0. 270	55					5	3	
		70			40							
Tr20×4 左	19. 6	85	17		55	10	16. 5	14. 9	12			12
		100			70							
		85			50							
Tr24×5 左	25. 4	100	21		65	12	21	17. 4	16			16
		120		0 −0. 330	85					6. 5	4	
		100			65							
Tr30×6 左	31. 2	120	27		75	15	26	22. 2	20			20
		140			95							
		120			65							
Tr36×6 左	36. 9	140	34	0 −0. 620	85	18	31	28. 2	24	7. 5	5	24
		160			105							

4. V 形块

（1）V 形块（JB/T 8018. 1—1999）的结构形式和尺寸规格如表 1-22 所示。

表 1-22　V 形块的结构形式和尺寸规格　　单位：mm

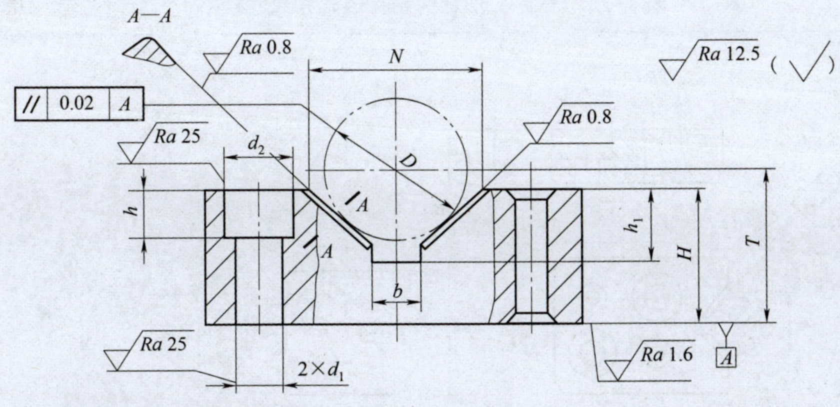

技术条件：
1.材料：20 钢按GB/T 699—2015的规定。
2.热处理：渗碳深度0.8~1.2 mm，58~64 HRC。
3.其他技术条件按JB/T 8044—1999的规定。

续表

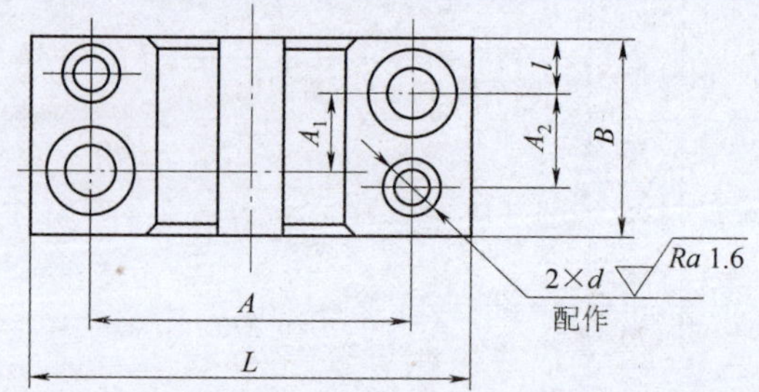

标记示例：
N=24 mm的V形块：
V形块 24 JB/T 8018.1—1999。

N	D	L	B	H	A	A_1	A_2	b	l	d		d_1	d_2	h	h_1
										基本尺寸	极限偏差 H7				
9	5~10	32	16	10	20	5	7	2	5.5	4	+0.012 0	4.5	8	4	5
14	10~15	38	20	12	26	6	9	4	7			5.5	10	5	7
18	15~20	46	25	16	32	9	12	6	8	5		6.6	11	6	9
24	20~25	55		20	40			8							11
32	25~35	70	32	25	50	12	15	12	10	6		9	15	8	14
42	35~45	85	40	32	64	16	19	16	12	8	+0.015 0	11	18	10	18
55	45~60	100		35	76			20							22
70	60~80	125	50	42	96	20	25	30	15	10		13.5	20	12	25
85	80~100	140		50	110			40							30

注：尺寸 $T=H+0.707-0.5N$。

（2）固定 V 形块（JB/T 8018.2—1999）的结构形式和尺寸规格如表 1-23 所示。

表 1-23　固定 V 形块的结构形式和尺寸规格　　单位：mm

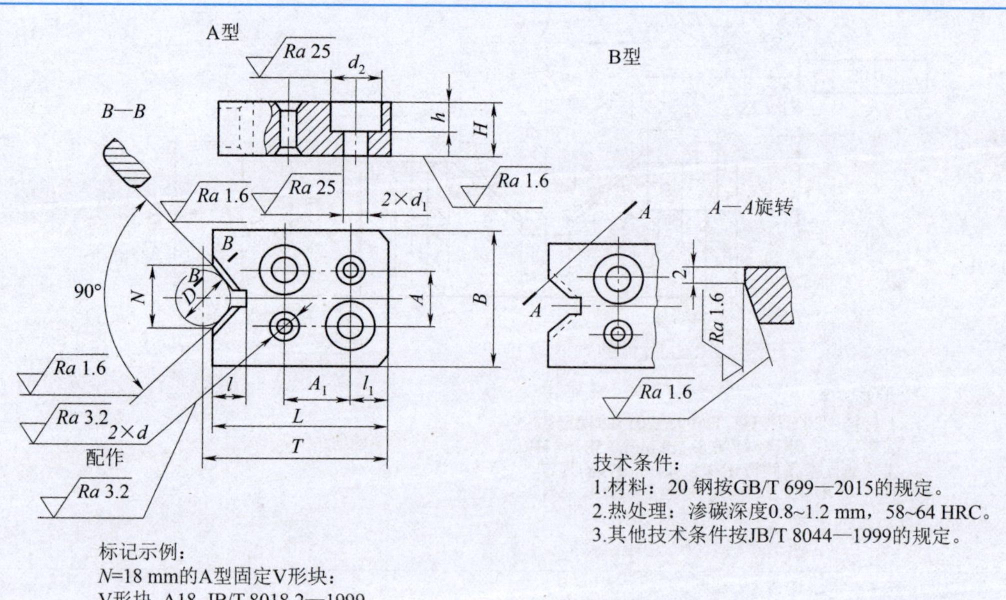

技术条件：
1.材料：20 钢按GB/T 699—2015的规定。
2.热处理：渗碳深度0.8~1.2 mm，58~64 HRC。
3.其他技术条件按JB/T 8044—1999的规定。

标记示例：
N=18 mm的A型固定V形块：
V形块 A18 JB/T 8018.2—1999。

续表

N	D	B	H	L	l	l_1	A	A_1	d 基本尺寸	d 极限偏差 H7	d_1	d_2	h
9	5~10	22	10	32	5	6	10	13	4	$^{+0.012}_{0}$	4.5	8	4
14	10~15	24	12	35	7	7		14	5		5.5	10	5
18	15~20	28	14	40	10	8	12				6.6	11	6
24	20~25	34	16	45	12	10	15	15	6				
32	25~35	42		55	16	12	20	18	8	$^{+0.015}_{0}$	9	15	8
42	35~45	52	20	68	20	14	26	22	10		11	18	10
55	45~60	65		80	25	15	35	28					
70	60~80	80	25	90	32	18	45	35	12	$^{+0.018}_{0}$	13.5	20	12

注：尺寸 $T=H+0.707-0.5N$。

（3）调整 V 形块（JB/T 8018.3—1999）的结构形式和尺寸规格如表 1-24 所示。

表 1-24 调整 V 形块的结构形式和尺寸规格 单位：mm

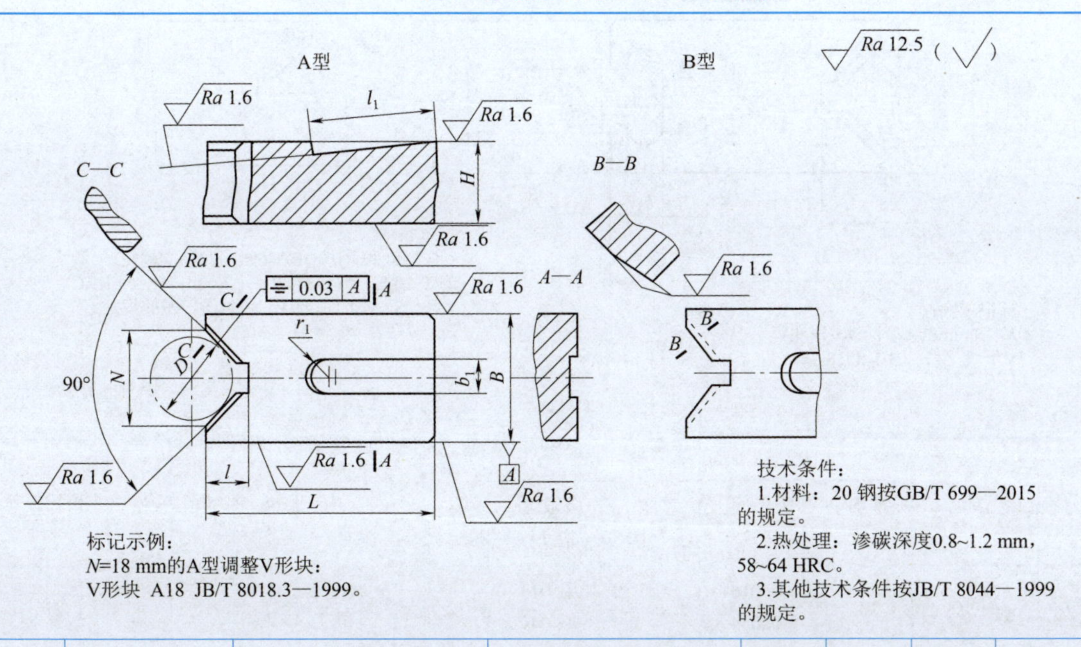
A型
B型
Ra 12.5 (√)
Ra 1.6
l_1
H
C—C
B—B
A—A
0.03 A
C
r_1
90°
N
D
b_1
B
l
L
A
技术条件：
1.材料：20 钢按GB/T 699—2015的规定。
2.热处理：渗碳深度0.8~1.2 mm，58~64 HRC。
3.其他技术条件按JB/T 8044—1999的规定。
标记示例：
N=18 mm的A型调整V形块：
V形块 A18 JB/T 8018.3—1999。

N	D	B 基本尺寸	B 极限偏差 f7	H 基本尺寸	H 极限偏差 f9	L	l	l_1	r_1
9	5~10	18	$^{-0.016}_{-0.034}$	10	$^{-0.013}_{-0.049}$	32	5	22	4.5
14	10~15	20	$^{-0.020}_{-0.041}$	12	$^{-0.016}_{-0.059}$	35	7		
18	15~20	25		14		40	10	26	
24	20~25	34	$^{-0.025}_{-0.050}$	16		45	12	28	5.5
32	25~35	42				55	16	32	

续表

N	D	B		H		L	l	l_1	r_1
		基本尺寸	极限偏差 f7	基本尺寸	极限偏差 f9				
42	35~45	52	−0.030 −0.060	20	−0.020 −0.072	70	20	40	6.5
55	45~60	65				85	25	46	
70	60~80	80		25		105	32	60	

（4）活动 V 形块（JB/T 8018.4—1999）的结构形式和尺寸规格如表 1-25 所示。

表 1-25 活动 V 形块的结构形式和尺寸规格 单位：mm

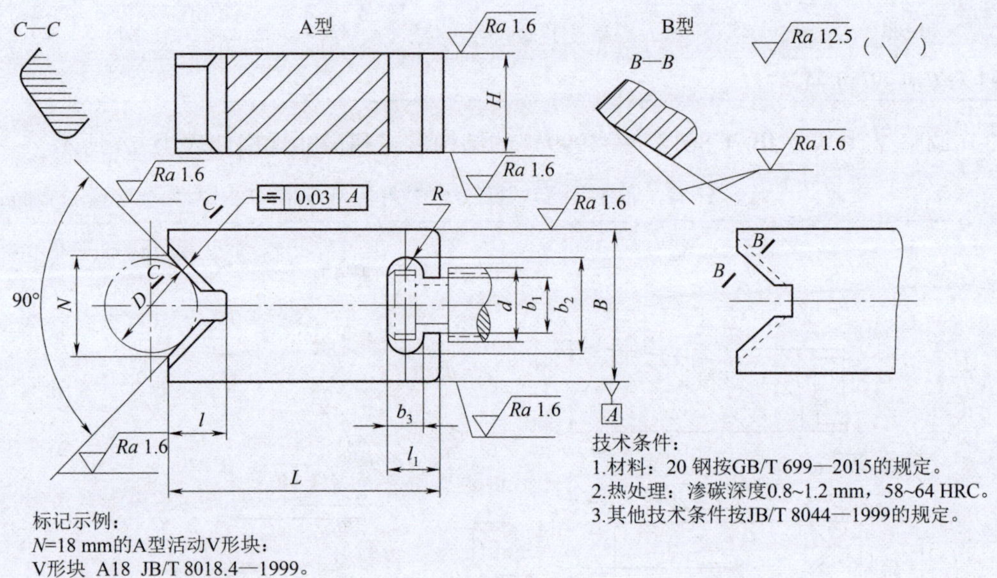

技术条件：
1.材料：20 钢按GB/T 699—2015的规定。
2.热处理：渗碳深度0.8~1.2 mm，58~64 HRC。
3.其他技术条件按JB/T 8044—1999的规定。

标记示例：
N=18 mm的A型活动V形块：
V形块 A18 JB/T 8018.4—1999。

N	D	B		H		L	l	l_1	b_1	b_2	b_3	相配件 d
		基本尺寸	极限偏差 f7	基本尺寸	极限偏差 f9							
9	5~10	18	−0.016 −0.034	10	−0.013 −0.049	32	5	6	5	10	4	M6
14	10~15	20	−0.020 −0.041	12	−0.016 −0.059	35	7	8	6.5	12	5	M8
18	15~20	25		14		40	10	10	8	15	6	M10
24	20~25	34	−0.025 −0.050	16		45	12	12	10	18	8	M12
32	25~35	42		16		55	16	13	13	24	10	M16
42	35~45	52	−0.030 −0.060	20	−0.020 −0.072	70	20	13	13	24	10	M16
55	45~60	65		20		85	25	15	17	28	11	M20
70	60~80	80		25		105	32	15	17	28	11	M20

5. 辅助支承

辅助支承用来提高工件的装夹刚度和稳定性，不起定位作用。

6. 常用定位元件的配合

常用定位元件的配合如表 1-26 所示。

表 1-26　常用定位元件的配合

配合件名称与图例						
固定支承钉和定位销的典型配合	固定支承钉	$D\frac{H7}{n6}$	定位销	$d(f7)$ $D\frac{H7}{n6}$	盖板式钻模定位销	$D\frac{H7}{n6}$
	菱形销	$d(f7)$ $D\frac{H7}{n6}$	大尺寸定位销	$D(f7)$ $D\frac{H7}{n6}$	可换定位销	$d\frac{H7}{f7}$ $D\frac{H7}{n6}$　$d\frac{H7}{h6}$
固定棱柱体零件的典型配合	对刀块	$d\frac{H7}{n6}$ $L\frac{H7}{m6}$	固定V形块	$L\frac{H7}{m6}$	钻模板	$L\frac{H7}{m6}$
可滑动棱柱体零件的典型配合	滑动钳口	$H\frac{H7}{h6}$ $L\frac{H7}{f7}$	滑动V形块	$H\frac{H7}{f7}$ $L\frac{H7}{b6}$	滑动夹具底座	$L\frac{H7}{f7}$ $L\frac{H9}{d9}$　$L\frac{H7}{f7}$　$L\frac{H9}{d9}$
辅助支承零件的典型配合	活动V形块	$D\frac{H7}{f7}$	辅助支承	$d\frac{H7}{n6}$ $D_1\frac{H9}{f9}$　$D_2\frac{H7}{k6}$ $d_1\frac{H7}{n6}$ $D_2\frac{H7}{r6}$ $D\frac{H9}{f9}$	浮动锥形定位销	$d\frac{H7}{g6}$ $D\frac{H7}{m6}$

1.5　车床专用夹具的连接方式与连接元件的设计

夹具与机床主轴的连接要符合安全可靠、定位准确、不破坏主轴精度的基本要求。车床夹具与车床主轴的连接方式取决于主轴端部的结构及夹具的体积和精度要求。常见的连接方式有夹具以锥柄与主轴锥孔连接、夹具以端面和圆孔在主轴上定位、夹具以端面和短圆锥面定位、使用过渡盘与主轴连接。

为了保证车床夹具的安装精度，安装时应对夹具的限位表面仔细地进行找正。若夹具的限位面为与主轴同轴的回转面，则直接用限位表面找正它与主轴的同轴度。若夹具的限位面偏离回转中心，则应在夹具体上专门制作一个孔或外圆作为找正基面，使该面与机床主轴同轴。同时，找正基面也作为夹具的设计、装配和测量基准。

为保证加工精度，车床夹具的设计中心（即限位面或找正基面）对主轴回转中心的同轴度应控制在 0.01 mm 之内。

1.5.1 夹具以锥柄与主轴锥孔连接

如图 1-43 所示，夹具以长锥柄安装在主轴锥孔内，这种方式定位精度高，但刚性较差，多用于小型车床。带锥柄的夹头或心轴应用螺栓通过机床主轴孔拉紧（工件轻小或有后顶尖支承者除外），以防止车削时振动引起松脱。

如图 1-44 所示，夹具以锥柄与主轴锥孔连接时，夹具外径 D 一般小于 140 mm，或 $D\leqslant(2\sim3)d$。这种悬臂结构的悬伸长度，一般应符合以下要求：当 $D<150$ mm 时，$B\leqslant1.25D$；当 $D<300$ mm 时，$B\leqslant(0.6\sim0.8)D$。

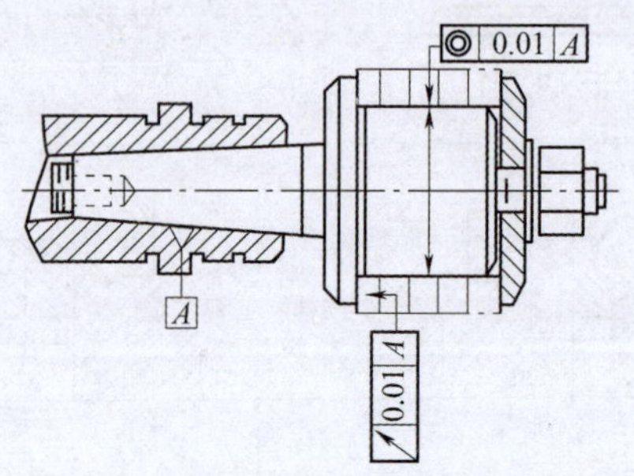

图 1-43　锥柄与主轴锥孔连接

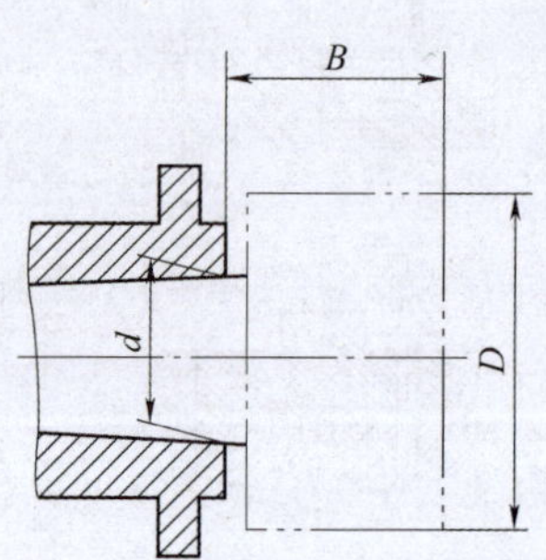

图 1-44　锥柄与主轴连接的结构尺寸

1.5.2 夹具以端面和圆孔在主轴上定位

夹具以端面 A 和圆孔 D 在主轴上定位，孔与主轴轴颈的配合一般取 H7/h6，这种连接方式容易制造，但定位精度不高，如图 1-45 所示。

1.5.3 夹具以端面和短圆锥面定位

在高速切削时，应选用主轴轴肩有定心短圆锥轴颈的机床，夹具以端面和短圆锥定位，这种连接方式不但定位精度高，而且连接部位的刚性也好，如图 1-46 所示。

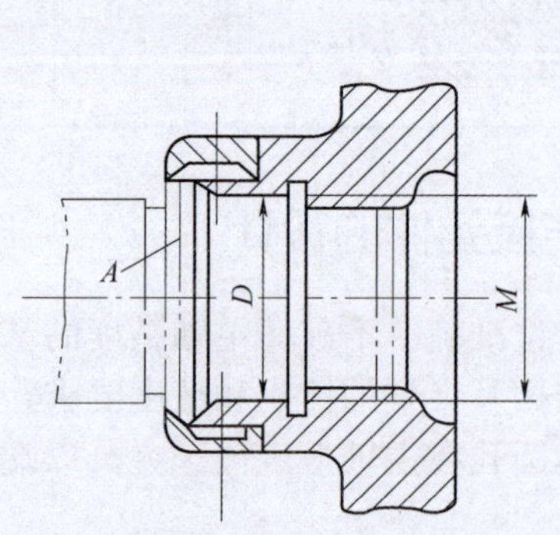

图 1-45　端面和圆孔与主轴连接

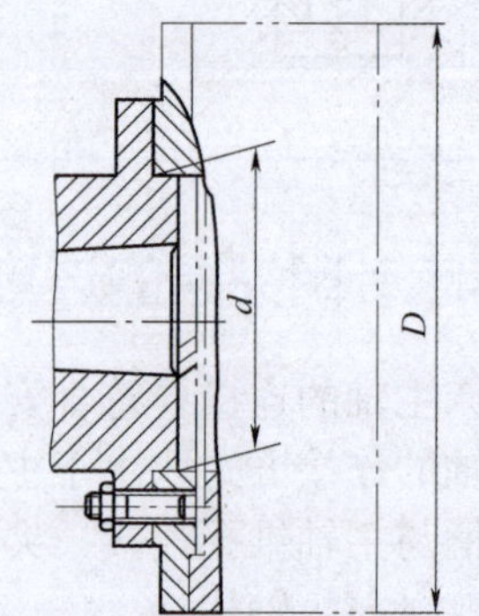

图 1-46　端面和短圆锥与主轴连接

需要指出的是，该定位方式属于允许的重复定位，与主轴配合的夹具定位面，要配磨加工，以保证轴肩两端面间有 0.05~0.10 mm 的间隙，最终由螺栓可靠夹紧，如图 1-47 所示。这样既可以保证端面与锥面全面接触，又能使夹具定心准确、连接刚性好。

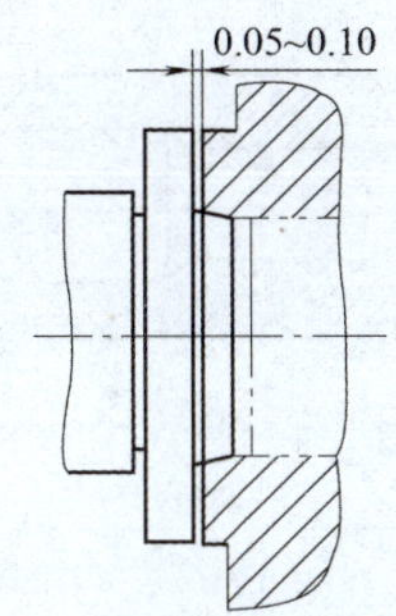

图 1-47　夹具与主轴轴肩的连接

1.5.4　使用过渡盘与主轴连接

车床夹具还经常使用过渡盘与主轴连接，即首先将过渡盘安装在主轴上，然后再将夹具与过渡盘连接。这样做的好处是，当车床上所用的夹具需要经常更换时，或同一类夹具需要在不同车床上使用时，都能够很方便地连接。另外，为了减小由于增加过渡盘而造成的夹具安装误差，可在安装夹具时，对夹具的定位面（专门设计的凹形找正环面）进行找正。

过渡盘与夹具的连接与前面介绍的夹具与主轴的连接方法相同。过渡盘与夹具的连接通常采用止口（一大平面加一短圆柱面）的连接方式，夹具按 H7/h6 或 H7/js6 装配在过渡盘的凸缘上，并用螺栓紧固。夹具外径 $D \leqslant (2.5 \sim 3.8)d$，加工工件外径小于 $5d$，如图 1-48 所示。

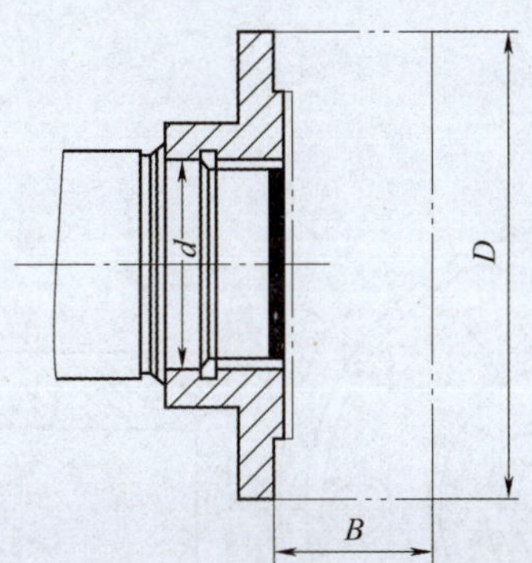

图 1-48　过渡盘与主轴连接

为了保护机床主轴，连接法兰盘的零件采用铸铁，与主轴配合的零件其硬度应小于 45 HRC。

1.6　主要车床的规格及尺寸

1.6.1　几种车床主轴前端的形状及尺寸

几种车床主轴前端的形状及尺寸如图 1-49、图 1-50 所示。

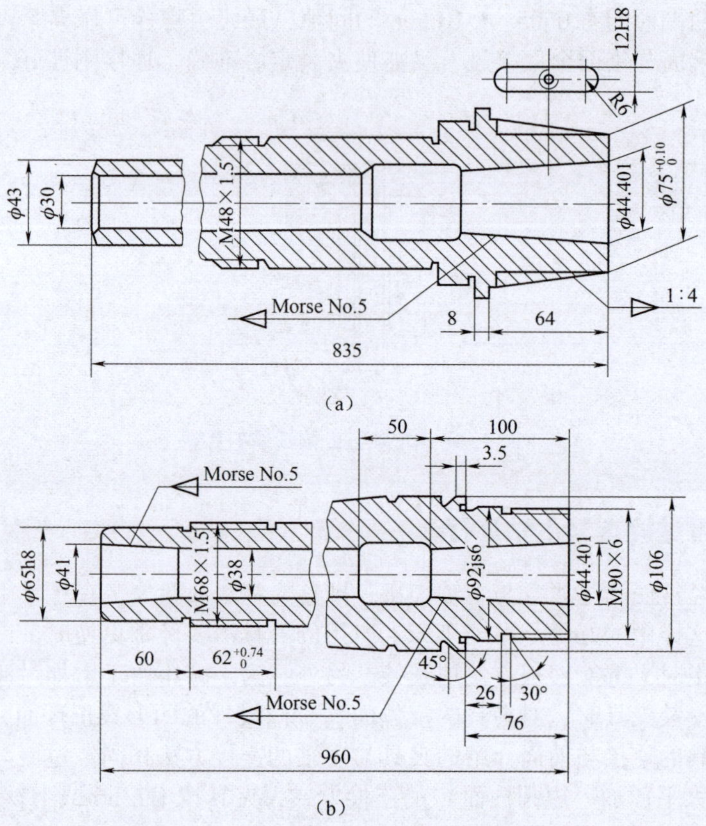

图 1-49　车床主轴前端的形状及尺寸

(a) C616、C616A 主轴尺寸；(b) C620 主轴尺寸

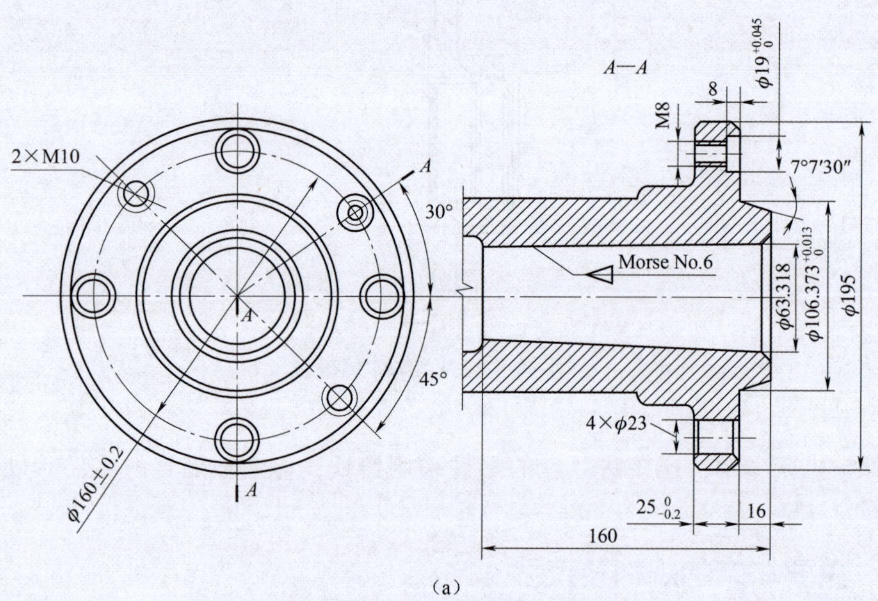

图 1-50　车床主轴前端的形状及尺寸

(a) CA6140、CA6240、CA6250 主轴尺寸

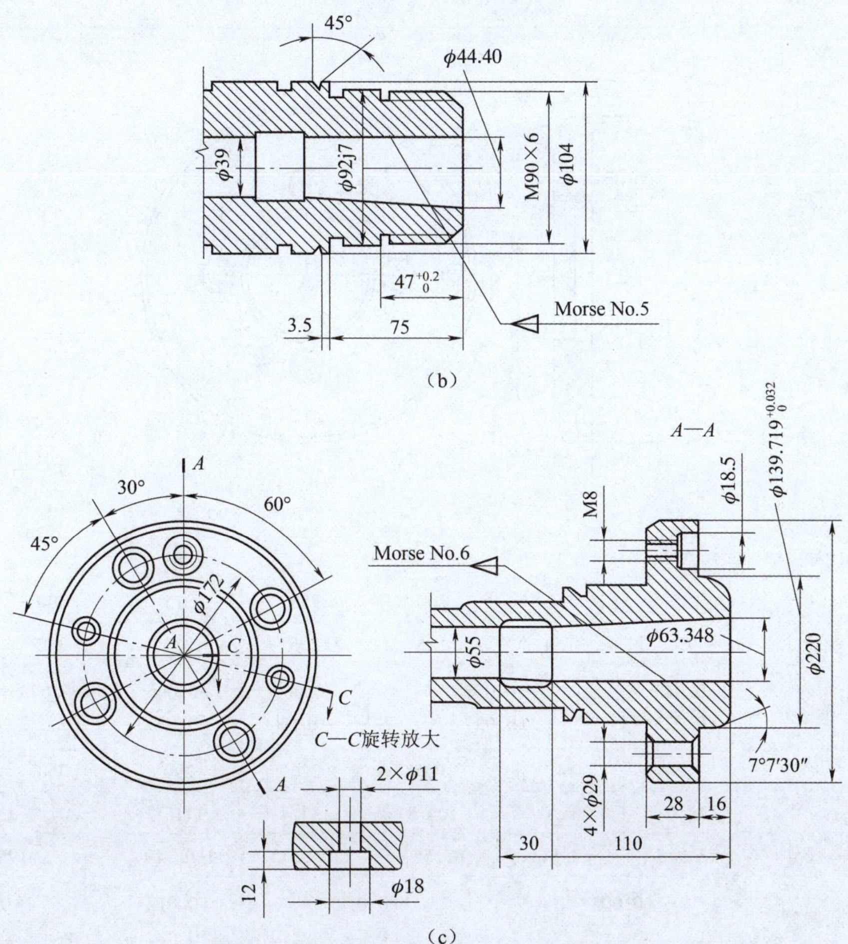

图 1-50　车床主轴前端的形状及尺寸（续）

（b）C620-1、C620-3 主轴尺寸；（c）C6150 主轴尺寸

1.6.2　过渡盘规格尺寸

过渡盘常作为车床附件备用。设计车床夹具时，往往不用重新设计过渡盘，只需查出过渡盘的规格尺寸，设计夹具与过渡盘的连接尺寸即可。

三爪卡盘用过渡盘（JB/T 10126. 1—1999）的标记示例和规格尺寸如下。

1. 标记示例

主轴端部代号为 6、D=250 mm 的 C 型连接方式的三爪卡盘用过渡盘：

过渡盘　C6×250　JB/T 10126. 1—1999。

主轴端部代号为 6、D=250 mm 的 D 型连接方式的三爪卡盘用过渡盘：

过渡盘　D6×250　JB/T 10126. 1—1999。

2. 规格尺寸

三爪卡盘用过渡盘的规格尺寸如表 1-27、表 1-28 所示。

表 1-27　三爪卡盘用过渡盘的规格尺寸（C 型）

单位：mm

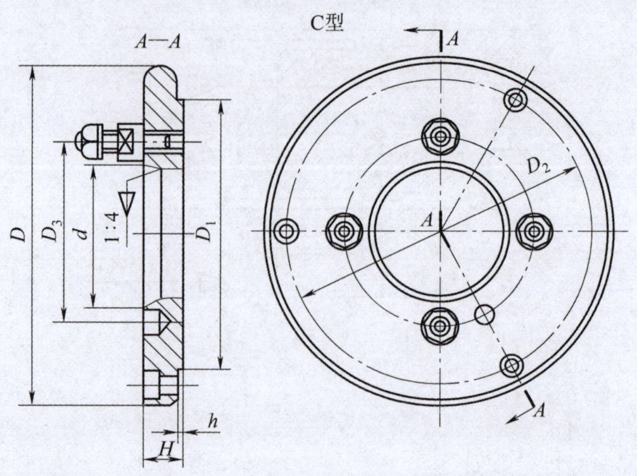

主轴端部代号		3	4	5	6	8	11	
D		125	160	200	250	315	400	500
D_1	基本尺寸	95	130	165	206	260	340	440
	极限偏差 n6	+0.045 +0.023	+0.052 +0.027		+0.060 +0.031	+0.066 +0.034	+0.073 +0.037	+0.080 +0.040
D_2		108	142	180	226	290	368	465
D_3		75.0	85.0	104.8	133.4	171.4	235.0	
d	基本尺寸	53.975	63.513	82.563	106.375	139.719	196.869	
	极限偏差	+0.003 0		+0.010 0		+0.012 0	+0.014 0	
H		20	25	30		38	40	
h_{max}		2.5	4.0					5.0

表 1-28　三爪卡盘用过渡盘的规格尺寸（D 型）

单位：mm

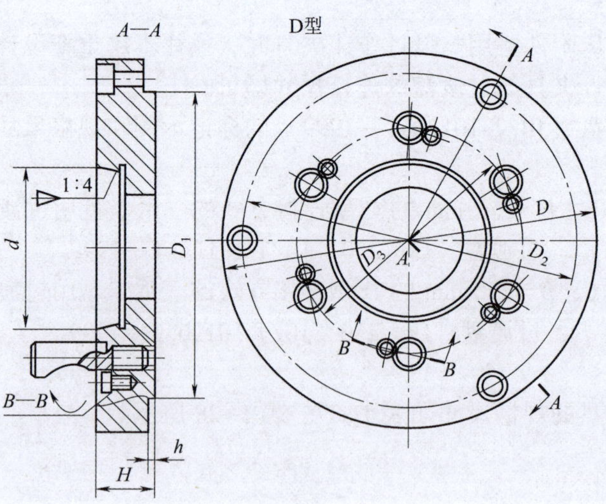

续表

主轴端部代号		3	4	5	6	8	11	
D		125	160	200	250	315	400	500
D_1	基本尺寸	95	130	165	206	260	340	440
	极限偏差 n6	+0.045 +0.023	+0.052 +0.027		+0.060 +0.031	+0.066 +0.034	+0.073 +0.037	+0.080 +0.040
D_2		108	142	180	226	290	368	465
D3		70.6	82.6	104.8	133.4	171.4	235.0	
d	基本尺寸	53.975	63.513	82.563	106.375	139.719	196.869	
	极限偏差	+0.003 -0.005		+0.004 -0.006		+0.004 -0.008	+0.004 -0.010	
H		25	30	35		38	45	
h_{max}		2.5	4.0					5.0

任务实施

1. 分组情况

学习任务采用分组教学法，每个学习任务开始前，组长对本组成员进行任务分工，填写表1-29，然后成员按照要求做好预习。每个学习任务按照咨询—计划—决策—实施—检查—评价六步法进行。

表1-29 学习小组分组情况表

学习任务		
类别	姓名	分工情况
组长		
成员		

2. 题目

3. 前言

4. 对加工零件的工艺分析

5. 定位方案及误差分析

6. 对刀导向方案

7. 夹紧方案及夹紧力分析

8. 夹具体设计及连接元件选型

9. 夹具零件图和装配图及标注

任务评价

填写表 1-30～表 1-32。

表 1-30　小组成绩评分单　　评分人：

学习任务				
团队成员				
评价内容	评价标准	赋分	得分	备注
工作目标认知程度	工作目标明确、工作计划合理	10 分		
分工合理程度	工作难易程度与工作强度分配合理	5 分		
咨询	问题查询	10 分		
计划	过程方案	10 分		
决策	报告	15 分		

续表

评价内容	评价标准	赋分	得分	备注
实施	实施情况良好	15 分		
检查	检查良好	10 分		
评价	学习任务过程及反思情况	15 分		
团队精神创新意识	工作态度与工作效果	10 分		
合计		100 分		

表 1-31　个人成绩评分单　　评分人：

学习任务				
学生姓名				
评价内容	评价标准	赋分	得分	备注
出勤情况	迟到、早退 1 次扣 2 分	15 分		旷课 3 次以上记 0 分
	病假 1 次扣 0.5 分			
	事假 1 次扣 1 分			
	旷课 1 次扣 5 分			
平时表现	任务完成的及时性，学习、工作态度	15 分		
个人成果	个人完成的任务质量	40 分		
团队协作	分为 3 个级别： 重要：8~10 分 一般：5~8 分 次要：1~5 分	10 分		
创新创意	个人成果或团队创意均发挥引导创新作用	20 分		
合计		100 分		

表 1-32　学生课程考核成绩档案

课程名称					
班级		姓名		学号	
考核过程					
学习任务名称		团队得分（40%）		个人得分（60%）	
合计得分					
授课教师签名：					

任务 2　托架钻底孔专用夹具设计

任务导入

在钻床上进行孔的钻、扩、铰、锪及攻螺纹时用的夹具，称为钻床夹具，又称钻模。图 2-1 所示为钻削 2×M12 mm 底孔 ϕ10 mm 的托架工序图，本任务是设计在立式钻床上用来加工该工序的钻床专用夹具。

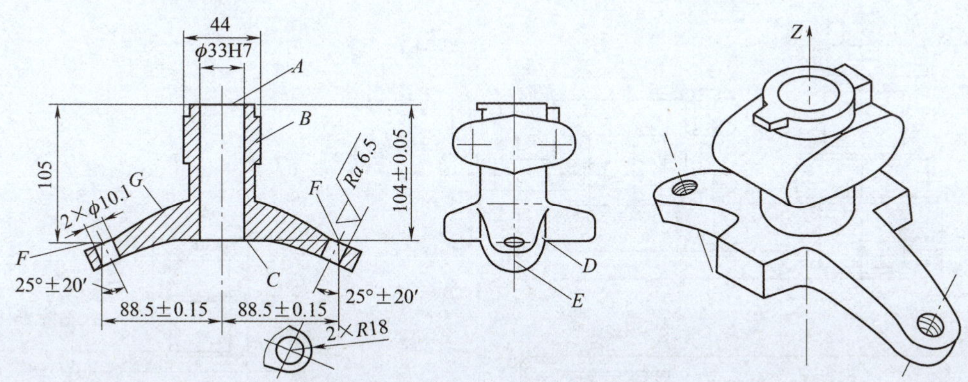

图 2-1　钻削 2×M12 mm 底孔 ϕ10 mm 的托架工序图

任务目标

一、知识目标

（1）掌握常见钻床夹具的结构特点。

（2）掌握典型钻床夹具的定位装置、夹紧装置、夹具体，以及其他装置或元件等组成及设计要点。

（3）了解常见钻床夹具的工作特性。

（4）掌握钻床夹具夹紧装置的组成及基本要求。

（5）掌握夹紧装置中夹紧力大小、方向和作用点的基本确定方法。

（6）掌握基本夹紧机构（斜楔夹紧机构、螺旋夹紧机构、偏心夹紧机构、铰链夹紧机构）的工作特性。

二、技能目标

（1）掌握钻床夹具的结构及其应用。

（2）在钻床夹具设计基础上，能对夹具进行分析。

（3）掌握钻床专用夹具夹紧装置设计的基本方法及应用。

（4）培养学生查阅机床夹具设计手册和相关资料的能力。

（5）提高学生处理实际工程技术问题的能力。

三、素养目标

（1）树立全局观念，办事情要从整体着眼，寻求最优目标。

（2）培养学生精益求精、求实创新的工匠精神。

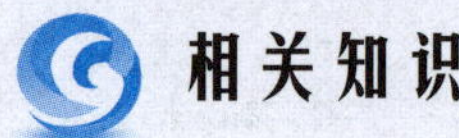

相关知识

2.1 钻床专用夹具基本类型

根据结构特点，钻模可分为固定式钻模、翻转式钻模、盖板式钻模和滑柱式钻模等。加工中，相对于工件位置保持不变的钻模称为固定式钻模。这类钻模多用于立式钻床、摇臂钻床和多轴钻床上。图 2-2 所示为杠杆孔钻模，该钻模用来加工杠杆零件的 ϕ10 mm 孔。

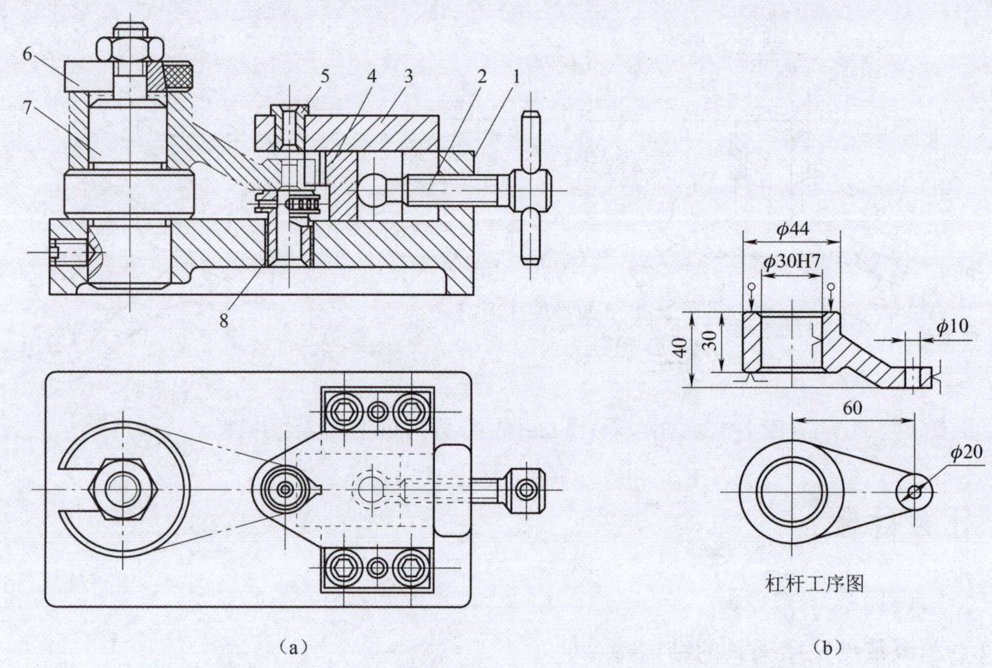

图 2-2 杠杆孔钻模

（a）钻杠杆零件 ϕ10 mm 孔钻模；（b）钻杠杆零件 ϕ10 mm 孔工序图

1—夹具体；2—固定手柄压紧螺钉；3—钻模板；4—活动 V 形块；5—钻套；6—开口垫圈；7—定位销；8—辅助支承

图 2-3 所示为回转式钻模，用来加工扇形工件上有角度关系的 3 个径向孔。拧紧螺母 4，通过开口垫圈 3 将工件夹紧；转动手柄 9 将分度盘 8 松开；此时用手柄 11 将定位销 1 从定位套 2 中拔出，使分度盘连同工件一起回转 20°，将定位销 1 重新插入定位套 2′或 2″中，即实现了分度；再将手柄 9 转回，将分度盘锁紧，即可进行加工。

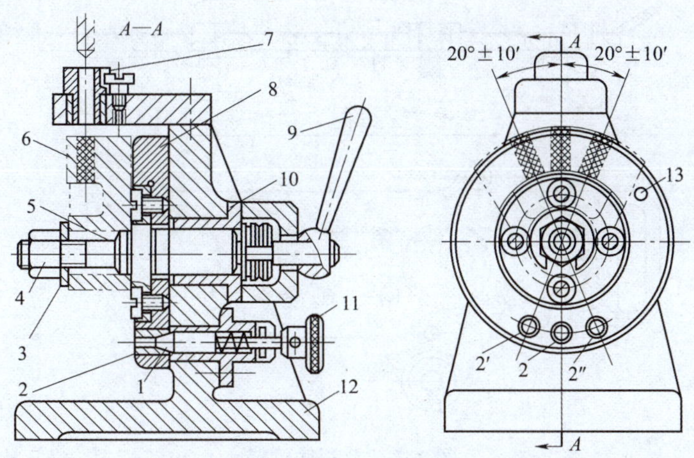

图 2-3 回转式钻模

1—定位销；2—定位套；3—开口垫圈；4—螺母；5—定位销；6—工件；7—钻套；
8—分度盘；9—手柄；10—衬套；11—手柄；12—夹具体；13—挡销

图 2-4 所示为翻转式钻模，用来钻削两端面皆有孔的盘状零件。安装工件时，须将螺母 2 旋松，并向左摆开与其相连接的铰链螺钉，再翻开钻模板 3，工件在定位盘 7 上以孔和端面定位，用螺母 6 和压板 5 夹紧。再将钻模板 3 翻开并夹紧后，即可利用钻套 8 引导刀具钻孔。将钻模翻转 180°后，利用钻套 9 钻另一端面的孔。

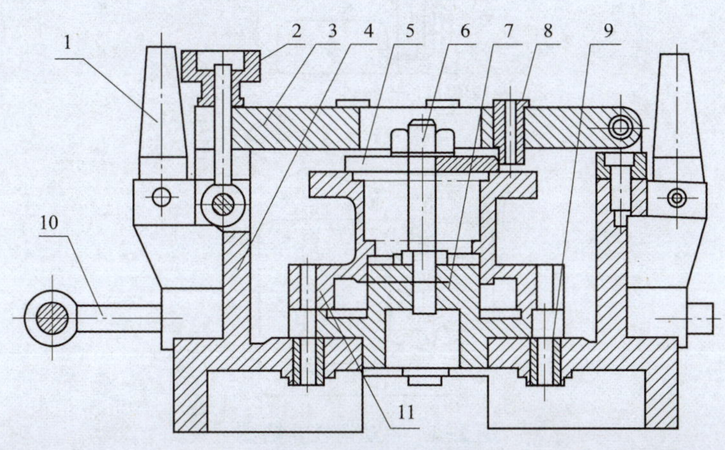

图 2-4 翻转式钻模

1—支脚；2—螺母；3—铰链式钻模板；4—夹具体；5—压板；6—螺母；
7—定位盘；8，9—钻套；10—手柄；11—工件

图 2-5 所示为加工车床溜板箱上多个小孔所用的盖板式钻模。它用圆柱销 1 和菱形销 3 在工件的两个孔中定位，并通过 3 个支承钉 4 安放在工件上。盖板式钻模的优点是结构简单，多用于加工大型工件上的小孔。

图 2-6 所示为手动滑柱式钻模结构。钻模板 2 的上下移动及其与夹具体 3 之间的相对位置，靠滑柱 5、6 引导和确定。钻模板 2 由齿条轴杆 1 带动上下移动。当钻模板 2 下移夹紧工件后，继续转动手柄 7，则可借助斜齿轮齿条啮合产生轴向力使齿轮轴端的圆锥面压在夹具体 3 的锥孔内，依靠圆锥面间的摩擦力而自锁。圆锥面的锥度一般取 1∶5。

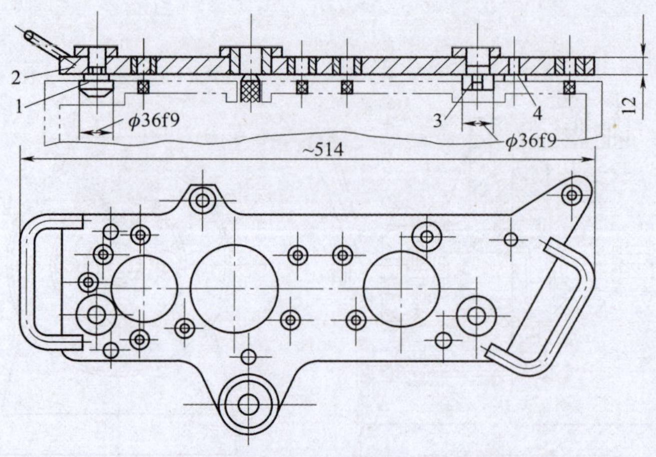

图 2-5　盖板式钻模

1—圆柱销；2—钻模板；3—菱形销；4—支承钉

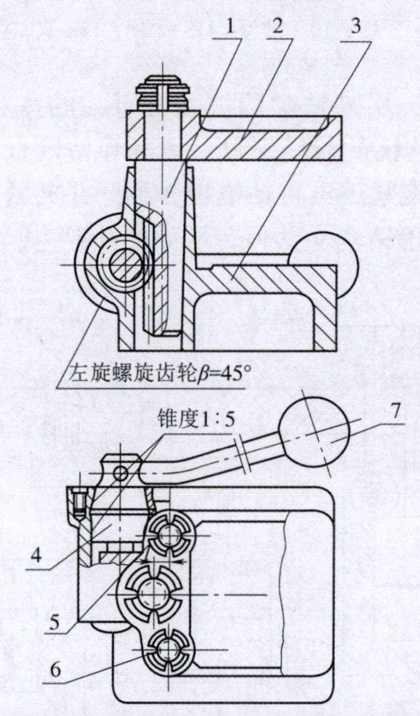

图 2-6　手动滑柱式钻模

1—齿条轴杆；2—钻模板；3—夹具体；4—齿轮轴；5，6—导柱；7—手柄

2.2　钻床专用夹具设计要点

2.2.1　钻模类型的选择

钻模的类型很多，在设计钻模时，首先需要根据工件的形状、尺寸、质量、加工要求和批量来选择钻模的结构类型。选择时应注意以下几点。

（1）被钻孔的直径大于 10 mm 时（特别是加工钢件），宜采用固定式钻模。

（2）翻转式钻模适用于加工中小型工件，包括工件在内的总质量不宜超过 10 kg。

（3）当加工分布不在同心圆周上的平行孔系时，如工件和夹具的总质量超过 15 kg，宜采用固定钻模在摇臂钻床上加工。如生产批量大，则可在立式钻床上采用多轴传动头加工。

（4）对于孔的垂直度和孔心距要求不高的中小型工件，宜采用滑柱式钻模。如孔的垂直度公差小于 0.1 mm，孔距位置公差在-0.15~0.15 mm 时，一般不宜采用这类钻模。

（5）钻模板和夹具体为焊接式钻模，由于焊接应力不能彻底消除，精度不能长期保持，因此一般在工件孔距公差要求不高（-0.15~0.15 mm）时采用。

（6）孔距和孔的基面公差小于 0.05 mm 时采用固定式钻模。

2.2.2 对刀与导向元件——钻套选择

钻套是引导刀具的元件，用来保证孔的加工位置，并防止加工过程中刀具的偏斜。如表 2-1 所示，钻套按其结构特点可分为 4 种类型，即固定钻套、可换钻套、快换钻套和特殊钻套。

表 2-1　钻套的类型及使用说明

名称	结构简图	使用说明
固定钻套	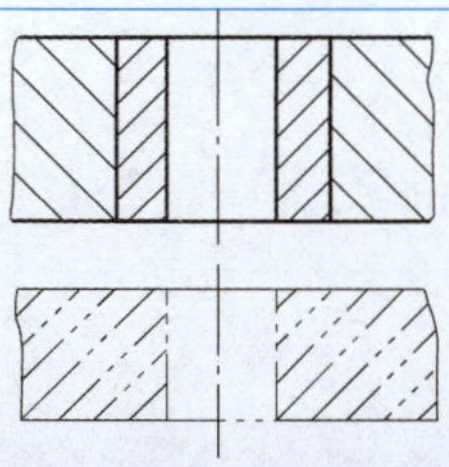 （a） 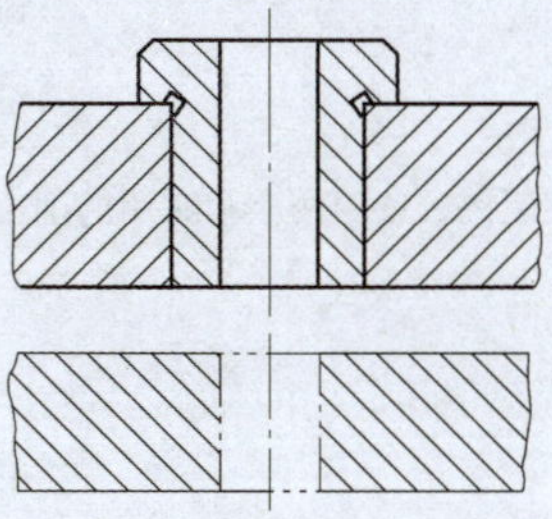 （b）	钻套直接压入钻模板或夹具体上，其外圆与钻模板采用 H7/n6 或 H7/r6 配合。磨损后不易更换。适用于中、小批量生产的钻模或用来加工孔距很小且孔距精度要求较高的孔。为了防止切屑进入钻套孔内，钻套的上、下端应稍凸出钻模板为宜，一般不能凹入钻模板。 带肩固定钻套，如图（b）所示，主要用于钻模板较薄时，用来保持必需的引导长度，也可作为主轴头进给时轴向定程挡块
可换钻套	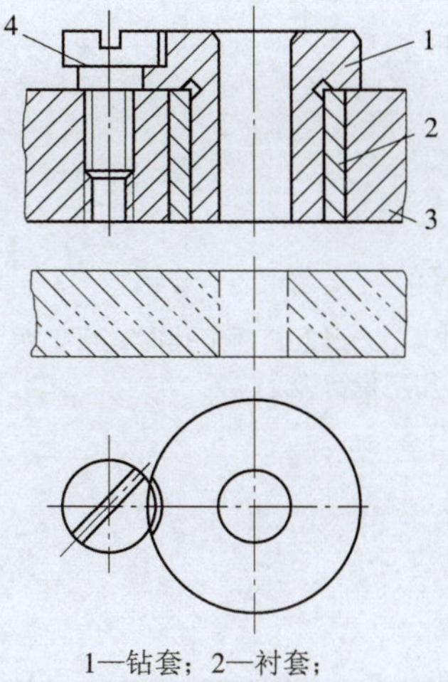 4 1 2 3 1—钻套；2—衬套； 3—钻模板；4—螺钉	钻套 1 装在衬套 2 中，而衬套则是压配在夹具体或钻模板 3 中。钻套由螺钉 4 固定，以防止它转动。钻套与衬套间采用 F7/m6 或 F7/k6 配合，便于钻套磨损后，可以迅速更换。适用于大批量生产

续表

名称	结构简图	使用说明
快换钻套	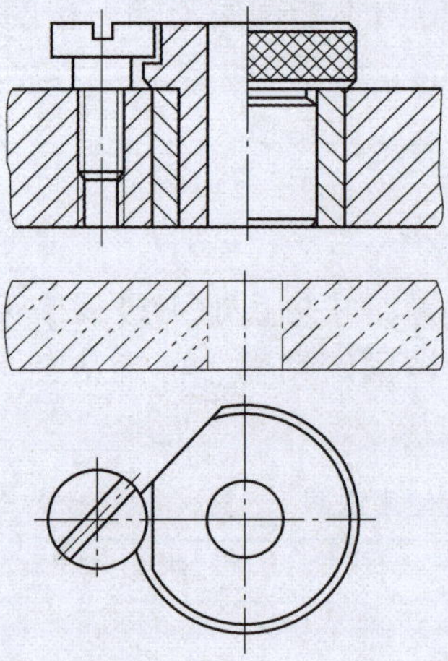	当要取出钻套时，只要将钻套逆时针方向转动，使螺钉头部刚好对准钻套的削边平面，即可取出钻套。适用于同一个孔需经多种工步加工的工序中
特殊钻套	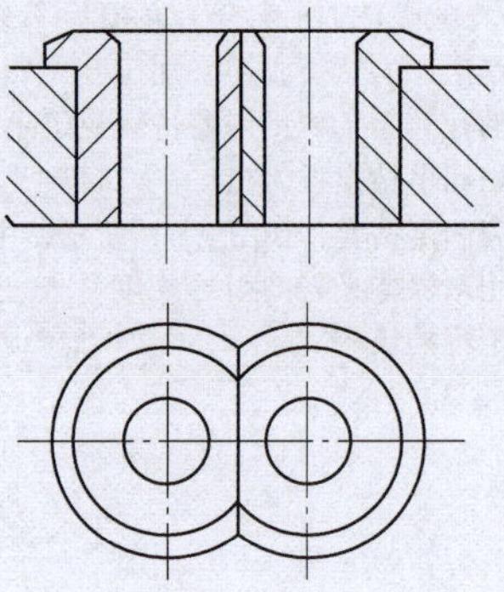	加工距离较近的两个孔时用的削边钻套
	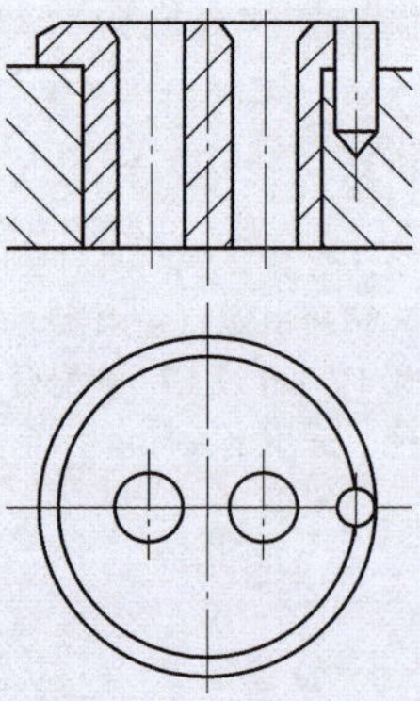	加工距离很近的两个孔时，可把两个孔做在一个钻套上，用定位销确定位置

续表

名称	结构简图	使用说明
	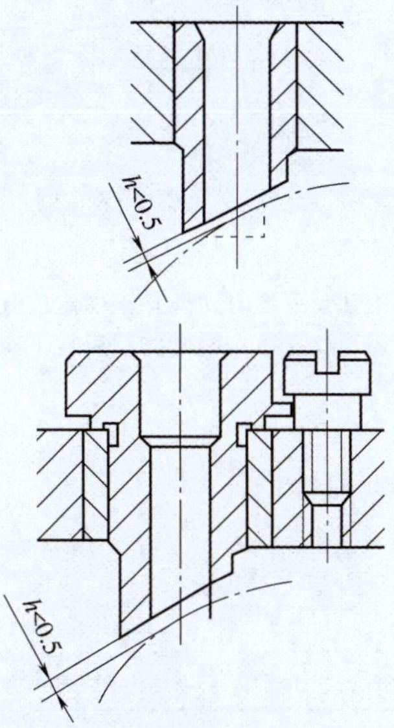 h<0.5 h<0.5	用于在斜面上钻孔。钻套的下端做成斜面，距离小于0.5 mm，以保证铁屑不会塞在工件和钻套之间，而从钻套中排出。用这种钻套钻孔时，应先在工件上刮出一个平面，使钻头在垂直平面上钻孔，以避免钻头折断
	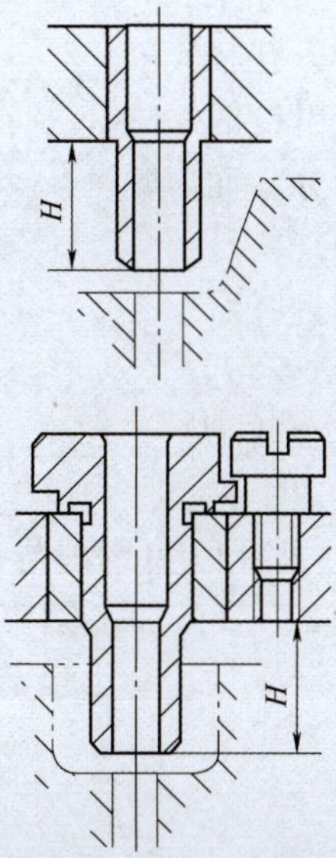 H H	用于在凹形表面上钻孔
	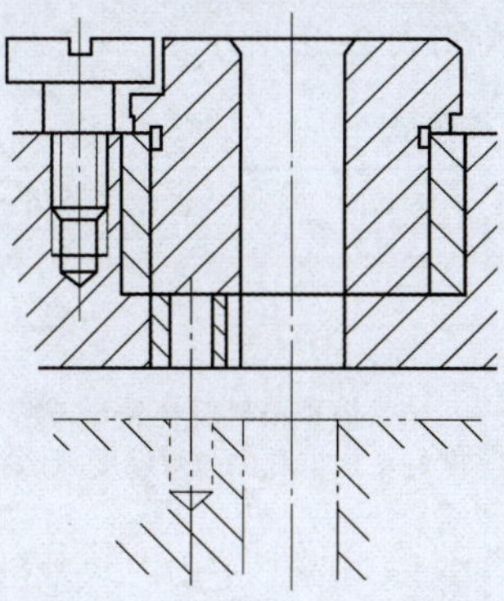	在一个大孔附近加工几个小孔时，可采用双层钻套，上层是钻大孔的快换钻套，小钻套直接安装在钻模板上

续表

名称	结构简图	使用说明
	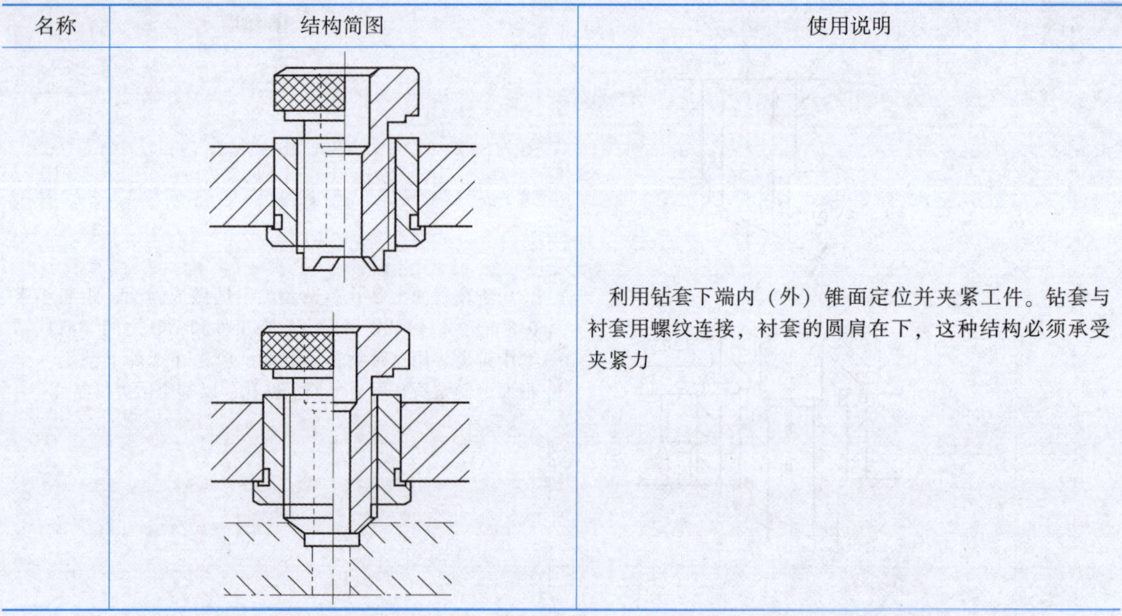	利用钻套下端内（外）锥面定位并夹紧工件。钻套与衬套用螺纹连接，衬套的圆肩在下，这种结构必须承受夹紧力

钻套中引导孔的尺寸及其偏差应根据所引导的刀具尺寸来确定。通常取刀具的最大极限尺寸为引导孔的基本尺寸，孔径公差按加工精度要求来确定。钻孔和扩孔时可取 F7，粗铰时取 G7，精铰时取 G6。若钻套引导的不是刀具的切削部分，而是刀具的导向部分，常取配合为 H7/f7、H7/g6、H6/g5。

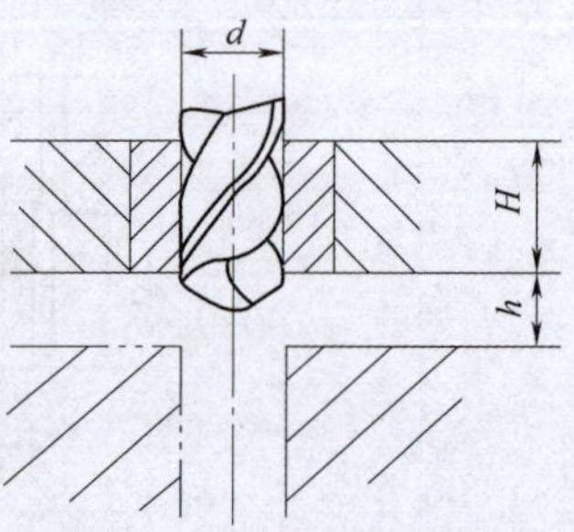

图 2-7　钻套高度与容屑间隙

钻套的高度 H 如图 2-7 所示，直接影响钻套的导向性能，同时影响刀具与钻套之间的摩擦情况。通常取 $H=(1\sim2.5)d$。对于精度要求较高的孔、直径较小的孔及刀具刚性较差时 H 应取较大值。

钻套与工件之间应留有排屑间隙 h，此间隙不宜过大，以免影响导向作用，一般可取 $h=(0.3\sim1.2)d$。加工铸铁和黄铜等脆性材料时，可取较小值；加工钢等韧性材料时，可取较大值。当孔的位置精度要求很高时，也可以取 $h=0$。

2.2.3　钻模板设计

钻模板用于安装钻套。钻模板与夹具体的连接方式有整体式、固定式、可卸式、铰链式、悬挂式和滑柱式等几种。常见钻模板的结构形式如表 2-2 所示。

表 2-2　钻模板的结构形式

名称	结构形式	使用说明
整体式钻模板		钻模板和钻模基体铸成或焊接为一体。结构刚度好，加工孔的位置精度高。适用于简单钻模

续表

名称	结构形式	使用说明
固定式钻模板	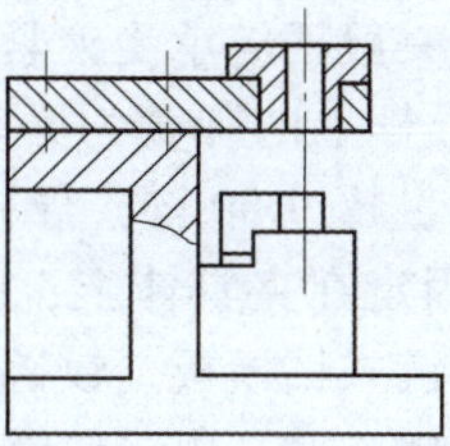	钻模板和钻模夹具体的连接采用销钉定位，用螺钉紧固成一整体，结构刚度好，加工孔的位置精度较高
可卸式钻模板	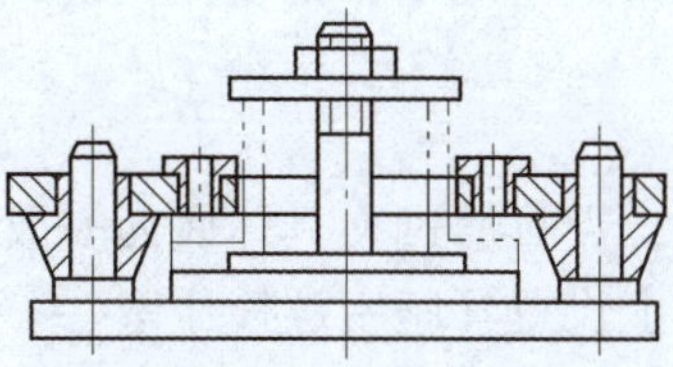	在夹具体上为钻模板设置定位装置，以保持钻模板准确的位置精度。钻孔精度较高，但装卸工件费时
铰链式钻模板	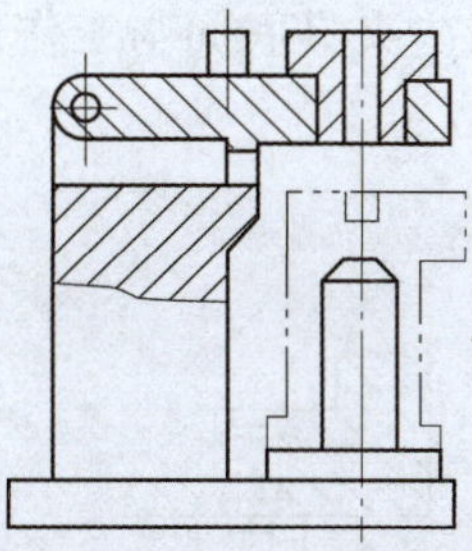	铰链式钻模板的铰链孔和轴销的配合按 H7/f8。由于铰链处存在间隙，它的加工精度不如固定式钻模板高，但装卸工件方便
悬挂式钻模板	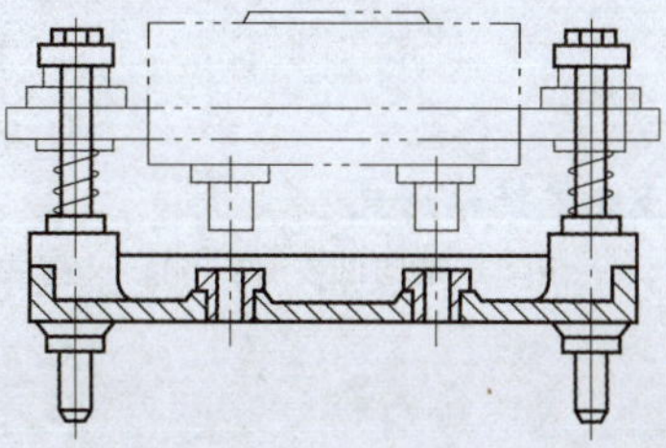	悬挂式钻模板配合多轴传动头同时加工平行孔系，由导柱引导来保证钻模板的升降及工件的正确位置，适用于大批量生产
滑柱式钻模板	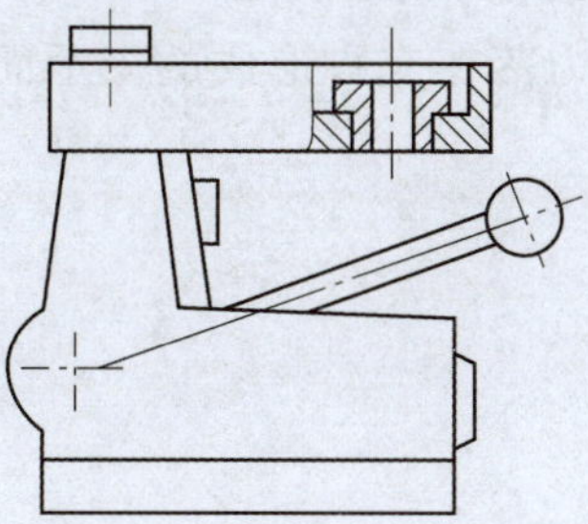	滑柱式钻模板紧固在滑柱上，当钻模板和滑柱向下移动时，可将工件夹紧。此结构动作快、工作方便，多用于大批量生产

设计钻模板时应注意以下几点。

（1）钻模板上安装钻套的孔之间及孔与定位元件的位置应有足够的精度。

（2）钻模板应具有足够的刚度，以保证钻套位置的准确性，但又不能做得太厚太重。可以布置加强筋板以提高钻模板的刚性。钻模板一般不应承受夹紧力。

（3）为保证加工的稳定性，悬挂式钻模板导杆上的弹簧力必须足够，以使钻模板在夹具上能维持足够的定位压力。如果钻模板本身质量超过 80 kg，导杆上可不装弹簧。

图 2-2 所示的固定式钻模板，钻模板直接固定在夹具体上，结构简单，精度较高。当使用固定式钻模板装卸工件有困难时，可采用铰链式钻模板。铰链式钻模板中钻模板可以转动，工件装卸方便。这种钻模板通过铰链与夹具体连接，由于铰链处存在间隙，因此精度不高。分离式钻模板是可拆卸的，工件每装卸一次，钻模板也要拆卸一次。与铰链式钻模板一样，它也是为了装卸工件方便而设计的，在某些情况下，精度比铰链式钻模板要高。

2.2.4 夹具体设计

钻模的夹具体一般不设定位或导向装置，夹具通过夹具体底面安放在钻床工作台上，可直接用钻套找正并用压板压紧，或在夹具体上设置耳座用螺栓压紧。

2.2.5 支脚设计

为了保证夹具在钻床工作台上放置平稳，减少夹具底面与工作台的接触面积，翻转式钻模一般在夹具体上设计支脚，如图 2-8 所示。

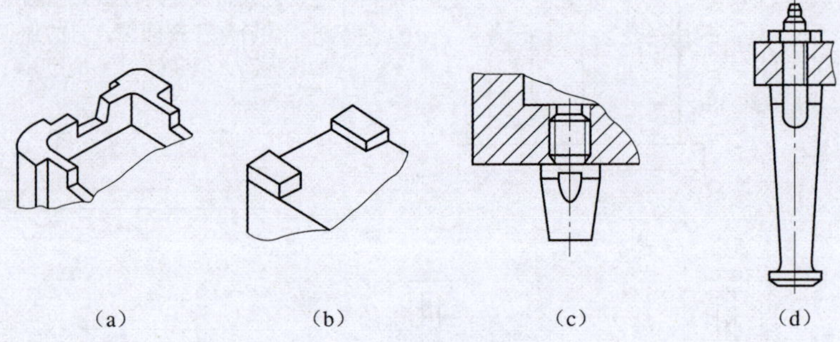

图 2-8 支脚的结构形式

（a）铸造结构支脚；（b）焊接结构支脚；（c）装配式结构低支脚；（d）装配式结构高支脚

设计支脚应注意以下几点。

（1）支脚必须设置 4 个，以便使钻模安放稳定，矩形支脚断面宽度 B 和圆形支脚直径 D 与工作台 T 形槽的宽度 b 符合以下关系：$B \geqslant 2b$；$D \geqslant b$。

（2）支脚布置应保证夹具中心钻削轴向力落在支脚形成的支承面内。钻套轴线与支脚形成的支承面垂直或平行。

2.3 钻床专用夹具设计实例

2.3.1 托架斜孔分度钻模设计实例

图 2-1 所示的钻削 2×M12 mm 底孔 $\phi 10$ mm 的托架工序图，工件材料为铸铝，年产

1 000 件，已加工面为 ϕ33 mmH7 孔及其两端面 A、C 和距离为 44 mm 的两侧面 B。本工序需钻削 2×M12 mm 底孔 2×ϕ10 mm。试设计钻床专用夹具，并满足以下要求。①选择、比较多种定位方案。②确定刀具导向、夹紧和分度方案。③绘制钻模总图并注明尺寸、公差及技术要求。

2.3.2 托架斜孔分度钻模夹具设计分析

（1）根据工件加工实例要求，结合已经学过的定位与夹紧过程原理，同时依据图 2-1 所示的工序要求，本工序钻削 2×M12 mm 底孔 ϕ10 mm 的加工要求如下。

①2×ϕ10.1 mm 孔轴线与 ϕ33 mmH7 孔轴线夹角为 25°±20′。

②2×ϕ10.1 mm 孔到 ϕ33 mmH7 孔轴线的距离为（88.5±0.15）mm。

③两个加工孔对两个 R18 mm 轴线组成的中心面对称（未注公差）。

此外，105 mm 的尺寸是为了方便斜孔钻模的设计和计算而必须标注的工艺尺寸。

（2）根据以上要求，加工孔的工序基准为 ϕ33 mmH7 轴线、A 面和 2×R18 mm 的对称面。

由于主要工序基准 ϕ33 mmH7 孔的轴线与加工孔 2×ϕ10.1 mm 轴线具有 25°±20′的倾斜角，因此主要限位基准轴线与钻套轴线也应倾斜相同角度。

（3）为保证钻套及加工孔轴线垂直于钻床工作台面，主要限位基准必须倾斜，主要限位基准相对于钻套轴线倾斜的钻模称为斜孔钻模。设计斜孔钻模时，须设置工艺孔 2×ϕ10.1 mm 孔（即夹角为 25°±20′）应在一次装夹中加工，因此钻模设置分度装置，工件加工部位刚度较差，设计时应予以注意。

2.3.3 托架斜孔分度钻模的结构与技术要求设计

1. 定位方案分析

方案 1：选工序基准 ϕ33 mmH7 孔、A 面、B 面为定位基面，其结构如图 2-9（a）所示。用定位心轴及其端面限制 $\vec{X}$、$\vec{Y}$、$\vec{Z}$、$\overset{\frown}{X}$、$\overset{\frown}{Y}$ 共 5 个自由度，活动定位支承板 1 限制 $\overset{\frown}{Z}$ 的自由度，实现完全定位。待加工部位加 2 个辅助支承钉 2，以增加加工工艺系统的刚性。此方案的基面 A、B 与工序基准不重合，结构不紧凑，且夹紧装置与导向装置易互相干扰较难布置。

方案 2：选工序基准 ϕ33 mmH7 孔、A 面、E 面为定位基面，其结构如图 2-9（b）所示。心轴及其端面限制 5 个自由度，在 R18 mm 处用活动 V 形块 3 限制 1 个自由度，待加工部位仍设置 2 个斜楔作辅助支承。此方案的定位基准孔轴线及 R18 mm 的对称面与工序基准重合，但定位基准 A 与工序基准不重合，且同样存在方案 1 的缺点。

方案 3：选工序基准 ϕ33 mmH7 孔、C 面、D 面为定位基面，其结构如图 2-9（c）所示。定位心轴及其端面仍限制 5 个自由度，两侧面设置 4 个调节螺钉 4，其中有 1 个起定位作用并限制 $\overset{\frown}{Z}$ 的自由度，另 3 个起辅助夹紧作用。待加工孔下方仍设置 2 个辅助支承钉 2。此方案结构紧凑，加了辅助夹紧装置，进一步提高了工艺系统的刚度，缺点是定位基准 C、D 与工序基准不重合，且工件装卸不便。

方案 4：选工序基准 ϕ33 mmH7 孔、C 面及 E 面为定位基面，其结构如图 2-9（d）所示。定位心轴及其端面仍限制 5 个自由度，仍用活动 V 形块 3 在 E 面限制 $\overset{\frown}{Z}$ 的自由度。在待加工孔下方仍设置 2 个斜楔作辅助支承。此方案结构紧凑，工件装卸方便，但定位基准 C

与工序基准不重合。

比较以上4个方案，工件宜选用ϕ33 mmH7、C面及E面为定位基面，其结构如图2-9（d）所示，该方案的优点较多，可选取。其中定位心轴及其端面限制5个自由度，用1个活动V形块3在E面限制Z的自由度，在加工孔下方用2个斜楔作辅助支承。

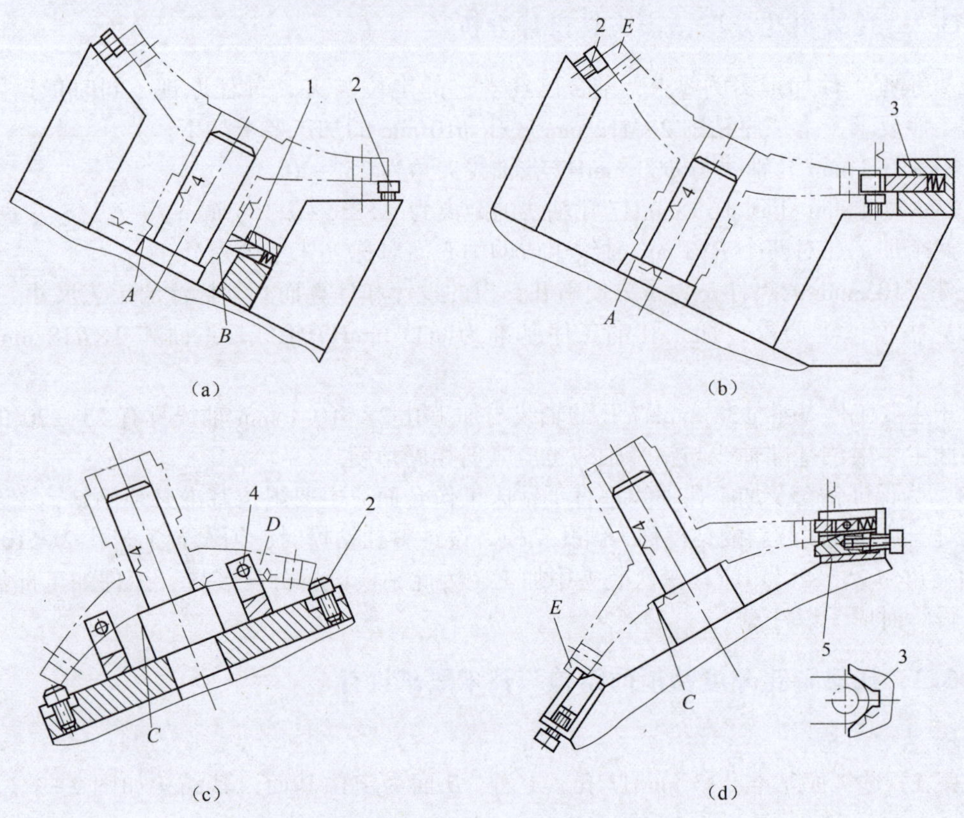

图2-9　托架的4种定位方案

(a) 定位方案1；(b) 定位方案2；(c) 定位方案3；(d) 定位方案4

1—活动定位支承板；2—辅助支承钉；3—活动V形块；4—调节螺钉；5—斜楔辅助支承

2. 导向、夹紧、分度方案设计

（1）导向方案设计。由于2个待加工孔是螺纹底孔，可直接钻出，年产量不大，因此夹具采用固定钻套。在工件装卸方便的情况下，选用固定式钻模板，托架导向方案如图2-10（a）所示。

（2）夹紧方案设计。为便于快速装卸工件，夹具采用螺钉及开口垫圈夹紧机构，如图2-10（b）所示。

（3）分度方案设计。由于2×ϕ10.1 mm孔对ϕ33 mmH7孔的对称度要求不高（自由公差），分度装置采用了一般精度的结构形式。如图2-10（c）所示，回转轴1与定位心轴铸成一体，用销钉与分度盘3连接，在夹具体6的回转套5中回转。采用圆柱对定销2对准固定，锁紧螺母4锁紧。此分度装置结构简单、制造方便，能满足加工要求。

（4）夹具体结构设计。选用焊接夹具体，夹具体上安装分度盘，其表面与夹具体底面成25°10′倾斜角，夹具体底面支脚尺寸大于钻床T形槽尺寸。由于工件可随分度装置的分度在工件的相应工序中将2个螺纹底孔加工完毕，因此装卸很方便。

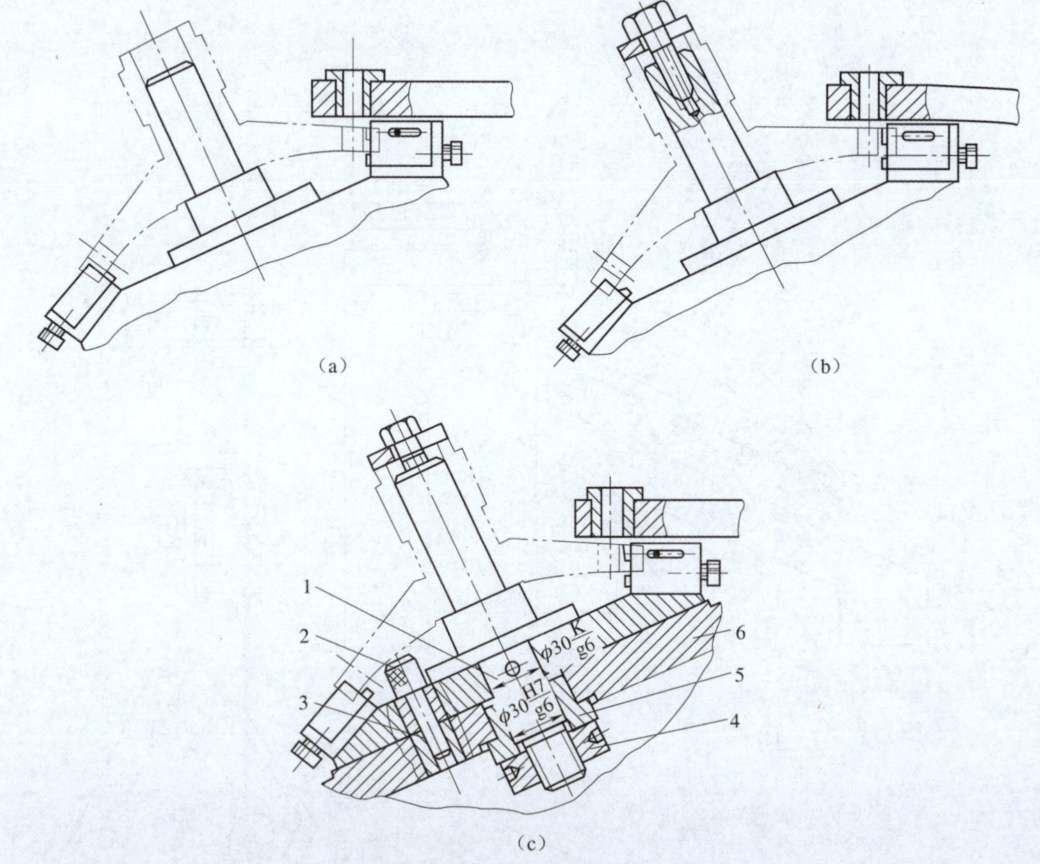

图 2-10 托架的导向、夹紧、分度方案

(a) 导向方案；(b) 夹紧方案；(c) 分度方案

1—回转轴；2—圆柱对定销；3—分度盘；4—锁紧螺母；5—回转套；6—夹具体

2.3.4 总装配图上尺寸、公差及技术要求的标注

图 2-11 所示装配图，其主要标注尺寸和技术要求如下。

(1) 最大轮廓尺寸分别为 355 mm、150 mm、312 mm。

(2) 影响工件定位精度的尺寸、公差为定位心轴与工件的配合尺寸 ϕ33 mmg6。

(3) 影响导向精度的尺寸、公差为钻套导向孔的尺寸、公差 ϕ10 mmF7。

(4) 影响夹具精度的尺寸、公差包括工艺孔到定位心轴限位端面的距离 $J=(75\pm0.05)$ mm；工艺孔到钻套轴线的距离 $l=(48.94\pm0.05)$ mm；钻套轴线对安装基面 B 的垂直度 ϕ0.05 mm；钻套轴线与定位心轴轴线间的夹角 25°±10′；圆柱对定销 10 与分度套及夹具体上固定套配合尺寸 ϕ12 mmH7/g6。

(5) 其他重要尺寸包括回转轴与分度盘的配合尺寸 ϕ30 mmK7/g6；分度套与分度盘 9 及固定衬套与夹具体 3 的配合尺寸 ϕ28 mmH7/n6；钻套 5 与钻模板 4 的配合尺寸 ϕ15 mmH7/n6；活动 V 形块 1 与座架的配合尺寸 ϕ60 mmH8/f7 等。

(6) 需标注技术要求，说明工件定位、夹紧后才能拧动辅助支承的旋钮，拧紧力应适当。

(7) 托架钻模总装配图。

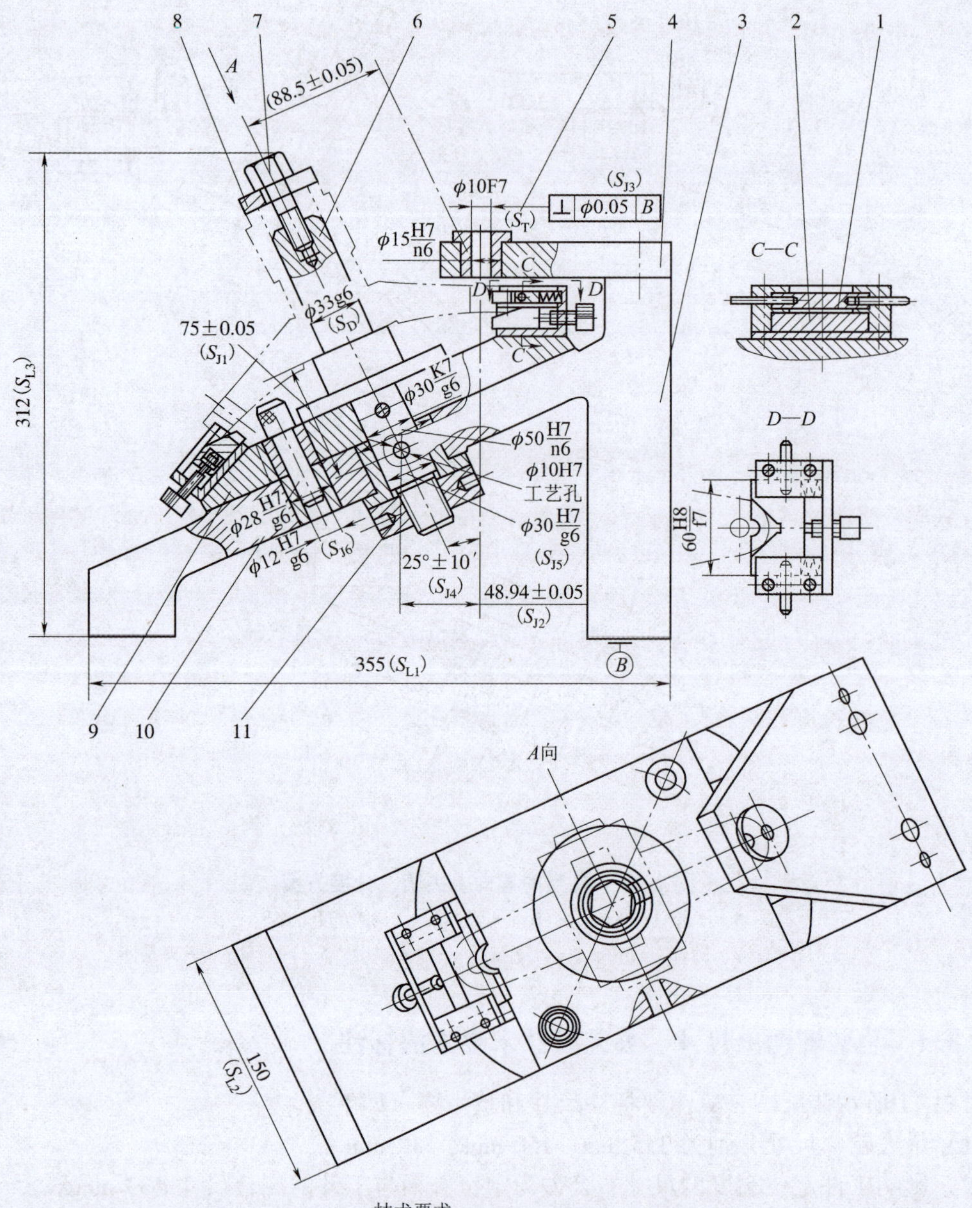

技术要求：
1.工件随分度盘转离钻模板后再进行装夹。
2.工件在定位夹紧后才能拧动辅助支承旋扭，拧紧力应适当。
3.夹具的非工作表面喷涂灰色漆。

图 2-11 托架钻模装配图

1—活动 V 形块；2—斜楔辅助支承；3—夹具体；4—钻模板；5—钻套；6—定位心轴；7—夹紧螺钉；8—开口垫圈；9—分度盘；10—圆柱对定销；11—锁紧螺母

2.4 夹紧装置与夹紧元件

2.4.1 夹紧装置设计

1. 夹紧装置的组成及基本要求

（1）夹紧装置的组成。

夹紧装置的结构形式是多种多样的，但其一般由动力装置和夹紧机构两部分组成，如图 2-12 所示。

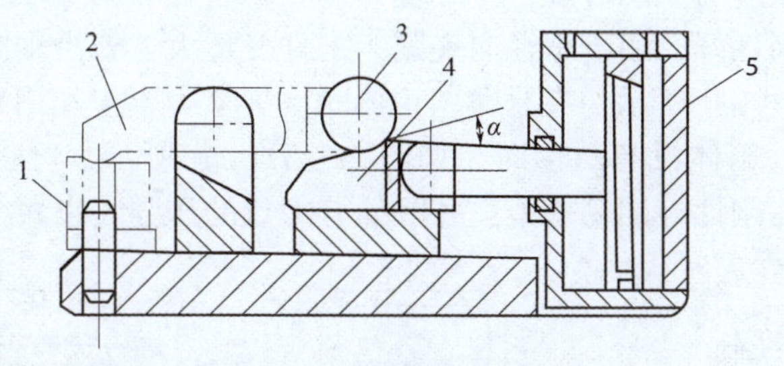

图 2-12 夹紧装置的结构

1—工件；2—压板；3—滚子；4—斜楔；5—气缸

夹紧力方向、作用点的确定

①机械加工过程中，要保证工件不离开定位时占据的正确位置，就必须有足够的夹紧力来平衡切削力、惯性力、离心力及重力对工件的影响。夹紧力的来源，一是人力；二是动力装置。常用的动力装置有液压装置、气压装置、电磁装置、电动装置和气-液联动装置等，如图 2-12 所示的气缸 5。

②夹紧机构是在工件夹紧过程中起力的传递作用的机构。夹紧机构在传递力的过程中，能根据需要改变力的大小、方向和作用点。手动夹紧机构还应具有良好的自锁性能，以保证人力作用停止后，仍能可靠地夹紧工件。图 2-12 所示的斜楔 4、滚子 3 和压板 2 等组成夹紧机构。

（2）夹紧装置的基本要求。

①夹紧装置既不应破坏工件的定位，又要有足够的夹紧力，同时还不应产生过大的夹紧变形和损伤工件表面。

②夹紧动作迅速，操作方便、安全省力。

③手动夹紧机构要有可靠的自锁性；机动夹紧机构要统筹考虑其自锁性和稳定的原动力。

④夹紧装置的结构应尽量简单紧凑，工艺性要好。

2. 夹紧力的确定

（1）夹紧力的方向。

①夹紧力的方向应尽可能垂直于工件的主要基准面。如图 2-13 所示，由于工件镗孔与左端面有一定的垂直度要求，因此，夹紧力应朝向主要限位面 *A*。这样有利于保证孔与左端面的垂直度要求。

②夹紧力的方向应尽量与切削力、工件重力方向一致。

（2）夹紧力的作用点。

①夹紧力的作用点应落在定位元件的支承范围内。如图 2-14 所示，夹紧力的作用点落到了定位元件的支承范

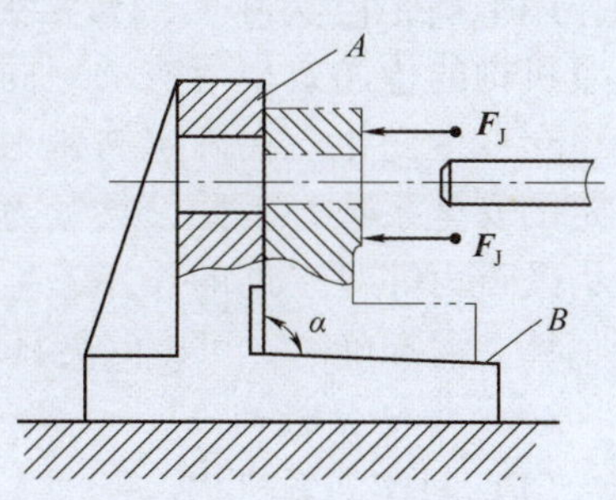

图 2-13 夹紧力朝向主要限位面 *A*

围之外，夹紧时破坏了工件的定位，因此是错误的。

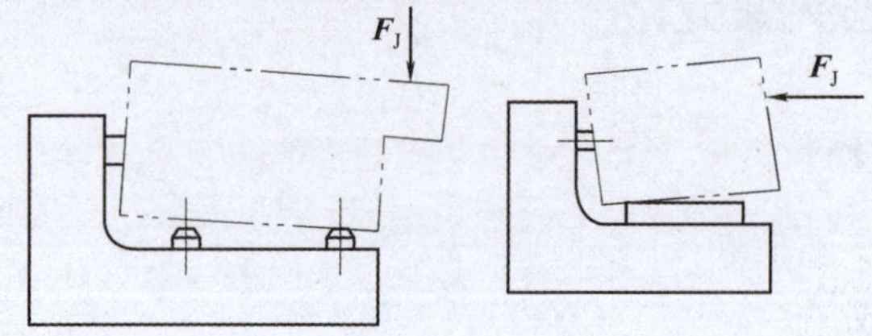

图 2-14　夹紧力作用点的位置不正确

②夹紧力的作用点应与支承对应，并尽量作用在工件刚性较好的部位。如图 2-15（a）所示，薄壁套的轴向刚性好，用卡爪径向夹紧，工件变形大，若沿轴向施加夹紧力，变形就会小得多。如图 2-15（b）所示，夹紧薄壁箱体时，夹紧力不应作用在箱体的顶面，而应作用在刚性好的凸边上。箱体没有凸边时，如图 2-15（c）所示，可将单点夹紧改为三点夹紧，将力的作用点落在刚性好的箱壁上，并降低着力点的压强，以减少工件的夹紧变形。

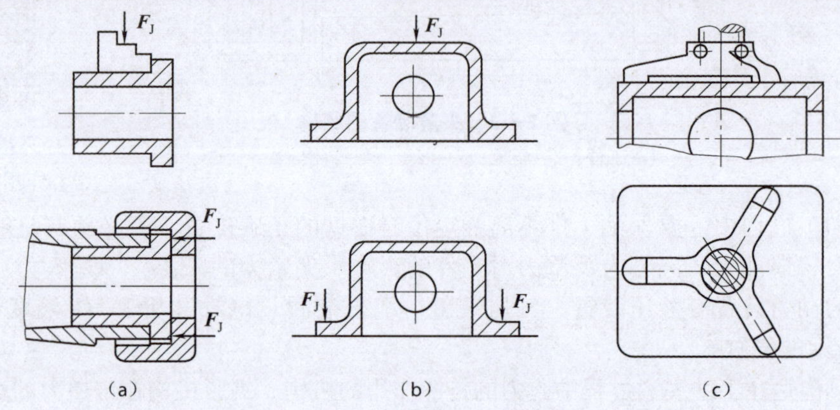

图 2-15　夹紧力作用点与夹紧变形的关系

(a) 薄壁套径向改为轴向夹紧；(b) 薄壁箱体顶面改为凸边夹紧；(c) 薄壁箱体单点夹紧改为三点夹紧

③夹紧力的作用点应靠近工件的加工表面。如图 2-16 所示，在拨叉上铣槽。由于夹紧力的作用点距加工表面较远，因此在靠近加工表面的地方设置了辅助支承，增加了夹紧力 $\boldsymbol{F}_J$。这样，不仅提高了工件的装夹刚性，还可减少加工时工件的振动。

（3）夹紧力的大小。

加工过程中，理论上，工件受到的夹紧力作用应与上述力的作用平衡，但实际上，夹紧力的大小还与工艺系统的刚性、夹紧机构的传递效率等有关。同时，切削力的大小在加工过程中也会发生变化。在确定夹紧力的大小时，为保证安全要增加一定的安全系数。因此，夹紧力会远大于切削力、离心力、惯性力及重力等对工件的作用。生产中夹紧力的大小一般通过经验估算，需准确时，可查阅夹具设计手册进行计算。

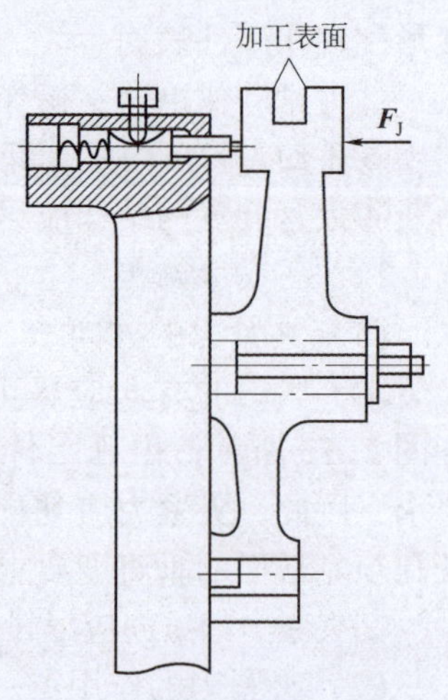

图 2-16　夹紧力的作用点靠近加工表面

3. 典型夹紧机构

（1）斜楔夹紧机构。

图 2-17 所示为几种斜楔夹紧机构。其中图 2-17（a）所示为

采用斜楔直接夹紧机构，图 2-17（b）所示为斜楔、滑柱、杠杆组合夹紧机构，图 2-17（c）所示为利用斜楔原理的自动夹紧机构。

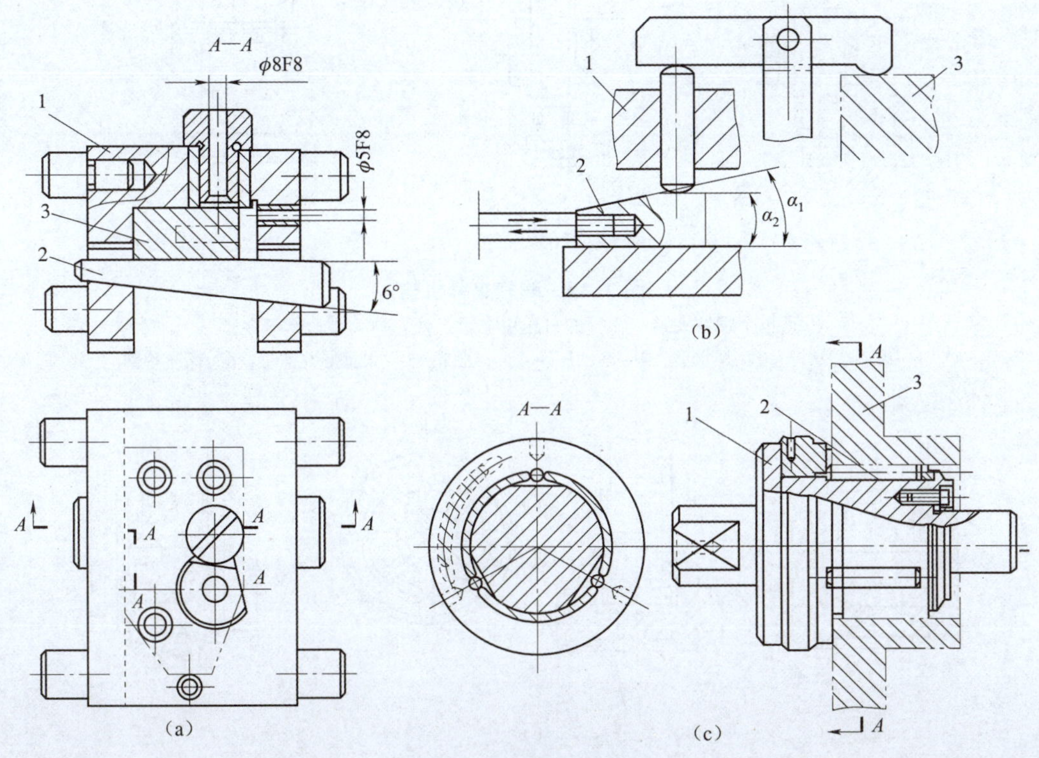

图 2-17　斜楔夹紧机构

（a）斜楔直接夹紧机构；（b）斜楔、滑柱、杠杆组合夹紧机构；（c）斜楔自动夹紧机构

1—夹具体；2—斜楔；3—工件

斜楔夹紧机构具有结构简单、增力比大、斜楔自锁性能好等特点，因此获得广泛应用。由于斜楔夹紧行程小，为了增大夹紧行程，在实际应用中常制成双角楔块。斜楔夹紧机构装卸工件较麻烦，还容易夹伤工件表面，因此，很少单独使用，常与其他机构配合使用。

楔块的自锁是指作用在斜楔上的原动力取消后，工件仍处于夹紧状态。当原动力取消后，斜楔有向大端方向运动的趋势，为了防止松动，要求斜楔满足自锁条件：斜楔的升角 α 小于斜楔与工件、斜楔与夹具体之间摩擦角之和。通常为了可靠，手动夹紧机构一般取 $\alpha=6^\circ \sim 8^\circ$。用气压或液压装置驱动的斜楔不需要自锁时，可取 $\alpha=15^\circ \sim 30^\circ$。

（2）螺旋夹紧机构。

由螺钉、螺母、垫圈、压板等元件组成的夹紧机构，称为螺旋夹紧机构，如图 2-18 所示。图 2-18（a）用螺钉直接夹压工件，其表面易被夹伤且在夹紧过程中可能使工件转动。为克服上述缺点，在螺钉头上加上摆动压块，如图 2-18（b）所示。图 2-18（c）所示为球面带肩螺母压紧。常见的摆动压块类型如图 2-19 所示。

在螺旋夹紧机构中，除了单个螺旋夹紧机构外，螺旋夹紧机构常和压板结合在一起形成复合夹紧机构，如图 2-20 所示。图 2-20（a）、图 2-20（b）所示为两种移动压板式螺旋夹紧机构；图 2-20（c）、图 2-20（d）所示为回转压板式螺旋夹紧机构；图 2-20（e）所示为钩形压板式螺旋夹紧机构。

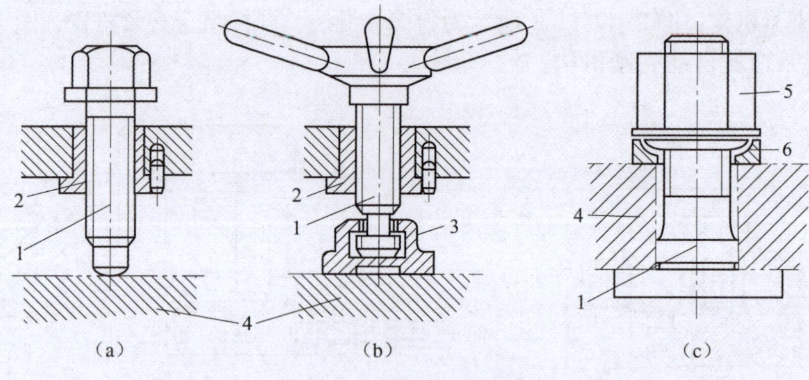

图 2-18　螺旋夹紧机构

(a) 单个螺钉夹紧；(b) 螺钉压块夹紧；(c) 球面带肩螺母夹紧

1—螺钉、螺杆；2—螺母套；3—摆动压块；4—工件；5—球面带肩螺母；6—球面垫圈

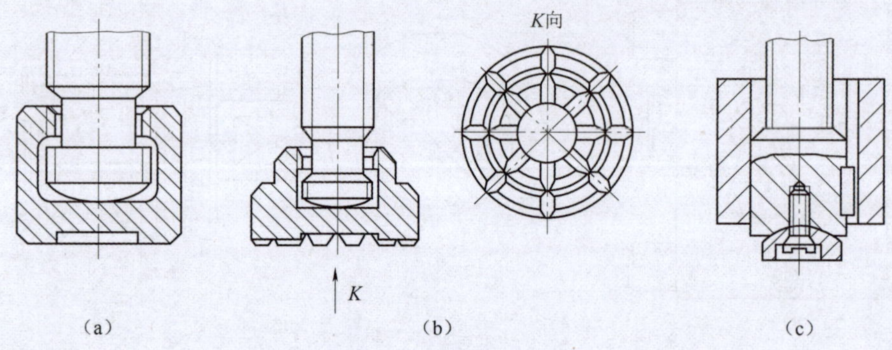

图 2-19　摆动压块类型

(a) 光面压块；(b) 槽面压块；(c) 圆压块

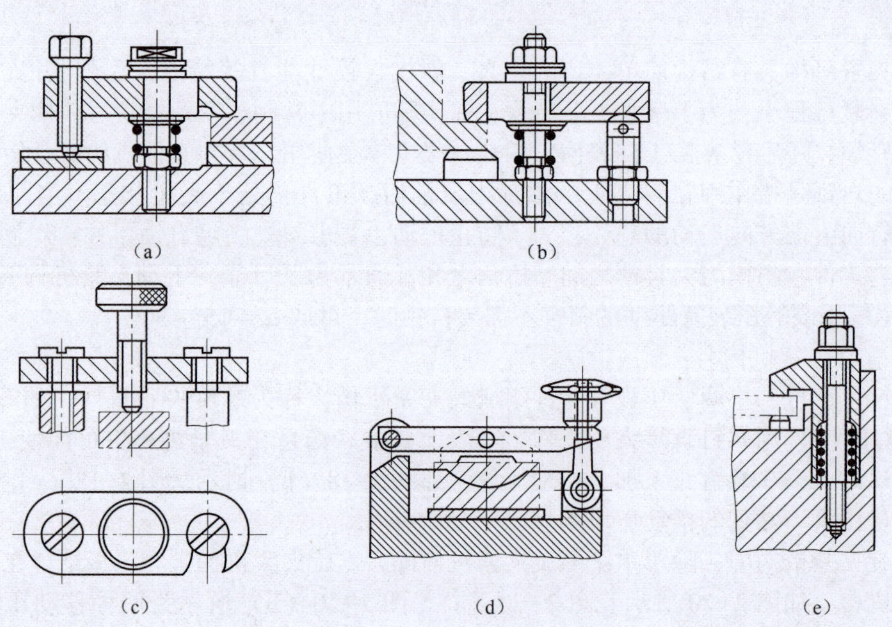

图 2-20　复合夹紧机构

(a)，(b) 移动压板式螺旋夹紧机构；(c)，(d) 回转压板式螺旋夹紧机构；(e) 钩形压板式螺旋夹紧机构

螺旋夹紧机构具有结构简单，夹紧行程大，自锁性好，增力比大等特点，是手动夹紧机构中使用最多的一种形式。

（3）偏心夹紧机构。

由偏心夹紧元件直接夹紧工件或与其他元件组合夹紧工件的快速动作机构称为偏心夹紧机构。偏心夹紧元件有两种形式：一种是圆偏心，如图 2-21（a）所示；另一种是曲线偏心，如图 2-21（b）所示。

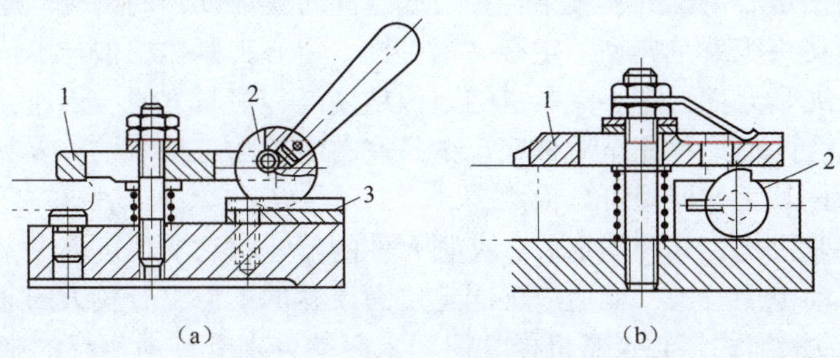

图 2-21 偏心夹紧机构

（a）圆偏心；（b）曲线偏心

1—压板；2—偏心轮；3—底板；4—开口垫圈

偏心夹紧机构靠偏心轮回转时回转半径变大而产生夹紧作用，其原理和斜楔工作时斜面高度由小变大而产生的斜楔作用是一样的。实际上，可将偏心轮视为斜角变化的斜楔。将图 2-22（a）所示的圆偏心轮展开，可得到图 2-22（b）所示的图形，其楔角可用下面的公式求出

$$\alpha=\arctan\left(\frac{e\sin\gamma}{R-\cos\gamma}\right)$$

式中 α——偏心轮的楔角，（°）；

e——偏心轮的偏心距，mm；

R——偏心轮的半径，mm；

γ——偏心轮作用点与起始点之间的圆弧所对应的圆心角，（°）。

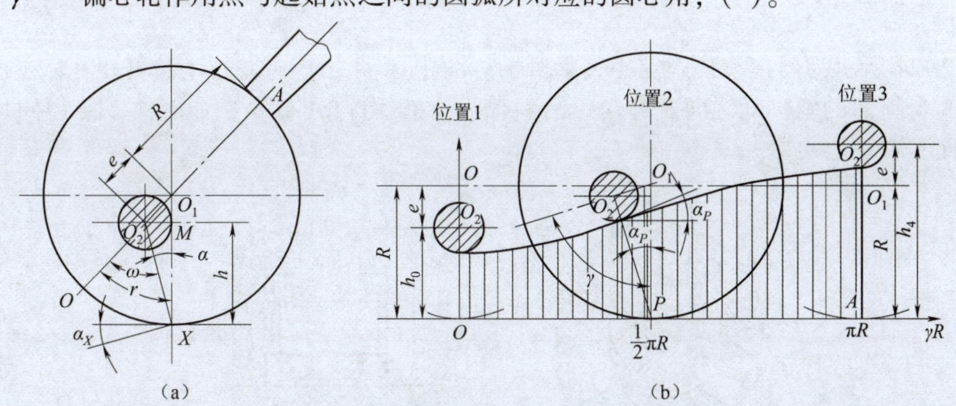

图 2-22 偏心夹紧机构工作原理

（a）圆偏心轮；（b）圆偏心轮展开图

根据斜楔的自锁条件：$\alpha\leqslant\varphi_1+\varphi_2$，此处的 φ_1 和 φ_2 分别为轮周处和转轴处的摩擦角。忽略转轴处的摩擦，可得到偏心夹紧的自锁条件

$$\frac{e}{R} \leqslant \tan \varphi_1 = \mu_1$$

式中　μ_1——轮周作用点处的摩擦因数。

偏心夹紧机构具有结构简单，操作方便，夹紧迅速等优点，但其夹紧力和夹紧行程小，自锁可靠性差，因此一般用于夹紧行程短及切削载荷小而平稳的场合。

（4）定心夹紧机构。

定心夹紧机构是定心定位和夹紧结合在一起，同时完成动作的机构。通用夹具中的三爪自定心卡盘、弹簧夹头等就是典型的定心夹紧机构。定心夹紧机构中与定位基面接触的元件既是定位元件又是夹紧元件。定心夹紧机构定位精度高，夹紧方便、迅速，在夹具中应用广泛。定心夹紧只适合几何形状完全对称或至少是左右对称的工件。

定心夹紧机构按其工作原理可分为两类。

①刚性定心夹紧机构，其利用定位、夹紧元件的等速移动实现定心夹紧。这类机构的定位夹紧元件等速移动范围较大，能适应不同定位面尺寸的工件，有较大的通用性。

图 2-23 所示为螺旋式定心夹紧机构。螺杆 3 两端分别有旋向相反的螺纹，当转动螺杆 3 时，通过左右螺纹带动 2 个 V 形块 1 和 2 同时移向中心而起定心夹紧作用。螺杆 3 的轴向位置由叉座 7 决定，左右 2 个调节螺钉 5 通过调节叉座的轴向位置来保证 V 形块 1 和 2 的对中位置正好处在所要求的对称轴线上。调整好后，用固定螺钉 6 固定。紧定螺钉 4 用来防止螺钉 5 松动。

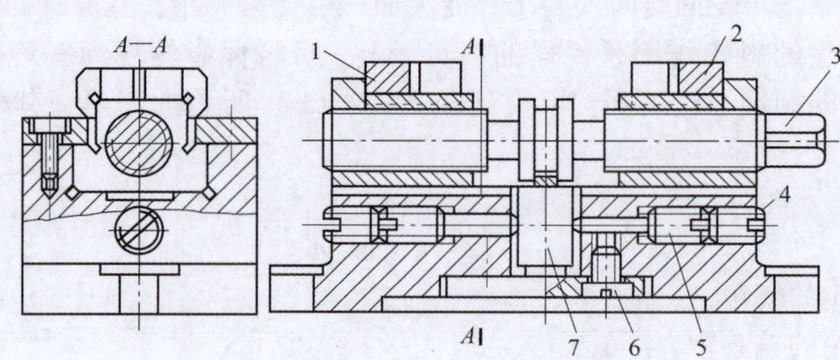

图 2-23　螺旋式定心夹紧机构

1，2—移动 V 形块；3—左、右螺纹的螺杆；4—紧定螺钉；5—调节螺钉；6—固定螺钉；7—叉座

图 2-24 所示为斜楔滑柱式定心夹紧机构。图中原动力 P 向左拉动拉杆 1，套在拉杆上的带有 3 个斜面的斜楔随之向左移动。沿斜槽呈 120° 均匀分布的 3 个滑柱 2 便径向均匀张开，从而实现定心夹紧。

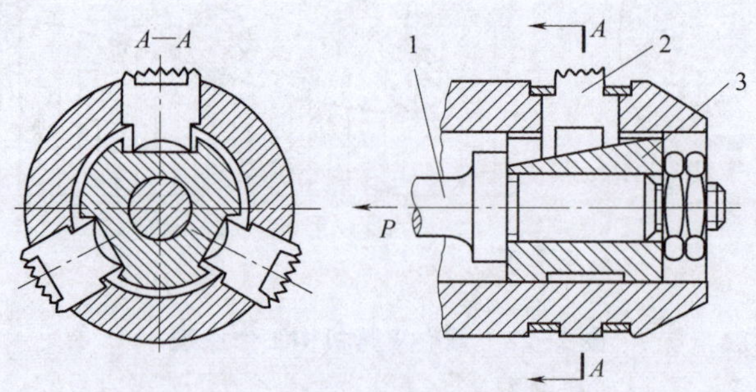

图 2-24　斜楔滑柱式定心夹紧机构

1—拉杆；2—滑柱；3—斜楔

②弹性斜定心夹紧机构，其利用定位、夹紧元件的均匀弹性变形来实现定心夹紧。这类机构的定心精度高，但变形量小，夹紧行程小，只适用于精加工。根据弹性元件不同，有弹性薄壁膜片式卡盘夹具、碟形弹簧片定心夹具、液性塑料薄壁套筒夹具等类型。

图 2-25 所示为弹性薄壁膜片式卡盘。它的主要元件是弹性膜片，这些膜片在自由状态时，其工作尺寸略大于（对夹紧内表面的卡盘是略小于）工件基准面。工件装上后，拧动卡盘中心的螺栓，使膜片产生弹性变形，实现定心夹紧。

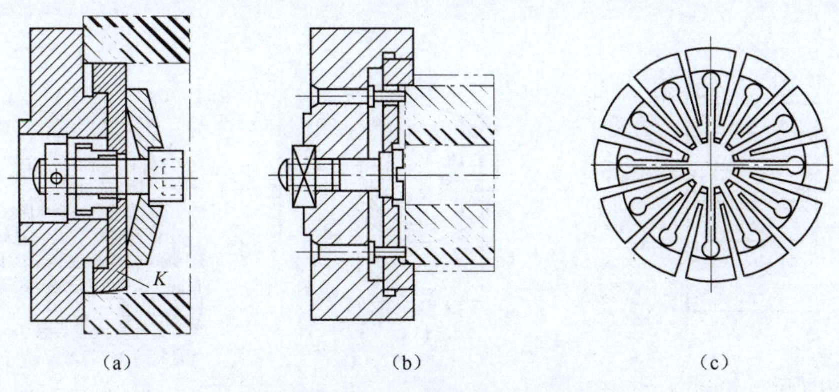

图 2-25　弹性薄壁膜片式卡盘

(a) 夹紧内表面；(b) 夹紧外表面；(c) 碗形膜片

图 2-26 所示为磨床用液性塑料夹紧心轴。液性塑料在常温下是一种半透明的胶状物质，有一定的弹性和流动性。这类夹具的工作原理是利用液性塑料的不可压缩性将压力均匀地传给薄壁弹性件，使其变形将工件定心并夹紧。如图 2-26 所示，工件以内孔和端面定位，工件套在薄壁套筒 5 上，拧动螺钉 3，推动柱塞 4，对液性塑料 6 施压，液性塑料将压力均匀地传给薄壁套筒 5，使其产生均匀的径向变形，将工件定心并夹紧。

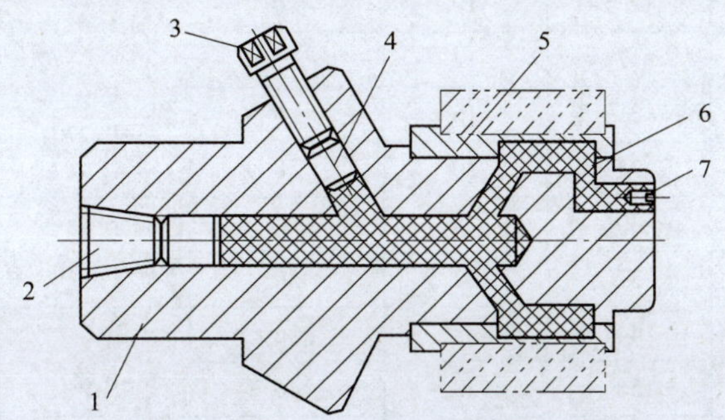

图 2-26　液性塑料薄壁套筒夹具

1—夹具体；2—塞子；3—加压螺钉；4—柱塞；5—薄壁套筒；6—液性塑料；7—螺塞

液性塑料夹具定心精度高，能保证同轴度在 0.01 mm 之内，且结构简单，制造成本低，操作方便，生产效率高。但由于薄壁套筒变形量有限，使夹持范围不可能很大，对工件的定位基准精度要求较高，因此，只能用于精加工、磨削及齿轮精加工工序。

2.4.2 常用夹紧元件

1. 螺母

（1）带肩六角螺母（JB/T 8004.1—1999）结构形式和尺寸规格如表 2-3 所示。

表 2-3 带肩六角螺母的结构形式和尺寸规格

单位：mm

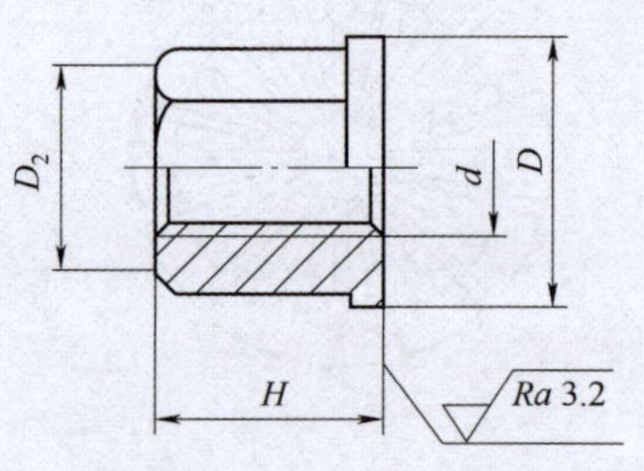

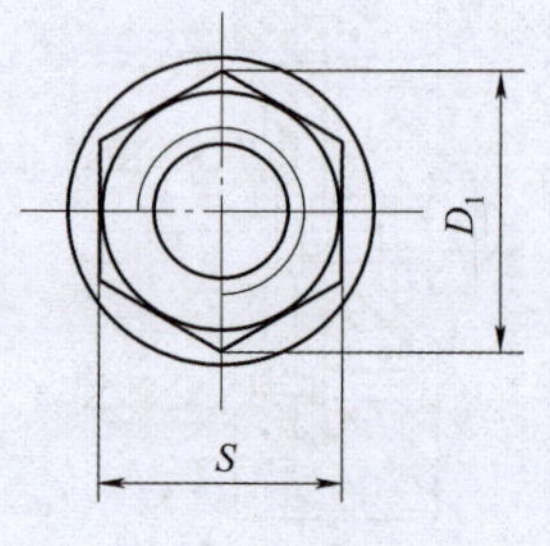

技术条件：

1.材料：45钢按 GB/T 699—2015的规定。

2.热处理：35~40 HRC。

3.细牙螺母支承面对螺纹轴心线的垂直度按GB/T 1184—1996中附录B表B3规定的9级公差。

4.其他技术条件按 JB/T 8044—1999的规定。

标记示例：

d=M16的带肩六角螺母：

螺母 M16 JB/T 8004.1—1999。

d=M16×1.5的带肩六角螺母：

螺母 M16×1.5 JB/T 8004.1—1999。

$\sqrt{Ra\ 12.5}$ ($\sqrt{}$)

d		*D*	*H*	*S*		$D_1 \approx$	$D_2 \approx$
普通螺纹	细牙螺纹			基本尺寸	极限偏差		
M5	—	10	8	8	0 −0.220	9.2	7.5
M6	—	12.5	10	10		11.5	9.5
M8	M8×1	17	12	13	0 −0.270	14.2	13.5
M10	M10×1	21	16	16		17.59	16.5
M12	M12×1.25	24	20	18		19.85	17
M16	M16×1.5	30	25	24	0 −0.330	27.7	23
M20	M20×1.5	37	32	30		34.6	29
M24	M24×1.5	44	38	36	0 −0.620	41.6	34
M30	M30×1.5	56	48	46		53.1	44
M36	M36×1.5	66	55	55	0 −0.740	63.5	53
M42	M42×1.5	78	65	65		75	62
M48	M48×1.5	92	75	75		86.5	72

（2）球面带肩螺母（JB/T 8004.2—1999）的结构形式和尺寸规格如表 2-4 所示。

表 2-4　球面带肩螺母的结构形式和尺寸规格　　　　单位：mm

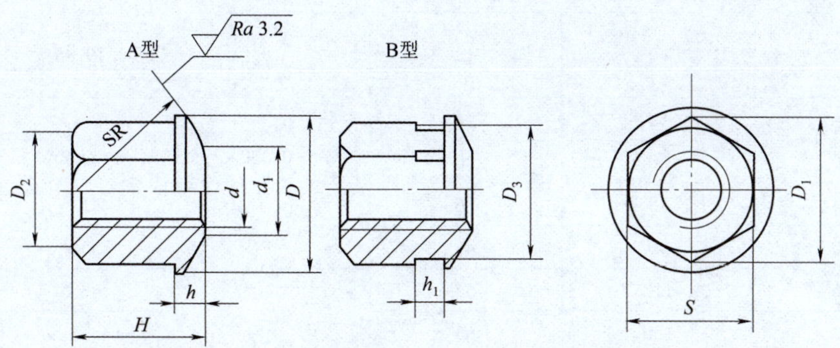

标记示例：
d=M16的A型球面带肩螺母：
螺母 AM16 JB/T 8004.2—1999。

技术条件：
1.材料：45钢按 GB/T 699—2015的规定。
2.热处理：35~40 HRC。
3.其他技术条件按 JB/T 8044—1999的规定。

$\sqrt{Ra\ 12.5}$ ($\sqrt{}$)

d	D	H	SR	S		$D_1\approx$	$D_2\approx$	D_3	d_1	h	h_1
				基本尺寸	极限偏差						
M6	12.5	10	10	10	0 −0.220	11.5	9.5	10	6.4	3	2.5
M8	17	12	12	13	0 −0.270	14.2	13.5	14	8.4	4	3
M10	21	16	16	16		17.59	16.5	18	10.5	5	3.5
M12	24	20	20	18		19.85	17	20	13		4
M16	30	25	25	24	0 −0.330	27.7	23	26	17	6	5
M20	37	32	32	30		34.6	29	32	21	6.6	
M24	44	38	36	36	0 −0.620	41.6	34	38	25	9.6	6
M30	56	48	40	46		53.1	44	48	31	9.8	7
M36	66	55	50	55	0 −0.740	63.5	53	58	37	12	8
M42	78	65	63	65		75	62	68	43	16	9
M48	92	75	70	75		86.5	72	78	50	20	10

（3）连接螺母（JB/T 8004.3—1999）的结构形式和尺寸规格如表 2-5 所示。

表 2-5　连接螺母的结构形式和尺寸规格　　　　单位：mm

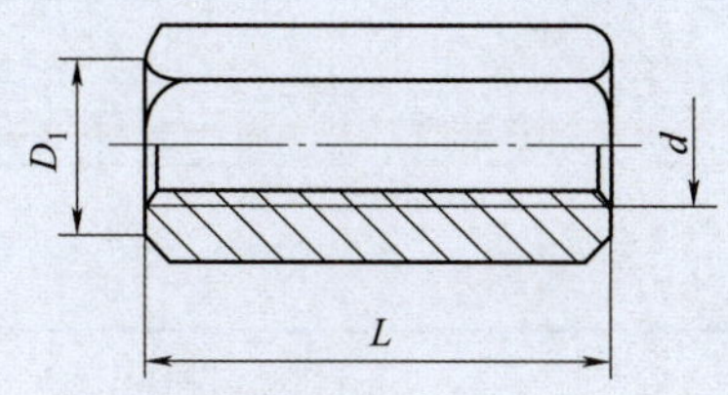

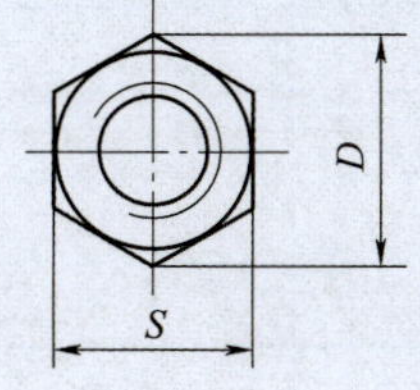

技术条件：
1.材料：45钢按 GB/T 699—2015的规定。
2.热处理：35~40 HRC。
3.其他技术条件按 JB/T 8044—1999的规定。

标记示例：
d=M12的连接螺母：
螺母 M12 JB/T 8004.3—1999。

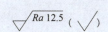

$\sqrt{Ra\ 12.5}$ ($\sqrt{}$)

续表

d	L	S		$D\approx$	$D_1\approx$
		基本尺寸	极限偏差		
M12	40	18	0 -0.270	19.85	18
M16	50	24	0 -0.330	27.7	22.8
M20	60	30		34.6	28.5
M24	75	36	0 -0.620	41.6	34.2
M30	90	46		53.1	43.7
M36	110	55		63.5	52.3
M42	130	65	0 -0.740	75	61.8
M48	160	75		86.5	71.3

（4）调节螺母（JB /T 8004.4—1999）的结构形式和尺寸规格如表 2-6 所示。

表 2-6 调节螺母的结构形式和尺寸规格 单位：mm

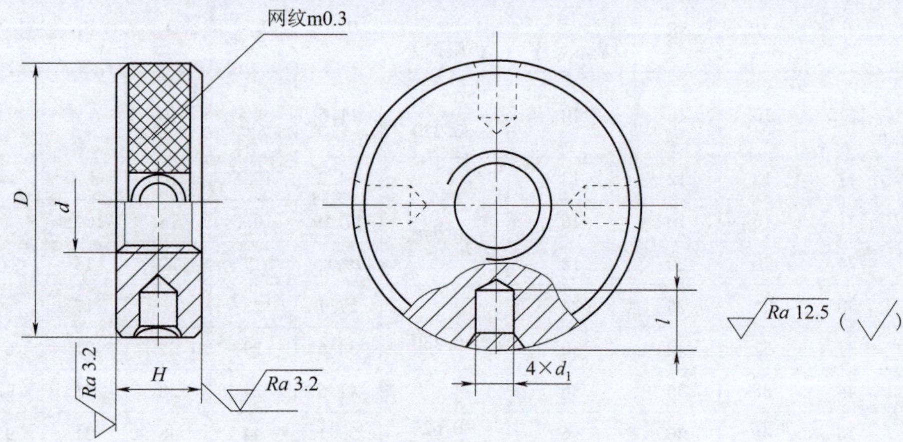

标记示例：
d=M16的调节螺母：
螺母 M16 JB/T 8004.4—1999。

技术条件：
1.材料：45钢按 GB/T 699—2015的规定。
2.热处理：35~40 HRC。
3.其他技术条件按 JB/T 8044—1999的规定。

d	D（滚花前）	H	d_1	l
M6	20	6	3	4.5
M8	24	7	3.5	5
M10	30	8	4	6
M12	35	10	5	7
M16	40	12	6	8
M20	50	14		10

（5）带孔滚花螺母（JB /T 8004. 5—1999）的结构形式和尺寸规格如表 2-7 所示。

表 2-7　带孔滚花螺母的结构形式和尺寸规格　　　　单位：mm

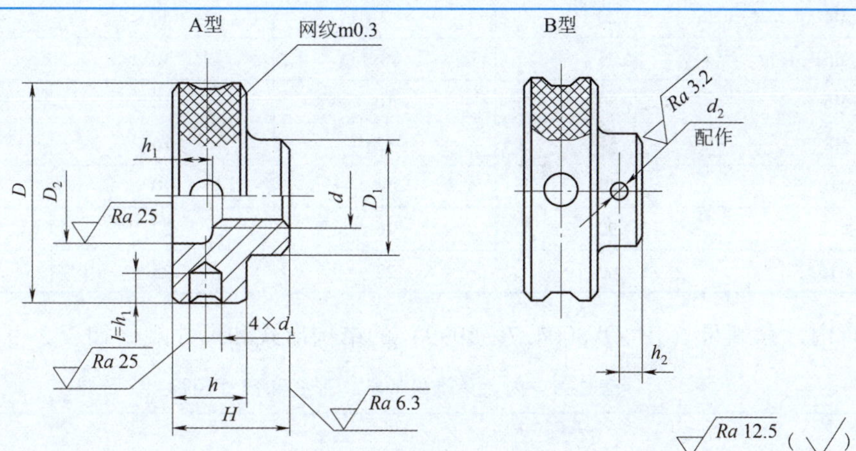

标记示例：
d=M5的A型带孔滚花螺母：
螺母 AM5 JB/T 8004.5—1999。

技术条件：
1.材料：45钢按 GB/T 699—2015的规定。
2.热处理：A型35~40 HRC。
3.其他技术条件按 JB/T 8044—1999的规定。

d	D（滚花前）	D_1	D_2	H	h	d_1	d_2		h_1	h_2
							基本尺寸	极限偏差 H7		
M3	12	8	5	8	5	—	—	—	2	—
M4	18	10	6	10	6					
M5	20	12	7	12	7		1. 5	+0. 010 0	3	2. 5
M6	25		8	14	8		2		4	3
M8	30	16	10	16	10	5	3		5	
M10	35	20	14	20	12		4	+0. 012 0		4
M12	40		18				5		7	
M16	50	25	20	25	15	6	6		8	5
M20	60	30	25	30		8			10	7

（6）菱形螺母（JB /T 8004. 6—1999）的结构形式和尺寸规格如表 2-8 所示。

表 2-8　菱形螺母的结构形式和尺寸规格　　　　单位：mm

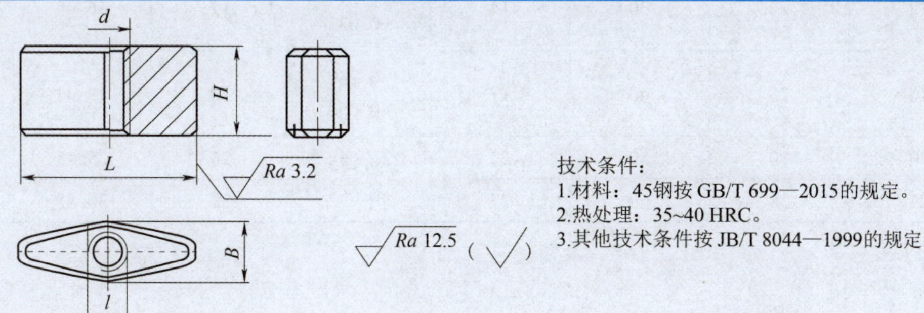

技术条件：
1.材料：45钢按 GB/T 699—2015的规定。
2.热处理：35~40 HRC。
3.其他技术条件按 JB/T 8044—1999的规定。

标记示例：
d=M10的菱形螺母：
螺母 M10 JB/T 8004.6—1999。

续表

d	L	B	H	l
M4	20	7	8	4
M5	25	8	10	5
M6	30	10	12	6
M8	35	12	16	8
M10	40	14	20	10
M12	50	16	22	12
M16	60	22	25	16

（7）内六角螺母（JB /T 8004. 7—1999）的结构形式和尺寸规格如表 2-9 所示。

表 2-9　内六角螺母的结构形式和尺寸规格　单位：mm

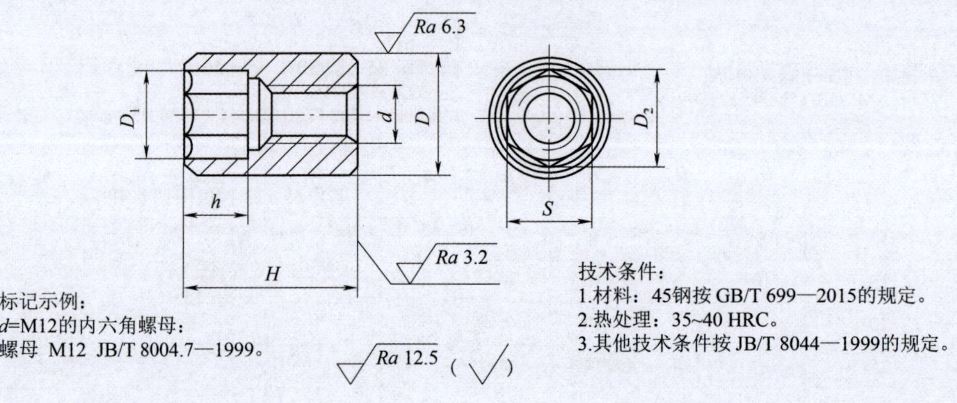

Ra 6.3
D_1
d
D
D_2
h
S
Ra 3.2
H
标记示例：
d=M12的内六角螺母：
螺母 M12 JB/T 8004.7—1999。
Ra 12.5 (√)
技术条件：
1.材料：45钢按 GB/T 699—2015的规定。
2.热处理：35~40 HRC。
3.其他技术条件按 JB/T 8044—1999的规定。

d	D	H	S 基本尺寸	S 极限偏差	D_1	D_2≈	h
M6	10	16	6	+0.095 +0.020	7.5	8.5	5
M8	14	20	8	+0.115 +0.025	9.5	9.15	7
M10	18	25	10		12	11.43	9
M12	22	30	14	+0.142 +0.032	17	16.00	11
M16	25	40	17	+0.230 +0.050	20	19.44	13
M20	30	50	22	+0.275 +0.065	26	25.15	16
M24	38	60	27		32	30.85	22

（8）手柄螺母（JB /T 8004. 8—1999）的结构形式和尺寸规格如表 2-10 所示。

表 2-10　手柄螺母的结构形式和尺寸规格　　单位：mm

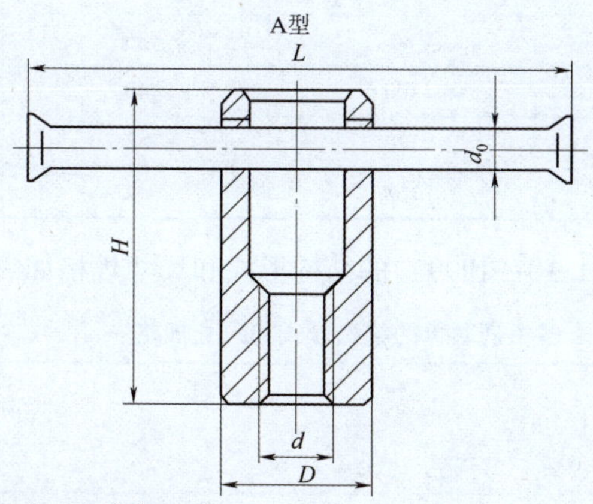

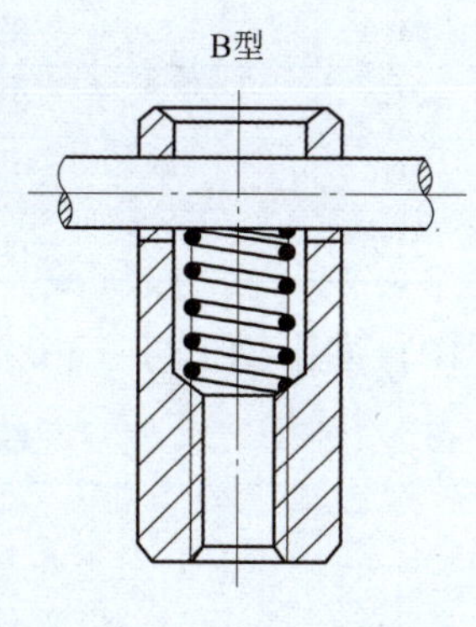

标记示例：
d=M10、H=45 mm的A型手柄螺母：
手柄螺母 AM10×45 JB/T 8004.8—1999。

d	D	H	L	d_0
M6	15	28	50	5
		50		
M8	18	32	60	6
		60		
M10	22	45	80	8
		80		
M12	25	50	100	10
		100		
M16	32	60	120	12
		110		
M20	36	70	200	16
		120		

（9）回转手柄螺母（JB /T 8004. 9—1999）的结构形式和尺寸规格如表 2-11 所示。

表 2-11　回转手柄螺母的结构形式和尺寸规格　　单位：mm

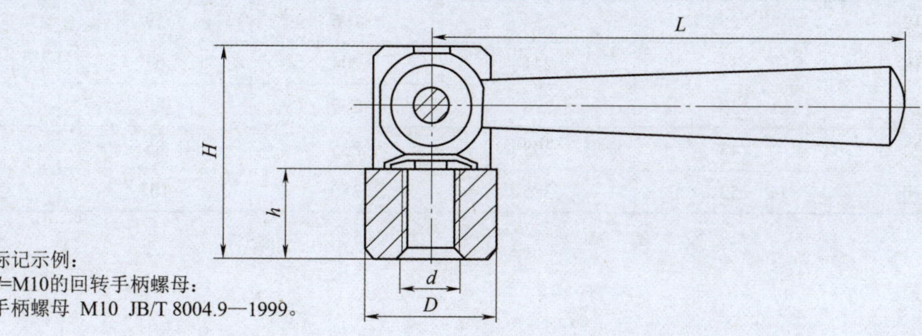

标记示例：
d=M10的回转手柄螺母：
手柄螺母 M10 JB/T 8004.9—1999。

续表

d	D	L	H	h
M8	18	65	30	14
M10	22	80	36	16
M12	25	100	45	20
M16	32	120	58	26
M20	40	160	72	32

（10）多手柄螺母（JB/T 8004.10—1999）的结构形式和尺寸规格如表 2-12 所示。

表 2-12　多手柄螺母的结构形式和尺寸规格　　单位：mm

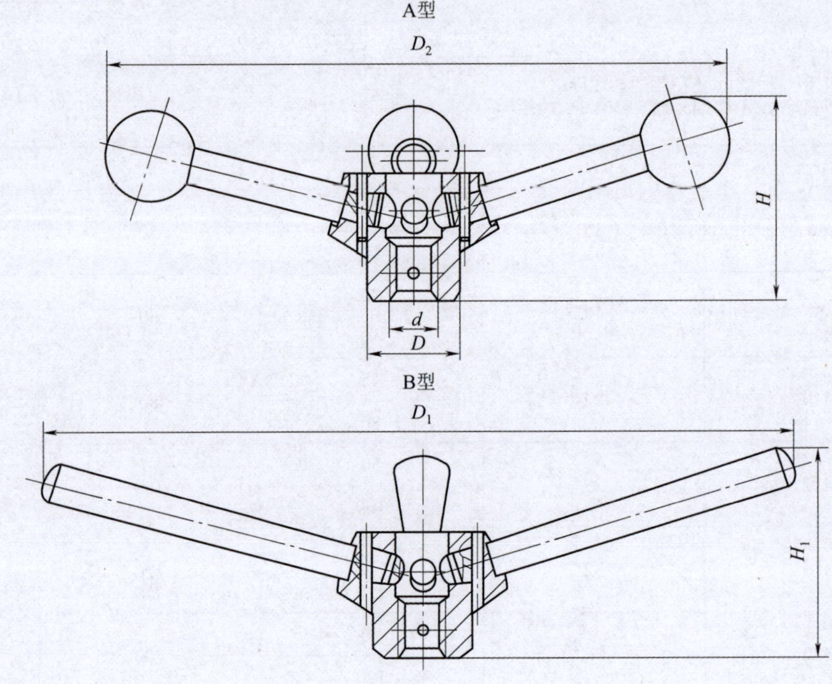

标记示例：
d=M16的A型多手柄螺母：
螺母 AM16 JB/T 8004.10—1999。

d	D	$D_1\approx$	$D_2\approx$	$H\approx$	$H_1\approx$
M12	25	234	196	59	59
M16	32	241	204	63	65
M20	38	298	255	80	80
M24	45	308	265	85	85
M30	52	385	350	105	104

（11）T 形槽用螺母（GB/T 158—1996）的结构形式和尺寸规格如表 2-13 所示。

表 2-13　T 形槽用螺母的结构形式和尺寸规格　　单位：mm

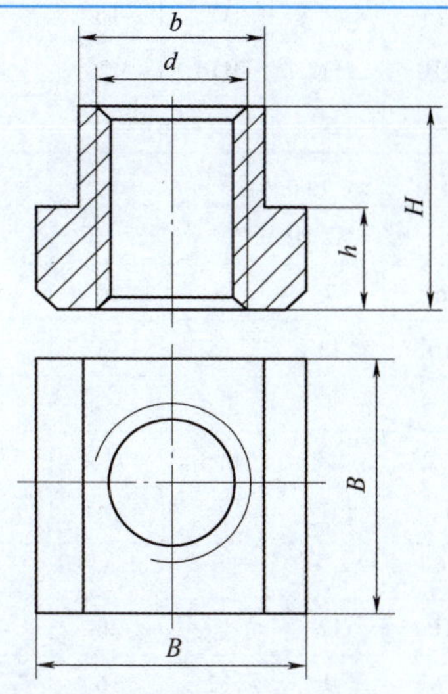

技术条件：
1.材料：45钢按 GB/T 699—2015的规定。
2.热处理：35~40 HRC。
3.其他技术条件按 JB/T 8044—1999的规定。

标记示例：
d=M20的T形槽用螺母：
螺母 M20 GB/T 158—1996。

T 形槽	D	A		B		H_1		H		f	r
宽度 A	公称尺寸	基本尺寸	极限偏差	基本尺寸	极限偏差	基本尺寸	极限偏差	基本尺寸	极限偏差	最大尺寸	最大尺寸
5	M4	5	-0.3 -0.5	9	±0. 29	3	±0. 2	6. 5	±0. 29	1	0. 3
6	M5	6		10		4	±0. 24	8		1. 6	
8	M6	8		13	±0. 35	6		10			
10	M8	10		15		6		12	±0. 35		
12	M10	12	-0. 3 -0. 6	18		7	±0. 29	14		2. 5	0. 4
14	M12	14		22	±0. 42	8		16			
18	M16	18		23		10		20	±0. 42		
22	M20	22		34	±0. 5	14	±0. 35	28			0. 5
28	M24	28		43		18		36	±0. 5	4	
36	M30	36		53	±0. 6	23	±0. 42	44		6	
42	M36	42	-0. 4 -0. 7	64		28		52	±0. 6		0. 8
48	M42	48		75		32	±0. 5	60			
54	M48	54		85	±0. 7	36		70			

2. 螺钉

（1）压紧螺钉（JB/T 8006. 1—1999）的结构形式和尺寸规格如表 2-14 所示。

表 2-14　压紧螺钉的结构形式和尺寸规格　　单位：mm

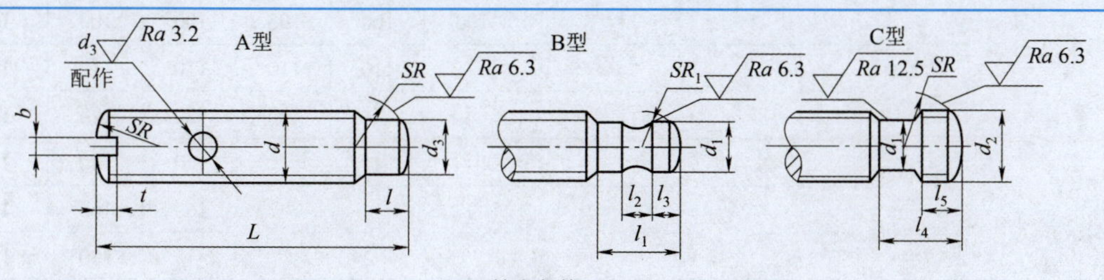

标记示例：
d=M16、L=60 mm的A型压紧螺钉：
螺钉 AM16×60 JB/T 8006.1—1999。

技术条件：
1.材料：45钢按 GB/T 699—2015的规定。　Ra 12.5（√）
2.热处理：30~35 HRC。
3.其他技术条件按 JB/T 8044—1999的规定。

续表

d		M4	M5	M6	M8	M10	M12	M16	M20	M24	M30
d_1		2.8	3.5	4.5	6	7	9	12	16	18	
d_2		M4	M5	M6	M8	M10	M12	M16	M20	M24	
d_3	基本尺寸	—	1.5	2	3	4	5	6		8	
	极限偏差 H7	—	$^{+0.010}_{0}$			$^{+0.012}_{0}$				$^{+0.015}_{0}$	
l		3		4	5	6	7	8	10	12	
l_1		—		7	8.5	10	13	15	18	20	
l_2				2.1	2.5			3.4	5		
l_3				2.2	2.6	3.2	4.8	6.3	7.5	8.5	
l_4		5	6.5		9	11	13.5	15	17	20	
l_5		2	3		4	5	6.5	8	9	11	
SR		4	5	6	8	10	12	16	20	25	
SR_1		3	4	5	6	7	9	12	16	18	
b		0.6	0.8		1.2	1.5	2		3	4	
t		1.4	1.8	2	2.5	3	3.5	4.5	6	7	
L		18									
		20									
		22	22								
		25	25								
		28	28	28							
		30	30	30							
		35	35	35	35						
		40	40	40	40	40					
			45	45	45	45					
			50	50	50	50	50				
				60	60	60	60	60			
					70	70	70	70	70		
					80	80	80	80	80	80	80
						90	90	90	90	90	90
						100	100	100	100	100	100
							110	110	110	110	110
								120	120	120	120
									140	140	140
									160	160	160
										180	180

（2）六角头压紧螺钉（JB/T 8006. 2—1999）的结构形式和尺寸规格如表 2-15 所示。

表 2-15　六角头压紧螺钉的结构形式和尺寸规格　　单位：mm

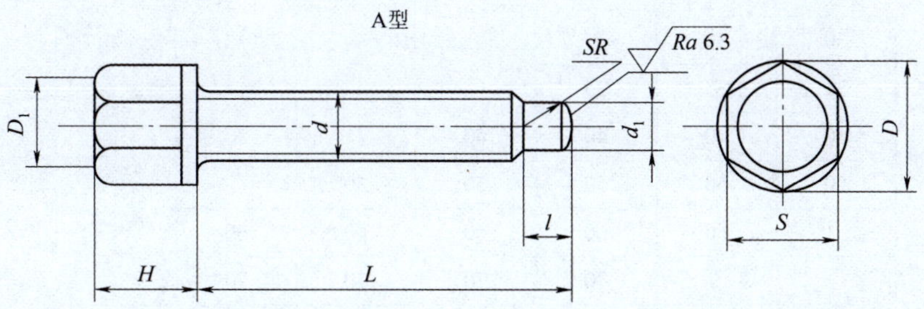

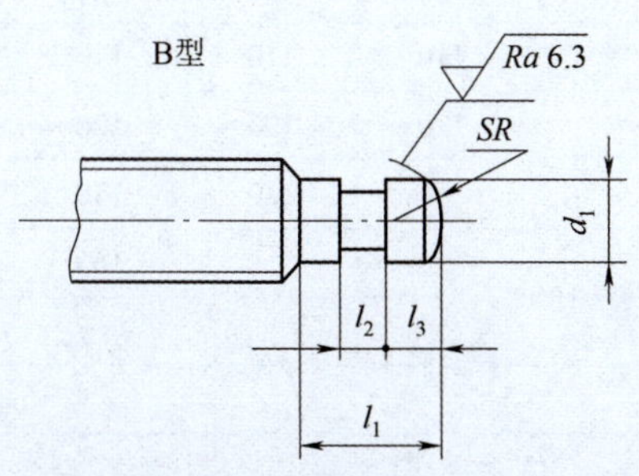

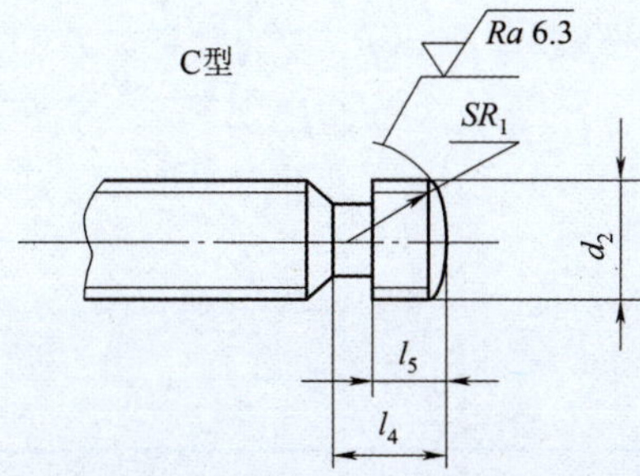

Ra 12.5 （√）

标记示例：
d=M16、L=60 mm的A型六角紧螺钉：
螺钉 AM16×60 JB/T 8006.2—1999。

技术条件：
1.材料：45钢按 GB/T 699—2015的规定。
2.热处理：35~40 HRC。
3.其他技术条件按 JB/T 8044—1999的规定。

<table>
<tr><td colspan="2">d</td><td>M8</td><td>M10</td><td>M12</td><td>M16</td><td>M20</td><td>M24</td><td>M30</td><td>M36</td></tr>
<tr><td colspan="2">$D\approx$</td><td>12. 7</td><td>14. 2</td><td>17. 59</td><td>23. 35</td><td>31. 2</td><td>37. 29</td><td>47. 3</td><td>57. 7</td></tr>
<tr><td colspan="2">$D_1\approx$</td><td>11. 5</td><td>13. 5</td><td>16. 5</td><td>21</td><td>26</td><td>31</td><td>39</td><td>47. 5</td></tr>
<tr><td colspan="2">H</td><td>10</td><td>12</td><td>16</td><td>18</td><td>24</td><td>30</td><td>36</td><td>40</td></tr>
<tr><td rowspan="2">S</td><td>基本尺寸</td><td>11</td><td>13</td><td>16</td><td>21</td><td>27</td><td>34</td><td>41</td><td>50</td></tr>
<tr><td>极限偏差</td><td colspan="3">0
-0. 240</td><td colspan="2">0
-0. 280</td><td colspan="3">0
-0. 340</td></tr>
<tr><td colspan="2">d_1</td><td>6</td><td>7</td><td>9</td><td>12</td><td>16</td><td colspan="3">18</td></tr>
<tr><td colspan="2">d_2</td><td>M8</td><td>M10</td><td>M12</td><td>M16</td><td>M20</td><td colspan="3">M24</td></tr>
<tr><td colspan="2">l</td><td>5</td><td>6</td><td>7</td><td>8</td><td>10</td><td colspan="3">12</td></tr>
<tr><td colspan="2">l_1</td><td>8. 5</td><td>10</td><td>13</td><td>15</td><td>18</td><td colspan="3">20</td></tr>
<tr><td colspan="2">l_2</td><td colspan="3">2. 5</td><td>3. 4</td><td colspan="4">5</td></tr>
<tr><td colspan="2">l_3</td><td>2. 6</td><td>3. 2</td><td>4. 8</td><td>6. 3</td><td>7. 5</td><td colspan="3">8. 5</td></tr>
<tr><td colspan="2">l_4</td><td>9</td><td>11</td><td>13. 5</td><td>15</td><td>17</td><td colspan="3">20</td></tr>
<tr><td colspan="2">l_5</td><td>4</td><td>5</td><td>6. 5</td><td>8</td><td>9</td><td colspan="3">11</td></tr>
<tr><td colspan="2">SR_1</td><td>8</td><td>10</td><td>12</td><td>16</td><td>20</td><td colspan="3">25</td></tr>
<tr><td colspan="2">SR</td><td>6</td><td>7</td><td>9</td><td>12</td><td>16</td><td colspan="3">18</td></tr>
</table>

续表

d	M8	M10	M12	M16	M20	M24	M30	M36
L	25							
	30	30						
	35	35	35					
	40	40	40	40				
	50	50	50	50	50			
		60	60	60	60	60		
			70	70	70	70		
			80	80	80	80	80	
			90	90	90	90	90	
				100	100	100	100	100
					110	110	110	110
					120	120	120	120
						140	140	140
							160	160
								180
								200

（3）固定手柄压紧螺钉（JB/T 8006.3—1999）的结构形式和尺寸规格如表 2-16 所示。

表 2-16　固定手柄压紧螺钉的结构形式和尺寸规格　　单位：mm

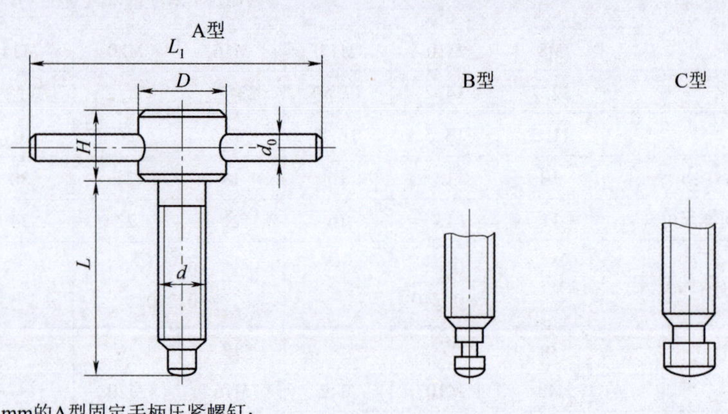

标记示例：
d=M10、L=80 mm的A型固定手柄压紧螺钉：
螺钉 AM10×80 JB/T 8006.3—1999。

<table>
<tr><th>d</th><th>d0</th><th>D</th><th>H</th><th>L1</th><th colspan="11">L</th></tr>
<tr><td>M6</td><td>5</td><td>12</td><td>10</td><td>50</td><td rowspan="2">30</td><td rowspan="2">35</td><td rowspan="3">40</td><td></td><td></td><td></td><td></td><td></td><td></td><td></td><td></td></tr>
<tr><td>M8</td><td>6</td><td>15</td><td>12</td><td>60</td><td rowspan="3">50</td><td rowspan="4">60</td><td></td><td></td><td></td><td></td><td></td><td></td></tr>
<tr><td>M10</td><td>8</td><td>18</td><td>14</td><td>80</td><td></td><td></td><td rowspan="4">70</td><td rowspan="4">80</td><td rowspan="4">90</td><td></td><td></td><td></td></tr>
<tr><td>M12</td><td>10</td><td>20</td><td>16</td><td>100</td><td></td><td></td><td></td><td rowspan="3">100</td><td></td><td></td></tr>
<tr><td>M16</td><td>12</td><td>24</td><td>20</td><td>120</td><td></td><td></td><td></td><td></td><td rowspan="2">120</td><td rowspan="2">140</td></tr>
<tr><td>M20</td><td>16</td><td>30</td><td>25</td><td>160</td><td></td><td></td><td></td><td></td><td></td></tr>
</table>

（4）活动手柄压紧螺钉（JB/T 8006.4—1999）的结构形式和尺寸规格如表 2-17 所示。

表 2-17　活动手柄压紧螺钉的结构形式和尺寸规格　　单位：mm

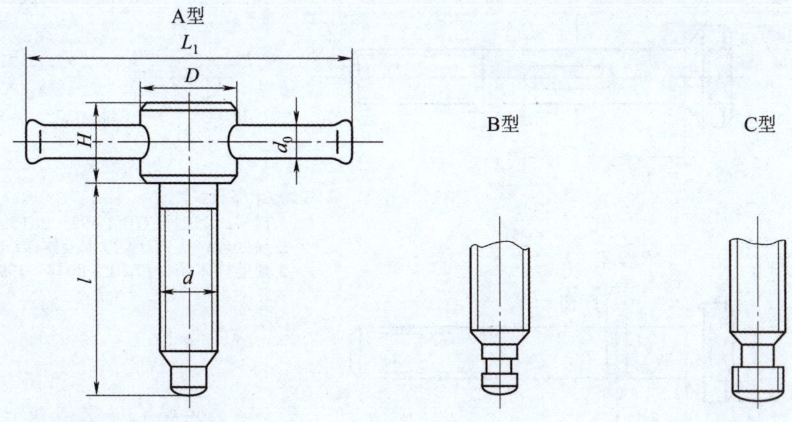

标记示例：
d=M12、L=60 mm的A型活动手柄压紧螺钉：
螺钉 AM12×60 JB/T 8006.4—1999。

<table>
<tr><th>d</th><th>d_0</th><th>D</th><th>H</th><th>L_1</th><th colspan="13">L</th></tr>
<tr><td>M6</td><td>5</td><td>12</td><td>10</td><td>50</td><td rowspan="2">30</td><td rowspan="3">35</td><td rowspan="4">40</td><td rowspan="5">50</td><td></td><td></td><td></td><td></td><td></td><td></td><td></td><td></td><td></td></tr>
<tr><td>M8</td><td>6</td><td>15</td><td>12</td><td>60</td><td rowspan="5">60</td><td></td><td></td><td></td><td></td><td></td><td></td><td></td><td></td></tr>
<tr><td>M10</td><td>8</td><td>18</td><td>14</td><td>80</td><td></td><td rowspan="5">70</td><td rowspan="5">80</td><td></td><td></td><td></td><td></td><td></td><td></td></tr>
<tr><td>M12</td><td>10</td><td>20</td><td>16</td><td>100</td><td></td><td></td><td rowspan="4">90</td><td rowspan="4">100</td><td rowspan="4">120</td><td></td><td></td><td></td></tr>
<tr><td>M16</td><td>12</td><td>24</td><td>20</td><td>120</td><td></td><td></td><td></td><td rowspan="3">140</td><td rowspan="3">160</td><td></td></tr>
<tr><td>M20</td><td rowspan="2">16</td><td rowspan="2">30</td><td rowspan="2">25</td><td>160</td><td></td><td></td><td></td><td></td><td></td></tr>
<tr><td>M24</td><td>200</td><td></td><td></td><td></td><td></td><td></td><td>180</td></tr>
</table>

3. 螺栓

（1）球头螺栓（JB/T 8007.1—1999）的结构形式和尺寸规格如表 2-18 所示。

表 2-18　球头螺栓的结构形式和尺寸规格　　单位：mm

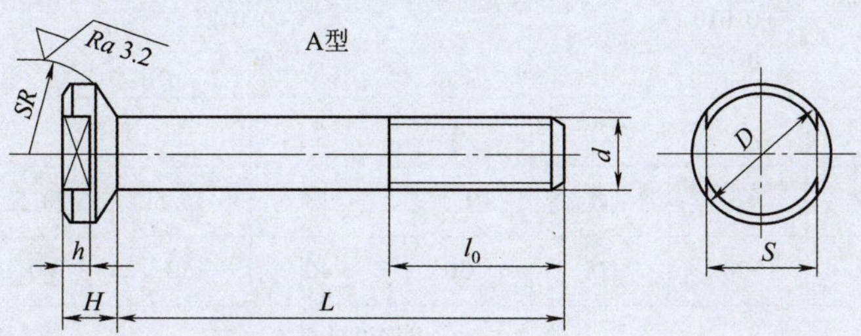

B型

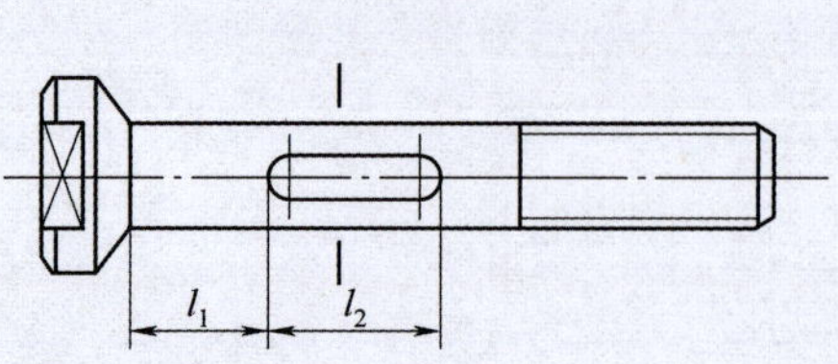

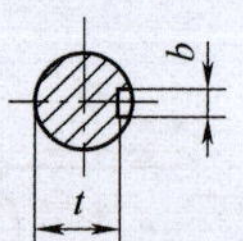

技术条件：
1.材料：45钢按 GB/T 699—2015的规定。
2.热处理：头部H长度上及螺纹l_0长度上35~40 HRC。
3.其他技术条件按 JB/T 8044—1999的规定。

C型

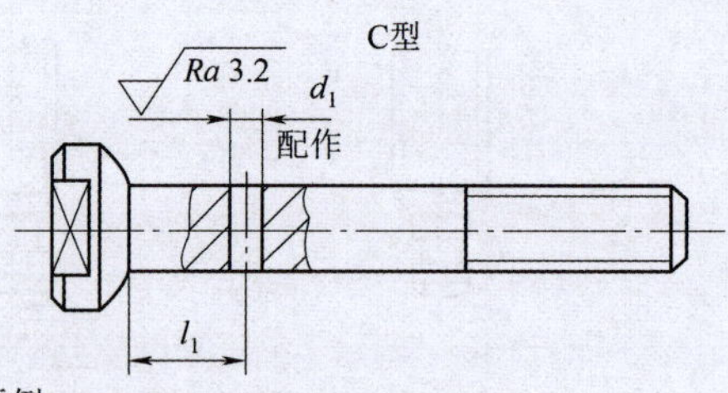

Ra 12.5 (√)

标记示例：
d=M20、L=120 mm的A型球头螺栓：
螺栓 AM20×120 JB/T 8007.1—1999。
d=M20、L=120 mm、l_1=30 mm的B型球头螺栓：
螺栓 BM20×120×30 JB/T 8007.1—1999。

<table>
<tr><td colspan="2">d</td><td>M6</td><td>M8</td><td>M10</td><td>M12</td><td>M16</td><td>M20</td><td>M24</td><td>M30</td><td>M36</td></tr>
<tr><td colspan="2">D</td><td>12.5</td><td>17</td><td>21</td><td>24</td><td>30</td><td>37</td><td>44</td><td>56</td><td>66</td></tr>
<tr><td rowspan="2">S</td><td>基本尺寸</td><td>10</td><td>13</td><td>16</td><td>18</td><td>24</td><td>30</td><td>36</td><td>46</td><td>55</td></tr>
<tr><td>极限偏差</td><td>0
-0.220</td><td colspan="2">0
-0.270</td><td colspan="3">0
-0.330</td><td colspan="2">0
-0.620</td><td>0
-0.740</td></tr>
<tr><td colspan="2">H</td><td>7</td><td>9</td><td>10</td><td>12</td><td>14</td><td>16</td><td>20</td><td>22</td><td>26</td></tr>
<tr><td colspan="2">h</td><td>4</td><td>5</td><td>6</td><td>7</td><td>8</td><td>9</td><td>10</td><td>12</td><td>14</td></tr>
<tr><td colspan="2">SR</td><td>10</td><td>12</td><td>16</td><td>20</td><td>25</td><td>32</td><td>36</td><td>40</td><td>50</td></tr>
<tr><td rowspan="2">d_1</td><td>基本尺寸</td><td>2</td><td colspan="2">3</td><td>4</td><td>5</td><td colspan="2">6</td><td>8</td><td>10</td></tr>
<tr><td>极限偏差
H7</td><td colspan="3">+0.010
0</td><td colspan="4">+0.012
0</td><td colspan="2">+0.015
0</td></tr>
<tr><td colspan="2">b</td><td>2</td><td colspan="2">3</td><td>4</td><td>5</td><td colspan="2">6.5</td><td>8</td><td>10</td></tr>
<tr><td colspan="2">t</td><td>4.9</td><td>6</td><td>8</td><td>9.5</td><td>13</td><td>16.5</td><td>20.5</td><td>25.5</td><td>31.5</td></tr>
<tr><td colspan="2">l_0</td><td>16</td><td>20</td><td>25</td><td>30</td><td>40</td><td>50</td><td>60</td><td>70</td><td>80</td></tr>
<tr><td colspan="2">l_1</td><td colspan="9">根据设计需要决定</td></tr>
<tr><td colspan="2">l_2</td><td>8</td><td>10</td><td>15</td><td colspan="4">20</td><td colspan="2">30</td></tr>
</table>

续表

d	M6	M8	M10	M12	M16	M20	M24	M30	M36
L	25								
	30	30							
	35	35							
	40	40	40						
	45	45	45						
	50	50	50	50					
	60	60	60	60	60				
	70	70	70	70	70	70			
		80	80	80	80	80	80		
		90	90	90	90	90	90		
		100	100	100	100	100	100	100	
			110	110	110	110	110	110	
			120	120	120	120	120	120	120
			140	140	140	140	140	140	140
			160	160	160	160	160	160	160
				180	180	180	180	180	180
				200	200	200	200	200	200
					220	220	220	220	220
						250	250	250	250
							280	280	280
							320	320	320
								360	360
									400

（2）T 形槽快卸螺栓（JB/T 8007. 2—1999）的结构形式和尺寸规格如表 2-19 所示。

表 2-19　T 形槽快卸螺栓的结构形式和尺寸规格　　单位：mm

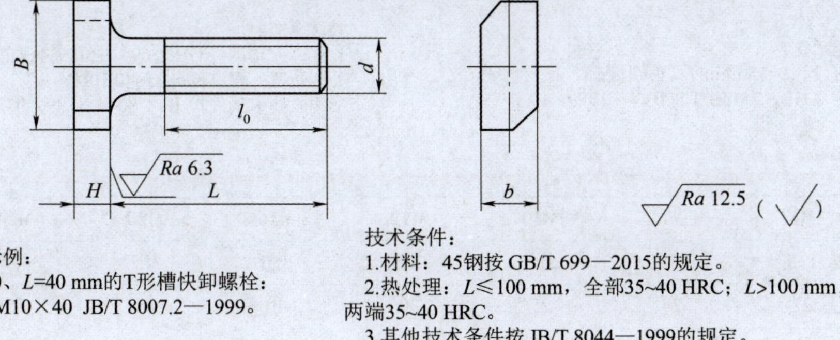

标记示例：
d=M10、L=40 mm的T形槽快卸螺栓：
螺栓 M10×40 JB/T 8007.2—1999。

技术条件：
1.材料：45钢按 GB/T 699—2015的规定。
2.热处理：L≤100 mm，全部35~40 HRC；L>100 mm，两端35~40 HRC。
3.其他技术条件按 JB/T 8044—1999的规定。

续表

T形槽宽	10	12	14	18	22	28	36
d	M8	M10	M12	M16	M20	M24	M30
B	20	25	30	36	46	58	74
H	6	7	9	12	14	16	20
l_0	25	30	40	50	60	75	90
b	8	10	12	16	20	24	30
L	30						
	40	40					
	50	50					
	60	60	60				
		80	80				
			100	100	100		
			120	120	120	120	
			160	160	160	160	160
				200	200	200	200
					250	250	250
						320	320
							400

（3）双头螺栓（JB/T 8007.4—1999）的结构形式和尺寸规格如表2-20所示。

表2-20 双头螺栓的结构形式和尺寸规格 单位：mm

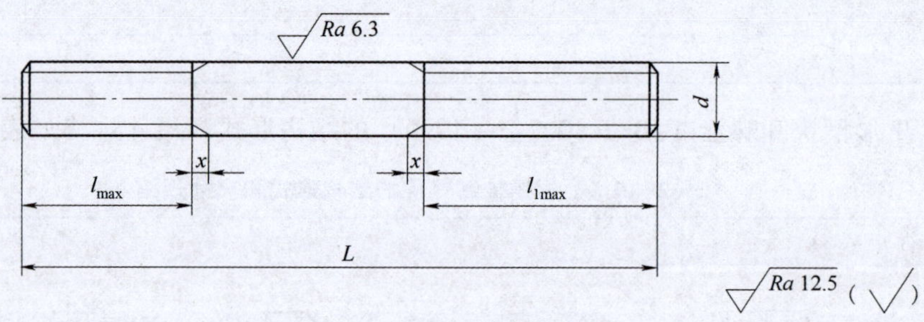

标记示例：
d=M12、L=75 mm的双头螺栓：
螺栓 M12×75 JB/T 8007.4—1999。

技术条件：
1.材料：35钢按GB/T 699—2015的规定。
2.热处理：螺纹部分35~40 HRC。
3.其他技术条件按JB/T 8044—1999的规定。

d	M6	M8	M10	M12	M16	M20	M24	M30
x	1.5	1.8	2.2	2.6	3.0	3.7	4.5	5.0
l_{max}	22	24	25	30	40	45	55	65
l_{1max}	25	30	35	40	50	60	80	95

续表

d	M6	M8	M10	M12	M16	M20	M24	M30
L	67	69	70	75				
	72	74	75	80	90			
	77	79	80	85	95			
	82	84	85	90	100	105		
	87	89	90	95	105	110		
	92	94	95	100	110	115	125	
	97	99	100	105	115	120	130	
	102	104	105	110	120	125	135	145
		109	110	115	125	130	140	150
		114	115	120	130	135	145	155
			120	125	135	140	150	160
			125	130	140	145	155	165
			135	140	150	155	165	175
			145	150	160	165	175	185
			155	160	170	175	185	195
			165	170	180	185	195	205
				180	190	195	205	215
				190	200	205	215	225
					210	215	225	235
					220	225	235	245
					240	245	255	265
						265	275	285
						295	305	315
							335	345

（4）槽用螺栓（JB/T 8007. 5—1999）的结构形式和尺寸规格如表 2-21 所示。

表 2-21　槽用螺栓的结构形式和尺寸规格　　单位：mm

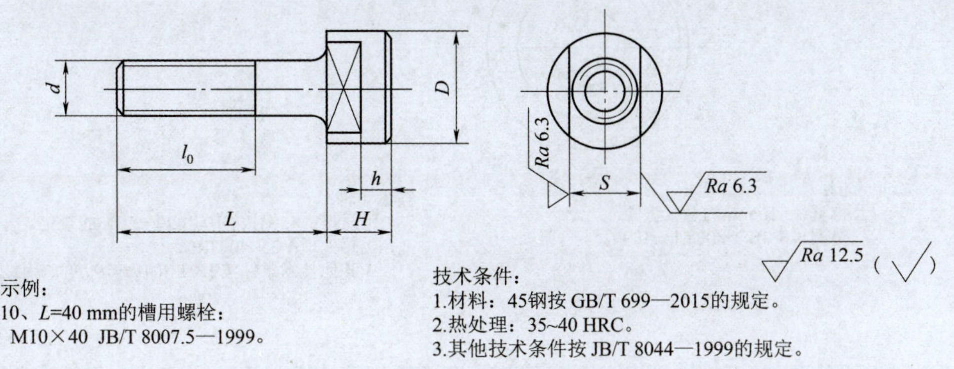

标记示例：
d=M10、L=40 mm的槽用螺栓：
螺栓 M10×40 JB/T 8007.5—1999。

技术条件：
1.材料：45钢按 GB/T 699—2015的规定。
2.热处理：35~40 HRC。
3.其他技术条件按 JB/T 8044—1999的规定。

续表

<table>
<tr><td>d</td><td>M6</td><td>M8</td><td>M10</td><td>M12</td><td>M16</td><td>M20</td><td>M24</td></tr>
<tr><td>D</td><td>14</td><td>18</td><td>22</td><td>26</td><td>34</td><td>42</td><td>52</td></tr>
<tr><td>S</td><td>8</td><td>10</td><td>11</td><td>13</td><td>18</td><td>21</td><td>27</td></tr>
<tr><td>H</td><td>8</td><td>10</td><td>12</td><td>16</td><td>22</td><td>26</td><td>34</td></tr>
<tr><td>h</td><td>4</td><td>5</td><td>6</td><td>8</td><td>11</td><td>13</td><td>17</td></tr>
<tr><td>L</td><td colspan="7">l_0</td></tr>
<tr><td>30</td><td rowspan="3">14</td><td rowspan="5">20</td><td rowspan="7">25</td><td></td><td rowspan="2"></td><td rowspan="2"></td><td rowspan="3"></td></tr>
<tr><td>40</td><td rowspan="7">30</td></tr>
<tr><td>50</td><td rowspan="7">40</td><td rowspan="7">50</td></tr>
<tr><td>60</td><td></td><td rowspan="7">60</td></tr>
<tr><td>70</td><td></td></tr>
<tr><td>80</td><td colspan="2"></td></tr>
<tr><td>100</td><td colspan="2"></td></tr>
<tr><td>120</td><td colspan="3"></td></tr>
<tr><td>160</td><td colspan="4"></td></tr>
<tr><td>200</td><td colspan="6"></td></tr>
</table>

4. 垫圈

（1）悬式垫圈（JB/T 8008. 1—1999）的结构形式和尺寸规格如表 2-22 所示。

表 2-22　悬式垫圈的结构形式和尺寸规格　　单位：mm

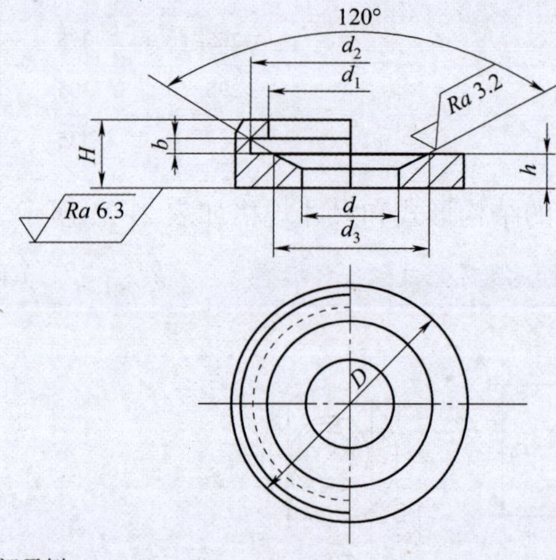

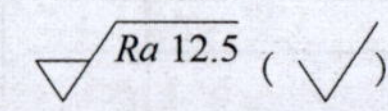

标记示例：
公称直径=16 mm的悬式垫圈：
垫圈 16 JB/T 8008.1—1999。

技术条件：
1.材料：45钢按 GB/T 699—2015的规定。
2.热处理：35~40 HRC。
3.其他技术条件按 JB/T 8044—1999的规定。

续表

公称直径（螺纹直径）	D	H	d	d_1	d_2	d_3	b	h
6	17	6.5	8	11	14	12	2.3	2.6
8	22	7.5	10	15	18.5	16	2.7	3.2
10	26	8.5	12.5	19.5	22.5	18	3	4
12	30	9.5	16	22	26	23.5	3.2	4.7
16	38	11	20	28	32	29	4	5.1
20	48	13.5	25	35	40	34	4.4	6.6
24	55	16.5	30	42	48	38.5		6.8
30	68	20.5	36	52	60	45.2	7.5	9.9
36	80	24	43	62	72	64		14.3
42	94	30	50	72	85	69	12.5	14.4
48	110	37	60	82	100	78.6	15	17.4

（2）十字垫圈（JB/T 8008.2—1999）的结构形式和尺寸规格如表 2-23 所示。

表 2-23　十字垫圈的结构形式和尺寸规格　　单位：mm

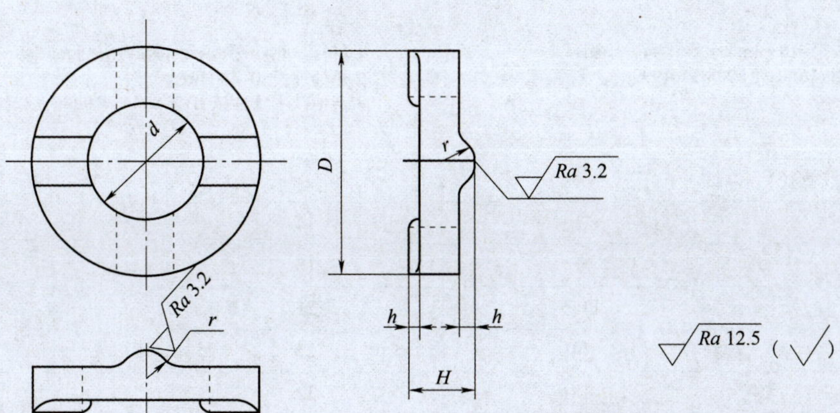

标记示例：
　公称直径=16 mm的十字垫圈：
　　垫圈 16 JB/T 8008.2—1999。

技术条件：
　1.材料：45钢按 GB/T 699—2015的规定。
　2.热处理：40~45 HRC。
　3.其他技术条件按 JB/T 8044—1999的规定。

续表

<table>
<tr><th>公称直径（螺纹直径）</th><th>d</th><th>D</th><th>H</th><th>h</th><th>r</th></tr>
<tr><td>6</td><td>7</td><td>14</td><td>6</td><td rowspan="4">1</td><td rowspan="5">3</td></tr>
<tr><td>8</td><td>9</td><td>18</td><td>8</td></tr>
<tr><td>10</td><td>11. 5</td><td>21</td><td rowspan="2">10</td></tr>
<tr><td>12</td><td>14</td><td>25</td></tr>
<tr><td>16</td><td>18</td><td>32</td><td rowspan="2">12</td><td rowspan="3">1. 5</td></tr>
<tr><td>20</td><td>22. 5</td><td>38</td><td rowspan="6">5</td></tr>
<tr><td>24</td><td>26. 5</td><td>45</td><td rowspan="2">16</td></tr>
<tr><td>30</td><td>33</td><td>55</td><td rowspan="4">2</td></tr>
<tr><td>36</td><td>40</td><td>68</td><td rowspan="3">20</td></tr>
<tr><td>42</td><td>46</td><td>80</td></tr>
<tr><td>48</td><td>52</td><td>90</td></tr>
</table>

（3）十字垫圈用垫圈（JB/T 8008. 3—1999）的结构形式和尺寸规格如表 2-24 所示。

表 2-24　十字垫圈用垫圈的结构形式和尺寸规格　　单位：mm

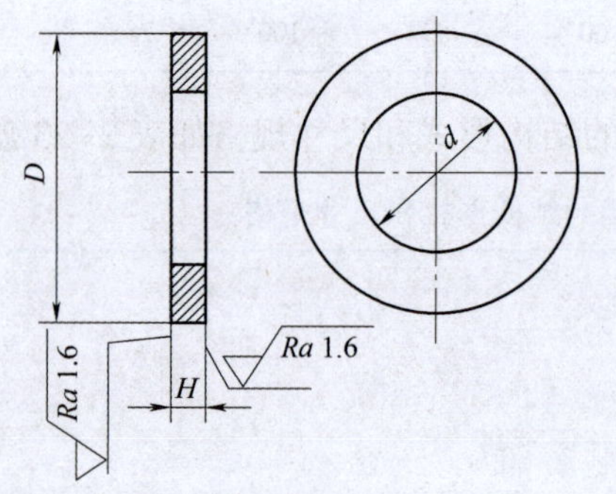

标记示例：
公称直径=16 mm的十字垫圈用垫圈：
垫圈 16 JB/T 8008.3—1999。

技术条件：
1.材料：45钢按 GB/T 699—2015的规定。
2.热处理：40~45 HRC。
3.其他技术条件按 JB/T 8044—1999的规定。

<table>
<tr><th>公称直径（螺纹直径）</th><th>d</th><th>D</th><th>H</th></tr>
<tr><td>6</td><td>7</td><td>14</td><td rowspan="2">2</td></tr>
<tr><td>8</td><td>9</td><td>18</td></tr>
<tr><td>10</td><td>11. 5</td><td>21</td><td rowspan="2">2. 5</td></tr>
<tr><td>12</td><td>14</td><td>25</td></tr>
<tr><td>16</td><td>18</td><td>32</td><td>3</td></tr>
<tr><td>20</td><td>22. 5</td><td>38</td><td rowspan="2">4</td></tr>
<tr><td>24</td><td>26. 5</td><td>45</td></tr>
<tr><td>30</td><td>33</td><td>55</td><td>5</td></tr>
<tr><td>36</td><td>40</td><td>68</td><td rowspan="2">6</td></tr>
<tr><td>42</td><td>46</td><td>80</td></tr>
<tr><td>48</td><td>52</td><td>90</td><td>8</td></tr>
</table>

（4）转动垫圈（JB/T 8008. 4—1999）的结构形式和尺寸规格如表 2-25 所示。

表 2-25　转动垫圈的结构形式和尺寸规格　　　　单位：mm

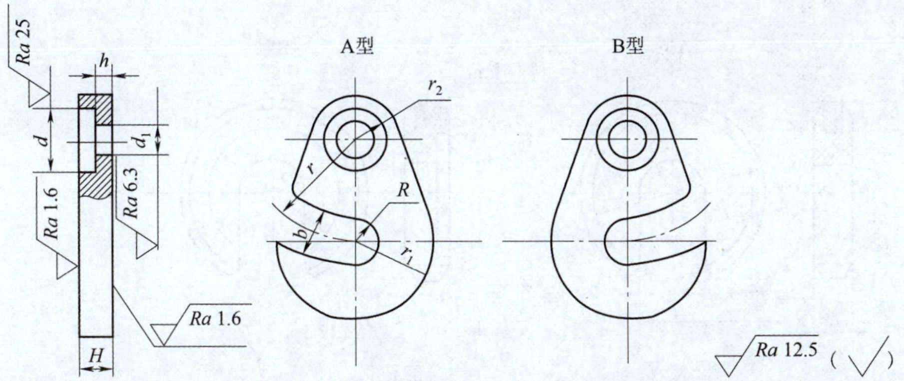

标记示例：
公称直径=8 mm、r=22 mm的A型转动垫圈：
垫圈　A8×22　JB/T 8008.4—1999。

技术条件：
1.材料：45 钢按 GB/T 699—2015的规定。
2.热处理：30~40 HRC。
3.其他技术条件按 JB/T 8044—1999的规定。

公称直径（螺纹直径）	r	r_1	H	d	d_1 基本尺寸	d_1 极限偏差 H11	h 基本尺寸	h 极限偏差	b	r_2
5	15	11	6	9	5	+0. 075 0	3	0 -0. 100	7	7
	20	14								
6	18	13	7	11	6				8	8
	25	18								
8	22	16	8	14	8	+0. 090 0	4		10	10
	30	22								
10	26	20	10	18	10				12	13
	35	26								
12	32	25							14	
	45	32								
16	38	28	12	22	12	+0. 110 0	5		18	15
	50	36								
20	45	32	14				6		22	
	60	42								
24	50	38	16				8		26	
	70	50								
30	60	45	18	26	16				32	18
	80	58								
36	70	55	20				10		38	
	95	70								

（5）快换垫圈（JB/T 8008. 5—1999）的结构形式和尺寸规格如表 2-26 所示。

表 2-26　快换垫圈的结构形式和尺寸规格　　单位：mm

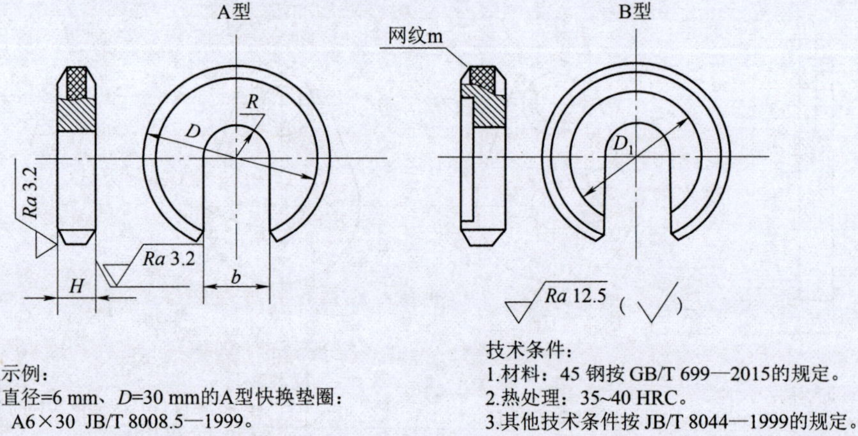

标记示例：
公称直径=6 mm、D=30 mm的A型快换垫圈：
垫圈 A6×30 JB/T 8008.5—1999。

技术条件：
1.材料：45 钢按 GB/T 699—2015的规定。
2.热处理：35~40 HRC。
3.其他技术条件按 JB/T 8044—1999的规定。

<table>
<tr><td>公称直径（螺纹直径）</td><td>5</td><td>6</td><td>8</td><td>10</td><td>12</td><td>16</td><td>20</td><td>24</td><td>30</td><td>36</td></tr>
<tr><td>b</td><td>6</td><td>7</td><td>9</td><td>11</td><td>13</td><td>17</td><td>21</td><td>25</td><td>31</td><td>37</td></tr>
<tr><td>D_1</td><td>13</td><td>15</td><td>19</td><td>23</td><td>26</td><td>32</td><td>42</td><td>50</td><td>60</td><td>72</td></tr>
<tr><td>m</td><td colspan="4">0. 3</td><td colspan="6">0. 4</td></tr>
<tr><td>D</td><td colspan="10">H</td></tr>
<tr><td>16</td><td rowspan="5">4</td><td></td><td rowspan="2"></td><td rowspan="3"></td><td rowspan="4"></td><td rowspan="5"></td><td rowspan="6"></td><td rowspan="7"></td><td rowspan="8"></td><td rowspan="10"></td></tr>
<tr><td>20</td><td rowspan="2">5</td></tr>
<tr><td>25</td><td rowspan="2">6</td></tr>
<tr><td>30</td><td rowspan="2">6</td><td rowspan="2">7</td></tr>
<tr><td>35</td><td rowspan="3">7</td><td rowspan="3">8</td></tr>
<tr><td>40</td><td></td><td></td><td rowspan="3">8</td><td rowspan="4">10</td></tr>
<tr><td>50</td><td></td><td></td><td rowspan="3">10</td></tr>
<tr><td>60</td><td></td><td></td><td></td><td rowspan="3">10</td><td rowspan="4">12</td></tr>
<tr><td>70</td><td></td><td></td><td></td><td></td><td rowspan="4">14</td></tr>
<tr><td>80</td><td></td><td></td><td></td><td></td><td rowspan="3">12</td><td rowspan="3">12</td></tr>
<tr><td>90</td><td></td><td></td><td></td><td></td><td></td><td rowspan="2">16</td></tr>
<tr><td>100</td><td></td><td></td><td></td><td></td><td></td><td rowspan="2">14</td></tr>
<tr><td>110</td><td></td><td></td><td></td><td></td><td></td><td></td><td rowspan="2">14</td><td rowspan="2">16</td><td>—</td></tr>
<tr><td>120</td><td></td><td></td><td></td><td></td><td></td><td></td><td rowspan="2">16</td><td>16</td></tr>
<tr><td>130</td><td></td><td></td><td></td><td></td><td></td><td></td><td></td><td rowspan="2">18</td><td>—</td></tr>
<tr><td>150</td><td></td><td></td><td></td><td></td><td></td><td></td><td></td><td></td><td>18</td></tr>
<tr><td>160</td><td></td><td></td><td></td><td></td><td></td><td></td><td></td><td></td><td></td><td>20</td></tr>
</table>

5. 压块

（1）光面压块（JB/T 8009. 1—1999）的结构形式和尺寸规格如表 2-27 所示。

表 2-27　光面压块的结构形式和尺寸规格　　　　单位：mm

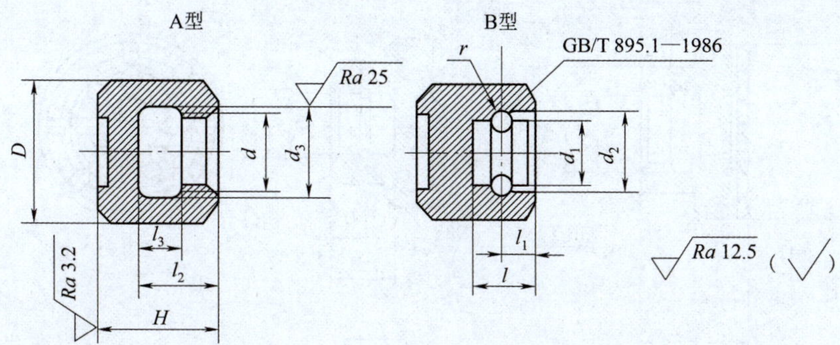

标记示例：
公称直径=12 mm的A型光面压块：
压块 A12 JB/T 8009.1—1999。

技术条件：
1.材料：45 钢按 GB/T 699—2015的规定。
2.热处理：30~40 HRC。
3.其他技术条件按 JB/T 8044—1999的规定。

公称直长（螺纹直径）	D	H	d	d_1	d_2		d_3	l	l_1	l_2	l_3	r	挡圈 GB/T 895. 1—1986
					基本尺寸	极限偏差							
4	8	7	M4	—	—	—	4. 5	—	—	4. 5	2. 5	—	—
5	10	9	M5				6			6	3. 5		
6	12		M6	4. 8	5. 3	+0. 100 0	7	6	2. 4			0. 4	5
8	16	12	M8	6. 3	6. 9		10	7. 5	3. 1	8	5		6
10	18	15	M10	7. 4	7. 9		12	8. 5	3. 5	9	6		7
12	20	18	M12	9. 5	10	+0. 120 0	14	10. 5	4. 2	11. 5	7. 5		9
16	25	20	M16	12. 5	13. 1		18	13	4. 4	13	9	0. 6	12
20	30	25	M20	16. 5	17. 5		22	16	5. 4	15	10. 5	1	16
24	36	28	M24	18. 5	19. 5	+0. 280 0	26	18	6. 4	17. 5	12. 5		18

（2）槽面压块（JB/T 8009. 2—1999）的结构形式和尺寸规格如表 2-28 所示。

表 2-28　槽面压块的结构形式和尺寸规格　　单位：mm

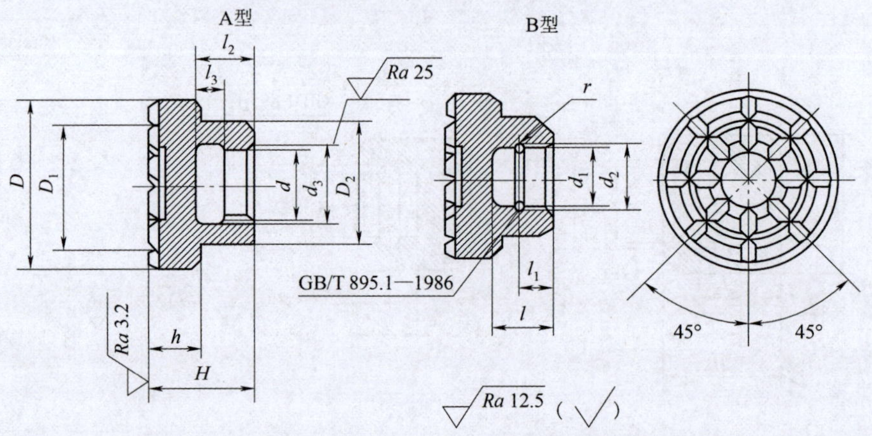

标记示例：
公称直径=12 mm的A型槽面压块：
压块 A12 JB/T 8009.2—1999。

技术条件：
1.材料：45 钢按 GB/T 699—2015的规定。
2.热处理：35~40 HRC。
3.其他技术条件按 JB/T 8044—1999的规定。

<table>
<tr><th rowspan="2">公称直径（螺纹直径）</th><th rowspan="2">D</th><th rowspan="2">D_1</th><th rowspan="2">D_2</th><th rowspan="2">H</th><th rowspan="2">h</th><th rowspan="2">d</th><th rowspan="2">d_1</th><th colspan="2">d_2</th><th rowspan="2">d_3</th><th rowspan="2">l</th><th rowspan="2">l_1</th><th rowspan="2">l_2</th><th rowspan="2">l_3</th><th rowspan="2">r</th><th rowspan="2">挡圈 GB/T 895. 1—1986</th></tr>
<tr><th>基本尺寸</th><th>极限偏差</th></tr>
<tr><td>8</td><td>20</td><td>14</td><td>16</td><td>12</td><td>6</td><td>M8</td><td>6. 3</td><td>6. 9</td><td rowspan="3">+0. 100
0</td><td>10</td><td>7. 5</td><td>3. 1</td><td>8</td><td>5</td><td rowspan="3">0. 4</td><td>6</td></tr>
<tr><td>10</td><td>25</td><td>18</td><td>18</td><td>15</td><td>8</td><td>M10</td><td>7. 4</td><td>7. 9</td><td>12</td><td>8. 5</td><td>3. 5</td><td>9</td><td>6</td><td>7</td></tr>
<tr><td>12</td><td>30</td><td>21</td><td>20</td><td>18</td><td>10</td><td>M12</td><td>9. 5</td><td>10</td><td>14</td><td>10. 5</td><td>4. 2</td><td>11. 5</td><td>7. 5</td><td>9</td></tr>
<tr><td>16</td><td>35</td><td>25</td><td>25</td><td>20</td><td rowspan="2">12</td><td>M16</td><td>12. 5</td><td>13. 1</td><td rowspan="2">+0. 120
0</td><td>18</td><td>13</td><td>4. 4</td><td>13</td><td>9</td><td>0. 6</td><td>12</td></tr>
<tr><td>20</td><td>45</td><td>30</td><td>30</td><td>25</td><td>M20</td><td>16. 5</td><td>17. 5</td><td>22</td><td>16</td><td>5. 4</td><td>15</td><td>10. 5</td><td rowspan="2">1</td><td>16</td></tr>
<tr><td>24</td><td>55</td><td>38</td><td>36</td><td>28</td><td>14</td><td>M24</td><td>18. 5</td><td>19. 5</td><td>+0. 280
0</td><td>26</td><td>18</td><td>6. 4</td><td>17. 5</td><td>12. 5</td><td>18</td></tr>
</table>

（3）圆压块（JB/T 8009. 3—1999）的结构形式和尺寸规格如表 2-29 所示。

表 2-29　圆压块的结构形式和尺寸规格　　单位：mm

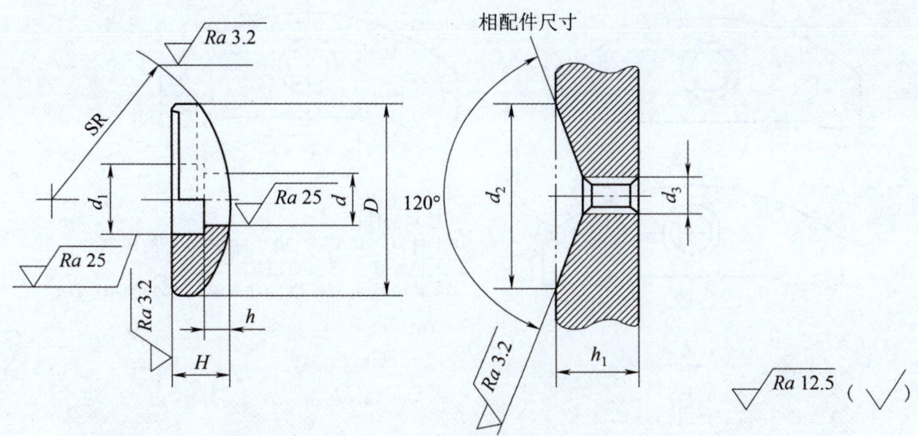

标记示例：
D=32 mm的圆压块：
压块 32 JB/T 8009.3—1999。

技术条件：
1.材料：45 钢按 GB/T 699—2015的规定。
2.热处理：35~40 HRC。
3.其他技术条件按 JB/T 8044—1999的规定。

D	H	SR	d	d_1	h	相配件		
						d_2	d_3	$h_{1\min}$
20	7	16	6	10	3	18	M4	10
25	8	20	7	12		23	M5	12
32	10	25	9	15	4	30	M6	15
40	12	32			5	35		18
50	15	36	11	18	7	45	M8	22
60	18	40			11	55		25

（4）弧形压块（JB/T 8009. 4—1999）的结构形式和尺寸规格如表 2-30 所示。

表 2-30　弧形压块的结构形式和尺寸规格　　单位：mm

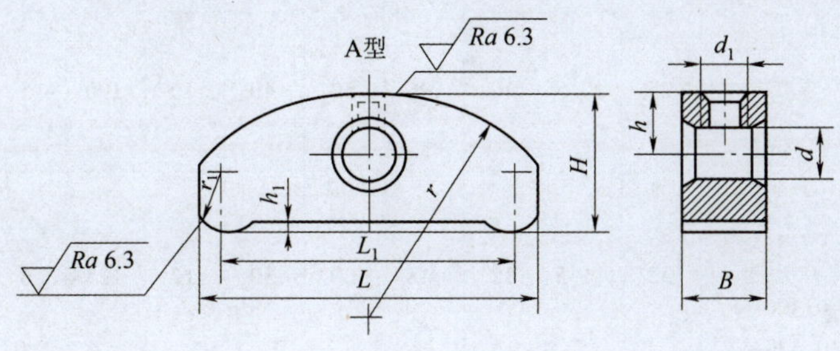

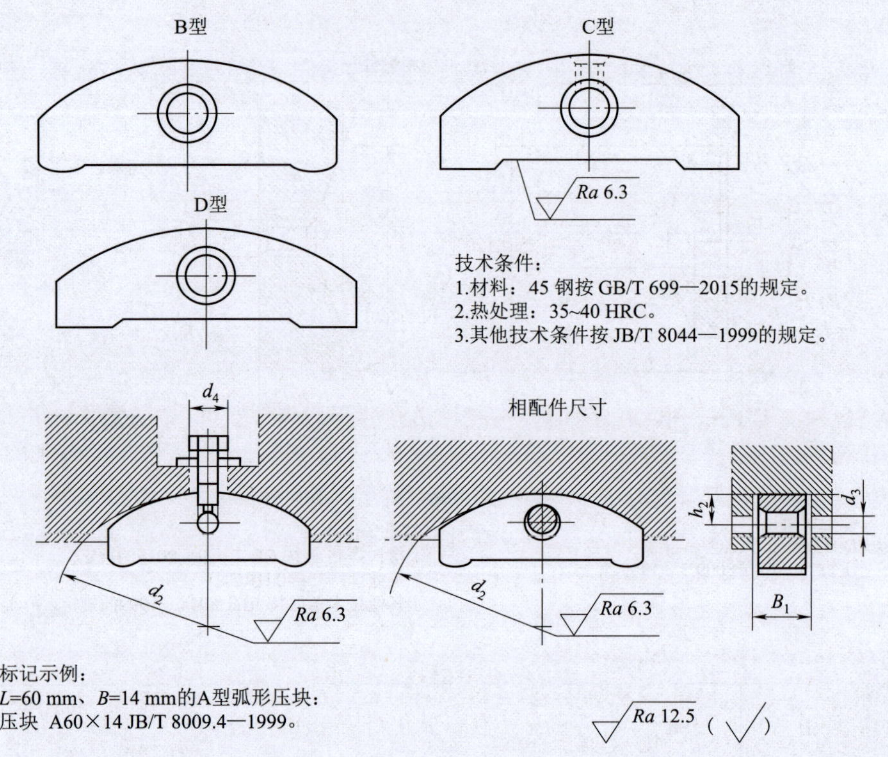

技术条件：
1.材料：45 钢按 GB/T 699—2015的规定。
2.热处理：35~40 HRC。
3.其他技术条件按 JB/T 8044—1999的规定。

标记示例：
L=60 mm、B=14 mm的A型弧形压块：
压块 A60×14 JB/T 8009.4—1999。

L	B 基本尺寸	B 极限偏差 a11	H	h	d	d_1	L_1	r	r_1	相配件 d_2	相配件 d_3	相配件 d_4	相配件 h_2	相配件 B_1
32	10	−0.290 −0.400	14	6.5	6	M4	25	25	5	63	3	7	6.2	10
	14													14
40	10		16				32		6					10
	14													14
50	10		20	8.2	8	M5	40	32	8	80	4	8	7.5	10
	14													14
	18													18
60	10		25	10.5	10	M6	50	40	10	100	5	10	9.5	10
	14													14
	18													18
80	14		32	11.5	12	M8	60	50	12	125	6	13	10.5	14
	16													16
	20	−0.300 −0.430												20

续表

L	B 基本尺寸	B 极限偏差 a11	H	h	d	d_1	L_1	r	r_1	相配件 d_2	相配件 d_3	相配件 d_4	相配件 h_2	相配件 B_1
100	14	−0.290 −0.400	40	14	16	M8	80	60	16	160	8	13	12.5	14
	16													16
	20	−0.300 −0.430												20
125	16	−0.290 −0.400	50	16.5		M10	100	80	18	200		16	14.5	16
	20	−0.300 −0.430												20

6. 压板

（1）移动压板（JB/T 8010.1—1999）的结构形式和尺寸规格如表 2-31 所示。

表 2-31　移动压板的结构形式和尺寸规格　　单位：mm

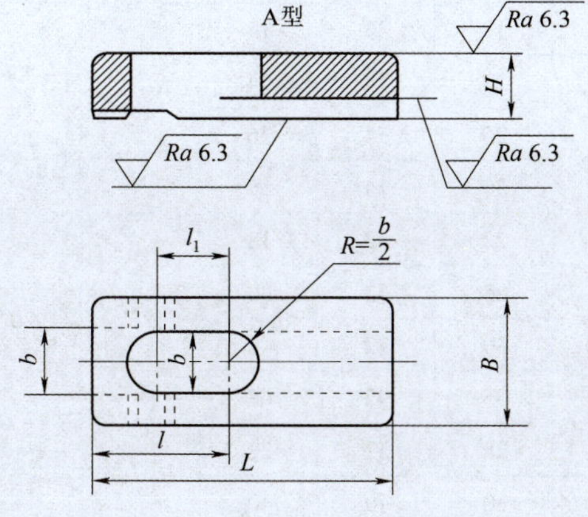

技术条件：
1.材料：45 钢按 GB/T 699—2015的规定。
2.热处理：35~40 HRC。
3.其他技术条件按 JB/T 8044—1999的规定。

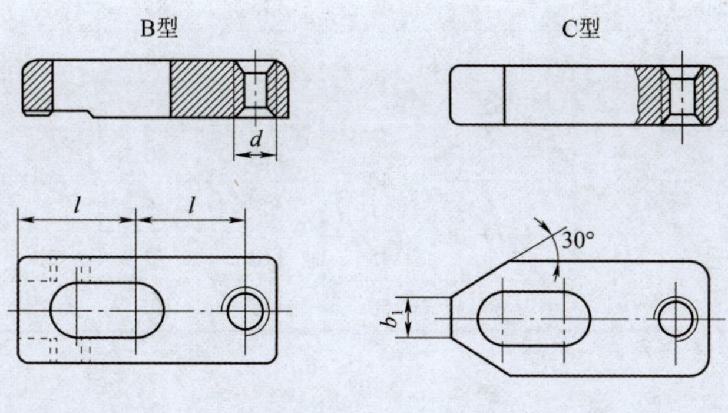

标记示例：
公称直径=6 mm、L=45 mm的A型移动压板：
压板　A6×45　JB/T 8010.1—1999。

$\sqrt{Ra\ 12.5}$ ($\sqrt{}$)

续表

<table>
<tr><th rowspan="2">公称直径
（螺纹直径）</th><th colspan="3">L</th><th rowspan="2">B</th><th rowspan="2">H</th><th rowspan="2">l</th><th rowspan="2">l_1</th><th rowspan="2">b</th><th rowspan="2">b_1</th><th rowspan="2">d</th></tr>
<tr><th>A 型</th><th>B 型</th><th>C 型</th></tr>
<tr><td rowspan="3">6</td><td>40</td><td>—</td><td>40</td><td>18</td><td>6</td><td>17</td><td>9</td><td rowspan="3">6.6</td><td rowspan="3">7</td><td rowspan="3">M6</td></tr>
<tr><td colspan="2">45</td><td>—</td><td>20</td><td>8</td><td>19</td><td>11</td></tr>
<tr><td colspan="3">50</td><td>22</td><td>12</td><td>22</td><td>14</td></tr>
<tr><td rowspan="3">8</td><td>45</td><td>—</td><td>—</td><td>20</td><td>8</td><td>18</td><td>8</td><td rowspan="3">9</td><td rowspan="3">9</td><td rowspan="3">M8</td></tr>
<tr><td colspan="3">50</td><td>22</td><td>10</td><td>22</td><td>12</td></tr>
<tr><td rowspan="2">60</td><td colspan="2">60</td><td rowspan="2">25</td><td>14</td><td rowspan="2">27</td><td>17</td></tr>
<tr><td rowspan="3">10</td><td>—</td><td>—</td><td>10</td><td>14</td><td rowspan="3">11</td><td rowspan="3">10</td><td rowspan="3">M10</td></tr>
<tr><td colspan="3">70</td><td>28</td><td>12</td><td>30</td><td>17</td></tr>
<tr><td colspan="3">80</td><td>30</td><td>16</td><td>36</td><td>23</td></tr>
<tr><td rowspan="4">12</td><td>70</td><td>—</td><td>—</td><td rowspan="2">32</td><td>14</td><td>30</td><td>15</td><td rowspan="4">14</td><td rowspan="4">12</td><td rowspan="4">M12</td></tr>
<tr><td colspan="3">80</td><td>16</td><td>35</td><td>20</td></tr>
<tr><td colspan="3">100</td><td rowspan="2">36</td><td>18</td><td>45</td><td>30</td></tr>
<tr><td colspan="3">120</td><td>22</td><td>55</td><td>43</td></tr>
<tr><td rowspan="4">16</td><td>80</td><td>—</td><td>—</td><td rowspan="3">40</td><td>18</td><td>35</td><td>15</td><td rowspan="4">18</td><td rowspan="4">16</td><td rowspan="4">M16</td></tr>
<tr><td colspan="3">100</td><td>22</td><td>44</td><td>24</td></tr>
<tr><td colspan="3">120</td><td>25</td><td>54</td><td>36</td></tr>
<tr><td colspan="3">160</td><td rowspan="2">45</td><td>30</td><td>74</td><td>54</td></tr>
<tr><td rowspan="4">20</td><td>100</td><td>—</td><td>—</td><td>22</td><td>42</td><td>18</td><td rowspan="4">22</td><td rowspan="4">20</td><td rowspan="4">M20</td></tr>
<tr><td colspan="3">120</td><td rowspan="2">50</td><td>25</td><td>52</td><td>30</td></tr>
<tr><td colspan="3">160</td><td>30</td><td>72</td><td>48</td></tr>
<tr><td colspan="3">200</td><td>55</td><td>35</td><td>92</td><td>68</td></tr>
<tr><td rowspan="4">24</td><td>120</td><td>—</td><td>—</td><td>50</td><td>28</td><td>52</td><td>22</td><td rowspan="4">26</td><td rowspan="4">24</td><td rowspan="4">M24</td></tr>
<tr><td colspan="3">160</td><td>55</td><td>30</td><td>70</td><td>40</td></tr>
<tr><td colspan="3">200</td><td rowspan="2">60</td><td>35</td><td>90</td><td>60</td></tr>
<tr><td colspan="3">250</td><td>40</td><td>115</td><td>85</td></tr>
<tr><td rowspan="3">30</td><td>16</td><td>—</td><td rowspan="6">—</td><td rowspan="3">65</td><td rowspan="2">35</td><td>70</td><td>35</td><td rowspan="3">33</td><td rowspan="6">—</td><td rowspan="3">M30</td></tr>
<tr><td colspan="2">200</td><td>90</td><td>55</td></tr>
<tr><td colspan="2">250</td><td rowspan="2">40</td><td>115</td><td>80</td></tr>
<tr><td rowspan="3">36</td><td>200</td><td rowspan="3">—</td><td rowspan="2">75</td><td>85</td><td>45</td><td rowspan="3">39</td><td rowspan="3">—</td></tr>
<tr><td>250</td><td>45</td><td>110</td><td>70</td></tr>
<tr><td>320</td><td>80</td><td>50</td><td>145</td><td>105</td></tr>
</table>

（2）转动压板（JB/T 8010. 2—1999）的结构形式和尺寸规格如表 2-32 所示。

表 2-32　转动压板的结构形式和尺寸规格　　单位：mm

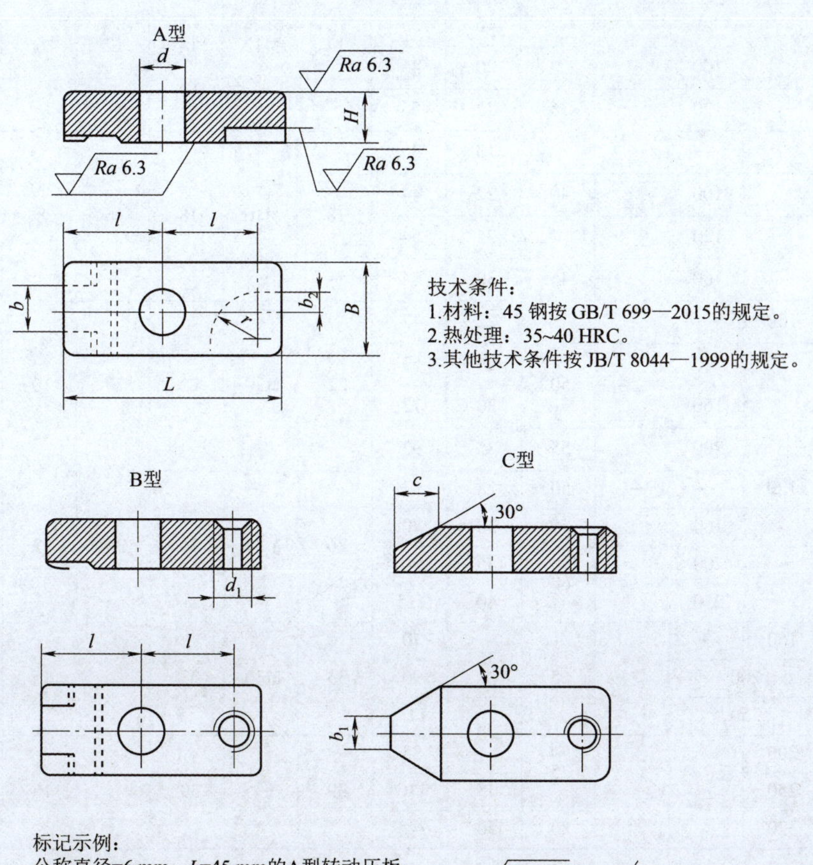

A型
d
Ra 6.3
H
Ra 6.3
Ra 6.3
l
l
b
b2
r
B
L
技术条件：
1.材料：45 钢按 GB/T 699—2015的规定。
2.热处理：35~40 HRC。
3.其他技术条件按 JB/T 8044—1999的规定。
B型
d1
l
l
C型
c
30°
30°
b1
标记示例：
公称直径=6 mm、L=45 mm的A型转动压板：
压板 A6×45 JB/T 8010.2—1999。
Ra 12.5

<table>
<tr><th rowspan="2">公称直径（螺纹直径）</th><th colspan="3">L</th><th rowspan="2">B</th><th rowspan="2">H</th><th rowspan="2">l</th><th rowspan="2">d</th><th rowspan="2">d_1</th><th rowspan="2">b</th><th rowspan="2">b_1</th><th rowspan="2">b_2</th><th rowspan="2">r</th><th rowspan="2">c</th></tr>
<tr><th>A 型</th><th>B 型</th><th>C 型</th></tr>
<tr><td rowspan="3">6</td><td>40</td><td>—</td><td>40</td><td>18</td><td>6</td><td>17</td><td rowspan="3">6. 6</td><td rowspan="3">M6</td><td rowspan="3">8</td><td rowspan="3">6</td><td rowspan="3">3</td><td rowspan="3">8</td><td>2</td></tr>
<tr><td colspan="2">45</td><td>—</td><td>20</td><td>8</td><td>19</td><td>—</td></tr>
<tr><td colspan="3">50</td><td>22</td><td>12</td><td>22</td><td>10</td></tr>
<tr><td rowspan="3">8</td><td>45</td><td>—</td><td>—</td><td>20</td><td>8</td><td>18</td><td rowspan="3">9</td><td rowspan="3">M8</td><td rowspan="3">9</td><td rowspan="3">8</td><td rowspan="3">4</td><td rowspan="3">10</td><td>—</td></tr>
<tr><td colspan="3">60</td><td>22</td><td>10</td><td>22</td><td>7</td></tr>
<tr><td rowspan="2">60</td><td colspan="2">60</td><td rowspan="2">25</td><td>14</td><td rowspan="2">27</td><td>14</td></tr>
<tr><td rowspan="3">10</td><td>—</td><td>—</td><td>10</td><td rowspan="3">11</td><td rowspan="3">M10</td><td rowspan="3">11</td><td rowspan="3">10</td><td rowspan="3">5</td><td rowspan="3">12. 5</td><td>—</td></tr>
<tr><td colspan="3">70</td><td>28</td><td>12</td><td>30</td><td>10</td></tr>
<tr><td colspan="3">80</td><td>30</td><td>16</td><td>36</td><td>14</td></tr>
</table>

续表

公称直径（螺纹直径）	L A型	L B型	L C型	B	H	l_1	d	d_1	b	b_1	b_2	r	c
12	70	—	—	32	14	30	14	M12	14	12	6	16	—
		80			16	35							14
		100			20	45							17
		120		36	22	55							21
16	80	—	—		18	35	18	M16	18	16	8	17.5	—
		100		40	22	44							14
		120			25	54							17
		160		45	30	74							21
20	100	—	—		22	42	22	M20	22	20	10	20	—
		120		50	25	52							12
		160			30	72							17
		200		55	35	92							26
24	120	—	—	50	28	52	26	M24	26	24	12	22.5	—
		160		55	30	70							17
		200		60	35	90							
		250			40	115							26
30	160	—	—	65	35	70	33	M30	33	—	15	30	—
	200					90							
	250				40	115							
36	200	—		75		85	39	—	39		18		
	250				45	110							
	320			80	50	145							

（3）移动弯压板（JB/T 8010.3—1999）的结构形式和尺寸规格如表 2-33 所示。

表 2-33　移动弯压板的结构形式和尺寸规格　　单位：mm

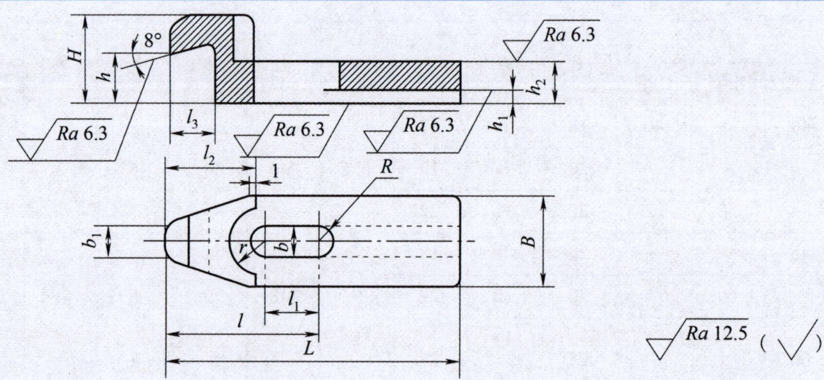

标记示例：
公称直径=8 mm、L=80 mm的移动弯压板：
压板 8×80 JB/T 8010.3—1999。

技术条件：
1.材料：45 钢按 GB/T 699—2015的规定。
2.热处理：35~40 HRC。
3.其他技术条件按 JB/T 8044—1999的规定。

续表

公称直径（螺纹直径）	L	B	H	h	h_1	h_2	l	l_1	l_2	l_3	b	b_1	r
6	60	20	20	12	3	10	32	12	18	8	6. 6	10	8
8	80	25	25	15		12	40		22	12	9	12	10
10	100	32	32	20		16	52	16	30	16	11	15	13
12	120	40	40	25	5	18	65	20	38	20	14	20	15
16	160	45	50	30		23	80	25	45	25	18	22	18
20	200	55	60	36	6	30	100	30	56	30	22	25	22
24	250	65	70	44	8	32	125	35	75	35	26	28	26
30	320	75	100	60		40	160	45	90	45	33	32	30
36	360	90	115	65	10	45	180	50	100	50	39	40	36
42	400	105	130	75		50	200	60	115	60	45	45	42

（4）转动弯压板（JB/T 8010. 4—1999）的结构形式和尺寸规格如表 2-34 所示。

表 2-34　转动弯压板的结构形式和尺寸规格　　单位：mm

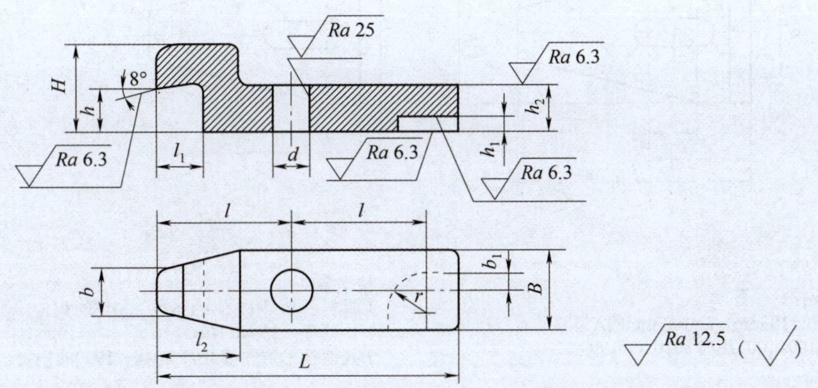

标记示例：
公称直径=8 mm、L=80 mm的转动弯压板：
压板 8×80 JB/T 8010.4—1999。

技术条件：
1.材料：45 钢按 GB/T 699—2015的规定。
2.热处理：35~40 HRC。
3.其他技术条件按 JB/T 8044—1999的规定。

公称直径（螺纹直径）	L	B	H	h	h_1	h_2	d	l	l_1	l_2	b	b_1	r
6	60	20	20	12	3	10	6. 6	27	18	18	10	3	8
8	80	25	25	15		12	9	36	22	22	12	4	10
10	100	32	32	20		16	11	45	30	30	15	5	12. 5
12	120	40	40	25	5	18	14	55	38	38	20	6	16
16	160	45	50	30		23	18	74	45	45	22	8	17. 5

公称直径（螺纹直径）	L	B	H	h	h_1	h_2	d	l	l_1	l_2	b	b_1	r
20	200	55	60	36	6	30	22	92	56	56	25	10	20
24	250	65	70	44	8	32	26	115	75	65	28	12	22. 5
30	320	75	100	60		40	33	145	90	80	32	15	30
36	360	90	115	65	10	45	39	165	100	90	40	18	
42	400	105	130	75		50	45	185	115	110	45	21	

（5）移动宽头压板（JB/T 8010. 5—1999）的结构形式和尺寸规格如表 2-35 所示。

表 2-35　移动宽头压板的结构形式和尺寸规格　　单位：mm

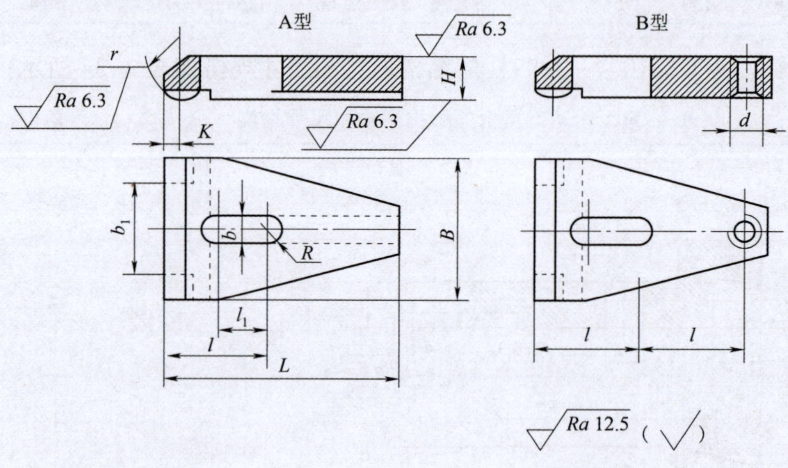

标记示例：
公称直径=10 mm、L=100 mm的A型移动宽头压板：
压板 A10×100 JB/T 8010.5—1999。

技术条件：
1.材料：45 钢按 GB/T 699—2015的规定。
2.热处理：35~40 HRC。
3.其他技术条件按 JB/T 8044—1999的规定。

公称直径（螺纹直径）	L	B	H	d	l	l_1	b	b_1	r	K
8	80	50	12	M8	36	18	9	30	15	6
10	100	60	16	M10	45	22	11	40		
12	120	80	20	M12	54	28	14	50		
16	160	100	25	M16	74	36	18	60	25	10
20	200	120	32	M20	92	46	22	70		
24	250	160		M24	115	56	26	90		

（6）转动宽头压板（JB/T 8010. 6—1999）的结构形式和尺寸规格如表 2-36 所示。

表 2-36 转动宽头压板的结构形式和尺寸规格 单位：mm

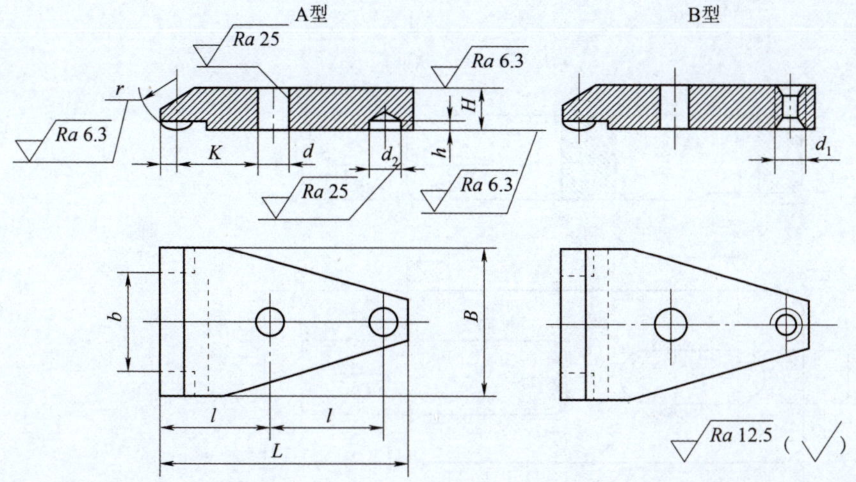

标记示例：
公称直径=10 mm、L=100 mm的A型转动宽头压板：
压板 A10×100 JB/T 8010.6—1999。

技术条件：
1.材料：45 钢按 GB/T 699—2015的规定。
2.热处理：35~40 HRC。
3.其他技术条件按 JB/T 8044—1999的规定。

<table>
<tr><th>公称直径
（螺纹直径）</th><th>L</th><th>B</th><th>H</th><th>d</th><th>d_1</th><th>d_2</th><th>l</th><th>h</th><th>b</th><th>r</th><th>K</th></tr>
<tr><td>8</td><td>80</td><td>50</td><td>12</td><td>9</td><td>M8</td><td>9</td><td>36</td><td rowspan="2">3</td><td>30</td><td rowspan="3">15</td><td rowspan="3">6</td></tr>
<tr><td>10</td><td>100</td><td>60</td><td>16</td><td>11</td><td>M10</td><td>11</td><td>45</td><td>40</td></tr>
<tr><td>12</td><td>120</td><td>80</td><td>20</td><td>14</td><td>M12</td><td>13</td><td>54</td><td>4</td><td>50</td></tr>
<tr><td>16</td><td>160</td><td>100</td><td>25</td><td>18</td><td>M16</td><td>17</td><td>74</td><td>5</td><td>60</td><td rowspan="3">25</td><td rowspan="3">10</td></tr>
<tr><td>20</td><td>200</td><td>120</td><td rowspan="2">32</td><td>22</td><td>M20</td><td>21</td><td>90</td><td rowspan="2">6</td><td>70</td></tr>
<tr><td>24</td><td>250</td><td>160</td><td>26</td><td>M24</td><td>25</td><td>110</td><td>90</td></tr>
</table>

（7）偏心轮用压板（JB/T 8010.7—1999）的结构形式和尺寸规格如表 2-37 所示。

表 2-37　偏心轮用压板的结构形式和尺寸规格　　单位：mm

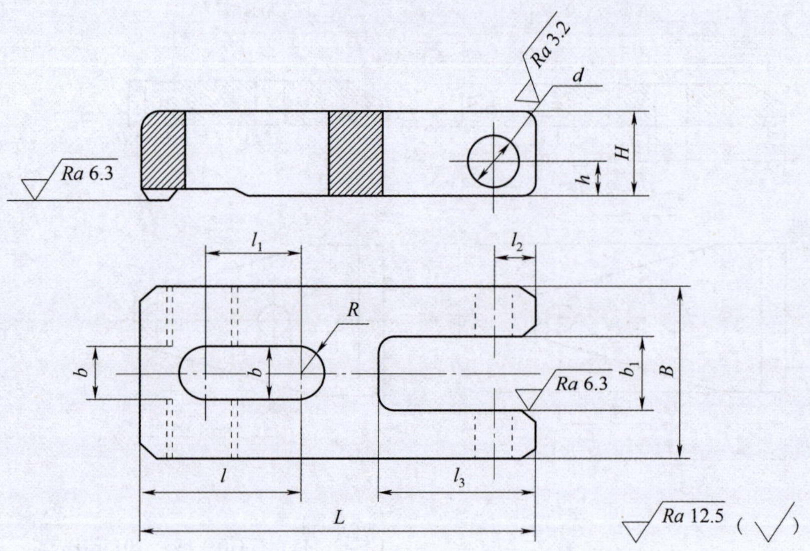

标记示例：
公称直径=8 mm、L=70 mm的偏心轮用压板：
压板 8×70 JB/T 8010.7—1999。

技术条件：
1.材料：45 钢按 GB/T 699—2015的规定。
2.热处理：35~40 HRC。
3.其他技术条件按 JB/T 8044—1999的规定。

<table>
<tr><th rowspan="2">公称直径（螺纹直径）</th><th rowspan="2">L</th><th rowspan="2">B</th><th rowspan="2">H</th><th colspan="2">d</th><th rowspan="2">b</th><th colspan="2">b1</th><th rowspan="2">l</th><th rowspan="2">l1</th><th rowspan="2">l2</th><th rowspan="2">l3</th><th rowspan="2">h</th></tr>
<tr><th>基本偏差</th><th>极限偏差 H7</th><th>基本尺寸</th><th>极限偏差 H11</th></tr>
<tr><td>6</td><td>60</td><td>25</td><td>12</td><td>6</td><td>+0.012
0</td><td>6.6</td><td>12</td><td rowspan="4">+0.110
0</td><td>24</td><td>14</td><td>6</td><td>24</td><td>5</td></tr>
<tr><td>8</td><td>70</td><td>30</td><td>16</td><td>8</td><td rowspan="2">+0.015
0</td><td>9</td><td>14</td><td>28</td><td>16</td><td>8</td><td>28</td><td>7</td></tr>
<tr><td>10</td><td>80</td><td>36</td><td>18</td><td>10</td><td>11</td><td>16</td><td>32</td><td>18</td><td>10</td><td>32</td><td>8</td></tr>
<tr><td>12</td><td>100</td><td>40</td><td>22</td><td>12</td><td rowspan="3">+0.018
0</td><td>14</td><td>18</td><td>42</td><td>24</td><td>12</td><td>38</td><td>10</td></tr>
<tr><td>16</td><td>120</td><td>45</td><td>25</td><td rowspan="2">16</td><td>18</td><td>22</td><td rowspan="2">+0.130
0</td><td>54</td><td>32</td><td>14</td><td>45</td><td>12</td></tr>
<tr><td>20</td><td>160</td><td>50</td><td>50</td><td>22</td><td>24</td><td>70</td><td>45</td><td>15</td><td>52</td><td>14</td></tr>
</table>

（8）偏心轮用宽头压板（JB/T 8010. 8—1999）的结构形式和尺寸规格如表 2-38 所示。

表 2-38　偏心轮用宽头压板的结构形式和尺寸规格　　单位：mm

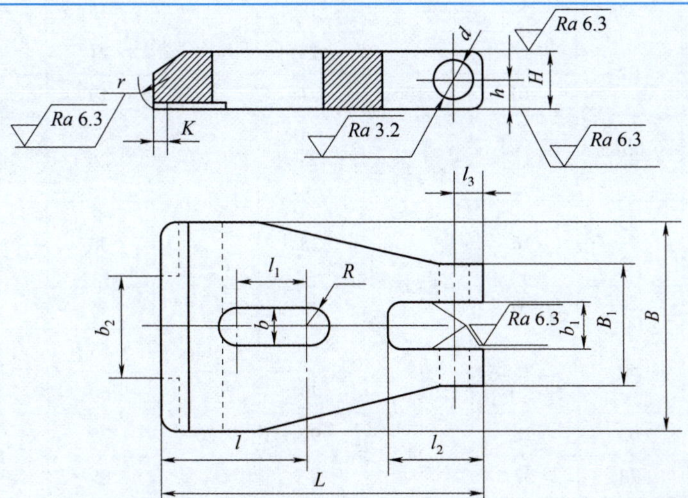

标记示例：
公称直径=8 mm、L=70 mm的偏心轮用宽头压板：
压板　8×70　JB/T 8010.8—1999。

技术条件：
1.材料：45 钢按 GB/T 699—2015的规定。
2.热处理：35~40 HRC。
3.其他技术条件按 JB/T 8044—1999的规定。

公称直径（螺纹直径）	L	B	H	B_1	d		b	b_1		b_2	l	l_1	l_2	l_3	h	K	r
					基本偏差	极限偏差 H7		基本偏差	极限偏差 H11								
6	60	40	12	25	6	+0. 012 0	6. 6	12	+0. 110 0	20	24	14	24	6	5	3	7
8	80	50	16	30	8	+0. 015 0	9	14		25	36	18	28	8	7	6	15
10	100	60	18	35	10		11	16		32	45	22	32	10	8		
12	120	80	22	50	12	+0. 018 0	14	18		40	58	28	38	12	10		
16	160	100	25	60	16		18	22	+0. 130 0	50	74	36	45	14	12	10	25
20	200	120	30	70			22	24		60	92	45	52	15	14		

（9）平压板（JB/T 8010. 9—1999）的结构形式和尺寸规格如表 2-39 所示。

表 2-39　平压板的结构形式和尺寸规格　　单位：mm

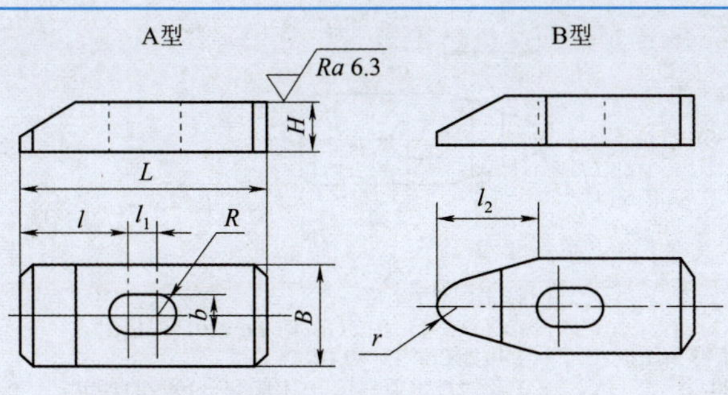

标记示例：
公称直径=20 mm、L=200 mm的A型平压板：
压板　A20×200　JB/T 8010.9—1999。

技术条件：
1.材料：45 钢按 GB/T 699—2015的规定。
2.热处理：35~40 HRC。
3.其他技术条件按 JB/T 8044—1999的规定。

续表

公称直径（螺纹直径）	L	B	H	b	l	l_1	l_2	r
6	40	18	8	7	18	7	16	4
	50	22	12		23		21	
8	45		10	10	21		19	5
10	60	25	12	12	28		26	6
	80	30	16		38		35	
12		32		15				8
	100	40	20		48		45	
16	120	50	25	19	52	15	55	10
	160				70		60	
20	200	60	28	24	90	20	75	12
	250	70	32		100		85	
24		80	35	28		30	100	16
30	320	100	40	35	130	40	110	20
	360				150		130	
36	320		45	42	130	50	110	
	360				150		130	

（10）弯头压板（JB/T 8010. 10—1999）的结构形式和尺寸规格如表 2-40 所示。

表 2-40　弯头压板的结构形式和尺寸规格　　单位：mm

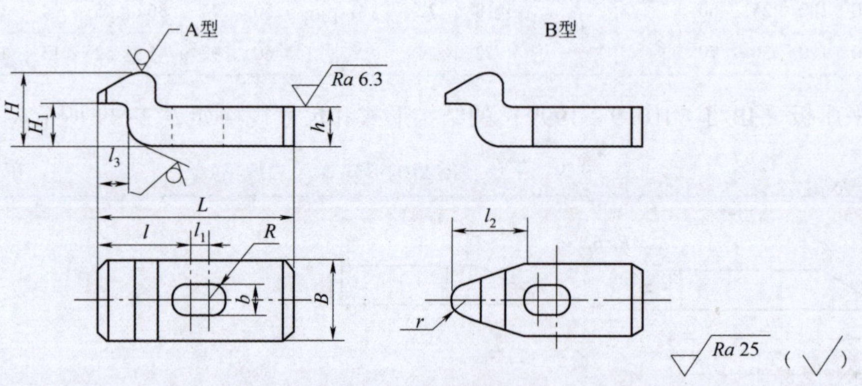

标记示例：
公称直径=20 mm、L=200 mm的A型弯头压板：
压板 A20×200 JB/T 8010.10—1999。

技术条件：
1.材料：45 钢按 GB/T 699—2015的规定。
2.热处理：35~40 HRC。
3.其他技术条件按 JB/T 8044—1999的规定。

续表

<table>
<tr><th>公称直径（螺纹直径）</th><th>L</th><th>B</th><th>h</th><th>b</th><th>l</th><th>l_1</th><th>l_2</th><th>l_3</th><th>H</th><th>H_1</th><th>r</th></tr>
<tr><td rowspan="2">12</td><td>80</td><td>32</td><td>16</td><td rowspan="2">15</td><td>38</td><td rowspan="2">7</td><td>35</td><td>12</td><td>32</td><td>20</td><td rowspan="2">8</td></tr>
<tr><td>100</td><td>40</td><td>20</td><td>48</td><td>45</td><td>16</td><td>40</td><td>25</td></tr>
<tr><td rowspan="2">16</td><td>120</td><td rowspan="2">50</td><td rowspan="2">25</td><td rowspan="2">19</td><td>52</td><td>15</td><td>55</td><td rowspan="2">20</td><td rowspan="2">50</td><td rowspan="2">32</td><td rowspan="2">10</td></tr>
<tr><td>160</td><td>70</td><td rowspan="3">20</td><td>60</td></tr>
<tr><td rowspan="2">20</td><td>200</td><td>60</td><td>28</td><td rowspan="2">24</td><td>90</td><td>75</td><td rowspan="2">25</td><td>60</td><td>40</td><td rowspan="2">12</td></tr>
<tr><td rowspan="2">250</td><td>70</td><td>32</td><td rowspan="2">110</td><td>85</td><td>70</td><td>45</td></tr>
<tr><td rowspan="2">24</td><td rowspan="2">80</td><td rowspan="2">35</td><td rowspan="2">28</td><td rowspan="2">30</td><td>100</td><td rowspan="2">32</td><td rowspan="2">80</td><td rowspan="2">50</td><td rowspan="2">16</td></tr>
<tr><td rowspan="2">320</td><td rowspan="2">130</td><td rowspan="2">110</td></tr>
<tr><td rowspan="2">30</td><td rowspan="4">100</td><td rowspan="2">40</td><td rowspan="2">35</td><td rowspan="2">40</td><td rowspan="4">40</td><td rowspan="4">100</td><td rowspan="4">60</td><td rowspan="4">20</td></tr>
<tr><td>360</td><td>150</td><td>130</td></tr>
<tr><td rowspan="2">36</td><td>320</td><td rowspan="2">45</td><td rowspan="2">42</td><td>130</td><td rowspan="2">50</td><td>110</td></tr>
<tr><td>360</td><td>150</td><td>130</td></tr>
</table>

（11）U 形压板（JB/T 8010. 11—1999）的结构形式和尺寸规格如表 2-41 所示。

表 2-41　U 形压板的结构形式和尺寸规格　　单位：mm

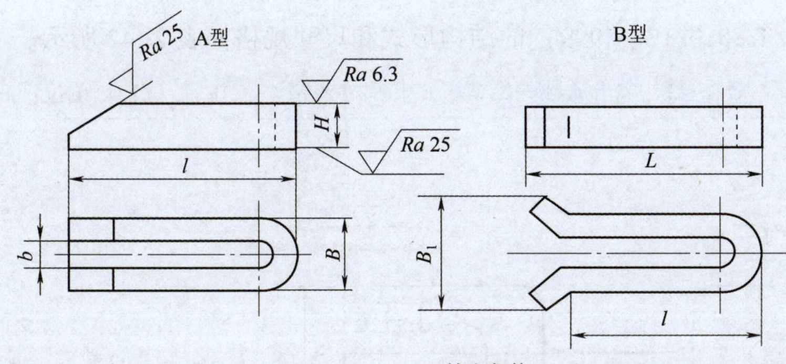

标记示例：
公称直径=24 mm、L=250 mm的A型U形压板：
压板　A24×250　JB/T 8010.11—1999。

技术条件：
1.材料：45 钢按 GB/T 699—2015的规定。
2.热处理：35~40 HRC。
3.其他技术条件按 JB/T 8044—1999的规定。

Ra 12.5 （√）

<table>
<tr><th rowspan="2">公称直径（螺纹直径）</th><th rowspan="2">L</th><th rowspan="2">B</th><th rowspan="2">H</th><th rowspan="2">b</th><th rowspan="2">l</th><th rowspan="2">$B_1\approx$</th><th colspan="2">展开长 $L_1\approx$</th></tr>
<tr><th>A 型</th><th>B 型</th></tr>
<tr><td rowspan="2">12</td><td>100</td><td rowspan="2">42</td><td rowspan="2">22</td><td rowspan="2">14</td><td>65</td><td>93</td><td>202</td><td>221</td></tr>
<tr><td>120</td><td>70</td><td>117</td><td>242</td><td>265</td></tr>
<tr><td rowspan="2">16</td><td>160</td><td rowspan="2">54</td><td rowspan="2">28</td><td rowspan="2">18</td><td>105</td><td>138</td><td>323</td><td>351</td></tr>
<tr><td rowspan="2">200</td><td rowspan="2">130</td><td>168</td><td rowspan="2">403</td><td rowspan="2">444</td></tr>
<tr><td rowspan="3">20</td><td rowspan="3">66</td><td rowspan="3">35</td><td rowspan="3">22</td><td>177</td></tr>
<tr><td>250</td><td>170</td><td>197</td><td>503</td><td>553</td></tr>
<tr><td>320</td><td>220</td><td>237</td><td>643</td><td>709</td></tr>
</table>

续表

公称直径（螺纹直径）	L	B	H	b	l	$B_1\approx$	展开长 $L_1\approx$	
							A 型	B 型
	250				170	198	504	534
24	320	84	42	28	220	238	644	690
	400				270	303	804	872
	320				220	260	645	696
30	400	105	50	35	265	325	805	878
	500				335	390	1005	1110
	400						846	
36	500	120	60	40			1046	
	630						1306	
	500						1007	
42	630	138	70	46	—	—	1267	—
	800						1607	
	630						1268	
48	800	156	80	52			1608	
	1000						2008	

（12）鞍形压板（JB/T 8010. 12—1999）的结构形式和尺寸规格如表 2-42 所示。

表 2-42　鞍形压板的结构形式和尺寸规格　　单位：mm

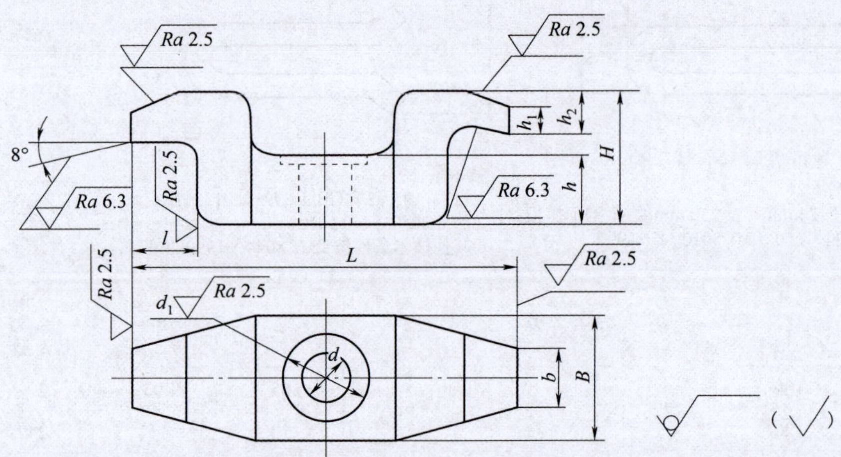

标记示例：
公称直径=16 mm、L=180 mm的鞍形压板：
压板 16×180 JB/T 8010.12—1999。

技术条件：
1.材料：45 钢按 GB/T 699—2015的规定。
2.热处理：35~40 HRC。
3.其他技术条件按 JB/T 8044—1999的规定。

续表

公称直径（螺纹直径）	L	B	H	b	d	d_1	h	h_1	h_2	l
8	70	25	25	13	10	18	12	6	10	12
10	90	32	32	16	12	22	15	8	12	16
12	120	40	40	20	15	25	20	10	15	20
16	140	50	50	25	19	32	25	12	20	25
	180	60		30						
20	200	70	60	35	24	40	30	16	25	35
	250	80		40						
24	250	90	70	45	28	48	35	20	30	40
	300	100		50						

（13）直压板（JB/T 8010. 13—1999）的结构形式和尺寸规格如表 2-43 所示。

表 2-43　直压板的结构形式和尺寸规格　　单位：mm

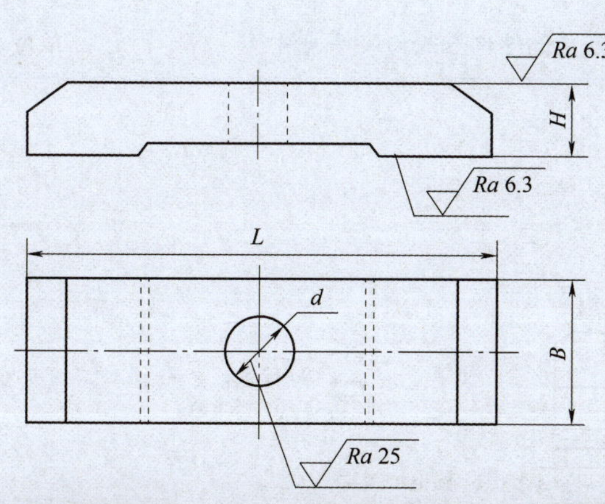

Ra 12.5（√）

标记示例：
公称直径=8 mm、L=80 mm的直压板：
压板 8×80 JB/T 8010.13—1999。

技术条件：
1.材料：45 钢按 GB/T 699—2015的规定。
2.热处理：35~40 HRC。
3.其他技术条件按 JB/T 8044—1999的规定。

公称直径（螺纹直径）	L	B	H	d
8	50	25	12	9
	60			
	80			

续表

公称直径（螺纹直径）	L	B	H	d
10	60	32	16	11
	80			
	100		20	
12	80			14
	100			
	120		25	
16	100	40		18
	120			
	160			
20	120	50		22
	160		32	
	200			

（14）铰链压板（JB/T 8010. 14—1999）的结构形式和尺寸规格如表 2-44 所示。

表 2-44　铰链压板的结构形式和尺寸规格　　单位：mm

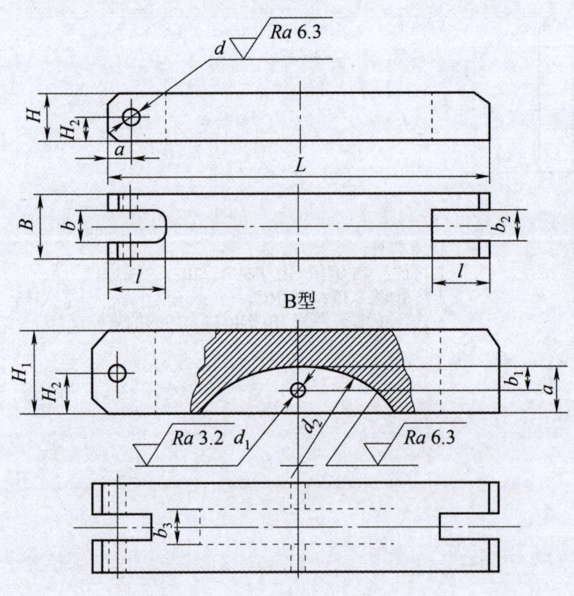

$\sqrt{Ra\ 12.5}$ （$\sqrt{\ }$）

标记示例：
公称直径=8 mm、L=100 mm的A型铰链压板：
压板　A8×100　JB/T 8010.14—1999。

技术条件：
1.材料：45 钢按 GB/T 699—2015的规定。
2.热处理：35~40 HRC。
3.其他技术条件按 JB/T 8044—1999的规定。

续表

b		L	B	H_1	H	b_1	b_2	d		d_1		d_2	a	l	h	h_1
基本尺寸	极限偏差H11							基本尺寸	极限偏差H7	基本尺寸	极限偏差H7					
6	+0.075 0	70	16	12	—	6	—	4	+0.012 0	—	+0.010 0	—	5	12	—	—
		90														
8	+0.090 0	100	18	15	20	8	10	5		3		63	6	15	10	6.2
		120	24				14									
10				18		10	10	6					7	18		
	+0.110 0	140					14									
12				22	26	12	10	8	+0.015 0	4	+0.012 0	80	9	22	14	7.5
		160	32				14									
		180					18									
14				26	32	14	10	10		5		100	10	25	18	9.5
		200					14									
		220					18									
18			40	32	38	18	14	12	+0.018 0	6		125	14	32	22	10.5
		250					16									
	+0.130 0	280					20									
22		250	50	40	45	22	14	16		8	+0.015 0	160	18	40	26	12.5
		280					16									
		300					20									
26			60	45		26	16	20	+0.021 0			200	22	48		14.5
		320														
		360					20									

（15）回转压板（JB/T 8010. 15—1999）的结构形式和尺寸规格如表 2-45 所示。

表 2-45　回转压板的结构形式和尺寸规格　　　　单位：mm

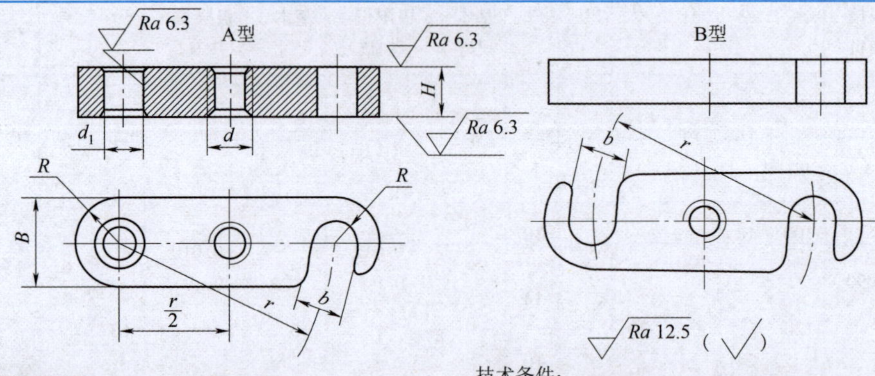

标记示例：
d=M10、r=50 mm的A型回转压板：
压板 AM10×50 JB/T 8010.15—1999。

技术条件：
1.材料：45 钢按 GB/T 699—2015的规定。
2.热处理：35~40 HRC。
3.其他技术条件按 JB/T 8044—1999的规定。

<table>
<tr><td colspan="2">d</td><td>M5</td><td>M6</td><td>M8</td><td>M10</td><td>M12</td><td>M16</td></tr>
<tr><td colspan="2">B</td><td>14</td><td>18</td><td>20</td><td>22</td><td>25</td><td>32</td></tr>
<tr><td rowspan="2">H</td><td>基本尺寸</td><td>6</td><td>8</td><td>10</td><td>12</td><td>16</td><td>20</td></tr>
<tr><td>极限偏差 h11</td><td>0
-0. 075</td><td colspan="2">0
-0. 090</td><td colspan="2">0
-0. 110</td><td>0
-0. 130</td></tr>
<tr><td colspan="2">b</td><td>5. 5</td><td>6. 6</td><td>9</td><td>11</td><td>14</td><td>18</td></tr>
<tr><td rowspan="2">d₁</td><td>基本尺寸</td><td>6</td><td>8</td><td>10</td><td>12</td><td>14</td><td>18</td></tr>
<tr><td>极限偏差 H11</td><td>+0. 075
0</td><td colspan="2">+0. 090
0</td><td colspan="3">+0. 110
0</td></tr>
<tr><td colspan="2" rowspan="18">r</td><td>20</td><td></td><td></td><td></td><td></td><td></td></tr>
<tr><td>25</td><td></td><td></td><td></td><td></td><td></td></tr>
<tr><td>30</td><td>30</td><td></td><td></td><td></td><td></td></tr>
<tr><td>35</td><td>35</td><td></td><td></td><td></td><td></td></tr>
<tr><td>40</td><td>40</td><td>40</td><td></td><td></td><td></td></tr>
<tr><td></td><td>45</td><td>45</td><td></td><td></td><td></td></tr>
<tr><td></td><td>50</td><td>50</td><td>50</td><td></td><td></td></tr>
<tr><td></td><td></td><td>55</td><td>55</td><td></td><td></td></tr>
<tr><td></td><td></td><td>60</td><td>60</td><td>60</td><td></td></tr>
<tr><td></td><td></td><td>65</td><td>65</td><td>65</td><td></td></tr>
<tr><td></td><td></td><td>70</td><td>70</td><td>70</td><td></td></tr>
<tr><td></td><td></td><td></td><td>75</td><td>75</td><td></td></tr>
<tr><td></td><td></td><td></td><td>80</td><td>80</td><td>80</td></tr>
<tr><td></td><td></td><td></td><td>85</td><td>85</td><td>85</td></tr>
<tr><td></td><td></td><td></td><td>90</td><td>90</td><td>90</td></tr>
<tr><td></td><td></td><td></td><td></td><td>100</td><td>100</td></tr>
<tr><td></td><td></td><td></td><td></td><td></td><td>110</td></tr>
<tr><td></td><td></td><td></td><td></td><td></td><td>120</td></tr>
</table>

续表

配用螺钉 GB/T 830—1988	M5×6	M6×8	M8×10	M10×12	M12×16①	M16×20①

①按使用需要自行设计。

（16）双向压板（JB/T 8010. 16—1999）的结构形式和尺寸规格如表 2-46 所示。

表 2-46　双向压板的结构形式和尺寸规格　　单位：mm

A型

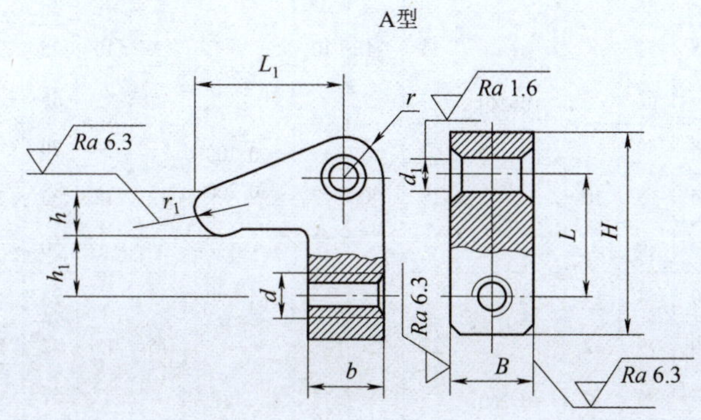

B型

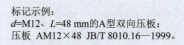

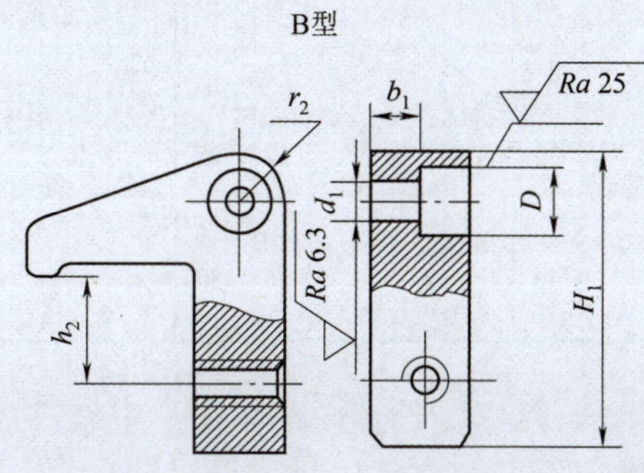

C型

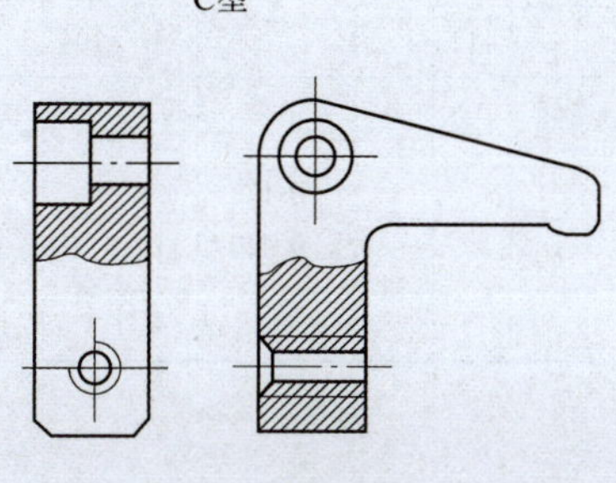

Ra 12.5 （√）

标记示例：
d=M12、L=48 mm的A型双向压板：
压板 AM12×48 JB/T 8010.16—1999。

技术条件：
1.材料：45 钢按 GB/T 699—2015的规定。
2.热处理：35~40 HRC。
3.其他技术条件按 JB/T 8044—1999的规定。

续表

d	L		L_1		B		H	H_1	d_1		D	b	b_1		h	h_1	h_2	r	r_1	r_2
	A型	BC型	A型	BC型	基本尺寸	极限偏差 b12			基本尺寸	极限偏差 B11			基本尺寸	极限偏差						
M4	12	—	14	—	8	-0.150 -0.300	20	—	4	+0.215 +0.140	—	7	—	-0.100 -0.200	4	8	—	4	2	—
	—		—																	
M5	15	15	18	22	10		25	27	5		10	9	6		5	6	8	5		7
	20	20	25	30			30	32									12			
	—	25	—	38			—	37									16			
M6	18	22	22	30	12	-0.150 -0.330	30	36	6		12	11	8		7	8	12	6	3	8
	24	30	30	45			36	44									20			
		40	—	60			—	54									30			
M8	24	25	28	38	15		39	42	8	+0.240 +0.150	15	14	10		9	10	15	7.5		9.5
	30	35	38	52			45	52									25			
	—	45	—	68			—	62									35			
M10	30	30	35	45	18		48	50	10		18	18	12		12	12	20	9	4	11
	38	45	45	68			56	65									35			
	—	60	—	90			—	80									50			
M12	38	40	42	60	22	-0.016 -0.370	60	64	12	+0.260 +0.150	22	22	16		15	15	28	11		13
	48	55	52	82			70	79									42			
	—	70	—	105			—	94									57			
M16	48	45	52	68	26		74	74	16		28	28			18	20	32	13	5	16
	60	60	65	90			86	89									47			
	—	75	—	112			—	104									62			
M20	60	—	65	—	32	-0.170 -0.420	92	—	20	+0.290 +0.160	—	34	—		22	25	—	16		—
	—		—				—													
M24	76		80		38		115					40			26	30		19		
	—		—				—													

（17）自调试压板（JB/T 8010. 17—1999）的结构形式和尺寸规格如表 2-47 所示。

表 2-47　自调试压板的结构形式和尺寸规格　　单位：mm

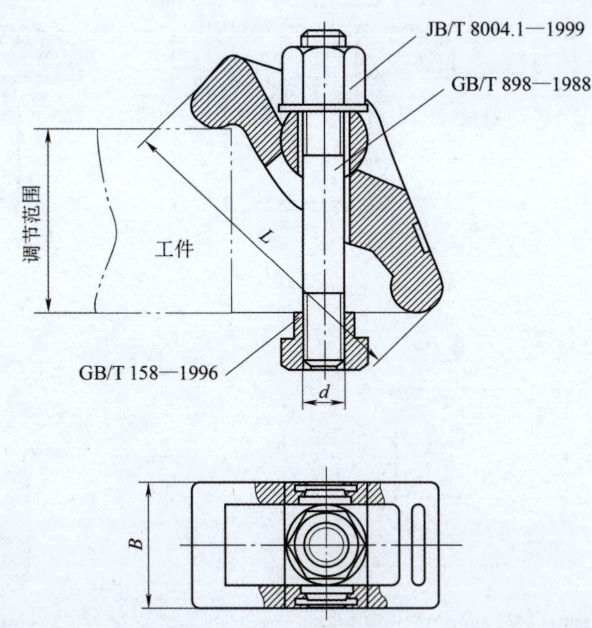

标记示例：
调节范围0~70 mm的自调式压板：
压板 0~70 JB/T 8010.17—1999。

调节范围	d	L	B
0 ~70	M12	115	40
0 ~110	M16	160	50
0 ~140	M20	210	63
0 ~200	M24	292	80

注：双头螺柱的长度可根据其调节范围，按 GB/T 898—1988 选取。

（18）钩形压板（JB/T 8012. 1—1999）的结构形式和尺寸规格如表 2-48 所示。

表 2-48　钩形压板的结构形式和尺寸规格　　单位：mm

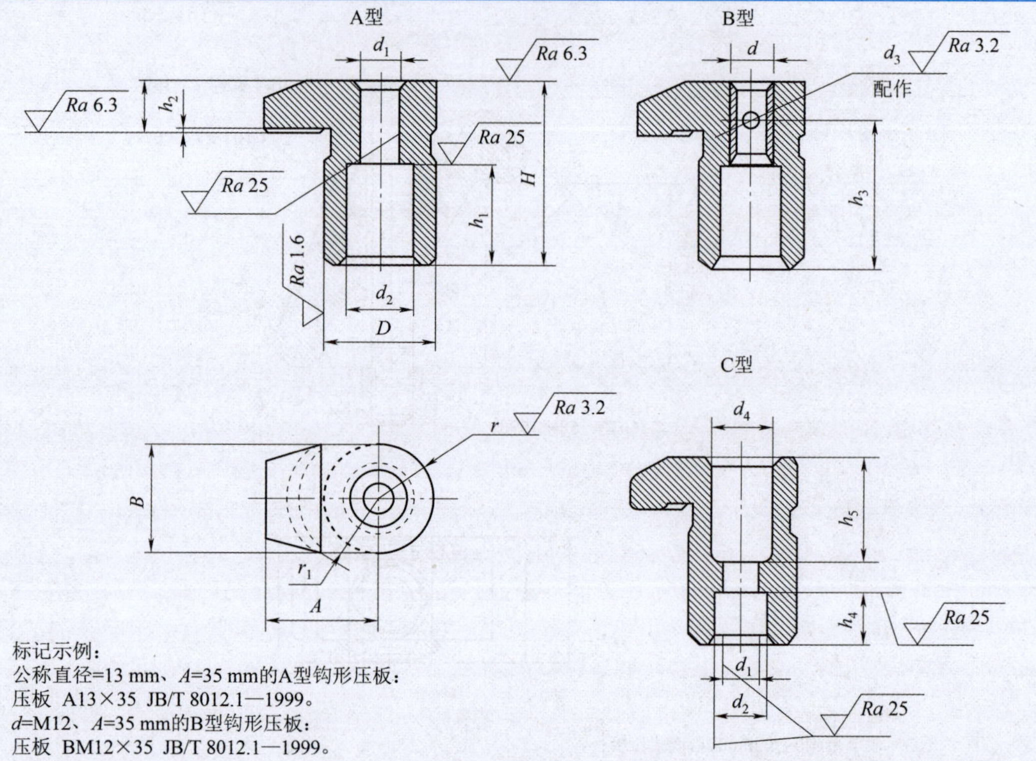

标记示例：
公称直径=13 mm、A=35 mm的A型钩形压板：
压板　A13×35　JB/T 8012.1—1999。
d=M12、A=35 mm的B型钩形压板：
压板　BM12×35　JB/T 8012.1—1999。

技术条件：
1.材料：45 钢按 GB/T 699—2015的规定。
2.热处理：35~40 HRC。
3.其他技术条件按 JB/T 8044—1999的规定。

Ra 12.5 （√）

<table>
<tr><td>AC 型</td><td>d_1</td><td colspan="2">6. 6</td><td colspan="2">9</td><td colspan="2">11</td><td colspan="2">13</td><td colspan="2">17</td><td colspan="2">21</td><td colspan="2">25</td></tr>
<tr><td>B 型</td><td>d</td><td colspan="2">M6</td><td colspan="2">M8</td><td colspan="2">M10</td><td colspan="2">M12</td><td colspan="2">M16</td><td colspan="2">M20</td><td colspan="2">M24</td></tr>
<tr><td colspan="2">A</td><td>18</td><td colspan="2">24</td><td colspan="2">28</td><td colspan="2">36</td><td colspan="2">45</td><td colspan="2">55</td><td colspan="2">65</td><td>75</td></tr>
<tr><td colspan="2">B</td><td colspan="2">16</td><td colspan="2">20</td><td colspan="2">25</td><td colspan="2">30</td><td colspan="2">35</td><td colspan="2">40</td><td colspan="2">50</td></tr>
<tr><td rowspan="2">D</td><td>基本尺寸</td><td colspan="2">16</td><td colspan="2">20</td><td colspan="2">25</td><td colspan="2">30</td><td colspan="2">35</td><td colspan="2">40</td><td colspan="2">50</td></tr>
<tr><td>极限偏差 f9</td><td colspan="2">−0. 016
−0. 059</td><td colspan="6">−0. 020
−0. 072</td><td colspan="6">−0. 025
−0. 087</td></tr>
<tr><td colspan="2">H</td><td>28</td><td colspan="2">35</td><td colspan="2">45</td><td>58</td><td>55</td><td colspan="2">70</td><td>90</td><td>80</td><td>100</td><td>95</td><td>120</td></tr>
<tr><td colspan="2">h</td><td>8</td><td>10</td><td>11</td><td colspan="2">13</td><td colspan="2">16</td><td>20</td><td>22</td><td>25</td><td>28</td><td>30</td><td>32</td><td>35</td></tr>
<tr><td rowspan="2">r</td><td>基本尺寸</td><td colspan="2">8</td><td colspan="2">10</td><td colspan="2">12. 5</td><td colspan="2">15</td><td colspan="2">17. 5</td><td colspan="2">20</td><td colspan="2">25</td></tr>
<tr><td>极限偏差 h11</td><td colspan="4">0
−0. 090</td><td colspan="6">0
−0. 110</td><td colspan="4">0
−0. 130</td></tr>
<tr><td colspan="2">r_1</td><td>14</td><td>20</td><td>18</td><td>24</td><td>22</td><td>30</td><td>26</td><td>36</td><td>35</td><td>45</td><td>42</td><td>52</td><td>50</td><td>60</td></tr>
<tr><td colspan="2">d_2</td><td colspan="2">10</td><td colspan="2">14</td><td colspan="2">16</td><td colspan="2">18</td><td colspan="2">23</td><td colspan="2">28</td><td colspan="2">34</td></tr>
<tr><td rowspan="2">d_3</td><td>基本尺寸</td><td colspan="2">2</td><td colspan="2">3</td><td colspan="4">4</td><td colspan="2">5</td><td colspan="4">6</td></tr>
<tr><td>极限偏差 H7</td><td colspan="4">+0. 010
0</td><td colspan="10">+0. 012
0</td></tr>
</table>

续表

d_4	10.5		14.5		18.5		22.5		25.5		30.5		35	
h_1	16	21	20	28	25	36	30	42	40	60	45	60	50	75
h_2	1								1.5				2	
h_3	22	28		35		45	42	55		75	60	75	70	95
h_4	8	14	11	20	16	25	20	30	24	40	24	40	28	50
h_5	16		20		25		30		40		50		60	
配用螺钉	M6		M8		M10		M12		M16		M20		M24	

（19）钩形压板（组合）（JB/T8012.2—1999）的结构形式和尺寸规格如表 2-49 所示。

表 2-49　钩形压板（组合）的结构形式和尺寸规格　　单位：mm

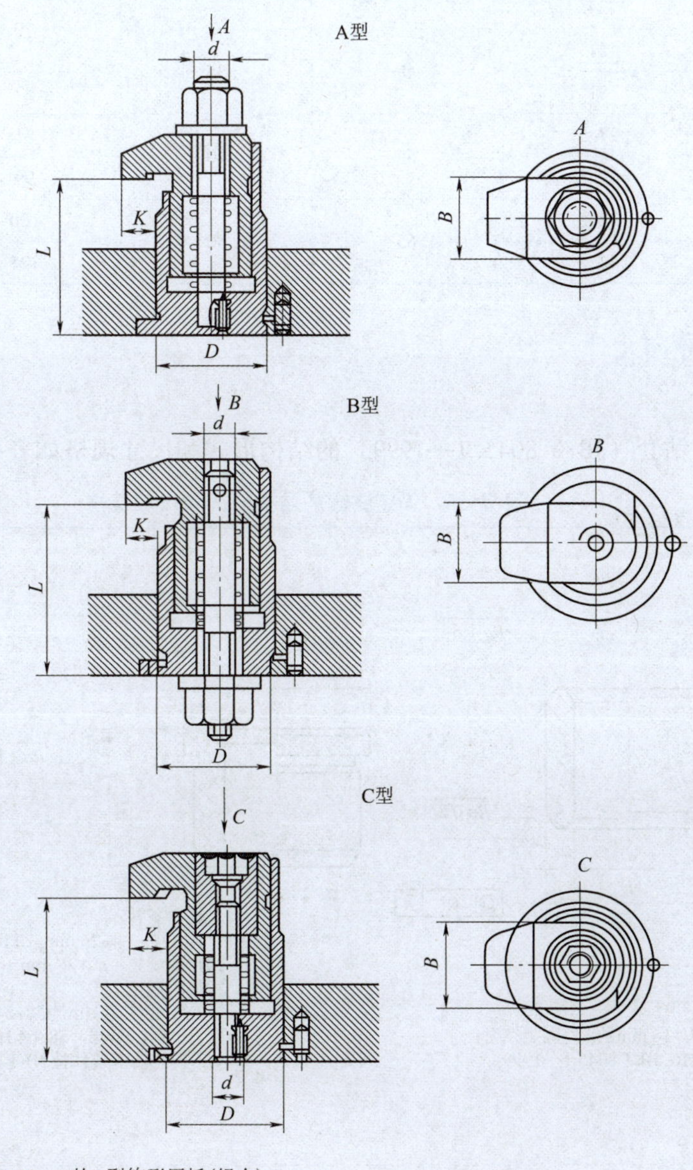

标记示例：
d=M12、K=14 mm的A型钩形压板（组合）：
压板 AM12×14 JB/T 8012.2—1999。

续表

d	K	D	B	L	
				mim	max
M6	7	22	16	31	36
	13			36	42
M8	10	28	20	37	44
	14			45	52
M10	10. 5	35	25	48	58
	17. 5			58	70
M12	14	42	30	57	68
	24			70	82
M16	21	48	35		86
	31			87	105
M20	27. 5	55	40	81	100
	37. 5			99	120
M24	32. 5	65	50	100	
	42. 5			125	145

2. 4. 3 导向元件

1. 钻套

(1) 固定钻套（JB/T 8045. 1—1999）的结构形式和尺寸规格如表 2-50 所示。

表 2-50 固定钻套的结构形式和尺寸规格 单位：mm

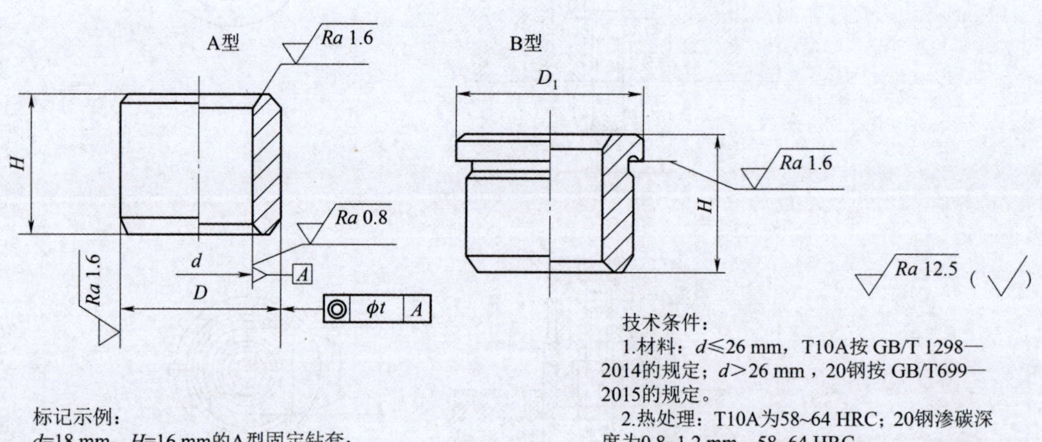
A型
Ra 1.6
H
Ra 0.8
d
A
Ra 1.6
D
ϕt A
B型
D1
Ra 1.6
H
Ra 12.5 (√)
标记示例：
d=18 mm、H=16 mm的A型固定钻套：
钻套 A18×16 JB/T 8045.1—1999。
技术条件：
1.材料：d≤26 mm，T10A按 GB/T 1298—2014的规定；d>26 mm，20钢按 GB/T699—2015的规定。
2.热处理：T10A为58~64 HRC；20钢渗碳深度为0.8~1.2 mm，58~64 HRC。
3.其他技术条件按 JB/T 8044—1999的规定。

续表

<table>
<tr><th colspan="2">d</th><th colspan="2">D</th><th rowspan="2">D_1</th><th colspan="3" rowspan="2">H</th><th rowspan="2">t</th></tr>
<tr><th>基本尺寸</th><th>极限偏差 F7</th><th>基本尺寸</th><th>极限偏差 D6</th></tr>
<tr><td>0~1</td><td rowspan="4">+0.016
+0.006</td><td>3</td><td>+0.010
+0.004</td><td>6</td><td rowspan="3">6</td><td rowspan="3">9</td><td rowspan="3">—</td><td rowspan="13">0.008</td></tr>
<tr><td>1~1.8</td><td>4</td><td rowspan="4">+0.016
+0.008</td><td>7</td></tr>
<tr><td>1.8~2.6</td><td>5</td><td>8</td></tr>
<tr><td>2.6~3</td><td rowspan="2">6</td><td rowspan="2">9</td><td rowspan="4">8</td><td rowspan="4">12</td><td rowspan="4">16</td></tr>
<tr><td>3~3.3</td><td rowspan="4">+0.022
+0.010</td></tr>
<tr><td>3.3~4</td><td>7</td><td rowspan="3">+0.019
+0.010</td><td>10</td></tr>
<tr><td>4~5</td><td>8</td><td>11</td></tr>
<tr><td>5~6</td><td>10</td><td>13</td><td rowspan="2">10</td><td rowspan="2">16</td><td rowspan="2">20</td></tr>
<tr><td>6~8</td><td rowspan="2">+0.028
+0.013</td><td>12</td><td rowspan="3">+0.023
+0.012</td><td>15</td></tr>
<tr><td>8~10</td><td>15</td><td>18</td><td rowspan="2">12</td><td rowspan="2">20</td><td rowspan="2">25</td></tr>
<tr><td>10~12</td><td rowspan="3">+0.034
+0.016</td><td>18</td><td>22</td></tr>
<tr><td>12~15</td><td>22</td><td rowspan="3">+0.028
+0.015</td><td>26</td><td rowspan="2">16</td><td rowspan="2">28</td><td rowspan="2">36</td></tr>
<tr><td>15~18</td><td>26</td><td>30</td></tr>
<tr><td>18~22</td><td rowspan="3">+0.041
+0.020</td><td>30</td><td>34</td><td rowspan="2">20</td><td rowspan="2">36</td><td rowspan="2">45</td><td rowspan="7">0.012</td></tr>
<tr><td>22~26</td><td>35</td><td rowspan="3">+0.033
+0.017</td><td>39</td></tr>
<tr><td>26~30</td><td>42</td><td>46</td><td rowspan="2">25</td><td rowspan="2">45</td><td rowspan="2">56</td></tr>
<tr><td>30~35</td><td rowspan="4">+0.050
+0.025</td><td>48</td><td>52</td></tr>
<tr><td>35~42</td><td>55</td><td rowspan="5">+0.039
+0.020</td><td>59</td><td rowspan="5">30</td><td rowspan="5">56</td><td rowspan="5">67</td></tr>
<tr><td>42~48</td><td>62</td><td>66</td></tr>
<tr><td>48~50</td><td rowspan="2">70</td><td rowspan="2">74</td></tr>
<tr><td>50~55</td><td rowspan="4">+0.060
+0.030</td><td rowspan="6">0.040</td></tr>
<tr><td>55~62</td><td>78</td><td>82</td></tr>
<tr><td>62~70</td><td>85</td><td rowspan="4">+0.045
+0.023</td><td>90</td><td rowspan="2">35</td><td rowspan="2">67</td><td rowspan="2">78</td></tr>
<tr><td>70~78</td><td>95</td><td>100</td></tr>
<tr><td>78~80</td><td rowspan="2">+0.071
+0.036</td><td rowspan="2">105</td><td rowspan="2">110</td><td rowspan="2">40</td><td rowspan="2">78</td><td rowspan="2">105</td></tr>
<tr><td>80~85</td></tr>
</table>

（2）可换钻套（JB/T 8045. 2—1999）的结构形式和尺寸规格如表 2-51 所示。

表 2-51　可换钻套的结构形式和尺寸规格　　单位：mm

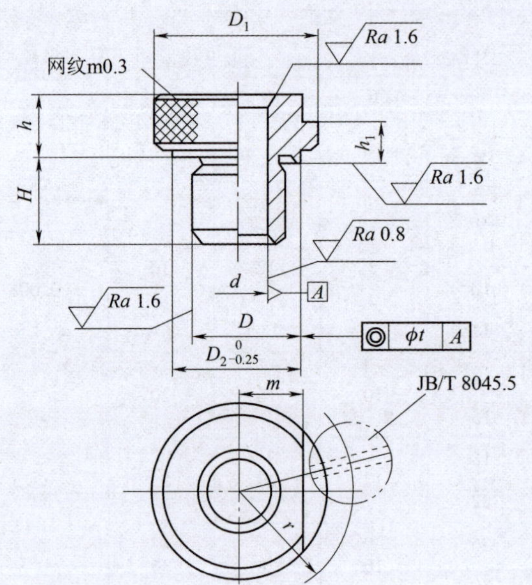

技术条件：

1.材料：$d \leqslant 26$ mm，T10A按GB/T 1298—2014的规定；$d > 26$ mm，20钢按 GB/T 699—2015的规定。

2.热处理：T10A为58~64 HRC；20钢渗碳深度为0.8~1.2 mm，58~64 HRC。

3.其他技术条件按 JB/T 8044—1999的规定。

Ra 6.3（√）

标记示例：

d=12 mm、公差带为F7、*D*=18 mm、公差带为 k6、*H*=16 mm的可换钻套：

钻套 12F7×18k6×16 JB/T 8045.2—1999。

d		*D*			D_1 滚花前	D_2	*H*			*h*	h_1	*r*	*m*	*t*	配用螺钉 JB/T 8045. 5—1999
基本尺寸	极限偏差 F7	基本尺寸	极限偏差 m6	极限偏差 k6											
0~3	+0. 016 +0. 006	8	+0. 015 +0. 006	+0. 010 +0. 001	15	12	10	16	—	8	3	11. 5	4. 2	0. 008	M5
3~4	+0. 022 +0. 010														
4~6		10			18	15	12	20	25			13	5. 5		
6~8	+0. 028 +0. 013	12	+0. 018 +0. 007	+0. 012 +0. 001	22	18				10	4	16	7		M6
8~10		15			26	22	16	28	36			18	9		
10~12	+0. 034 +0. 016	18			30	26						20	11		
12~15		22	+0. 021 +0. 008	+0. 015 +0. 002	34	30	20	36	45			23. 5	12		M8
15~18		26			39	35				12	5. 5	26	14. 5	0. 012	
18~22	+0. 041 +0. 020	30			46	42	25	45	56			29. 5	18		
22~26		35	+0. 025 +0. 009	+0. 018 +0. 002	52	46						32. 5	21		
26~30		42			59	53	30	56	67			36	24. 5		
30~35	+0. 050 +0. 025	48			66	60						41	27		M10
35~42		55	+0. 030 +0. 011	+0. 021 +0. 002	74	68	35	67	78	16	7	45	31		
42~48		62			82	76						49	35		
48~50		70			90	84						53	39	0. 040	
50~55	+0. 060 +0. 030														
55~62		78			100	94	40	78	105			58	44		
62~70		85	+0. 035 +0. 013	+0. 025 +0. 003	110	104						63	49		

续表

d		D			D_1滚花前	D_2	H			h	h_1	r	m	t	配用螺钉 JB/T 8045.5—1999
基本尺寸	极限偏差F7	基本尺寸	极限偏差m6	极限偏差k6											
70~78	+0.060 +0.030	95	+0.035 +0.013	+0.025 +0.003	120	114	45	89	112	16	7	68	54	0.040	M10
78~80		105			130	124						73	59		
80~85	+0.071 +0.036														

注：1. 当作铰（扩）套使用时，d 的公差带推若如下：采用 GB/T 1132—2017《直柄机用铰刀》及 GB/T 1132—2017《锥柄机用铰刀》规定的铰刀，铰 H7 孔时，取 F7；铰 H9 孔时，取 E7。铰（扩）其他精度孔时，公差带由设计选定。

2. 铰（扩）套的标记示例：$d=12$ mm、公差带为 E7、$D=18$ mm、公差带为 m6、$H=16$ mm 的快换铰（扩）套：铰（扩）套 12E7×18m6×16 JB/T 8045.3—1999。

（3）快换钻套（JB/T 8045.3—1999）的结构形式和尺寸规格如表 2-52 所示。

表 2-52 快换钻套的结构形式和尺寸规格 单位：mm

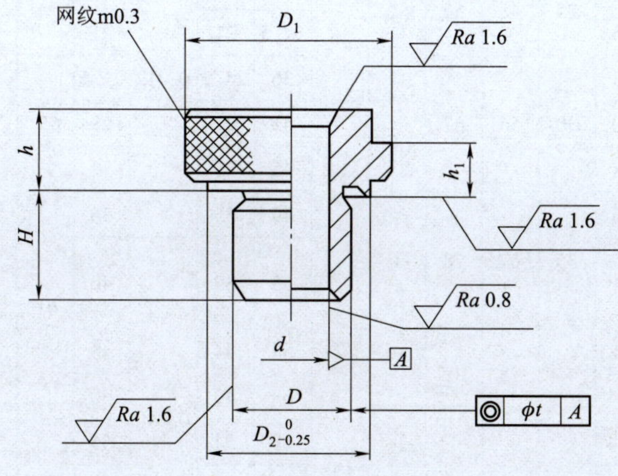

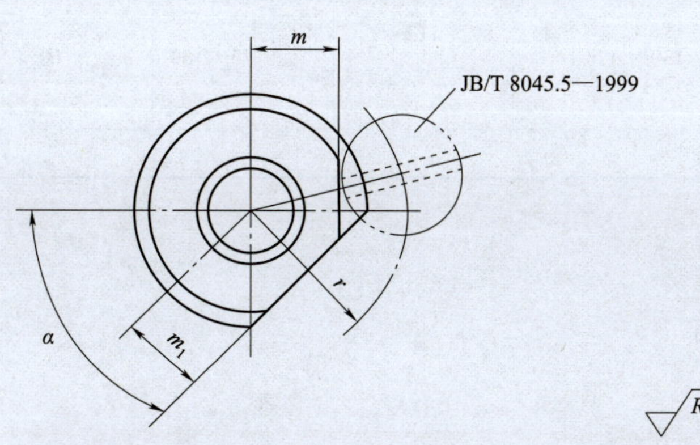

标记示例：

d=12 mm、公差带为F7、D=18 mm、公差带为 k6、H=16 mm的快换钻套：

钻套 12F7×18k6×16 JB/T 8045.3—1999。

技术条件：

1.材料：d≤26 mm，T10A按 GB/T 1299—2014的规定；d>26 mm，20钢按 GB/T 699—2015的规定。

2.热处理：T10A为58~64 HRC；20钢渗碳深度为0.8~1.2 mm，58~64 HRC。

3.其他技术条件按 JB/T 8044—1999的规定。

续表

d 基本尺寸	d 极限偏差 F7	D 基本尺寸	D 极限偏差 m6	D 极限偏差 k6	D_1 滚花前	D_2	H			h	h_1	r	m	t	m_1	α	配用螺钉 JB/T 8045.5—1999
0~3	+0.016 +0.006	8	+0.015 +0.006	+0.010 +0.001	15	12	10	16	—	8	3	11.5	4.2	0.008	4.2	50°	M5
3~4	+0.022 +0.010																
4~6		10			18	15	12	20	25			13	5.5		5.5		
6~8	+0.028 +0.013	12	+0.018 +0.007	+0.012 +0.001	22	18				10	4	16	7		7		M6
8~10		15			26	22	16	28	36			18	9		9	55°	
10~12	+0.034 +0.016	18			30	26						20	11		11		
12~15		22	+0.021 +0.008	+0.015 +0.002	34	30	20	36	45	12	5.5	23.5	12		12		M8
15~18		26			39	35						26	14.5	0.012	14.5		
18~22	+0.041 +0.020	30			46	42	25	45	56			29.5	18		18		
22~26		35	+0.025 +0.009	+0.018 +0.002	52	46						32.5	21		21		
26~30		42			59	53	30	56	67			36	24.5		24.5	65°	
30~35	+0.050 +0.025	48			66	60				16	7	41	27		28		M10
35~42		55	+0.030 +0.011	+0.021 +0.002	74	68						45	31		32		
42~48		62			82	76	35	67	78			49	35		36	70°	
48~50		70			90	84						53	39	0.040	40		
50~55	+0.060 +0.030																
55~62		78			100	94	40	78	105			58	44		45		
62~70		85	+0.035 +0.013	+0.025 +0.003	110	104						63	49		50		
70~78		95			120	114	45	89	112			68	54		55	75°	
78~80		105			130	124						73	59		60		
80~85	+0.071 +0.036																

注：D 的公差带按设计要求决定。

（4）薄壁钻套（JB/T 8013.2—1999）的结构形式和尺寸规格如表 2-53 所示。

表 2-53　薄壁钻套的结构形式和尺寸规格　　单位：mm

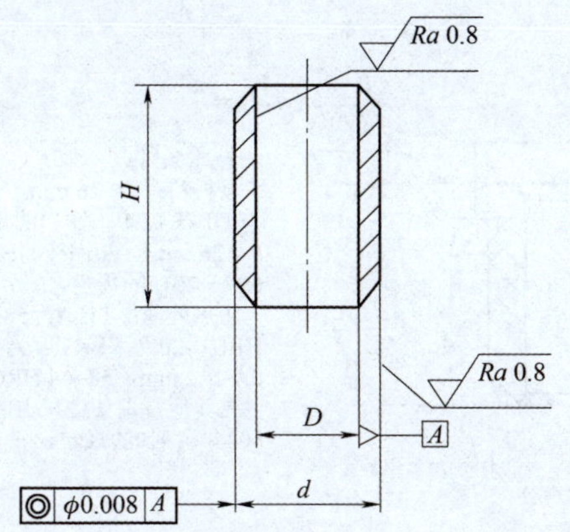

技术条件：
1.材料：CrMn按 GB/T 1299—2014的规定。
2.热处理：58~62 HRC。
3.其他技术条件按 JB/T 8044—1999的规定。

$\sqrt{Ra\ 1.6}$ ($\sqrt{}$)

D	d 基本尺寸	d 极限偏差 n6	H
0.5~1	2	+0.010 +0.004	6
			8
1~1.2	2.5		6
			8
1.2~1.5	3		6
			8
1.5~2	3.5	+0.016 +0.008	6
			8
2~2.5	4		6
			8
2.5~3	5		6
			8
3~4	6		8
			12
4~5	7	+0.019 +0.010	8
			12
5~6	8		8
			12
6~7	9		8
			12

2. 衬套

钻套用衬套（JB/T 8045. 4—1999）的结构形式和尺寸规格如表 2-54 所示。

表 2-54　钻套用衬套的结构形式和尺寸规格　　单位：mm

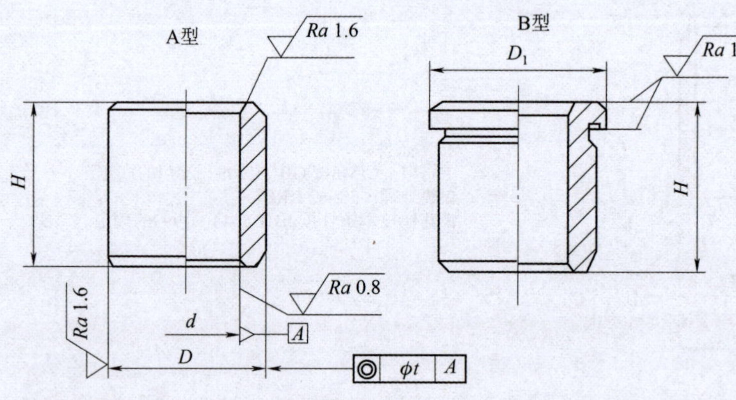

A型
B型
Ra 1.6
Ra 1.6
Ra 1.6
Ra 0.8
D_1
H
H
d
D
A
ϕt A
技术条件：
1.材料：d≤26 mm，T10A按GB/T 1299—2014的规定；d>26 mm，20钢按GB/T 699—2015的规定。
2.热处理：T10A为58~64 HRC；20钢渗碳深度为0.8~1.2 mm，58~64 HRC。
3.其他技术条件按JB/T 8044—1999的规定。
Ra 6.3 (√)
标记示例：
d=18 mm、H=28 mm的A型钻套用衬套：
衬套　A18×28　JB/T 8045.4—1999。

<table>
<tr><th colspan="2">d</th><th colspan="2">D</th><th rowspan="2">D₁</th><th colspan="3" rowspan="2">H</th><th rowspan="2">t</th></tr>
<tr><th>基本尺寸</th><th>极限偏差 F7</th><th>基本尺寸</th><th>极限偏差 n6</th></tr>
<tr><td>8</td><td rowspan="2">+0. 028
+0. 013</td><td>12</td><td rowspan="3">+0. 023
+0. 012</td><td>15</td><td>10</td><td>16</td><td>—</td><td rowspan="5">0. 008</td></tr>
<tr><td>10</td><td>15</td><td>18</td><td rowspan="2">12</td><td rowspan="2">20</td><td rowspan="2">25</td></tr>
<tr><td>12</td><td rowspan="3">+0. 034
+0. 016</td><td>18</td><td>22</td></tr>
<tr><td>(15)</td><td>22</td><td rowspan="3">+0. 028
+0. 015</td><td>26</td><td rowspan="2">16</td><td rowspan="2">28</td><td rowspan="2">36</td></tr>
<tr><td>18</td><td>26</td><td>30</td></tr>
<tr><td>22</td><td rowspan="3">+0. 041
+0. 020</td><td>30</td><td>34</td><td rowspan="2">20</td><td rowspan="2">36</td><td rowspan="2">45</td><td rowspan="7">0. 012</td></tr>
<tr><td>(26)</td><td>35</td><td rowspan="3">+0. 033
+0. 017</td><td>39</td></tr>
<tr><td>30</td><td>42</td><td>46</td><td rowspan="2">25</td><td rowspan="2">45</td><td rowspan="2">56</td></tr>
<tr><td>35</td><td rowspan="3">+0. 050
+0. 025</td><td>48</td><td>52</td></tr>
<tr><td>(42)</td><td>55</td><td rowspan="4">+0. 039
+0. 020</td><td>59</td><td rowspan="3">30</td><td rowspan="3">56</td><td rowspan="3">67</td></tr>
<tr><td>(48)</td><td>62</td><td>66</td></tr>
<tr><td>55</td><td rowspan="4">+0. 060
+0. 030</td><td>70</td><td>74</td></tr>
<tr><td>62</td><td>78</td><td>82</td><td rowspan="2">35</td><td rowspan="2">67</td><td rowspan="2">78</td><td rowspan="6">0. 040</td></tr>
<tr><td>70</td><td>85</td><td rowspan="4">+0. 045
+0. 023</td><td>90</td></tr>
<tr><td>78</td><td>95</td><td>100</td><td rowspan="2">40</td><td rowspan="2">78</td><td rowspan="2">105</td></tr>
<tr><td>(85)</td><td rowspan="4">+0. 071
+0. 036</td><td>105</td><td>110</td></tr>
<tr><td>95</td><td>115</td><td>125</td><td rowspan="2">45</td><td rowspan="2">89</td><td rowspan="2">112</td></tr>
<tr><td>105</td><td>125</td><td>+0. 052
+0. 027</td><td>130</td></tr>
</table>

注：因 F7 为装配后公差带，零件加工尺寸需由工艺决定（要预留收缩量时，推若为 0. 006~0. 012 mm）。

3. 钻套螺钉

钻套螺钉（JB/T 8045. 5—1999）的结构形式和尺寸规格如表 2-55 所示。

表 2-55　钻套螺钉的结构形式和尺寸规格　　单位：mm

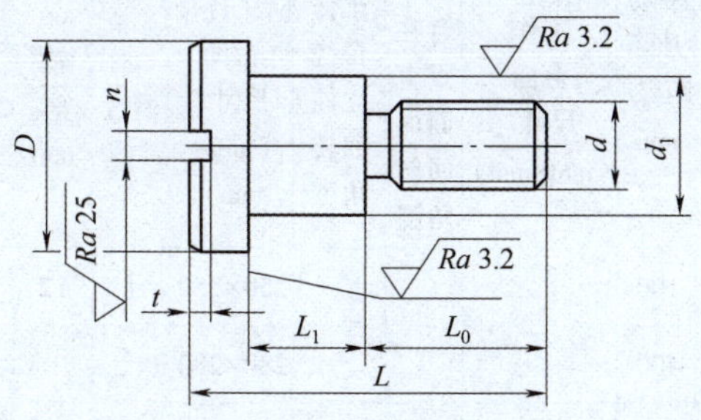

技术条件：
1.材料：45钢按 GB/T 699—2015的规定。
2.热处理：35~40 HRC。
3.其他技术条件按 JB/T 8044—1999的规定。

Ra 12.5 （√）

标记示例：
d=M10、L_1=13 mm的钻套螺钉：
螺钉 M10×13 JB/T 8045.5—1999。

d	L_1		d_1		D	L	L_0	n	t	钻套内径
	基本尺寸	极限偏差	基本尺寸	极限偏差 d11						
M5	3	+0.200 +0.050	7.5	−0.040 −0.130	13	15	9	1.2	1.7	0~6
	6					18				
M6	4		9.5		16	18	10	1.5	2	6~12
	8					22				
M8	5.5		12	−0.050 −0.160	20	22	11.5	2	2.5	12~30
	10.5					27				
M10	7		15		24	32	18.5	2.5	3	30~85
	13					38				

2.5 主要钻床的规格及联系尺寸

2.5.1 台式钻床

台式钻床的联系尺寸如表 2-56 所示。

表 2-56　台式钻床的联系尺寸

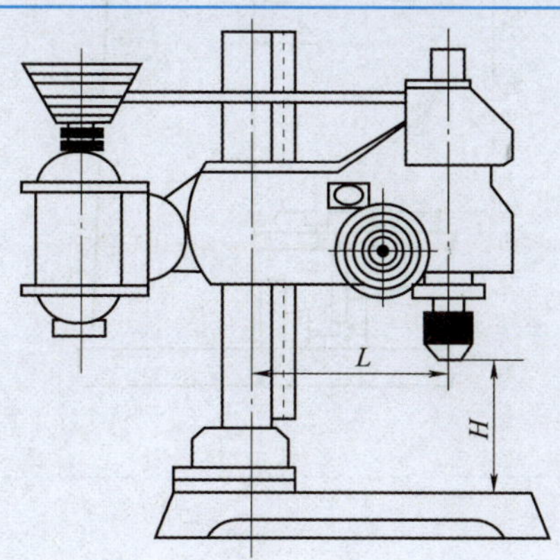

续表

机床型号	加工范围				主轴			头架手动升降距离/mm	工作台						
	最大钻孔直径/mm	主轴中心至立柱距离 L/mm	主轴端面至可动工作台距离/mm	主轴端面至底座工作台距离 H/mm	主轴最大行程/mm	主轴套锥度号（莫氏）	主轴下端孔锥度号（莫氏）		可动工作台面尺寸/（mm×mm）	可动工作台在垂直面内回转角度	可动工作台绕立柱回转角度	底座工作台面尺寸/（mm×mm）	底座 T 形槽		
													槽数	槽宽/mm	槽距/mm
Z4006	6	125		200	75		1	100				250×250	1	12	
Z4012	12	200		170~355			短圆锥 HB	400				280×280			
Z512	12	185		20~422			1	400				350×350			
Z512-B	12.7	177.5	0~254	41~457			2	240	250×265	360°	360°	270×340	2	14	160
Z515	15	185		20~422			1	400				350×350			
ZQ4015	15	193		0~475		1	2					220×300	2	14	140

2.5.2 立式钻床

（1）立式钻床的联系尺寸和主轴尺寸如表 2-57 所示。

表 2-57 立式钻床的联系尺寸和主轴尺寸

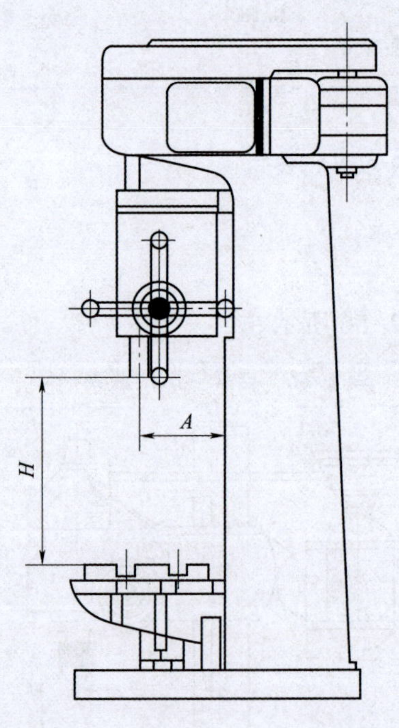

续表

机床型号	加工范围				主轴		主轴箱行程/mm	底座面积（mm×mm）	工作台				
	最大钻孔直径/mm	主轴中心至立柱距离 *A*/mm	主轴端面至可动工作台距离/mm	主轴端面至底座工作台距离 *H*/mm	主轴最大行程/mm	主轴套锥度号（莫氏）			工作台面积（mm×mm）	最大升降距离/mm	底座 T 形槽		
											槽数	槽宽/mm	槽距/mm
Z525	25	250	0~700	725~1100	175	3	200	600×400	500×375	325	2	14	200
Z525B	25	315	0~415	965	200	3	0	440×500	ϕ410 mm	385	—	14	—
Z535	35	300	0~750	705~1 130	225	4	200	650×745	—	—	2	18	240
Z550	50	350	0~800	650~1 200	300	5	250	1245×756	—	—	3	22	150
Z575	75	400	0~850	800~1 300	500	5	500	660×714	—	—	3	22	200

（2）立式钻床工作台尺寸。

立式钻床工作台尺寸如表 2-58 所示。

表 2-58　立式钻床工作台尺寸　　单位：mm

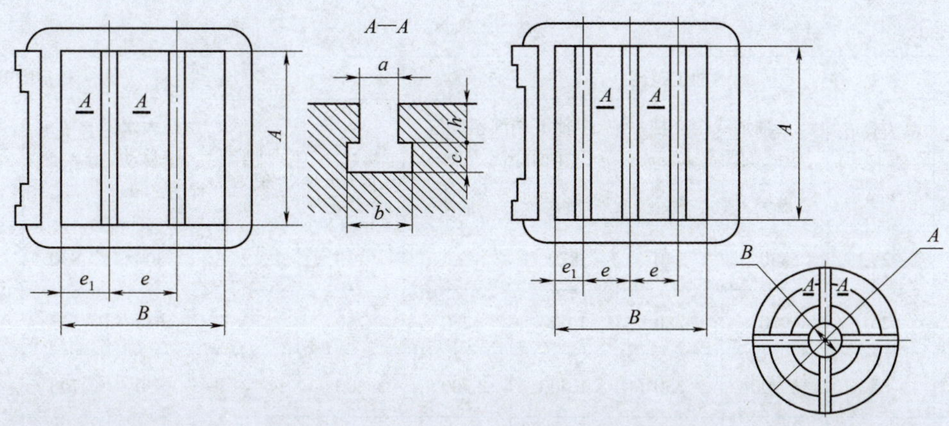

型号	*A*	*B*	*e*	e_1	*a*	*b*	*c*	*h*
Z525	500	375	200 两槽	87.5	14H9	24	11	15
Z525B	ϕ400	ϕ55	—	—	14H9	24	11	15
Z535	500	450	240 两槽	105	18H11	30	14	18
Z550	600	500	150 三槽	100	22H11	36	16	19
Z575	750	600	200 三槽	100	22H11	36	16	22

2.5.3 摇臂钻床

（1）摇臂钻床的联系尺寸如表 2-59 所示。

表 2-59 摇臂钻床的联系尺寸

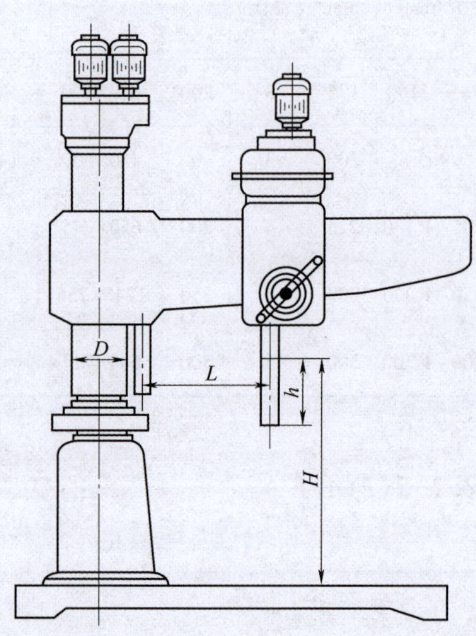

机床型号	加工范围					最大行程 h/mm	主轴莫氏锥度号	主轴箱最大水平移动量/mm	横臂	
	最大钻孔直径/mm	主轴轴线至立柱母线的距离 L/mm		主轴下端面至底座工作面距离 H/mm					最大升降距离/mm	回转角
		最大	最小	最大	最小					
Z32K	25	830	340	870	25	130	2	500	830	
Z3025	25	900	280	1 000	250	250	3	630	525	
Z33-1	35	1 200	350	1 500	500	300	4	850	700	
Z3035B	35	1 300	350	1250	350	300	4	950	600	
Z35	50	1 600	450	1 500	470	350	5	1 150	680	360°
ZP3350	50	1 600	450	1 632	290	350	5	1 150	1 000	
Z37	75	2 000	500	1750	600	450	6	1 500	700	
Z3080	80	2 500	500	1 800	550	450	6	2 000	800	
Z310	100	3 150	500	2 580	730	500	6	2 650	1 343	

（2）摇臂钻床工作台底座及 T 形槽尺寸如表 2-60 所示。

表 2-60　摇臂钻床工作台底座及 T 形槽尺寸　　单位：mm

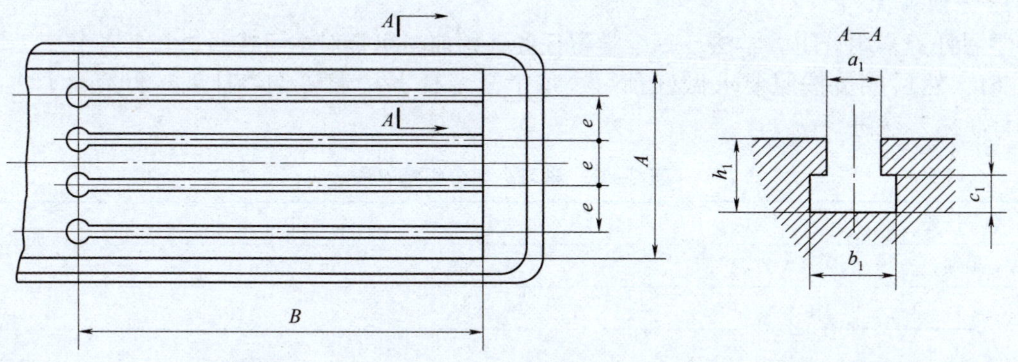

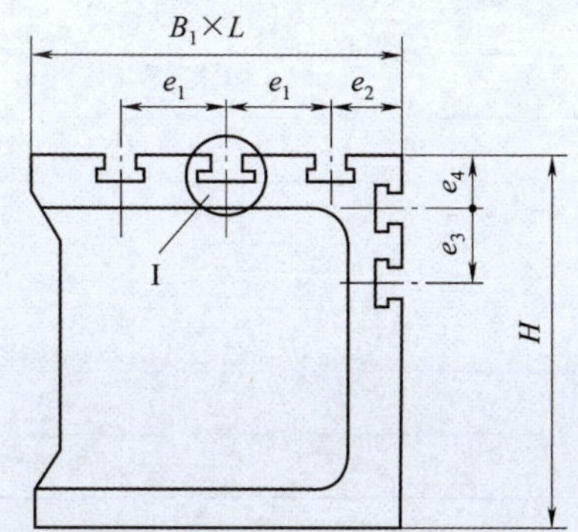

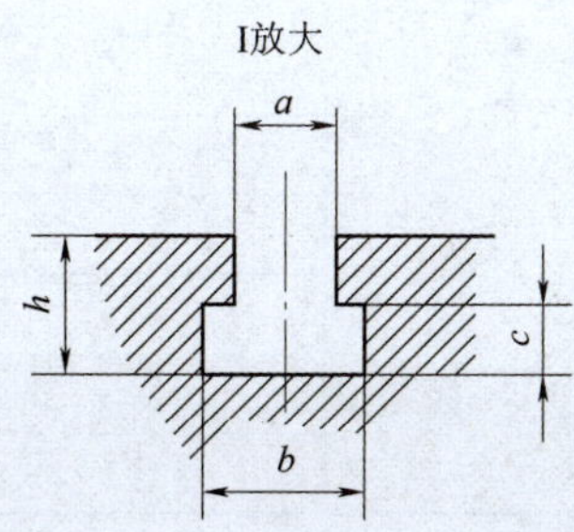

机床型号	Z3050	Z33-1	Z3035B	Z35	Z37	Z3080	Z310
A	604	750	740	780	1 300	1 200	1 480
B	942	1 220	1 270	1 545	2 000	2 450	3 255
e	200	180	190	180	300	279	300
$B_1×L$	450×450	500×500	500×600	550×630	590×750	590×750	1 000×960
H	450	500	500	500	500	500	600
e_1	140 三槽	150 三槽	150 三槽	150 三槽	150 四槽	150 四槽	200 五槽
e_2	85	100	100	100	50	50	100
e_3	140 二槽	150 二槽	150 二槽	150 二槽	150 三槽	150 三槽	200 三槽
e_4	85	100	75	100	100	105	100
a	18	22	24	22	22	22	22
b	30	36	42	36	36	36	36
c	14	16	20	16	16	16	16
h	32	43	41	43	43	42	43
a_1	22	28	24	28	28	28	28
b_1	36	46	42	46	46	45	46
c_1	16	20	20	20	20	20	20
h_1	38	48	45	48	48	48	48

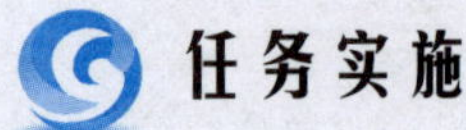

任务实施

1. 分组情况

学习任务采用分组教学法，每个学习任务开始前，组长对本组成员进行任务分工，填写表2-61，然后成员按照要求做好预习。每个学习任务按照咨询—计划—决策—实施—检查—评价六步法进行。

表2-61 学习小组分组情况表

学习任务		
类别	姓名	分工情况
组长		
成员		

2. 题目

3. 前言

4. 对加工零件的工艺分析

5. 定位方案及误差分析

6. 对刀导向方案

7. 夹紧方案及夹紧力分析

8. 夹具体设计及连接元件选型

9. 夹具零件图和装配图及标注

任务评价

填写表 2-62～表 2-64。

表 2-62　小组成绩评分单　　评分人：

学习任务				
团队成员				
评价内容	评价标准	赋分	得分	备注
工作目标认知程度	工作目标明确、工作计划合理	10 分		
分工合理程度	工作难易程度与工作强度分配合理	5 分		
咨询	问题查询	10 分		
计划	过程方案	10 分		
决策	报告	15 分		
实施	实施情况良好	15 分		
检查	检查良好	10 分		
评价	学习任务过程及反思情况	15 分		
团队精神创新意识	工作态度与工作效果	10 分		
合计		100 分		

表 2-63　个人成绩评分单　　评分人：

学习任务				
学生姓名				
评价内容	评价标准	赋分	得分	备注
出勤情况	迟到、早退 1 次扣 2 分 病假 1 次扣 0.5 分 事假 1 次扣 1 分 旷课 1 次扣 5 分	15 分		旷课 3 次以上记 0 分
平时表现	任务完成的及时性，学习、工作态度	15 分		
个人成果	个人完成的任务质量	40 分		

续表

评价内容	评价标准	赋分	得分	备注
团队协作	分为3个级别： 重要：8~10分 一般：5~8分 次要：1~5分	10分		
创新创意	个人成果或团队创意均发挥引导创新作用	20分		
合计		100分		

表2-64 学生课程考核成绩档案

课程名称					
班级		姓名		学号	
考核过程					
学习任务名称		团队得分（40%）		个人得分（60%）	
合计得分					
授课教师签名：					

任务3　车床尾座顶尖套筒铣键槽和油槽专用夹具设计

任务导入

铣床夹具是指在各类铣床上用于安装工件的机床夹具。这类夹具主要用于加工零件上的平面、沟槽、缺口、直线成形面和立体成形面等。图3-1所示为车床尾座顶尖套筒铣键槽和油槽的工序图，此工序采用两把铣刀同时进行加工。本任务是设计在大批量生产中用来加工车床尾座顶尖套筒铣键槽和油槽的铣床专用夹具。

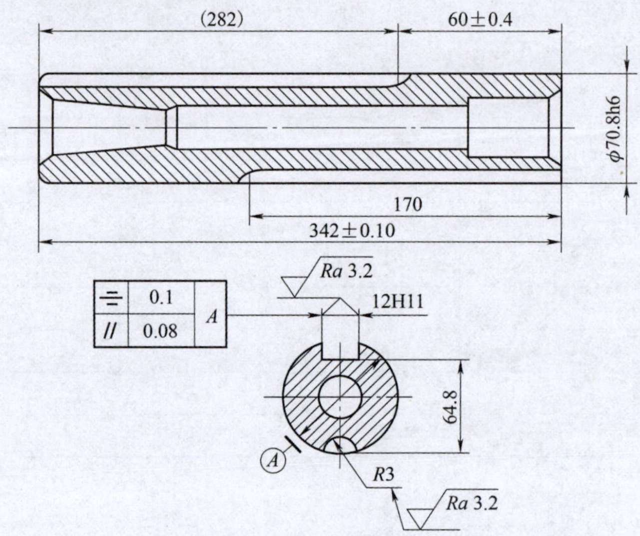

图3-1　车床尾座顶尖套筒铣键槽和油槽的工序图

任务目标

一、知识目标

（1）掌握常见铣床夹具的结构特点。

（2）掌握典型铣床夹具的定位装置、夹紧装置、夹具体，以及其他装置或元件等组成及设计要点。

（3）了解常见铣床夹具的工作特性。

（4）掌握机床夹具分度装置的设计。

（5）掌握机床夹具对定装置的设计。

二、技能目标

（1）掌握铣床夹具的结构及其应用。

（2）在铣床夹具设计基础上，能对夹具进行分析。

(3) 掌握专用夹具分度装置、对定装置设计的基本方法及应用。

(4) 培养查阅机床夹具设计手册和相关资料的能力。

(5) 提高处理实际工程技术问题的能力。

三、素养目标

(1) 培养全面认识事物的能力、一分为二看待问题的能力。

(2) 形成辩证的思维观、认识观、方法论。

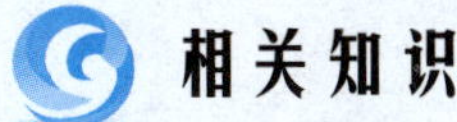

相关知识

3.1 铣床专用夹具基本类型

在铣削加工中，由于多数情况是夹具和工作台一起作送进，而夹具的整体结构又在很大程度上取决于铣削加工的送进方式，因此将铣床夹具分为直线送进式、圆周送进式和沿曲线靠模送进式等三种类型。

3.1.1 直线送进式铣床夹具

图 3-2 所示为直接送进式铣键槽夹具装配图。夹具体 1 安装在铣床工作台面上，用定位键 2 嵌在工作台中央 T 形槽内，并用螺钉紧固。用对刀装置 10 及塞尺调整铣刀相对于夹具的位置，使铣刀两端刃的对称面与 V 形槽的对称面重合，且使铣削深度满足铣槽深度要求。安装工件时，只要将工件放在 V 形槽内并将端面顶在支承钉 8 上即可方便地确定工件在夹具中的正确位置。然后搬动手柄 11 通过偏心轮 6、杠杆 5、拉杆 7 带动压板 4 将工件夹紧。工件加工后反向搬动手柄 11 即可松开夹具取下工件。

3.1.2 圆周送进式铣床夹具

图 3-3 所示为圆周送进式铣床夹具装配图。回转工作台 5 带动工件（拨叉）连续做圆周进给运动，将工件依次送入切削区，当工件离开切削区加工完成。在非切削区内，可将加工好的工件卸下，并装上待加工的工件。这种加工方法使机动时间与辅助时间重合，从而提高了机床效率。

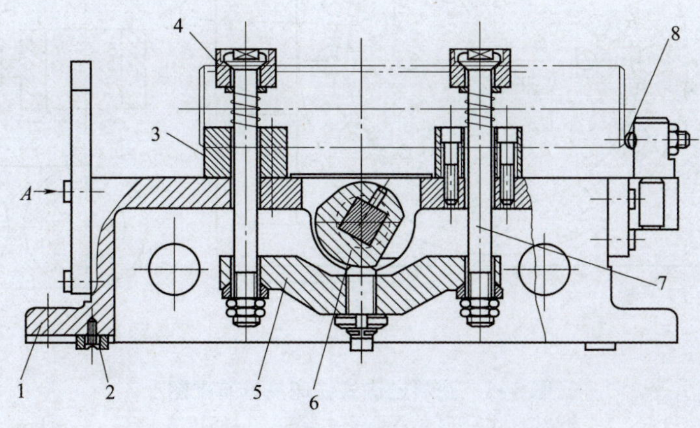

图 3-2 直接送进式铣键槽夹具装配图

1—夹具体；2—定位键；3—V 形块；4—压板；5—杠杆；6—偏心轮；7—拉杆；8—支承钉

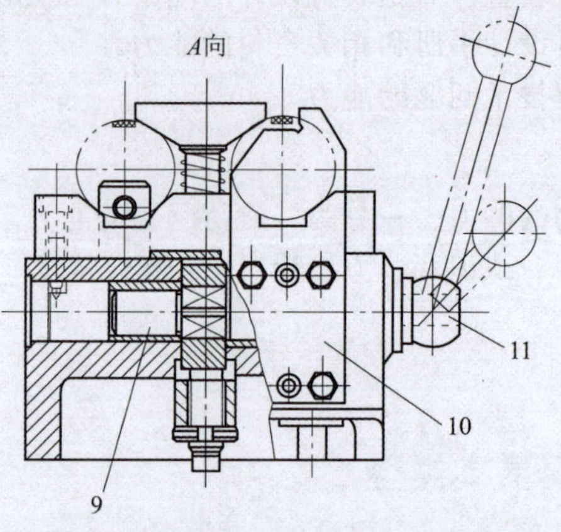

图 3-2　直接送进式铣键槽夹具装配图（续）

9—轴；10—对刀装置；11—手柄

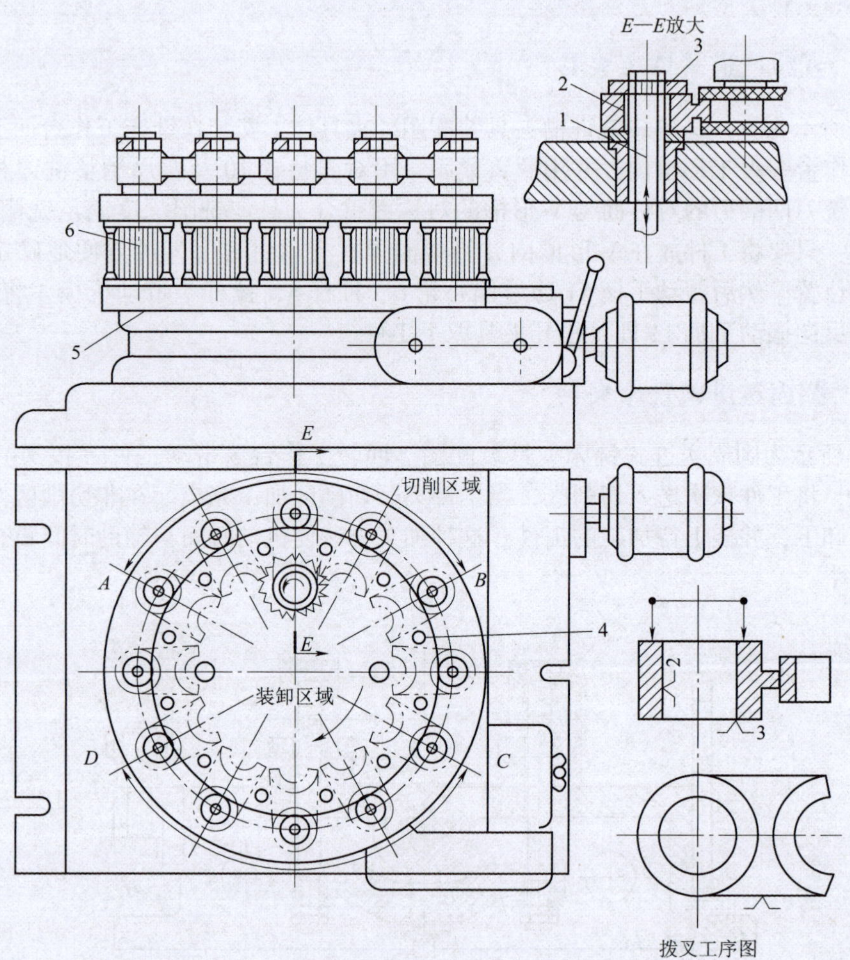

图 3-3　圆周送进式铣床夹具装配图

1—拉杆；2—定位销；3—开口垫圈；4—挡销；5—回转工作台；6—液压缸

3.1.3 沿曲线靠模送进式铣床夹具

零件上的各种成形面，可以在靠模送进式铣床夹具上按照靠模仿形铣削，也可以设计专用靠模夹具在一般万能铣床上加工。靠模夹具的作用是使主运动和由靠模获得的辅助运动合成为加工所需的仿形运动，图 3-4 所示为沿曲线靠模送进式铣床夹具简图。

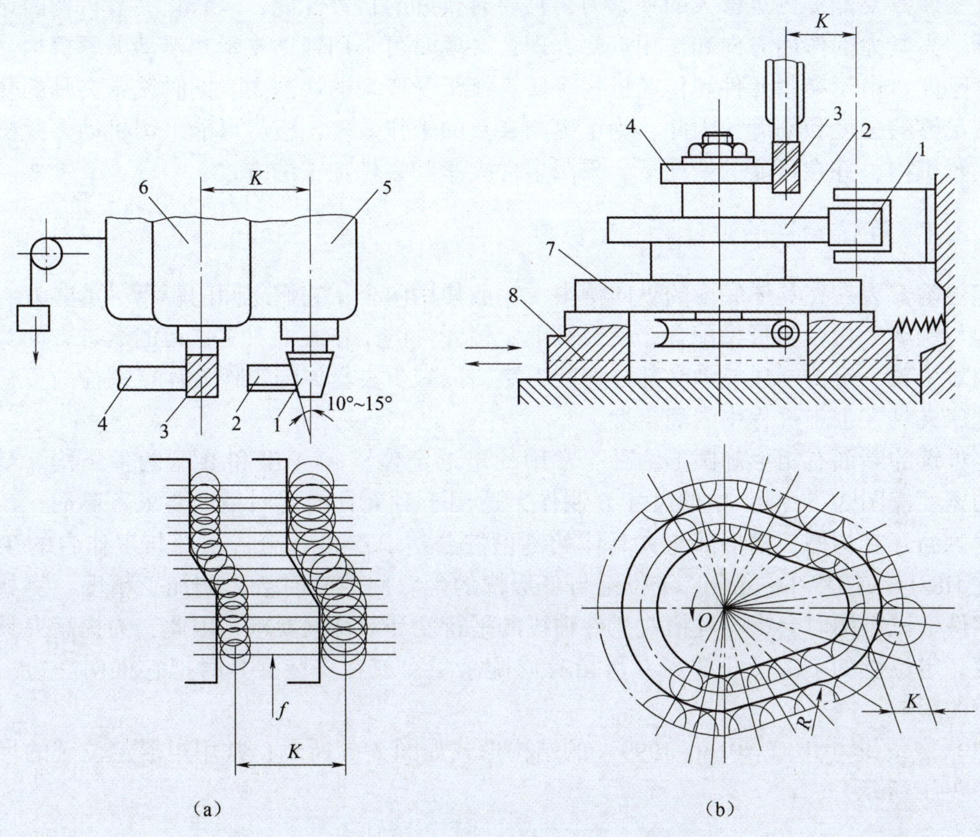

图 3-4 沿曲线靠模送进式铣床夹具简图

（a）直线送进式靠模铣床夹具；（b）圆周送进式靠模铣床夹具

1—滚柱；2—靠模板；3—铣刀；4—工件；5—滚柱滑座；6—铣刀滑座；7—回转台；8—滑座

3.2 铣床专用夹具设计要点

3.2.1 铣床夹具设计总体要求

由于铣削过程不是连续切削，且加工余量较大，切削力较大且方向随时都可能变化，因此夹具应有足够的刚性和强度，夹具的重心应尽量低，夹具的高度与宽度比应为 1∶1.25，并应有足够的排屑空间。

3.2.2 定位装置的设计

铣削时的切削用量和切削力较大，且是多刃断续切削，因此铣削时极易产生振动。设计定位装置时，应特别注意工件定位的稳定性及定位装置的刚性。例如，尽量增大主要支承的面积，导向支承的两个支承点要尽量相距远些，止推支承应布置在工件刚性较好的部位并要有利于减少夹紧力。还可以通过增大定位元件和夹具体厚度，增大元件之间的连接刚性，必要时可采用辅助支承等措施来提高工件安装刚性。

3.2.3 夹紧装置的设计

夹紧装置要能提供足够大的夹紧力，且要有较好的自锁性能，以防止夹紧机构因振动等而松动；夹紧力的作用方向和作用点要合理，必要时可采用辅助支承或浮动夹紧机构，以提高夹紧刚度。由于夹紧元件和传递机构等要直接承受较大的切削力，同时铣床夹具的受力元件要有足够的强度和刚度，因此，为了提高夹具的工作效率，应尽可能采用机动夹紧机构和联动夹紧机构，并在可能的情况下，采用多件夹紧和多件加工的方式。

3.2.4 连接元件的设计——定位键

定位键安装在夹具体底面的纵向槽中，一般使用两个，它们之间的距离尽可能大。通过定位键与铣床工作台 T 形槽配合，使夹具上定位元件的工作表面对工作台的送进方向具有正确的相对位置。定位键还能承受部分切削力矩，以减少夹具体与工作台连接螺栓的负荷，并增强铣床夹具在加工过程中的稳定性。

定位键的断面有矩形和圆形两种。常用的矩形定位键有 A 型和 B 型两种结构。A 型定位键的宽度按图 3-5（a）中的尺寸 B 制作，适用于对夹具的定向精度要求不高时。B 型定位键的侧面开有沟槽，槽上部与夹具体的键槽按公差 H7/h6 配合，下部与工作台的 T 形槽按公差 H8/h8 或 H7/h6 配合。定位键与 T 形槽的配合间隙有时会影响加工精度，例如，在轴类零件上铣键槽时会影响键槽对工件轴线的平行度和对称度要求。因此，为提高夹具的定位精度，定位键的下部尺寸键宽 B 可留有修配余量，或在安装夹具时把它推向一边，以避免间隙的影响。

（1）定位键（JB/T 8016—1999）的结构形式如图 3-5 所示；常用矩形定位键的尺寸规格如表 3-1 所示。

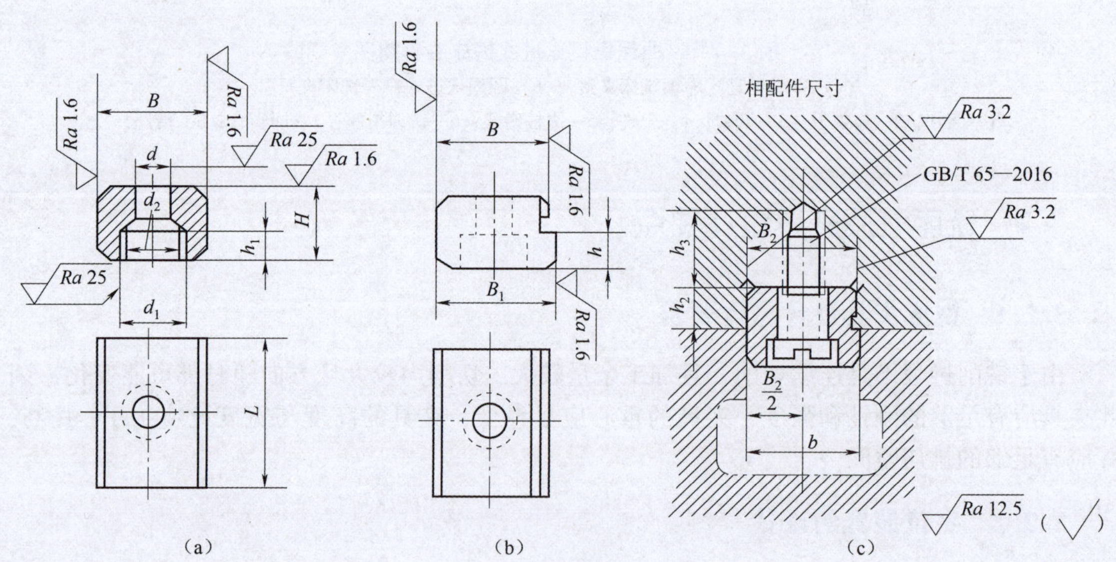

图 3-5 定位键的结构形式

（a）A 型定位键；（b）B 型定位键；（c）相配件

表 3-1　常用矩形定位键的尺寸规格　　单位：mm

<table>
<tr><th colspan="3" rowspan="2">B</th><th rowspan="3">B_1</th><th rowspan="3">L</th><th rowspan="3">H</th><th rowspan="3">h</th><th rowspan="3">h_1</th><th rowspan="3">d</th><th rowspan="3">d_1</th><th rowspan="3">d_2</th><th colspan="7">相配件</th></tr>
<tr><th>T 形槽宽度</th><th colspan="3">B_2</th><th rowspan="2">h_2</th><th rowspan="2">h_3</th><th rowspan="2">螺钉 GB/T 65—2016</th></tr>
<tr><th>基本尺寸</th><th>极限偏差 h6</th><th>极限偏差 h8</th><th>b</th><th>基本尺寸</th><th>极限偏差 H7</th><th>极限偏差 JS6</th></tr>
<tr><td>8</td><td rowspan="2">0
−0.009</td><td rowspan="2">0
−0.022</td><td>8</td><td>14</td><td rowspan="4">8</td><td rowspan="4">3</td><td>3.4</td><td>3.4</td><td>6</td><td rowspan="10">—</td><td>8</td><td>8</td><td rowspan="2">+0.015
0</td><td rowspan="2">±0.004 5</td><td rowspan="4">4</td><td rowspan="2">8</td><td>M3×10</td></tr>
<tr><td>10</td><td>10</td><td>16</td><td>4.6</td><td>4.5</td><td>8</td><td>10</td><td>10</td><td>M4×10</td></tr>
<tr><td>12</td><td rowspan="4">0
−0.011</td><td rowspan="4">0
−0.027</td><td>12</td><td rowspan="2">20</td><td rowspan="2">5.7</td><td rowspan="2">5.5</td><td rowspan="2">10</td><td>12</td><td>12</td><td rowspan="4">+0.018
0</td><td rowspan="4">±0.005 5</td><td rowspan="2">10</td><td rowspan="2">M5×12</td></tr>
<tr><td>14</td><td>14</td><td>14</td><td>14</td></tr>
<tr><td>16</td><td>16</td><td rowspan="2">25</td><td>10</td><td>4</td><td rowspan="4">6.8</td><td rowspan="4">6.6</td><td rowspan="4">11</td><td>(16)</td><td>16</td><td>5</td><td rowspan="4">13</td><td rowspan="4">M6×16</td></tr>
<tr><td>18</td><td>18</td><td rowspan="3">12</td><td rowspan="3">5</td><td>18</td><td>18</td><td rowspan="3">6</td></tr>
<tr><td>20</td><td rowspan="4">0
−0.013</td><td rowspan="4">0
−0.033</td><td>20</td><td rowspan="2">32</td><td>20</td><td>20</td><td rowspan="4">+0.021
0</td><td rowspan="4">±0.006 5</td></tr>
<tr><td>22</td><td>22</td><td>22</td><td>22</td></tr>
<tr><td>24</td><td>24</td><td rowspan="2">40</td><td>14</td><td>6</td><td rowspan="2">9</td><td rowspan="2">9</td><td rowspan="2">15</td><td>(24)</td><td>24</td><td>7</td><td rowspan="2">15</td><td rowspan="2">M8×20</td></tr>
<tr><td>28</td><td>28</td><td>16</td><td>7</td><td>28</td><td>28</td><td>8</td></tr>
<tr><td>36</td><td rowspan="3">0
−0.016</td><td rowspan="3">0
−0.039</td><td>36</td><td>50</td><td>20</td><td>9</td><td rowspan="3">13</td><td rowspan="3">13.5</td><td rowspan="3">20</td><td rowspan="3">16</td><td>36</td><td>36</td><td rowspan="3">+0.025
0</td><td rowspan="3">±0.008</td><td>10</td><td rowspan="3">18</td><td>M12×25</td></tr>
<tr><td>42</td><td>42</td><td>60</td><td>24</td><td>10</td><td>42</td><td>42</td><td>12</td><td>M12×30</td></tr>
<tr><td>48</td><td>48</td><td>70</td><td>28</td><td>12</td><td>48</td><td>48</td><td>14</td><td>M16×35</td></tr>
<tr><td>54</td><td>0
−0.019</td><td>0
−0.046</td><td>54</td><td>80</td><td>32</td><td>14</td><td>17.5</td><td>17.5</td><td>26</td><td>18</td><td>54</td><td>54</td><td>+0.030
0</td><td>±0.009 5</td><td>16</td><td>22</td><td>M16×40</td></tr>
</table>

注：1. 尺寸 B_1 留磨量 0.5 mm 按机床 T 形槽宽度配作，公差带为 h6 或 h8。

2. 括号内尺寸尽量不采用。

（2）定向键（JB/T 8017—1999）的结构形式如图 3-6 所示；定向键的尺寸规格如表 3-2 所示。

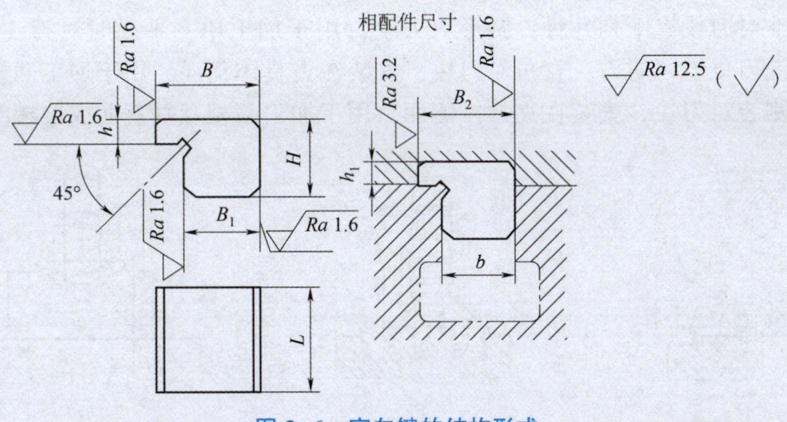

图 3-6　定向键的结构形式

表 3-2 定向键的尺寸规格 单位：mm

B		B_1	*L*	*H*	*h*	相配件			
基本尺寸	极限偏差 h6					T 形槽宽度 *b*	B_2 基本尺寸	B_2 极限偏差 H7	h_1
18	0 -0.011	8	20	12	4	8	18	+0.018 0	6
		10				10			
		12				12			
		14				14			
24	0 -0.013	16	25	18	5.5	(16)	24	+0.021 0	7
		18				18			
		20				(20)			
28		22	40	22	7	22	28		9
		24				(24)			
36	0 -0.016	28				28	36	+0.025 0	
48		36	50	35	10	36	48		12
		42				42			
60	0 -0.019	48	65	50	12	48	60	+0.030 0	14
		54				54			

注：1. 尺寸 B_1 留磨量 0.5 mm 按机床 T 形槽宽度配作，公差带为 h6 或 h8。

2. 括号内尺寸尽量不采用。

3.2.5 对刀与导向元件的设计——对刀装置

对刀装置用于确定工件相对刀具的位置。铣床夹具的对刀装置主要由对刀块和塞尺构成。图 3-7 所示为夹具的 5 种对刀装置，其中图 3-7（a）和图 3-7（b）所示是最常用的高度对刀装置和直角对刀装置；图 3-7（c）和图 3-7（d）所示是用于铣削成形面的特殊对刀装置；图 3-7（e）所示是组合刀具对刀装置。

常见的标准对刀块有下列几种：圆形对刀块，用于加工单一平面时对刀；方形对刀块，用于调整组合铣刀位置时对刀；直角对刀块，安装在夹具体顶面，用于加工两相互垂直面或铣槽时对刀；侧装对刀块，安装在夹具体侧面，用于加工两相互垂直面或铣槽时对刀。

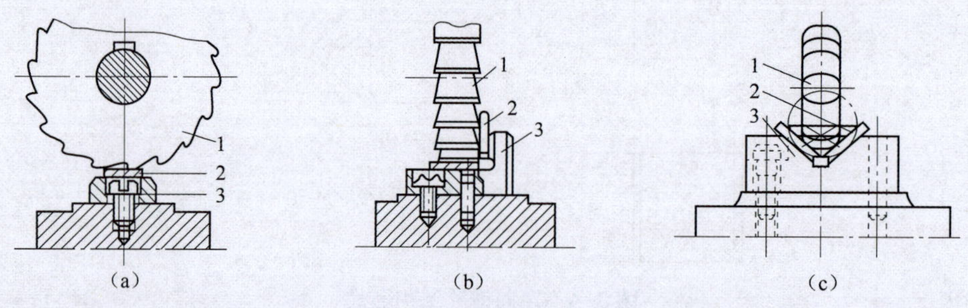

图 3-7 夹具的 5 种对刀装置

（a）高度对刀装置；（b）直角对刀装置；（c）特殊对刀装置

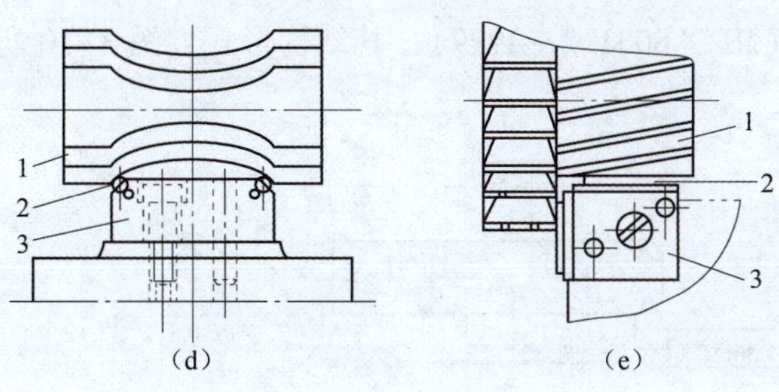

图 3-7 夹具的 5 种对刀装置（续）

（d）特殊对刀装置；（e）组合刀具对刀装置

1—铣刀；2—塞尺；3—对刀块

图 3-8 所示为对刀用的塞尺。图 3-8（a）所示为平塞尺，厚度常用 1 mm、2 mm 和 3 mm；图 3-8（b）所示为圆柱塞尺，直径常用 3 mm、5 mm。两种塞尺的尺寸均按二级精度基准轴公差制造。对刀块和塞尺的材料可用 T7A，对刀块淬火 55~60 HRC，塞尺淬火 60~64 HRC。

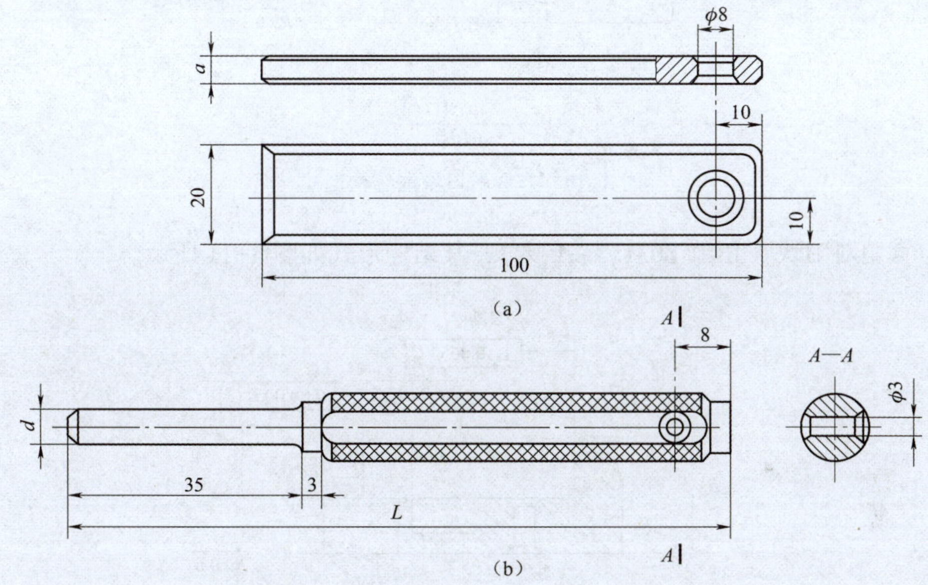

图 3-8 对刀用的塞尺

（a）平塞尺；（b）圆柱塞尺

1. 对刀块

（1）圆形对刀块（JB/T 8031.1—1999），其结构形式如图 3-9 所示；圆形对刀块的尺寸规格如表 3-3 所示。

表 3-3 圆形对刀块的尺寸规格

单位：mm

D	H	h	d	d_1
16	10	6	5.5	10
25		7	6.6	11

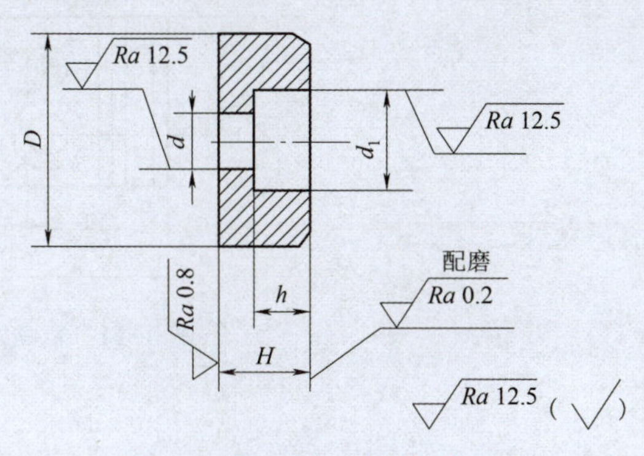

图 3-9 圆形对刀块的结构形式

（2）方形对刀块（JB/T 8031. 2—1999），其结构形式如图 3-10 所示。

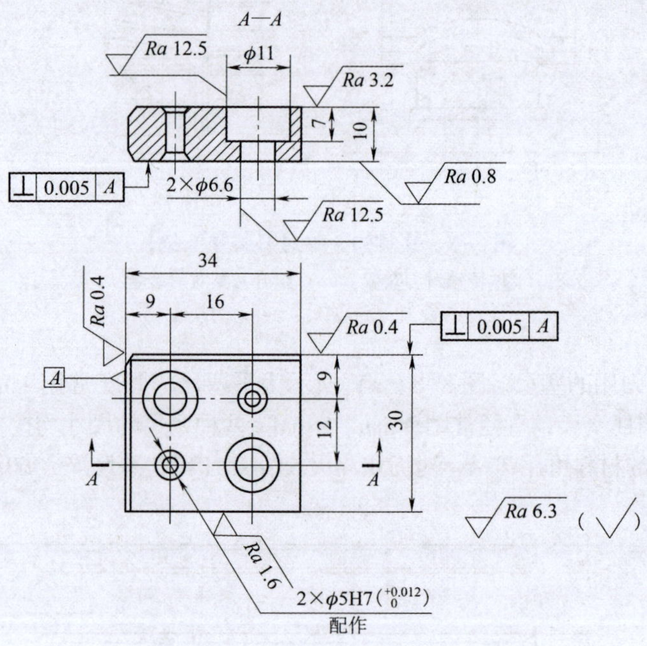

图 3-10　方形对刀块的结构形式

（3）直角对刀块（JB/T 8031. 3—1999），其结构形式如图 3-11 所示。

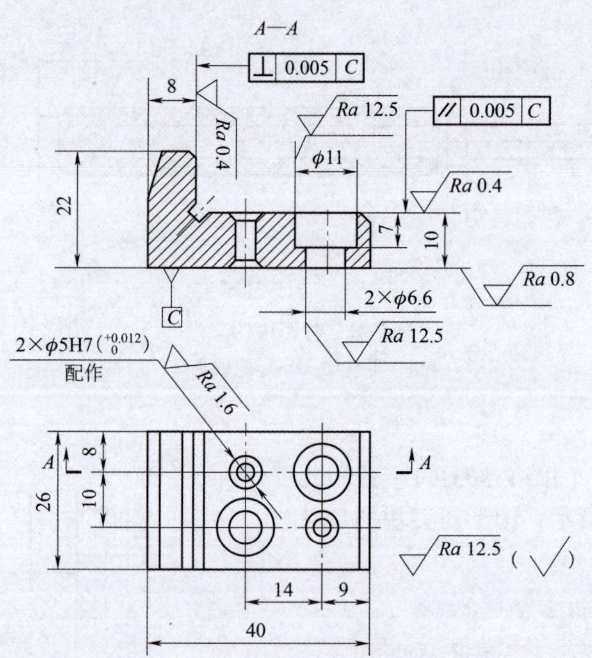

图 3-11　直角对刀块的结构形式

（4）侧装对刀块（JB/T 8031.4—1999），其结构形式如图 3-12 所示。

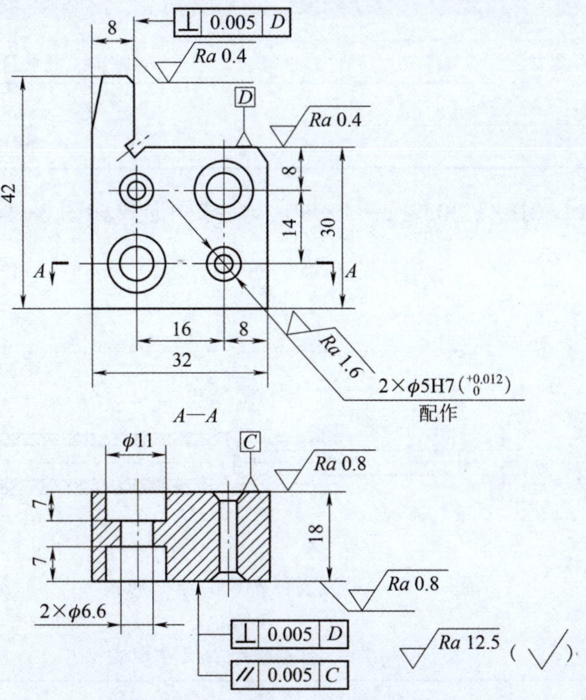

图 3-12　侧装对刀块的结构形式

2. 塞尺

（1）对刀平塞尺（JB/T 8032.1—1999），其结构形式如图 3-13 所示；对刀平塞尺的尺寸规格如表 3-4 所示。

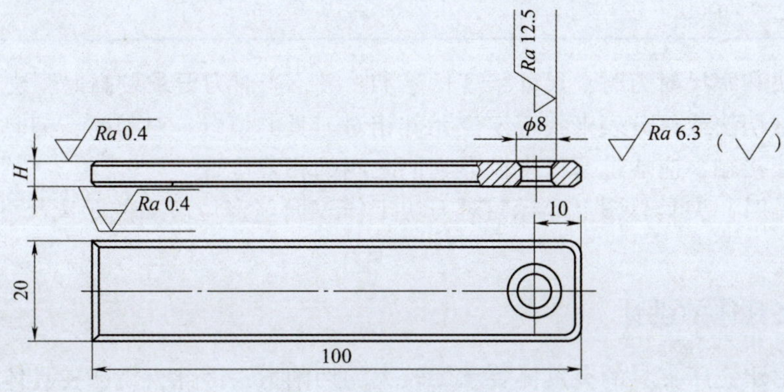

图 3-13　对刀平塞尺的结构形式

表 3-4　对刀平塞尺的尺寸规格　　单位：mm

H	
基本尺寸	极限偏差 h8
1	0 -0.014
2	
3	

续表

H	
基本尺寸	极限偏差 h8
4	0 −0.018
5	

（2）对刀圆柱塞尺（JB/T 8032.2—1999），其结构形式如图 3-14 所示；对刀圆柱塞尺的尺寸规格如表 3-5 所示。

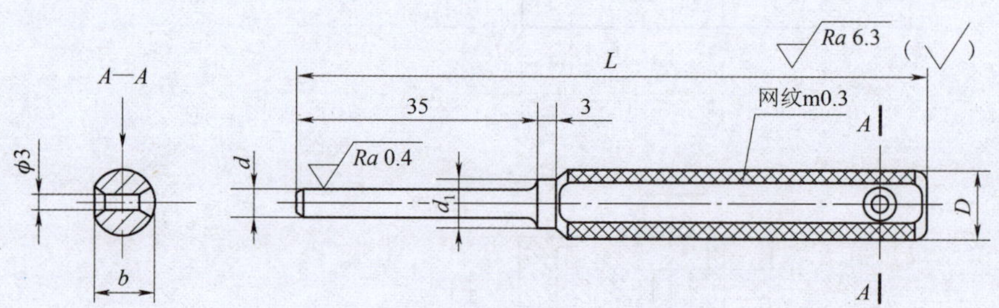

图 3-14　对刀圆柱塞尺的结构形式

表 3-5　对刀圆柱塞尺的尺寸规格

单位：mm

d		D（滚花前）	L	d_1	b
基本尺寸	极限尺寸 h8				
3	0 −0.014	7	90	5	6
5	0 −0.018	10	100	8	9

采用对刀块和塞尺对刀时，尺寸精度低于 IT8 级。当对刀要求较高时，夹具上可不设对刀装置，使用试切法或百分表来找正定位元件相对刀具的位置。对刀时，刀具不能与对刀块的工作表面直接接触，应通过塞尺来校准它们之间的相互位置。

在设计夹具时，夹具总图上应标明对刀块工作表面至定位表面的距离尺寸 H、L 及塞尺的尺寸和公差。

3.2.6　夹具体的设计

铣削时，由于铣床夹具的夹具体要承受较大的切削力，因此，铣床夹具体不仅要有足够的强度、刚度和稳定性，还应使工件的加工面尽可能靠近工作台面，以降低夹具的重心，提高加工时夹具的稳定性。因此，夹具的高度与宽度比应恰当，一般为 $H/B \leqslant 1 \sim 1.25$，如图 3-15 所示。在夹具体上还要适当地布置筋板，夹具体的安装面应足够大，且尽可能做成周边接触的形式。铣床夹具通常通过定位键与铣床工作台 T 形槽的配合来确定夹具在机床上的位置。定位键与夹具体配合多采用公差 H7/h6。为了提高夹具的安装精度，定位键的下部（与工作台 T 形槽配合部分）可留有余量以便进行修配，或在安装夹具时使定位键一侧与工作台 T 形槽靠紧，以避免间隙的影响。

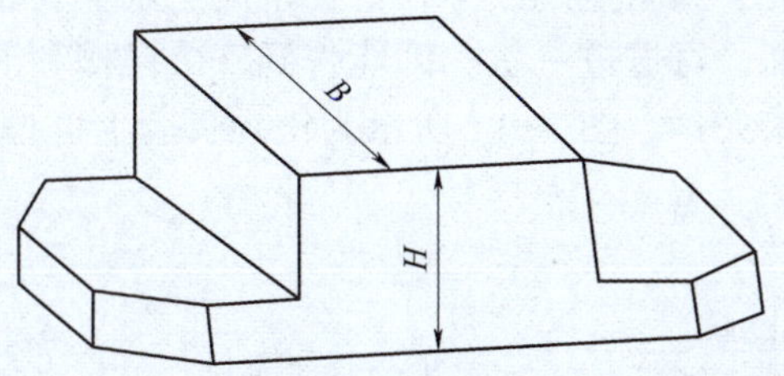

图 3-15　铣床夹具体

此外，为了方便将铣床夹具固定在铣床工作台上，夹具体通常设有耳座，并通过螺栓将夹具牢固地紧固在机床工作台的 T 形槽中，图 3-16 所示为常见的 U 形槽耳座结构形式。铣削时产生大量切屑，夹具应具有足够的排屑空间，以便清理切屑。对于重型铣床夹具，夹具体两端还应设置吊装孔或吊环等以便搬运。铣床夹具的设计要点同样适用于刨床夹具，其中的主要方面也适用于平面磨床夹具。

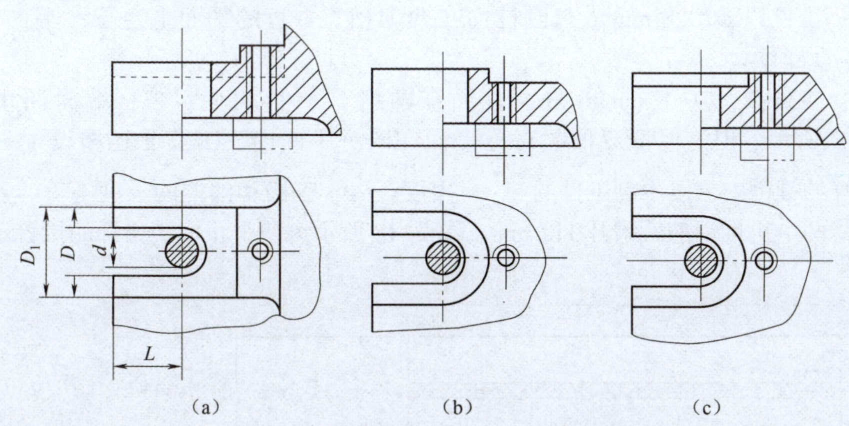

图 3-16　常见的 U 形槽耳座结构形式

(a) 铸造的夹具体用；(b)，(c) 其他夹具体用

3.3　铣床专用夹具设计实例

3.3.1　工件的加工工艺性分析

根据工艺规程，在加工铣键槽和油槽之前，其他表面均已加工好，本工序的加工要求如下。

(1) 键槽宽 12H11。槽侧面对 ϕ70.8 mmh6 轴线的对称度为 0.10 mm，平行度为 0.08 mm。槽深控制尺寸为 64.8 mm。键槽长度为 (60±0.4) mm。

(2) 油槽半径为 3 mm，圆心在轴的圆柱面上。油槽长度为 170 mm。

(3) 键槽与油槽的对称面应在同一平面内。

3.3.2　定位方案与定位元件的设计

若先铣键槽（工位 I）后铣油槽（工位Ⅱ），按加工要求，铣键槽（即工位 I）时应限制除 $\overset{\frown}{X}$ 外的 5 个自由度，而铣油槽（即工位Ⅱ）时应限制 6 个自由度。

因为是大批量生产，为了提高生产效率，可在铣床主轴上安装两把直径相等的铣刀，同时对两个工件铣键槽和油槽，每送进一次，即能得到一个键槽和油槽均已加工好的工件，这类夹具称为多工位加工铣床夹具。图 3-17 所示为铣顶尖套上键槽和油槽的定位方案。

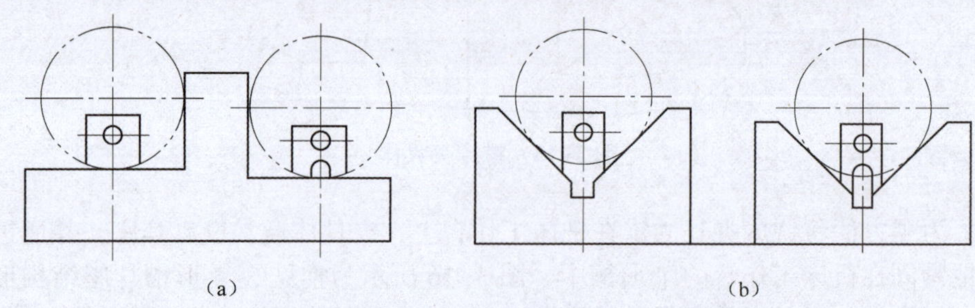

图 3-17　铣顶尖套上键槽和油槽的定位方案

(a) 平面定位；(b) V 形块定位

方案一：工件以 ϕ70.8 mmh6 外圆柱面在两个相互垂直的平面上定位，端面加止推销，如图 3-17（a）所示。

方案二：工件以 ϕ70.8 mmh6 外圆柱面在两组双 V 形块上定位，端面加止推销，如图 3-17（b）所示。但为保证双槽的对称平面在同一平面内，工位Ⅱ还增设了一个定位销配合在已铣好的键槽内，以限制工件的 $\overset{\frown}{X}$ 自由度。由于键槽和油槽的长度不等，若要同时进给完毕，需将两个止推销前后错开 112 mm。图 3-18 所示为两个止推销错开的位置示意图。

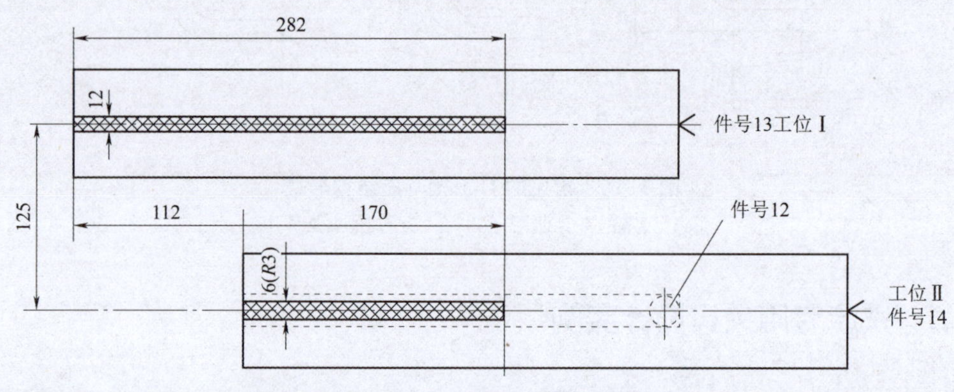

图 3-18　两个止推销错开的位置示意图

比较以上两种方案，方案一使加工尺寸为 64.8 mm 的 $\Delta_D=0$，方案二则使对称度的 $\Delta_D=0$。由于加工尺寸 64.8 mm 未标注公差，加工精度要求低，且对称度的公差较小，因此选用方案二；从承受切削力的角度看，方案二也较可靠。

3.3.3　夹紧方案及夹紧装置的设计

根据夹紧力的方向应朝向主要限位面，以及作用点应落在定位元件的支承范围内的原则，要使工件在双 V 形块上同时夹紧，必须设计图 3-19 所示的铰链式浮动弧线压板，其弧面的半径 R 应大于工件外径的 1/2，夹紧时使压板与工件外圆的接触面为一段短窄的圆弧面。另外，夹紧力的作用线应落在 β 区域内（N'为接触点）。夹紧力与垂直方向的夹角应尽量小，即 $\alpha<45°$，以保证夹紧稳定可靠。由于顶尖套较长，须在工件全长上设置由两块浮动

压板在两处同时夹紧的联动夹紧装置。

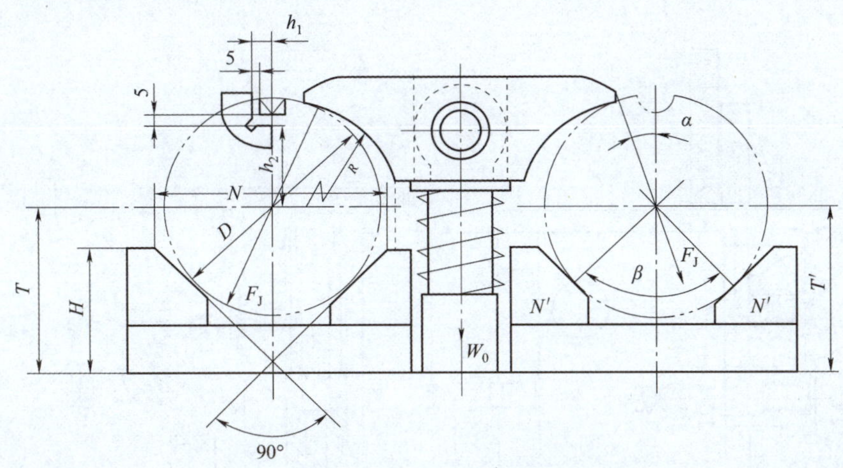

图 3-19　夹紧力方向和作用点分析

如果采用手动夹紧装置，装卸工件所花的时间较多，不能适应大批量生产的要求；如果采用气动夹紧装置，则夹具体积太大，不便安装在铣床工作台上，因此宜用液压作驱动力，如图 3-20 所示。固定在工位Ⅰ、工位Ⅱ之间的法兰式液压缸 5 使活塞向下推动运动，产生足够的原始作用力，通过浮动杠杆 2 和螺杆 3，使双压板 6 同时向下移动，从而将工件夹紧。由于联动夹紧装置的 3、4、5 各环节均采用活动连接，因此可保证工件上各夹紧点获得均匀的夹紧力。

3.3.4　对刀与导向方案及夹具总体设计

1. 对刀方案

键槽铣刀需两个方向对刀，可以采用侧装直角对刀块 7（见图 3-20）配合 5 mm 塞尺对好铣刀位置，再按照（125±0.03）mm 的距离调整好圆弧铣刀的位置。由于两个铣刀的直径相等，油槽 $R3$ 的深度由工位Ⅱ的 V 形块定位高度 T' 与工位Ⅰ的 V 形块定位高度 T 的差保证，也就是 $T-T'=3$ mm。两个铣刀的距离（125±0.03）mm 则由两个铣刀间的轴套长度确定。因此，只需设置一个对刀块即能满足键槽和油槽的加工要求。

如果考虑 V 形块方便制造，两个工位的 V 形块定位高度也可以制造得相等（即 $T=T'$），但此时想要保证油槽深度，就要采用两把直径相差 6 mm 的圆盘铣刀来加工了。

2. 夹具体及其在机床上的安装（定位键）

为了在夹具体上安装液压缸和联动夹紧机构，夹具体应有适当的高度，以保证其中部有较大的空间。为保证夹具在工作台上安装稳定，应降低夹具的重心，并防止其变形和振动，可按照夹具体的高宽比不大于 1.25 的原则确定其宽度，即 $H/B\leqslant 1\sim 1.25$，并在两端设置耳座，以便固定。

为了保证槽的对称度要求，夹具体底面应设置安装矩形定位键的沟槽，两者的配合为 18H8/h8，两定位键的侧面应与 V 形块的对称面平行。定位键与定向元件之间无联系尺寸。

3.3.5　夹具总图上的尺寸、公差和技术要求的标注

图 3-20 所示为直线送进式双工位铣双槽夹具总图，其中必须标注以下尺寸。

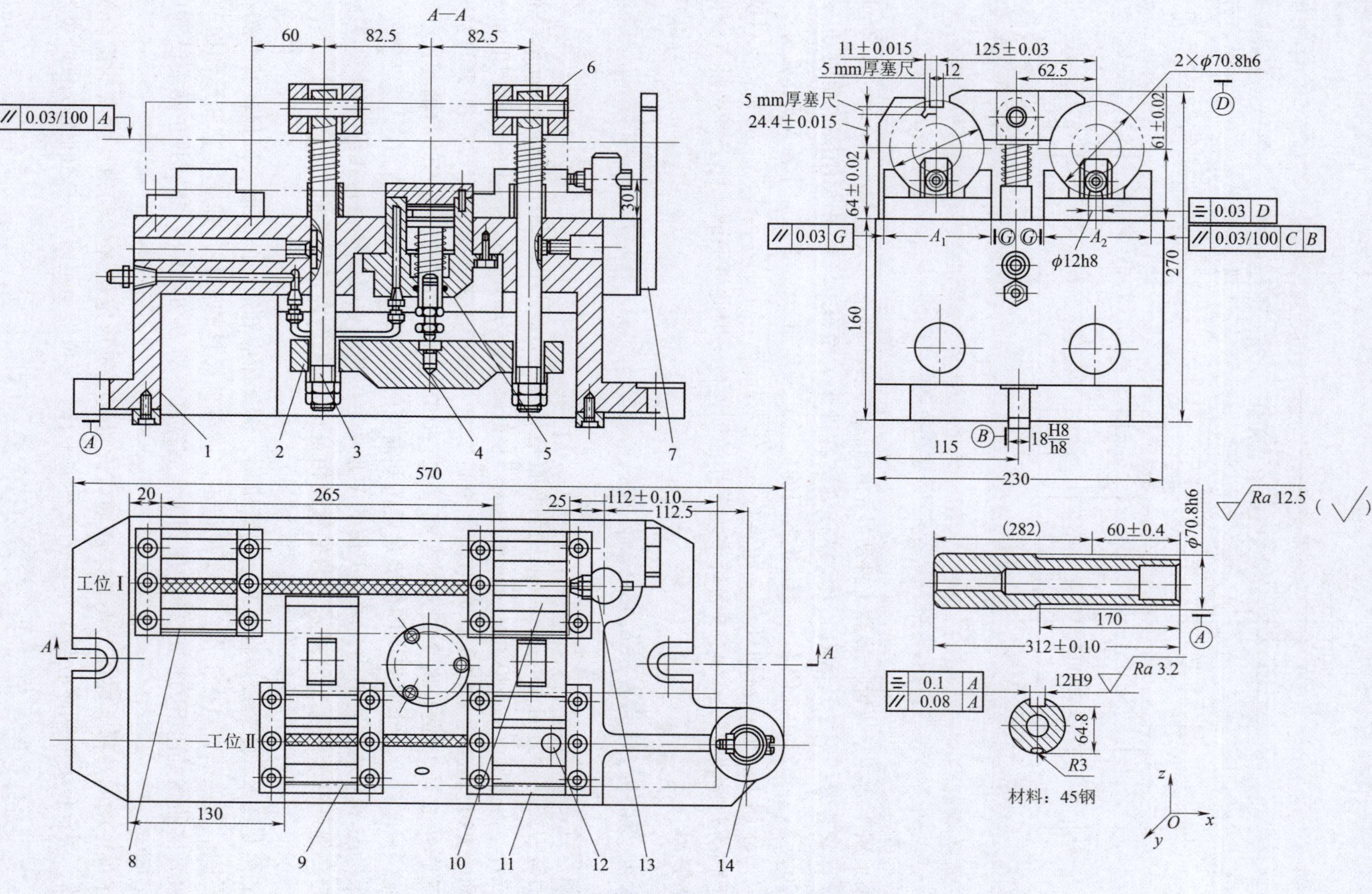

图 3-20 直线送进式双工位铣双槽夹具总图

1—夹具体;2—浮动杠杆;3—螺杆;4—支承钉;5—液压缸;6—双压板;7—对刀块;8~11—V 形块;12—定位销;13,14—止推销

（1）夹具最大轮廓尺寸 S_L。S_L 为 570 mm、230 mm、270 mm。

（2）影响工件定位精度的尺寸和公差 S_D。S_D 为两组双 V 形块 8～11 的设计心轴直径 $\phi70.79$ mm，定位高度（64±0.02）mm 与（61±0.02）mm，两个止推销 13、14 的距离（112±0.1）mm，定位销 12 与工件上键槽的配合尺寸 $\phi12$ mmh8。

（3）影响夹具在机床上安装精度的尺寸和公差 S_A。S_A 为定位键与铣床工作台 T 形槽的配合尺寸 18 mmH8/h8（矩形定位键为 18 mmh8，T 形槽为 18 mmH8）。

（4）影响夹具精度的尺寸和公差 S_J。S_J 为工位Ⅰ的双 V 形块心轴轴线对夹具底面 A 的平行度 0.05 mm；工位Ⅰ的 V 形块与工位Ⅱ的 V 形块的距离（125±0.03）mm；其心轴轴线间的平行度 0.03 mm，对定位键侧面 B 的平行度 0.03 mm；对刀块的位置尺寸 $11_{-0.077}^{-0.047}$ mm、$24.5_{-0.02}^{+0.01}$ mm［或（10.938±0.015）mm、（24.495±0.015）mm］及塞尺厚度 5 mmh8。

按照图 3-19 所示可建立两个尺寸链，将各环转化为平均尺寸（对称偏差的基本尺寸），分别算出 h_1 和 h_2 的平均尺寸，然后取工件相应尺寸公差的 1/5～1/2 作为 h_1 和 h_2 的公差，即可确定对刀块的位置尺寸和公差。

本例中，由于工件定位基面直径 $\phi70.8$ mmh6 $=\phi70.8_{-0.019}^{\ 0}$ mm $=\phi$（70.790 5±0.095）mm，塞尺厚度 $s=5$ mmh8 $=5_{-0.018}^{\ 0}$ mm =（4.91±0.09）mm，键槽宽 12 mmH11 $=12_{\ 0}^{+0.011}$ mm =（12.055±0.055）mm，槽深控制尺寸 64.8 mmJS12 =（64.8±0.15）mm，因此对刀块水平方向的位置尺寸为

$$H_1=12.055/2\ \text{mm}=6.027\ 5\ \text{mm}$$

$$h_1=(6.027\ 5+4.91)\ \text{mm}=10.938\ \text{mm}(\text{基本尺寸})$$

对刀块垂直方向的位置尺寸为

$$H_2=(64.8-70.79/2)\ \text{mm}=29.405\ \text{mm}$$

$$h_2=(29.405-4.91)\ \text{mm}=24.495\ \text{mm}(\text{基本尺寸})$$

取工件相应尺寸公差的 1/5～1/2 得

$$h_1=(10.938\pm0.015)\ \text{mm}=11_{-0.077}^{-0.047}\ \text{mm}$$

$$h_2=(24.495\pm0.015)\ \text{mm}=24.5_{-0.02}^{+0.01}\ \text{mm}$$

（5）夹具总图上除用形位公差符号标明上述位置精度外，还应用文字标注的技术要求是键槽铣刀和油槽铣刀的直径应相等。

（6）工序精度分析。本工序中，由于键槽两侧面对 $\phi70.8$ mmh6 轴线的对称度和平行度要求较高，因此应进行工序精度分析，其他加工要求可省略。

①键槽侧面对 $\phi70.8$ mmh6 轴线的对称度精度。

a. 定位误差 Δ_D 对称度的工序基准是 $\phi70.8$ mmh6 轴线，定位基准也是该轴线，故 $\Delta_B=0$；又因为 V 形块的对中性，$\Delta_Y=0$，所以 $\Delta_D=0$。

b. 安装误差 Δ_A。Δ_A 是夹具的安装基面偏离了规定位置，从而使工序基准发生移动而在工序尺寸方向上产生的误差。

本例中，定向键在铣床工作台 T 形槽中可能有两种位置：当两个定位键处于图 3-21（a）所示的位置时，$\Delta_A=0$；而当两个定位键处于图 3-21（b）所示的位置时，产生最大间隙 x_{max}，因为槽 18 mmH8（${}_{\ 0}^{+0.027}$），键 18 mmh8（${}_{-0.027}^{\ 0}$），所以

$$x_{max}=0.027\ \text{mm}+0.027\ \text{mm}=0.054\ \text{mm}$$

$$\Delta_A=\left(\frac{0.054}{400}\times282\right)\ \text{mm}=0.038\ \text{mm}$$

式中，282 mm 为每次送进的长度。

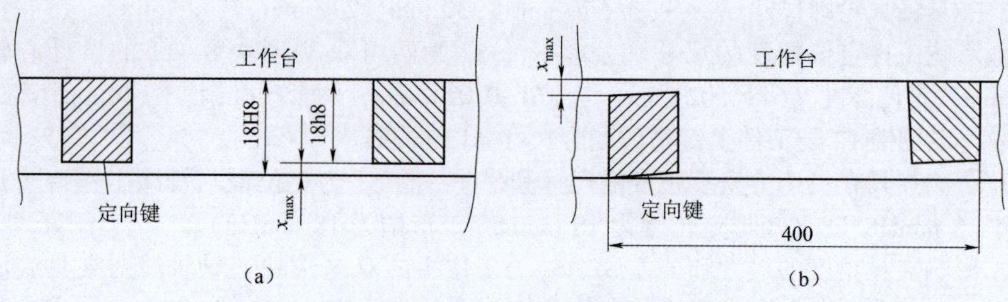

图 3-21　顶尖套筒铣双槽夹具的安装误差

c. 对刀误差 Δ_T。对称度的 Δ_T 等于塞尺厚度的公差，因为 5 mmh6 = $5_{-0.009}^{\ 0}$ mm，所以 Δ_T = 0.009 mm。

d. 夹具制造误差 Δ_Z。影响对称度的 Δ_Z 有工位 I 的 V 形块心轴轴线对定向键侧面 B 的平行度 0.03 mm；对刀块水平位置尺寸（11±0.015）mm 的公差 0.03 mm。因此 Δ_Z =（0.03+0.03）mm = 0.06 mm。

e. 加工方法误差 Δ_G。Δ_G = 0.1 mm×1/3 = 0.033 mm。

②键槽侧面 B 对 ϕ70.8 mmh6 轴线的平行度误差分析。

a. 定位误差 Δ_D。由于同组双 V 形块一般都在装配后一起磨平 V 形面，它们的相互位置误差极小，可看成一个长 V 形块，因此 Δ_D = 0。

b. 安装误差 Δ_A。与上面分析相同。

c. 对刀误差 Δ_T。由于平行度不受塞尺厚度的影响，因此 Δ_T = 0。

d. 夹具制造误差 Δ_Z。影响平行度的制造误差是工位 I 的 V 形块心轴轴线与定位键侧面 B 的平行度 0.03 mm，因此 Δ_Z = 0.03 mm。

e. 加工方法误差。取 Δ_G = 0.08 mm×1/3 = 0.027 mm。

总加工误差 $\sum\Delta$ 和精度储备 J_C 的计算如表 3-6 所示。

表 3-6　顶尖套铣双槽夹具的加工误差　　单位：mm

误差代号	加工要求	
	对称度 0.1	平行度 0.08
Δ_D	0.000	0.000
Δ_A	0.038	0.038
Δ_T	0.009	0.000
Δ_Z	0.060	0.030
Δ_G	0.033	0.027
$\sum\Delta$	0.079	0.055
J_C	0.021	0.025

从表 3-6 可知，顶尖套筒铣键槽夹具不仅可以保证加工要求，还有一定的精度储备（J_C）。为使夹具能可靠地保证加工精度和有合理的寿命，加工总误差与加工尺寸公差之间应有合适的 J_C，J_C 包括夹具的磨损公差。

3.4 分度装置与对定装置

3.4.1 分度装置的设计

在机械加工中，每加工完一个表面后，能使夹具连同工件一起转动一定角度或移动一定距离的装置称为分度装置。其中，实现角分度的分度装置，应用最为广泛。

1. 分度装置的基本形式

分度装置的基本形式主要指由分度板和分度定位器所组成的分度副的形式。分度装置的工作精度也主要取决于分度副的结构形式和制造精度。

在分度副中，分度板可以绕一定的轴线回转，而分度定位器则装在固定不动的分度装置底座中。常见的转角分度装置基本形式如表 3-7 所示。

表 3-7 常见的转角分度装置基本形式

类型	对定形式	简图	工作特点及使用说明
轴向分度	钢球（球头销）对定	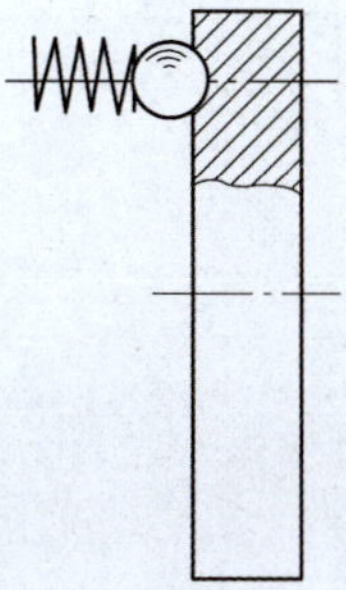	结构简单，操作方便。锥坑较浅，其深度不大于钢球的半径，因此定位不太可靠。仅适用于切削负荷很小且分度精度要求不高的场合
	圆柱销对定	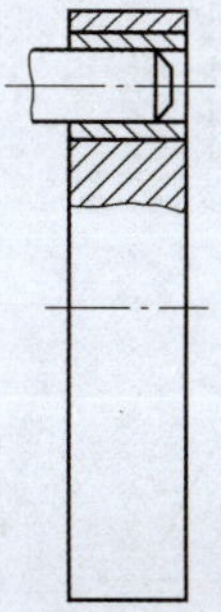	结构简单，制造容易。分度副间有污物时不直接影响分度副的接触。缺点是无法补偿分度副的配合间隙对分度精度的影响。分度板孔中一般压入耐磨衬套，与圆柱定位销采用 H7/g6 配合
	圆锥销对定	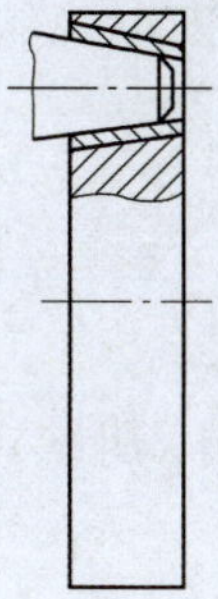	圆锥销与分度孔接触时，能消除两者间的配合间隙，但圆锥销锥面上有污物时，将影响分度精度，制造也较困难

续表

类型	对定形式	简图	工作特点及使用说明
径向分度	钢球（球头销）对定	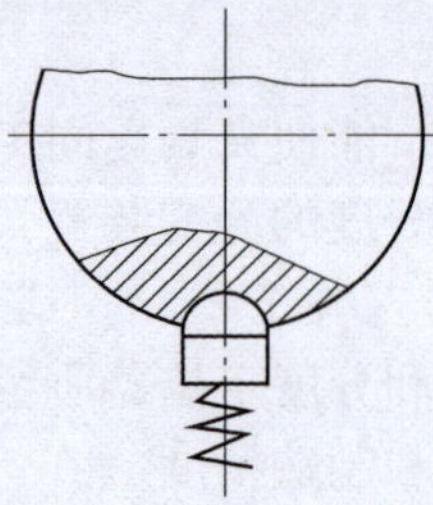	结构简单，操作方便。锥坑较浅，其深度不大于钢球的半径，因此定位不太可靠。仅适用于切削负荷很小且分度精度要求不高的场合
	单斜面对定	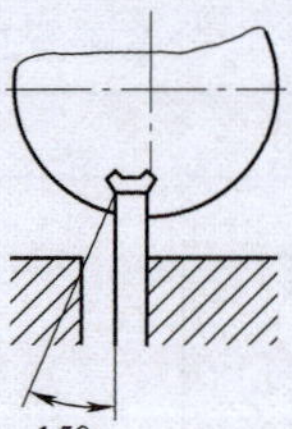 15°	能将分度的转角误差始终分布在斜面一侧，分度盘的直边始终与楔的直边保持接触，因此分度精度较高。多用于分度精度要求较高的分度装置中
	双斜面对定	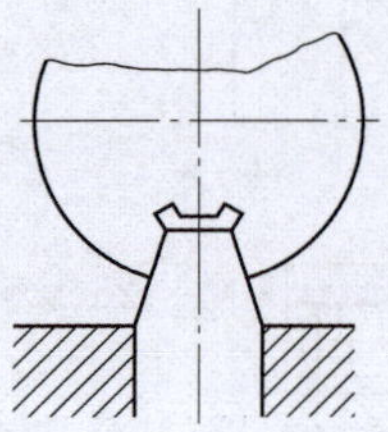	圆锥销与分度孔接触时，能消除两者间的配合间隙，但圆锥销锥面上有污物时，将影响分度精度，制造也较困难。在结构上应考虑必要的防屑和防尘装置
	正多边形对定	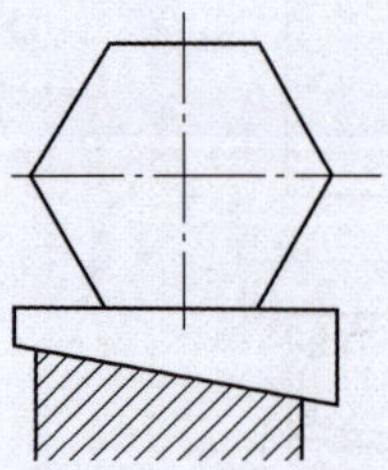	结构简单，制造容易。但分度精度不高，分度数目不宜过多

2. 分度对定的操纵机构

分度对定的操纵机构形式很多，如手拉式、脚踏式、枪栓式、齿条式和杠杆式等。常见的手动操纵机构如表 3-8 所示。

表 3-8　常见的手动操纵机构

结构形式	简图	工作原理
手拉式	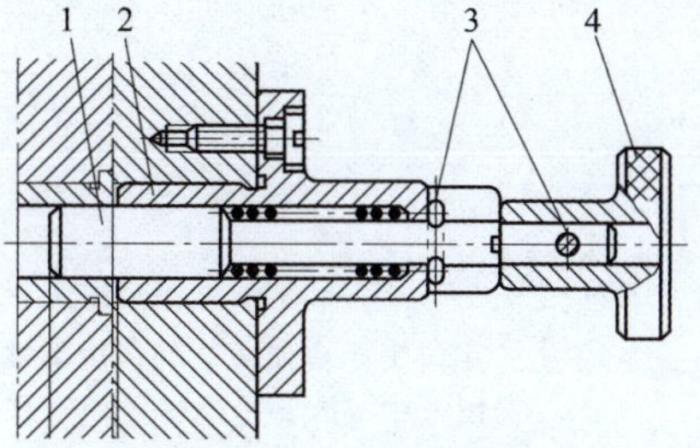 1—对定销；2—导套；3—横销；4—手柄	手柄 4 向外拉出时，对定销 1 从衬套中退出。导套 2 的右端铣有狭槽，使横销 3 从狭槽中移出，手柄旋转 90°，使横销在弹簧作用下置于导套的顶端平面上，此时即可转动分度盘进行分度
枪栓式	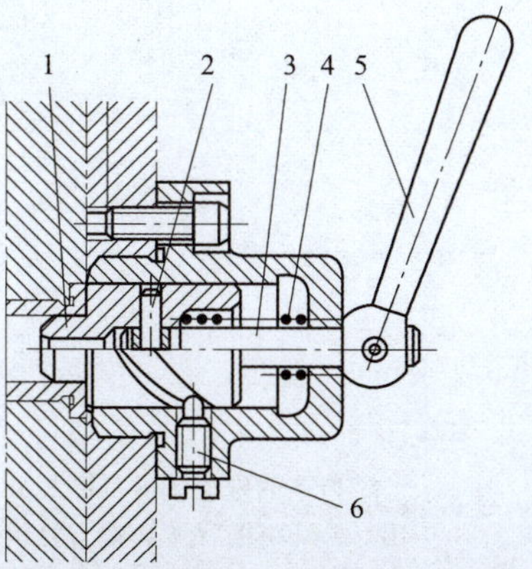 1—定位销；2—销；3—轴；4—弹簧；5—手柄；6—定位螺钉	转动手柄 5 时，轴 3 一起回转，并通过销 2 带动 定位销 1 回转。由于定位销外圆柱上有曲线槽，定位螺钉 6 的圆柱头嵌在曲线槽中，因此定位销回转时便向右移动，压缩弹簧 4 而退出定位孔。完成分度后，重新反向转动手柄，定位销在弹簧的作用下沿曲线槽重新插入定位孔中
齿条式	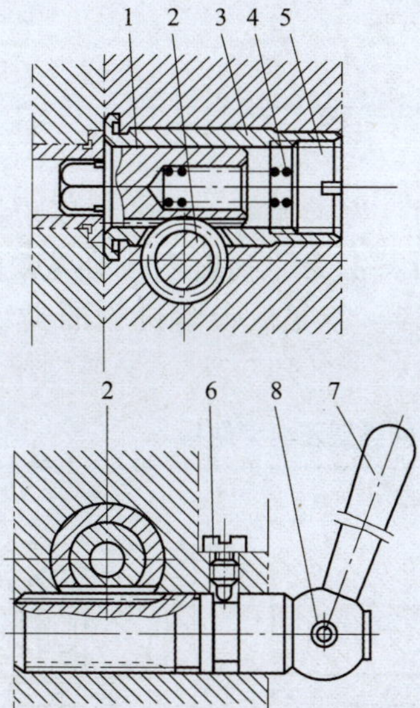 1—定位销；2—手柄转轴；3—导套；4—弹簧；5—锁紧螺钉；6—螺钉；7—手柄；8—销	定位销 1 上铣有齿条，它与手柄转轴相啮合。当向右转动手柄时，定位销向右移动而从定位孔中退出。完成分度后松开手柄，定位销在弹簧 4 的作用下，重新插入定位孔中

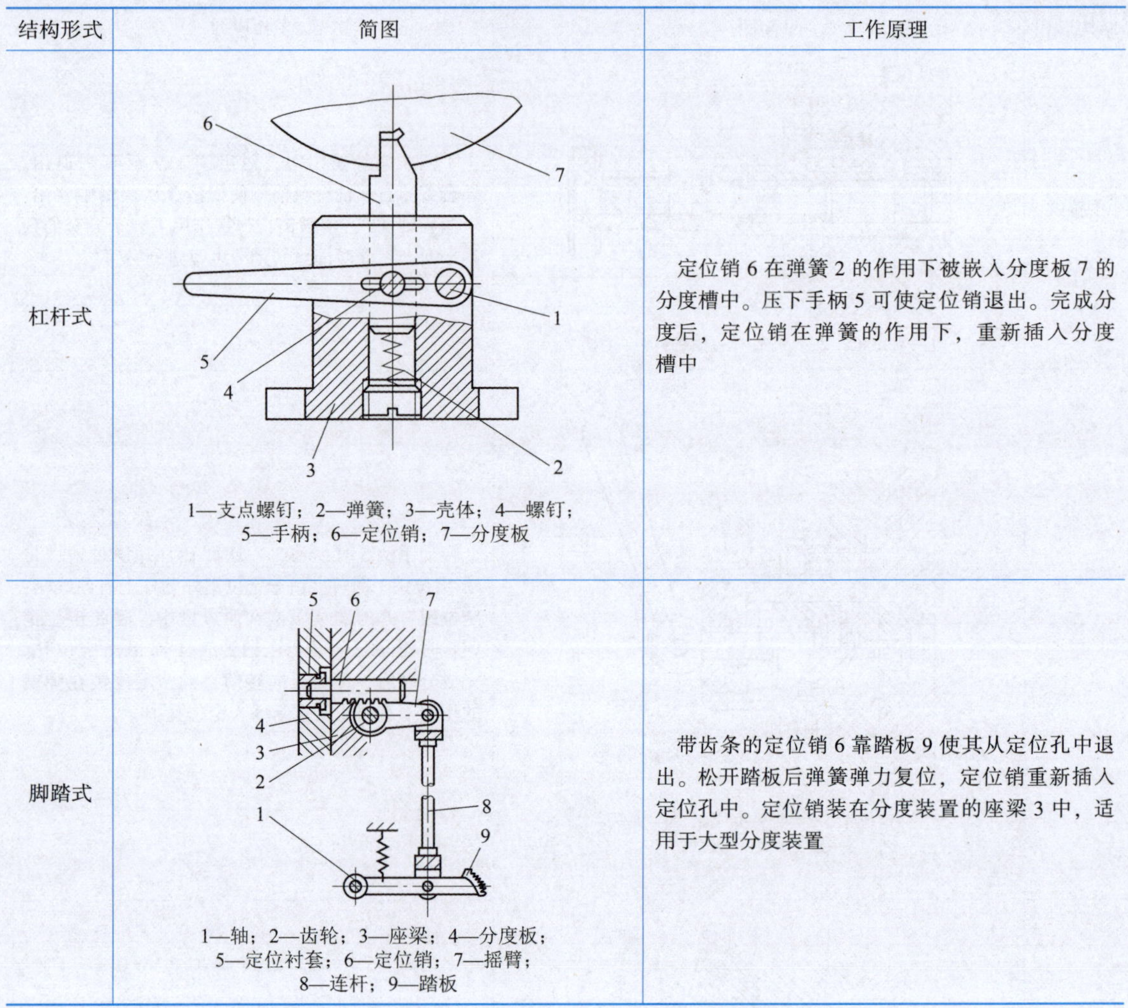

续表

结构形式	简图	工作原理
杠杆式	1—支点螺钉；2—弹簧；3—壳体；4—螺钉； 5—手柄；6—定位销；7—分度板	定位销 6 在弹簧 2 的作用下被嵌入分度板 7 的分度槽中。压下手柄 5 可使定位销退出。完成分度后，定位销在弹簧的作用下，重新插入分度槽中
脚踏式	1—轴；2—齿轮；3—座梁；4—分度板； 5—定位衬套；6—定位销；7—摇臂； 8—连杆；9—踏板	带齿条的定位销 6 靠踏板 9 使其从定位孔中退出。松开踏板后弹簧弹力复位，定位销重新插入定位孔中。定位销装在分度装置的座梁 3 中，适用于大型分度装置

3. 分度板的锁紧机构

分度装置中的分度副仅供转位分度和定位用。为了确保正确的分度位置，在工作过程中，不允许出现工件由于受到较大的力或力矩而发生变形或损坏的情况，从而影响分度精度。因此，分度装置一般均设有分度板锁紧机构、分度板锁紧机构的类型及典型结构如表 3-9 所示。

表 3-9　分度板锁紧机构的类型及典型结构

机构类型	典型结构
斜面锁紧	(a)　(b)　(c)

续表

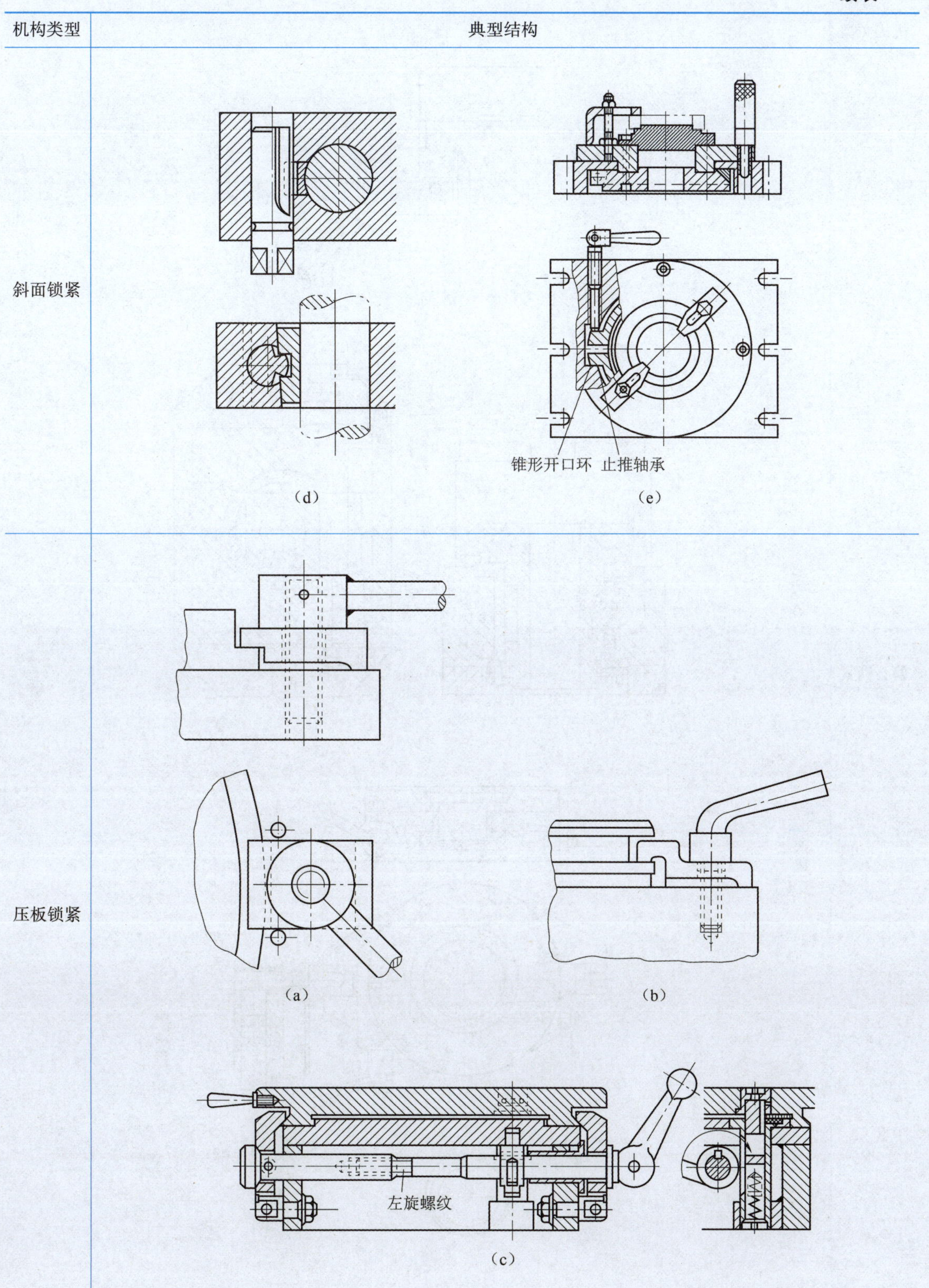

机构类型	典型结构
斜面锁紧	（d）（e）
压板锁紧	（a）（b）（c）

<table>
<tr><th>机构类型</th><th>典型结构</th></tr>
<tr><td>偏心锁紧</td><td>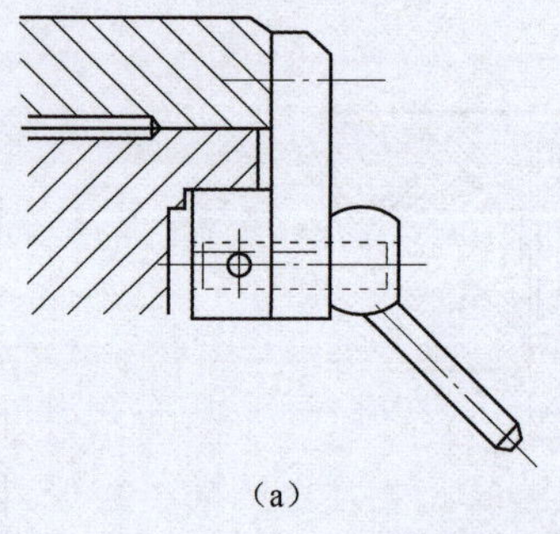
（a）
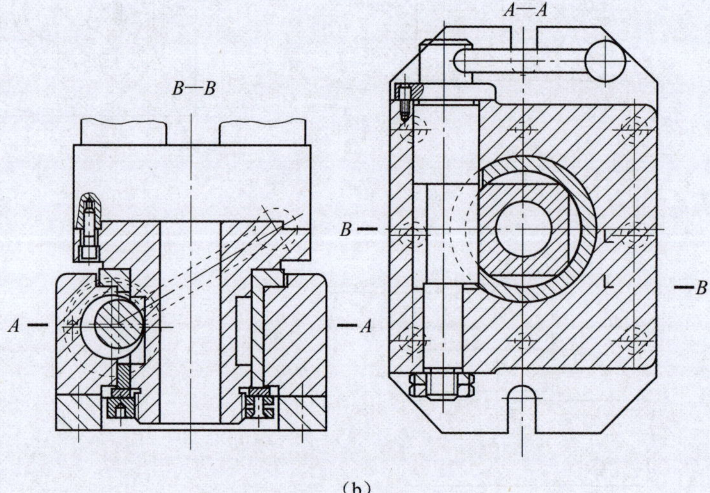

（b）
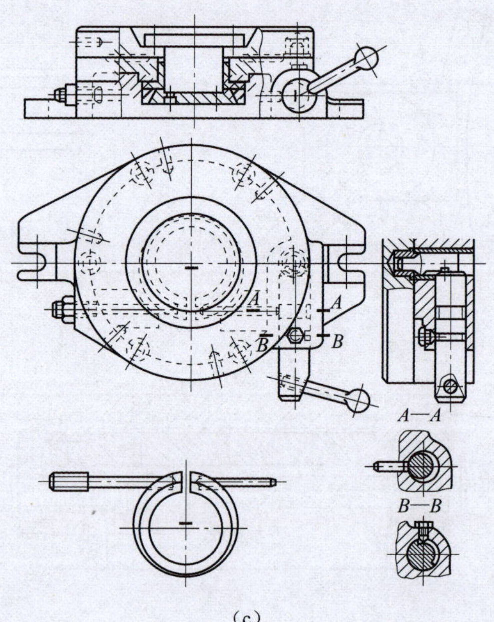

（c）</td></tr>
</table>

续表

机构类型	典型结构
切向夹紧	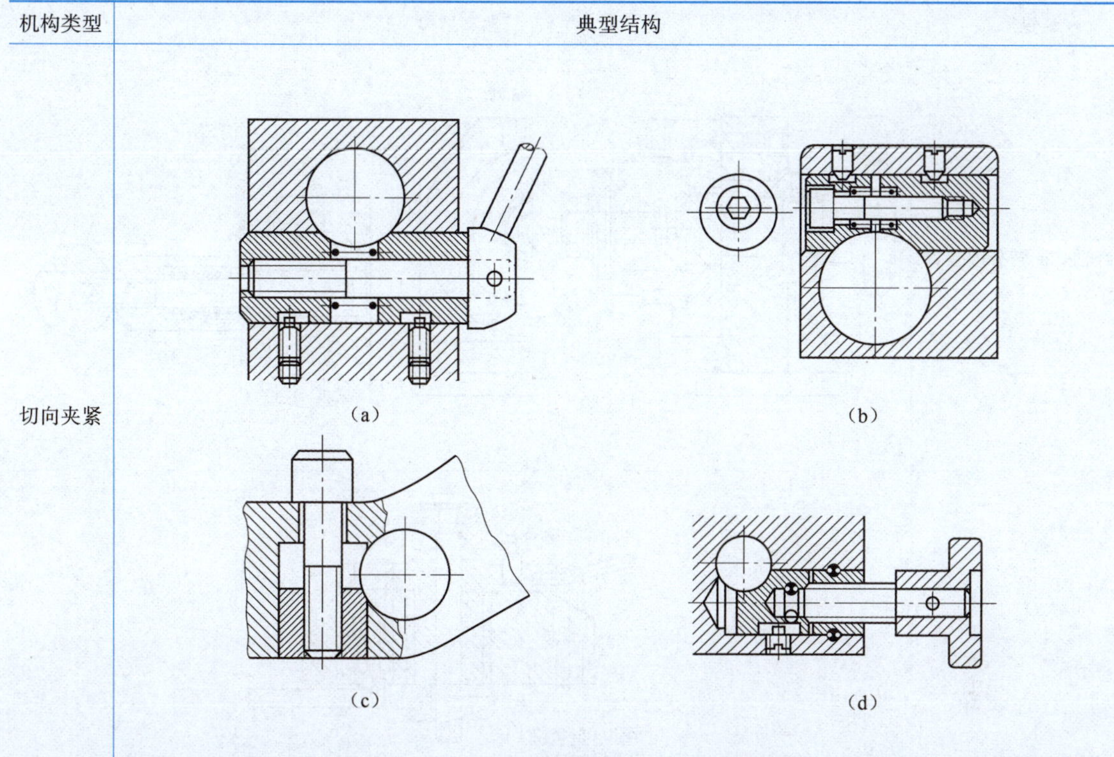 (a)　(b) (c)　(d)

4. 典型分度装置实例

典型分度装置实例如表 3-10 所示。

表 3-10　典型分度装置实例

装置形式	典型结构
卧轴式回转分度装置	(a) (b)

续表

装置形式	典型结构
卧轴式回转分度装置	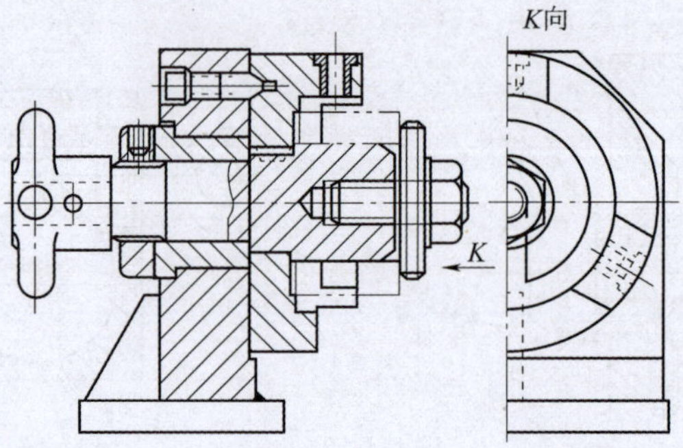 K向 K （c） 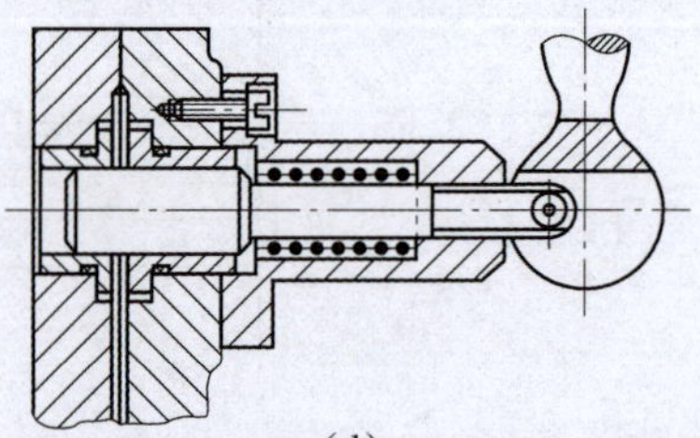 （d）
立轴式回转分度装置	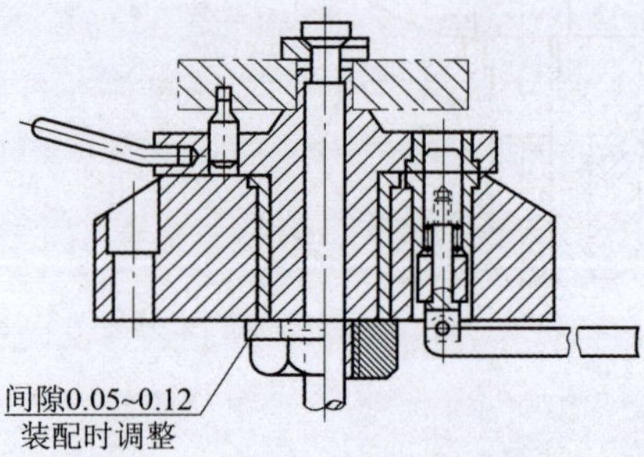 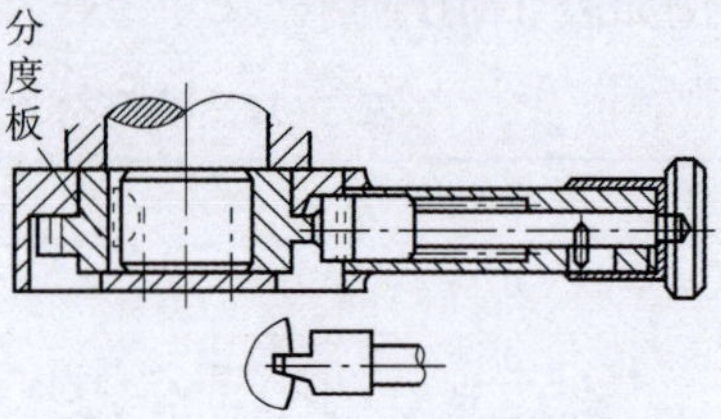 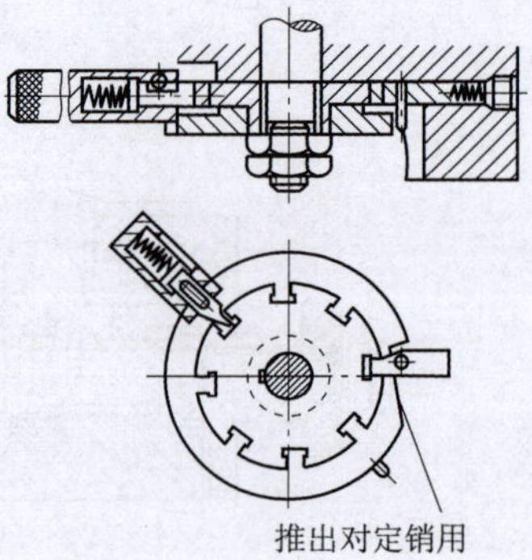 间隙0.05~0.12 装配时调整 （a） 分度板 （b） 推出对定销用 （c）

续表

装置形式	典型结构
立轴式回转分度装置	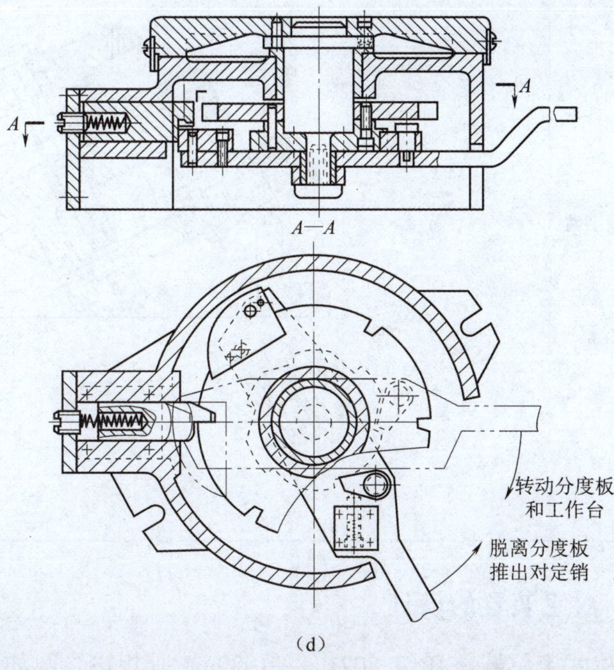 (d) 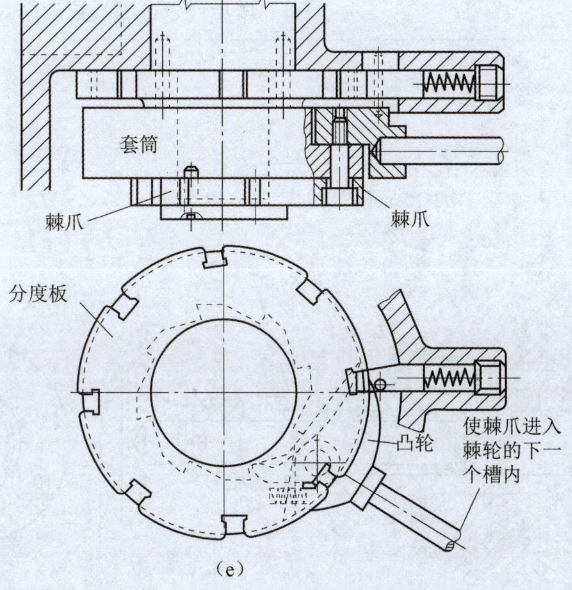 (e)

装置形式	典型结构
斜轴式回转分度装置	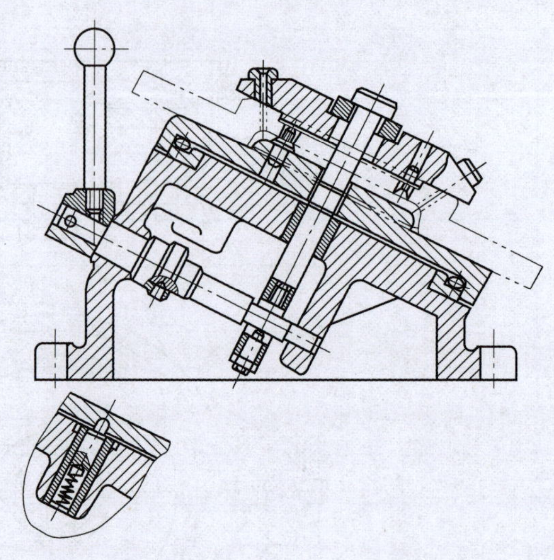

3.4.2 对定装置的设计

（1）手拉式定位器（JB/T 8021.1—1999），其规格参数如表 3-11 所示。

表 3-11 手拉式定位器的规格参数 单位：mm

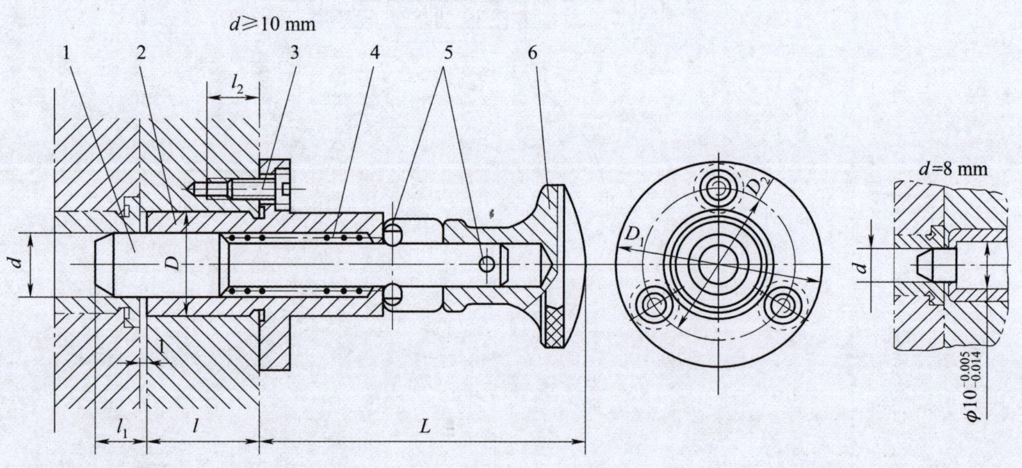

续表

<table>
<tr><td colspan="8" rowspan="2">主要尺寸</td><td>件号</td><td>1</td><td>2</td><td>3</td><td>4</td><td>5</td><td>6</td></tr>
<tr><td>名称</td><td>定位销</td><td>导套</td><td>螺钉</td><td>弹簧</td><td>销</td><td>把手</td></tr>
<tr><td rowspan="3">d</td><td rowspan="3">D</td><td rowspan="3">D_1</td><td rowspan="3">D_2</td><td rowspan="3">$L\approx$</td><td rowspan="3">l</td><td rowspan="3">$l_1\approx$</td><td rowspan="3">l_2</td><td>材料</td><td>T8</td><td>45 钢</td><td>35 钢</td><td>碳素弹簧钢丝Ⅱ</td><td>45 钢</td><td>A3</td></tr>
<tr><td>数量</td><td>1 个</td><td>1 个</td><td>3 个</td><td>1 个</td><td>2 个</td><td>1 个</td></tr>
<tr><td>标准</td><td>JB/T 8021. 1—1999</td><td>JB/T 8021. 1—1999</td><td>GB/T 65—2016</td><td></td><td>GB/T 119—2000</td><td>JB/T 8023. 1—1999</td></tr>
<tr><td>8</td><td rowspan="2">16</td><td rowspan="2">40</td><td rowspan="2">28</td><td rowspan="2">57</td><td rowspan="2">20</td><td rowspan="2">9</td><td rowspan="2">9</td><td rowspan="4">规格</td><td>8</td><td rowspan="2">10</td><td rowspan="2">M4×10</td><td rowspan="2">0. 8×8×32</td><td rowspan="2">2n6×12</td><td rowspan="2">6</td></tr>
<tr><td>10</td><td>10</td></tr>
<tr><td>12</td><td>18</td><td>45</td><td>32</td><td>63</td><td>24</td><td>11</td><td rowspan="2">10. 5</td><td>12</td><td>12</td><td rowspan="2">M5×12</td><td>1×10×35</td><td>3n6×16</td><td>8</td></tr>
<tr><td>15</td><td>24</td><td>50</td><td>36</td><td>79</td><td>28</td><td>13</td><td>15</td><td>15</td><td>1. 2×12×42</td><td>3n6×20</td><td>10</td></tr>
</table>

（2）枪栓式定位器（JB/T 8021. 2—1999），其规格参数如表 3-12 所示。

表 3-12　枪栓式定位器的规格参数　　单位：mm

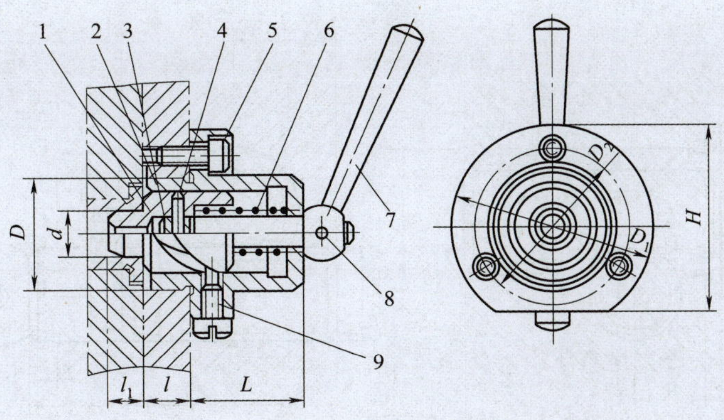

续表

主要尺寸								件号	1	2	3	4	5	6	7	8	9
								名称	定位销	壳体	轴	销	螺钉	弹簧	手柄	销	螺钉
d	D	L	l	l_1	D_1	D_2	H	材料	20 钢	45 钢	45 钢	45 钢	35 钢	碳素弹簧钢丝Ⅱ	35 钢	45 钢	35 钢
								数量	1 个	1 个	1 个	1 个	3 个	1 个	1 个	1 个	1 个
								标准	JB/T 8021.2—1999	JB/T 8021.2—1999	JB/T 8021.2—1999	GB/T 119—2000	GB/T 701—2008			GB/T 119—2000	GB/T 828—1988
12	32	33	12.5	10	60	46	54	规格	12	24	8×53	3n6×22		1.2×12×35	8-8×65	3n6×16	
15	38	40	15.5	12	68	52	60		15	28	10×66	3n6×25	M6×14				M6×10
18	40	42	18.5	15	70	55	62		18	30	10×73	3n6×28		1.6×16×38	8-10×80	3n6×18	

（3）齿条式定位器，其规格参数如表 3-13 所示。

表 3-13　齿条式定位器的规格参数　　单位：mm

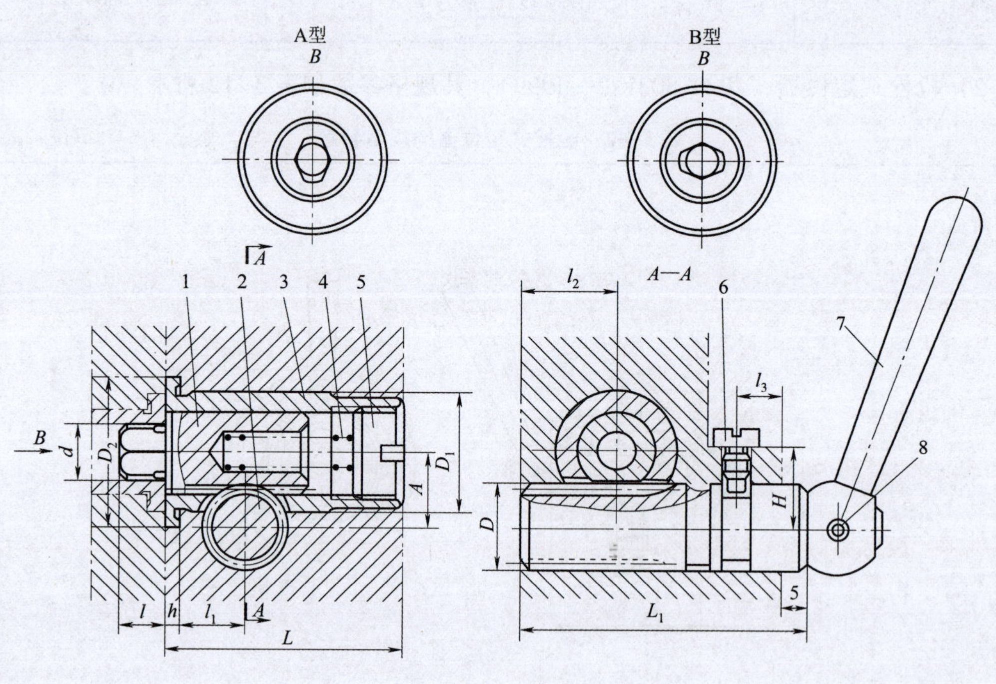

续表

主要尺寸													件号	1		2	3	4	5	6	7	8
													名称	定位销		轴	销套	弹簧	螺塞	螺钉	手柄	销
d (H7/g6)	D (H9/f9)	D_1 (H7/n6)	D_2	h	A	H	L	L_1	l	l_1	l_2	l_3	数量	1 个	1 个	1 个	1 个	1 个	1 个	1 个	1 个	1 个
													标准						JB/T 8037—1999			GB/T 117—2000
12	18	25	32	3. 5	16	17	50. 5	60	10	17	20	8	规格	A12	B12	18×75	25	1×8×40	AM20×1. 5	M6×10	80	3×18
								85								18×100						
								110								18×125						
								135								18×150						
								160								18×175						
16	25	30	36		21	20	62. 5	70	12	22	22			A16	B16	25×90	30	1. 2×12×60	AM24×1. 5		100	4×26
								95								25×115						
								120								25×140						
								145								25×165						
								170								25×190						
20	30	35	42	4. 5	24. 5	24	78. 5	80	15	30	25	10		A20	B20	30×105	35	1. 6×12×60	AM27×1. 5	M8×12	125	5×30
								105								30×130						
								130								30×155						
								155								30×180						
								180								30×205						
25	36	42	50		30	27	92. 5	95	18	40	30	10		A25	B25	36×120	42	2×16×65	AM33×1. 5			
								120								36×145						
								145								36×175						
								170								36×195						
								195								36×220						
32	40	50	60	5. 5	35	31	108. 5	110	22	48	35	12		A32	B32	40×140	50	2×18×90	AM42×2	M10×15	160	6×40
								135								40×165						
								160								40×190						
								185								40×215						
								210								40×240						

（4）内涨器（JB/T 8022.1—1999），其规格参数如表 3-14 所示。

表 3-14　内涨器的规格参数　　　　单位：mm

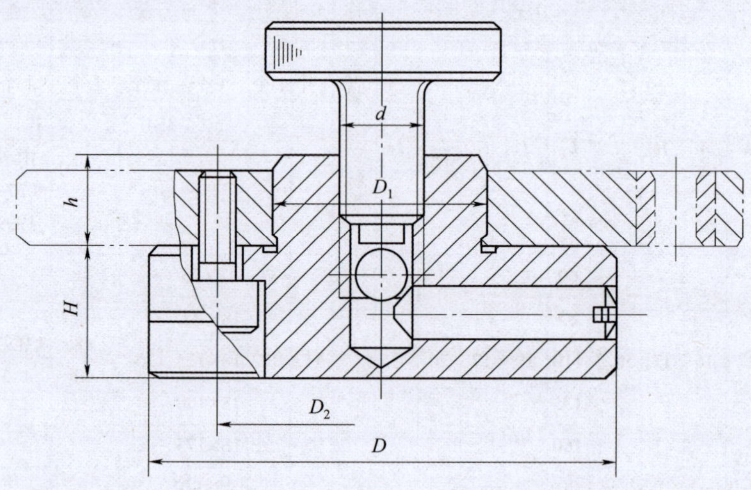

<table>
<tr><th>D</th><th>D_1</th><th>D_2</th><th>H</th><th>h</th><th>d</th></tr>
<tr><td>24~30</td><td>20</td><td rowspan="3">—</td><td rowspan="2">14</td><td rowspan="3">12</td><td rowspan="2">M8</td></tr>
<tr><td>30~40</td><td>25</td></tr>
<tr><td>40~50</td><td>35</td><td rowspan="2">18</td><td rowspan="2">M10</td></tr>
<tr><td>50~65</td><td>20</td><td>24</td><td rowspan="2">14</td></tr>
<tr><td>65~80</td><td>32</td><td>48</td><td>20</td><td rowspan="3">M12</td></tr>
<tr><td>80~100</td><td>40</td><td>60</td><td rowspan="2">24</td><td rowspan="2">16</td></tr>
<tr><td>100~120</td><td>45</td><td>65</td></tr>
<tr><td>120~180</td><td>50</td><td>80</td><td rowspan="2">30</td><td rowspan="2">20</td><td rowspan="2">M16</td></tr>
<tr><td>180~250</td><td>100</td><td>140</td></tr>
</table>

(5) 可调定心内涨器（JB/T 8022.2—1999），其规格参数如表 3-15 所示。

表 3-15　可调定心内涨器的规格参数　　单位：mm

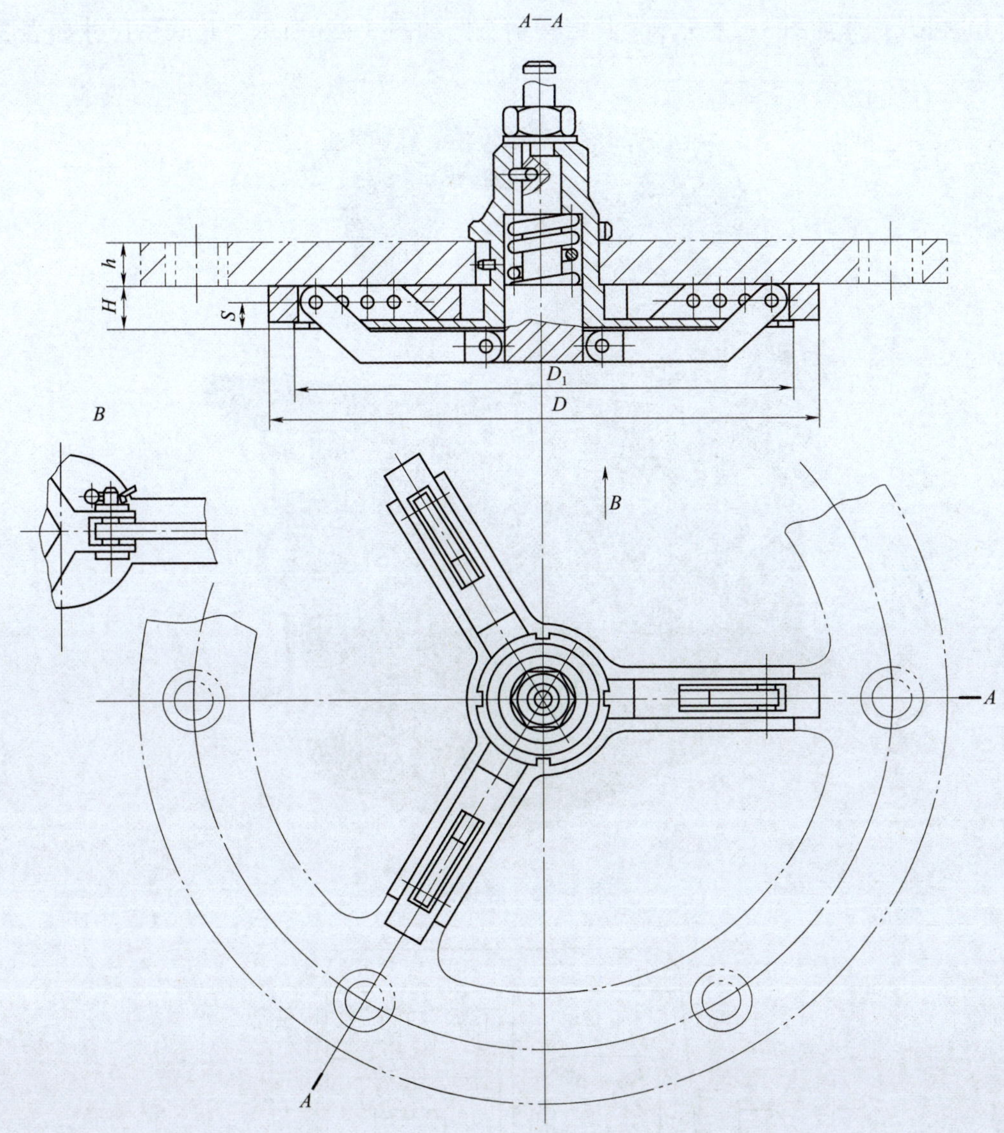

D	D_1	H	h	S
100~180	100	15	12	10
180~300	180	20	17	12.5
300~540	300	28	20	18

3.5 主要铣床的规格及联系尺寸

3.5.1 卧式铣床

(1) 卧式铣床如图 3-22 所示，其结构示意图如图 3-23 所示，其联系尺寸如表 3-16 所示。

图 3-22 卧式铣床

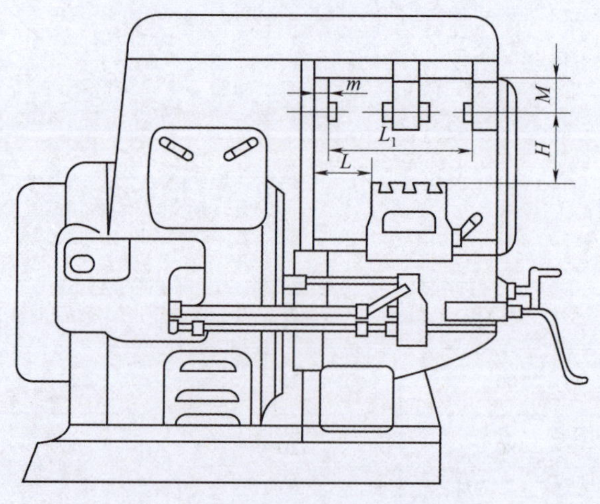

图 3-23 卧式铣床结构示意图

表 3-16　卧式铣床联系尺寸

型号	主轴轴线到工作台的高度 H/mm		立柱面到工作台后面的距离 L/mm		主轴到吊架最大距离 L_1/mm	悬梁面到主轴轴线距离 M/mm	主轴凸出部分长度 m/mm	工作台最大移动量（手动）/mm			工作台最大回转角度	主轴孔锥度	心轴直径/mm
	最大	最小	最大	最小				纵向	横向	垂直			
X60	300	0	240	80	447	140		500	160	300		7：24 莫氏 2 号	ϕ16，ϕ22，ϕ27，ϕ32
X6030	420	30	275	25	515	150		650	250	390		7：24 莫氏 2 号	ϕ16，ϕ22，ϕ27
X60W	300	0	240	80	447	140		500	160	300	±45°	7：24 莫氏 2 号	ϕ22，ϕ27
X61	380	30	230	40	470	150	40	620	190	330		7：24 莫氏 2 号	ϕ16，ϕ22，ϕ27，ϕ32
X61W	350	30	235	50	470	150	40	620	185	310	±45°	7：24 莫氏 2 号	ϕ16，ϕ22，ϕ32
X62	390	30	310	55	700	155	50	700	255	360		7：24 莫氏 3 号	ϕ22，ϕ27，ϕ32，ϕ40
X62W	350	30	310	50	700	155	50	700	250	320	±45°	7：24 莫氏 3 号	ϕ32，ϕ50
X63	420	30	350	50	770	190	55	900	315	390		7：24 莫氏 3 号	ϕ32，ϕ50
X63W	380	30	350	50	770	190	55	900	315	390	±45°	7：24 莫氏 3 号	ϕ32，ϕ50
X602	395	0	195	45	375	125		490	150	375		7：24	
X6130	370	30	275	25	515	150		650	250	340	±45°	7：24	ϕ16，ϕ22，ϕ27
XA6132	350	30	310	55		155		700	255	320	±45°	7：24	ϕ20，ϕ27，ϕ32

（2）卧式铣床工作台结构尺寸参数如表 3-17 所示。

表 3-17　卧式铣床工作台结构尺寸参数

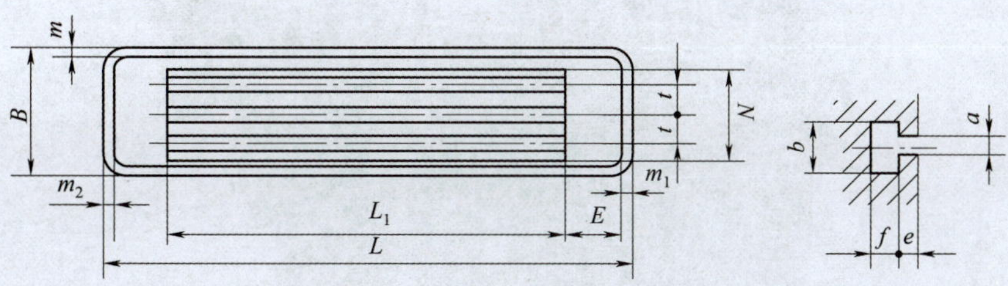

型号	L/mm	L_1/mm	E/mm	B/mm	N/mm	t/mm	m/mm	m_1/mm	m_2/mm	a/mm	b/mm	f/mm	e/mm	T 形槽数量/个
X60	870	710	85	200	140	45	10	30	40	14	25	11	14	3
X6030	1 120	900		300	222	60		40	40	14	24	11	16	3
X60W	870	710	85	200	140	45	10	30	40	14	23	11	12	3

续表

型号	L/mm	L_1/mm	E/mm	B/mm	N/mm	t/mm	m/mm	m_1/mm	m_2/mm	a/mm	b/mm	f/mm	e/mm	T形槽数量/个
X61	1 120	940	90	260	185	50	10	48	50	14	24	11	14	3
X61W	1 120	1 000	90	260	185	50	10	50	53	14	24	11	14	3
X62	1 325	1 125	70	320	225	70	16	50	25	18	30	14	18	3
X62W	1 325	1 120	70	320	220	70	15	50	25	18	30	14	18	3
X63	1 600	1 385	115	400	290	90	15	30	40	18	30	14	18	3
X63W	1 600	1 385	115	400	290	90	15	30	40	18	30	14	18	3
X602	750	610	70	225	150	50	15	30	30	14	24	11	15	2
X6130	1 120	900	110	300	222	60	11	40	40	14	24	11	15	3
XA6132	1 250			320		70				18	30	14	18	3

3.5.2 立式铣床

（1）立式铣床如图 3-24 所示，其结构示意图如图 3-25 所示，其联系尺寸如表 3-18 所示。

图 3-24 立式铣床

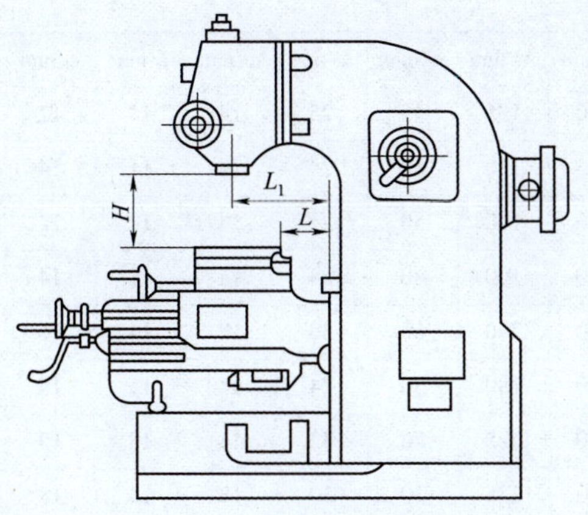

图 3-25　立式铣床结构示意图

表 3-18　立式铣床联系尺寸

型号	主轴轴线到工作台的高度 H/mm		立柱面到工作台后面的距离 L/mm		主轴轴线到床身导轨距离 L_1/mm	铣头回转角度	工作台最大移动量（手动）/mm		
	最大	最小	最大	最小			纵向	横向	垂直
X50	400	10	240	80	270		500	150	390
X502	330	30	195	45	240	±45°	450	150	300
X5025A	470	70	275	45	280	±45°	600	230	400
X5028	302	30	280	30	310	±45°	660	250	450
XS5040	500	30	370	55	450	±45°	900	315	385
X51	380 400	30	230 240	40	270 280		620	170 190	350 320
X52	450	30	295	45	320	±45°	700	230	400
X52K	400	30	300	55	350	±45°	680	240	350
X53	450	30	350	50	450	±45°	900	320	420
X518	800	50	765	65	750	±45°	2150	700	750
X53K	520	30	370	50	450	±45°	900	300	400
X5030	420	30	275	25	300		650	250	390
X53T	550	60	350	50	450	±45°	1260	410	410

（2）立式铣床工作台联系尺寸如表 3-19 所示。

表 3-19　立式铣床工作台联系尺寸

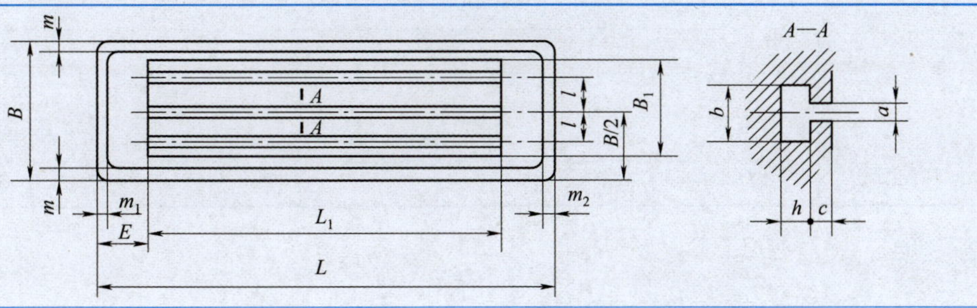

续表

型号	L/mm	L_1/mm	B/mm	N/mm	t/mm	b/mm	a/mm	f/mm	e/mm	m_1/mm	m_2/mm	T形槽数量/个
X50	870	715	200	135	45	25	14	11	12	25	40	3
X502	750	610	225	150	50	24	14	11	14	30	30	3
X5025A	1 120	940	250	170	50	24	14	11	14			3
X5028	1 120	900	280	190	60	24	14	11	14	40	40	3
XS5040	1 700	1 480	400	290	60	30	18	14	16	30	50	3
X51	1 120	940	260	180	50	24	14	11	14	48	50	3
X52	1 320	1 250	320	225	70	32	18	15	19	30	50	3
X52K	1 325	1 250	320	225	70	30	18	14	18	30	50	3
X53	1 700	1 480	400	285	90	30	18	14	18	30	50	3
X518	2 800	2 500	980	800	150	46	28	20	32	55	55	4
X53K	1 700	1 600	400	285	90	32	18	17	16	30	50	3
X5030	1 120	900	300	222	60	24	14	11	16	40	40	3
X53T			425			30	18	14	18			3

任务实施

1. 分组情况

学习任务采用分组教学法，每个学习任务开始前，组长对本组成员进行任务分工，填写表3-20，然后成员按照要求做好预习。每个学习任务按照咨询—计划—决策—实施—检查—评价六步法进行。

表 3-20　学习小组分组情况表

学习任务		
类别	姓名	分工情况
组长		
成员		

2. 题目

3. 前言

4. 对加工零件的工艺分析

5. 定位方案及误差分析

6. 对刀导向方案

7. 夹紧方案及夹紧力分析

8. 夹具体设计及连接元件选型

9. 夹具零件图和装配图及标注

任务评价

填写表 3-21 ~ 表 3-23。

表 3-21 小组成绩评分单　　评分人：

学习任务				
团队成员				
评价内容	评价标准	赋分	得分	备注
工作目标认知程度	工作目标明确、工作计划合理	10 分		
分工合理程度	工作难易程度与工作强度分配合理	5 分		
咨询	问题查询	10 分		
计划	过程方案	10 分		
决策	报告	15 分		

续表

评价内容	评价标准	赋分	得分	备注
实施	实施情况良好	15 分		
检查	检查良好	10 分		
评价	学习任务过程及反思情况	15 分		
团队精神创新意识	工作态度与工作效果	10 分		
合计		100 分		

表 3-22　个人成绩评分单　　　　评分人：

学习任务				
学生姓名				
评价内容	评价标准	赋分	得分	备注
出勤情况	迟到、早退 1 次扣 2 分 病假 1 次扣 0.5 分 事假 1 次扣 1 分 旷课 1 次扣 5 分	15 分		旷课 3 次以上记 0 分
平时表现	任务完成的及时性，学习、工作态度	15 分		
个人成果	个人完成的任务质量	40 分		
团队协作	分为 3 个级别： 重要：8~10 分 一般：5~8 分 次要：1~5 分	10 分		
创新创意	个人成果或团队创意均发挥引导创新作用	20 分		
合计		100 分		

表 3-23　学生课程考核成绩档案

课程名称						
班级		姓名		学号		
考核过程						
学习任务名称		团队得分（40%）		个人得分（60%）		
合计得分						
授课教师签名：						

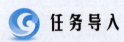

任务4　风机壳体孔系组合夹具设计

任务导入

组合夹具早在20世纪50年代便已出现，现在已是一种标准化、系列化、柔性化程度很高的夹具。它由一套预先制造好的具有不同几何形状、不同尺寸的高精度元件与合件组成，包括基础件、支承件、定位件、导向件、压紧件、紧固件、其他件、合件等。使用时按照工件的加工要求，采用组合的方式组装成所需的夹具。图4-1所示为包含2个ϕ180 mmH7和2个ϕ150 mm的台阶孔，以及14个ϕ18 mm通孔的风机壳体工序图。本任务是用长×宽×高为650 mm×360 mm×635 mm的双面基础角铁为机体，组装双工位风机壳体孔系组合夹具。

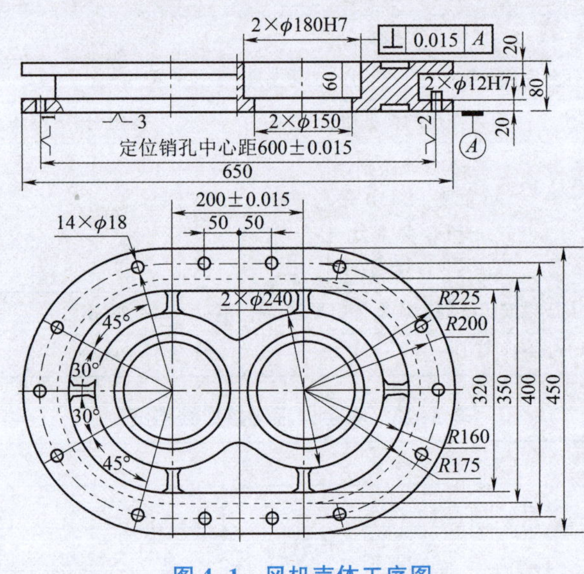

图4-1　风机壳体工序图

任务目标

一、知识目标

（1）掌握常见组合夹具的类型。

（2）了解常见组合夹具的工作特性。

二、技能目标

（1）在组合夹具设计的基础上，能利用组装工具组装夹具。

（3）掌握组合夹具设计的基本方法及应用。

（4）培养学生查阅机床夹具设计手册和相关资料的能力。

（5）提高学生处理实际工程技术问题的能力。

三、素养目标

(1) 培养学生多角度分析问题、运用唯物辩证法看待和处理问题的思想。

(2) 强化质量意识、责任意识和遵纪守法意识。

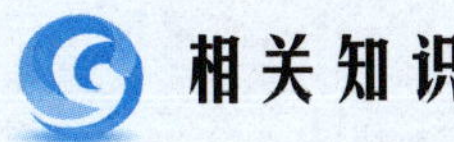

相关知识

4.1 数控机床组合夹具使用特点和分类

4.1.1 数控机床组合夹具概述

组合夹具是利用预先制造好的系列化、标准化元件，根据零件加工的工艺要求，以搭积木的方法，快速、灵活地组装加工零件所需要的数控机床和加工中心等的机床夹具。夹具使用完后拆散元件，又能重新组装成新的夹具，图 4-2 所示为组合夹具使用原理图。组合夹具是一种可以多次重复使用的夹具，以高精度、高硬度和耐磨的组合夹具元件反复组装而成，其使用寿命可达几十年，符合当下节约自然资源、推行循环经济的要求。图 4-3 为已在我国使用多年的槽系列组合夹具（见图 4-3（a））及其分解图（见图 4-3（b））。

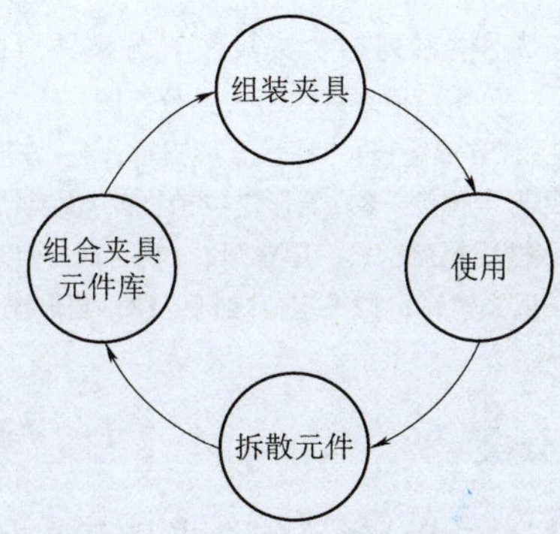

图 4-2　组合夹具使用原理图

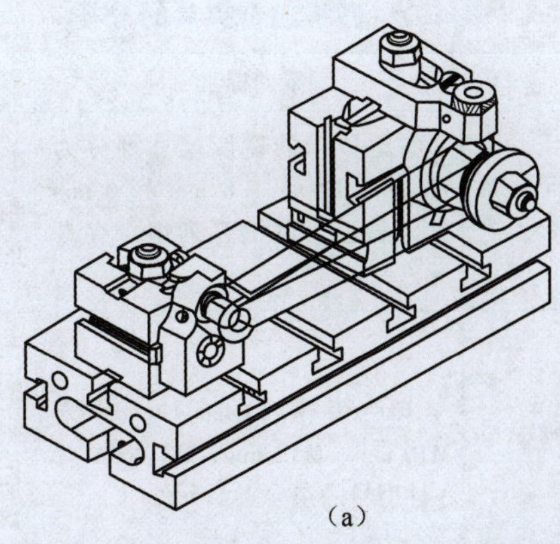

（a）

图 4-3　槽系列组合夹具及其分解图

（a）槽系列组合夹具

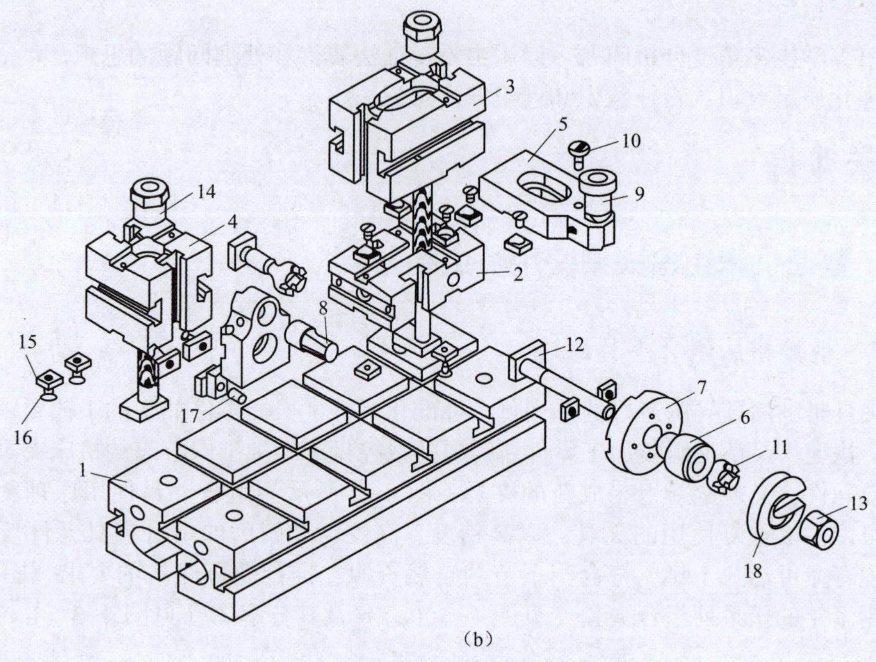

图 4-3 槽系列组合夹具及其分解图（续）

（b）槽系列组合夹具分解图

1—长方形基础板；2—长方形垫板；3—长方形支承；4—方形支承；5—钻模板；6—圆形定位销；7—圆形定位盘；8—菱形定位销；9—快换钻套；10—钻套螺钉；11—圆螺母；12—槽用螺栓；13—厚螺母；14—特厚螺母；15—定位键；16—沉头螺钉；17—定位螺钉；18—圆形压板

4.1.2 数控组合夹具的分类

按组合夹具元件的结构和定位方式分类，组合夹具可分为槽系列、孔系列和槽、孔系列3种类型，如表4-1所示。

表 4-1 数控组合夹具的分类

分类名称	定位方式	系列标准	应用范围和说明
槽系列组合夹具	定位键与槽确定元件之间的相互位置	按定位槽的宽度尺寸划分为16 mm、12 mm、8 mm和6 mm共4种型号的槽系列组合夹具元件	通过对元件的改进与创新，槽系列组合夹具也不断扩大其在数控机床上的应用
孔系列组合夹具	定位销与定位孔确定元件之间的相互位置	按连接螺纹的直径划分为M16 mm、M12 mm、M8 mmA共3种型号的组合夹具元件	由于孔心已构成坐标系，零件加工的位置尺寸依靠数控编程易于自动控制。孔系列组合夹具定位精度高，刚性好，组装简单，已成为加工中心和数控机床的配套夹具，并得到越来越广泛的应用
槽、孔系列组合夹具	可用槽系和孔系两种定位方式，确定元件之间的相互位置		槽、孔系列组合使得元件的定位和组装更加灵活，但元件的制造难度加大，使元件的成本和价格增高

4.2　孔系列组合夹具系统

4.2.1　孔系列组合夹具的特点

孔系列组合夹具在数控机床和加工中心大量使用后，根据其使用要求，在槽系列组合夹具的基础上，经过多年的研制和改进，已逐步成为当代新型柔性化夹具。孔系列组合夹具不仅具有槽系列组合夹具的灵活多变、快速组装成机床夹具，元件反复组装使用，以及夹具设计周期短等优点，而且它的元件以孔和销定位，通过螺栓连接，元件定位精度高，夹具组装简单，刚性好，还便于数控机床编制加工程序。因此，孔系列组合夹具特别适合数控机床、加工中心使用。

1. 孔系列组合夹具元件的主要技术参数

孔系列组合夹具元件的主要技术参数如表 4-2 所示。

表 4-2　孔系列组合夹具元件的主要技术参数

项目名称	公差等级或公差值	表面粗糙度 *Ra*/μm
定位孔	F6、H6	0.8
定位销	IT5 级、IT6 级	0.4
起支承或定位作用的外廓尺寸	±0.01 mm	0.8
定位孔中心距尺寸	±0.01～±0.02 mm	
定位孔对基面的平行度、垂直度	4 级	
表面粗糙度 *Ra* 为 0.8 μm、0.4 μm 的工作面相互平行度、垂直度		

孔系列组合夹具元件按连接螺纹的直径可划分为 M16 mm、M12 mm、M8 mm 三种型号，即大、中和小型孔系列组合夹具元件。目前，使用 M16 mm 和 M12 mm 的孔系列组合夹具比较普遍，它们的参数如表 4-3 所示。

表 4-3　孔系列组合夹具元件中 M16 mm 和 M12 mm 的参数　　单位：mm

项目＼型号	M16	M12
连接螺纹	M16（粗牙螺纹）	M12×1.5
定位孔直径	ϕ16.01H6	ϕ12.01H6
定位销直径	ϕ16k5	ϕ12k5
定位孔中心距尺寸	50±0.01，100±0.01	40±0.01，80±0.01

2. 孔系列组合夹具元件

为了与槽系列组合夹具元件的分类基本对应，孔系列组合夹具元件分为基础件、支承件、定位件、调整件、压紧件、紧固件、其他件、合件及组装工具 9 类。下面以 M16 孔系列组合夹具为主，介绍各类元件的结构、规格和组装功能。

（1）基础件。

基础件共 7 个品种。基础件的结构及其在组装中的应用如表 4-4 所示。

表 4-4　基础件的结构及其在组装中的应用

名称	结构示意图	使用说明
方形、长方形和圆形基础板	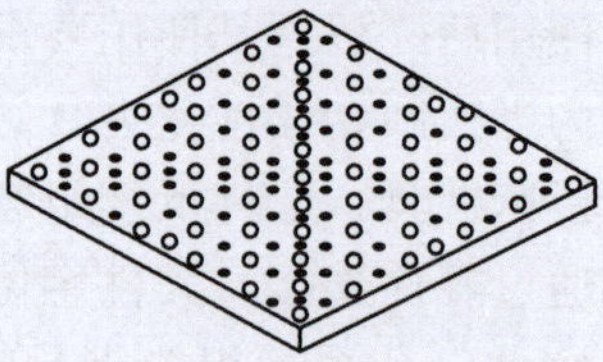 方形基础板 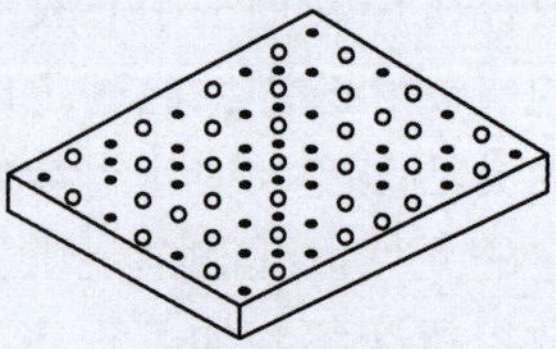　长方形基础板 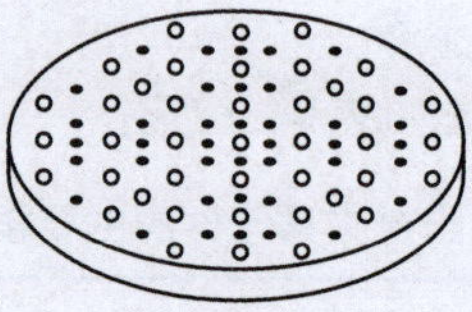 圆形基础板	方形、长方形和圆形基础板采用 45 钢，调质处理。大型、中型基础板的厚度分别为（50 ± 0.02）mm 和（40±0.02）mm
基础角铁、双面 T 形基础角铁和方箱	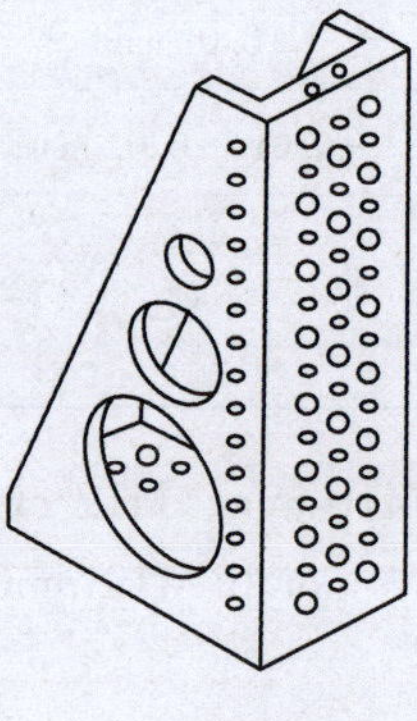 基础角铁 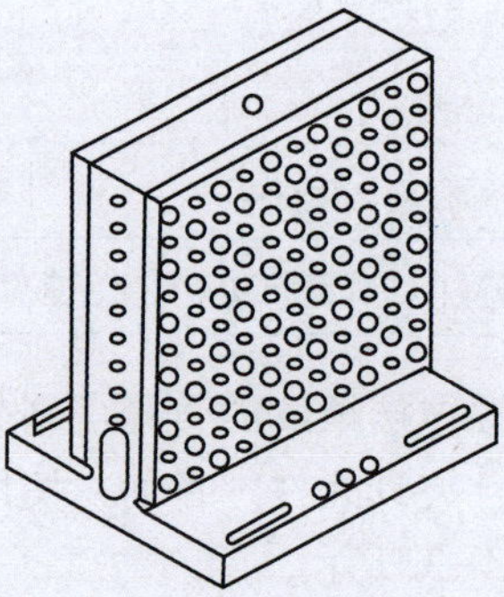　双面T形基础角铁 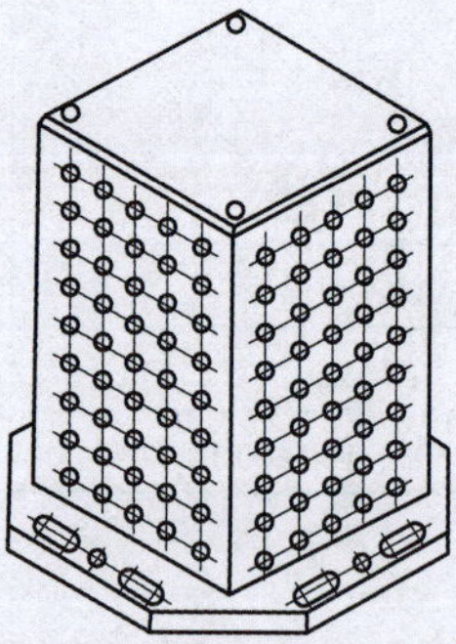 方箱	基础角铁、双面 T 形基础角铁和方箱的基体是 HT200。基础角铁的最大高度为 1 m。双面 T 形基础角铁和方箱要根据机床工作台面尺寸选用，同时要兼顾加工零件和夹具尺寸不超过加工中心的最大回转直径

续表

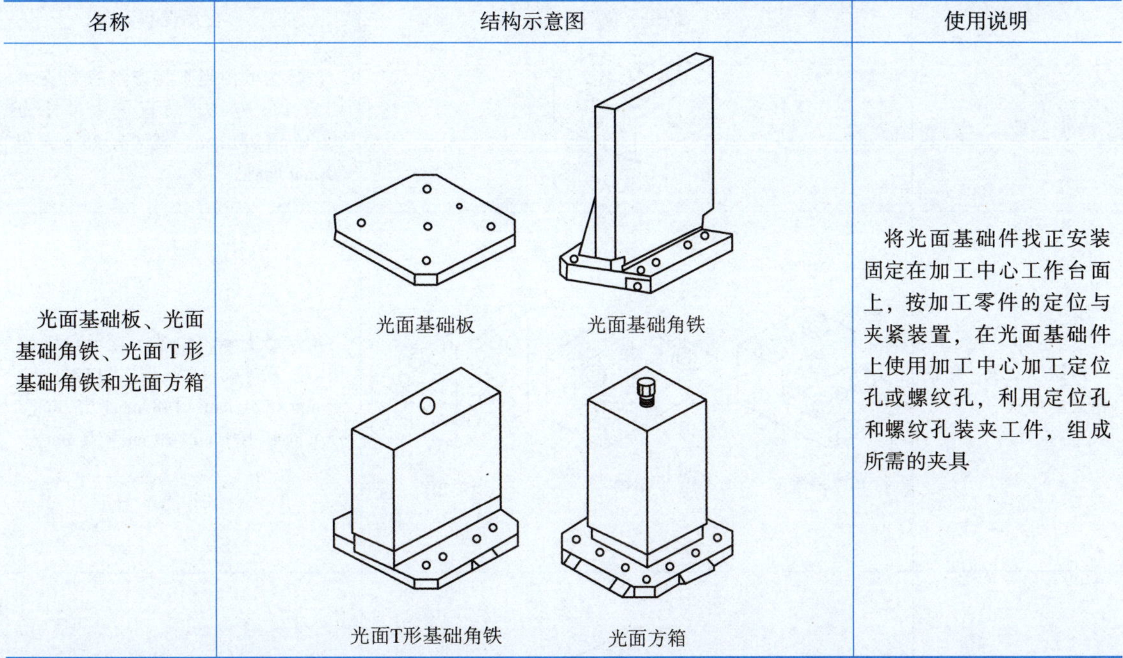

名称	结构示意图	使用说明
光面基础板、光面基础角铁、光面T形基础角铁和光面方箱	光面基础板　光面基础角铁 光面T形基础角铁　光面方箱	将光面基础件找正安装固定在加工中心工作台面上，按加工零件的定位与夹紧装置，在光面基础件上使用加工中心加工定位孔或螺纹孔，利用定位孔和螺纹孔装夹工件，组成所需的夹具

（2）支承件。

孔系列组合夹具元件的支承件有方形支承、长方形支承、L形支承、角铁形支承、圆形支承、扇形左右角度支承板，以及四面、五面支承等22种，支承件的结构及其在组装中的应用如表4-5所示。除宽角铁是铸件以外，其他支承件的材料均为20CrMnTi，并渗碳淬火。

表4-5　支承件的结构及其在组装中的应用

名称	结构示意图	使用说明
方形支承	方形直角台阶支承　方形双台阶支承	方形支承有方形直角台阶支承和方形双台阶支承。方形直角台阶支承的长×宽为100 mm×100 mm，高度有25 mm和50 mm两种。 方形双台阶支承的长×宽为50 mm×50 mm，高度有75 mm和100 mm两种
不带台阶的长方形支承、长方形台阶支承和长方形双台阶支承	不带台阶的长方形支承　长方形台阶支承 长方形双台阶支承	长方形支承有3种结构。不带台阶的长方形支承的宽度为40 mm，长方形台阶支承的宽度为50 mm，长方形双台阶支承的宽度为60 mm。这3种支承的长度都有150 mm、200 mm和250 mm，高度有25 mm和50 mm两种

续表

名称	结构示意图	使用说明
L形支承	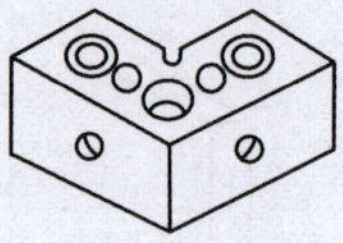 L形支承	L形支承相当于将方形直角支承切去1/4方块，其直角边尺寸为100 mm×100 mm，高度有25 mm和50 mm两种
角铁形支承、角铁和支承角铁	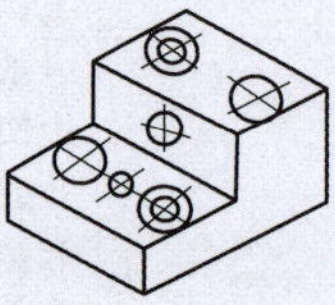 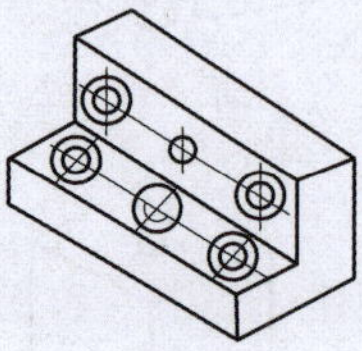 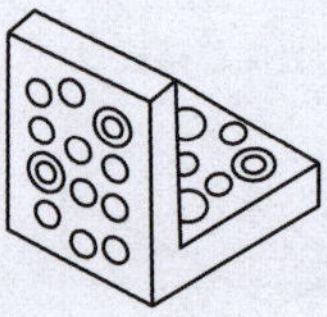 角铁形支承　角铁　支撑角铁	角铁形支承、角铁、支承角铁的长×宽×高外廓尺寸，依次为124 mm×98 mm×124 mm、148 mm×75 mm×75 mm和100 mm×80 mm×60 mm
扇形左、右角度支承板	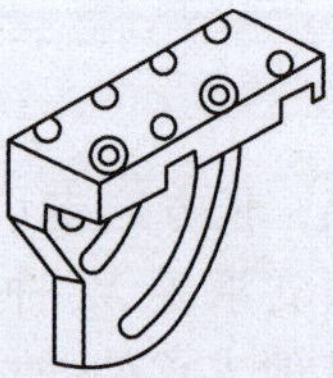 扇形左、右角度支承板	该元件用于组装角度结构，其外廓尺寸长×宽×高为200 mm×76 mm×188 mm
四面、五面支承	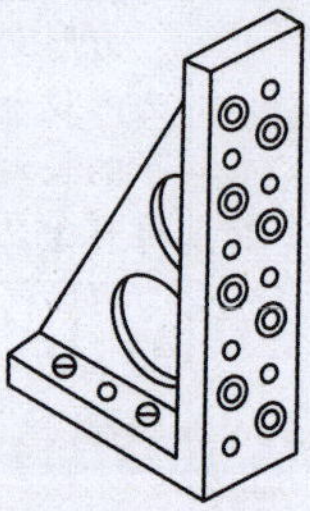 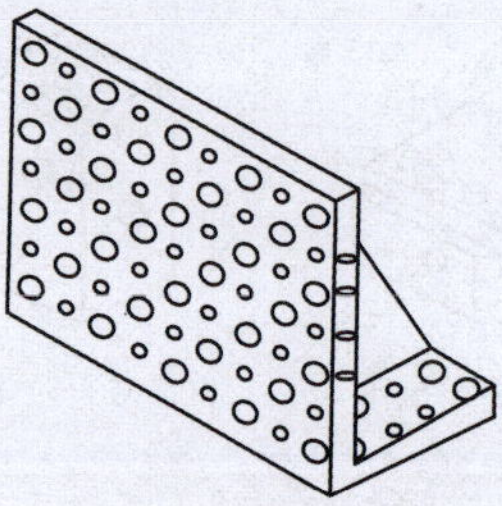 左、右支承角铁　宽角铁 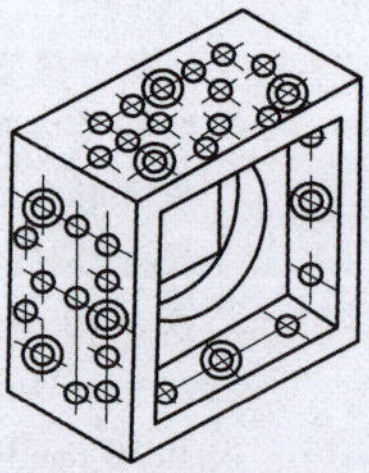 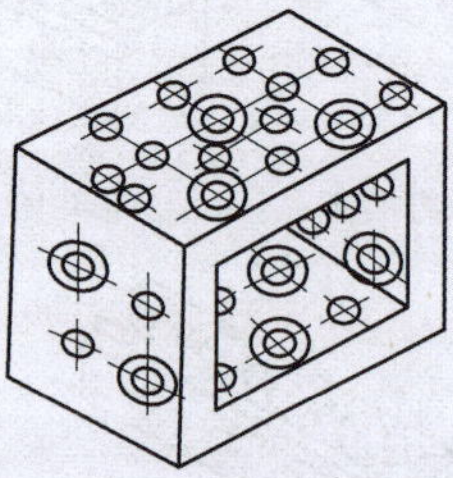 四面支承　五面支承	左、右支承角铁的长×宽×高有174 mm×98 mm×274 mm和248 mm×98 mm×224 mm两种，宽角铁的长×宽×高为448 mm×224 mm×374 mm。这两种支承用于组装弯板基体结构。 四面支承是个方形元件，其长×高为180 mm×180 mm，宽度有98 mm和148 mm两种。四面支承增加一个组装工作面，即成为五面支承，其长×宽×高外廓尺寸有200 mm×125 mm×150 mm和350 mm×125 mm×150 mm两种

续表

名称	结构示意图	使用说明
圆柱支承、圆形垫片、切边圆柱支承和磁性圆柱支承	圆形垫片　圆柱支承 切边圆柱支承　磁性圆柱支承	圆形支承有圆形垫片、圆柱支承、切边圆柱支承和磁性圆柱支承 4 种。圆形垫片用于调整组装尺寸，其外圆直径是 ϕ45 mm，中心孔是 ϕ18 mm，厚度有 1 mm、1.5 mm、2 mm、3 mm、5 mm、10 mm 和 15 mm 共 7 种。圆柱支承的外圆直径是 ϕ（45±0.01）mm，中心孔是 ϕ16.01 mmH6 和 ϕ26 mm 沉孔，其高度有（25±0.01）mm、（40±0.01）mm 和（50±0.01）mm 共 3 种。 切边圆柱支承的外圆直径是 ϕ45 mm，中心孔是 ϕ18 mm 和 ϕ26 mm 沉孔，其高度是（50±0.01）mm，两切边距离是 40 mm。 磁性圆柱支承的外圆直径是 ϕ30 mm，其高度是（50±0.01）mm

（3）定位件。

孔系列组合夹具的定位件，按其作用可划分成 3 种：用于元件与元件定位的定位销；用于工件定位的元件；用于基础板与机床工作台定位和紧固的元件，即 T 形定位键。定位件的结构及其在组装中的应用如表 4-6 所示。

表 4-6　定位件的结构及其在组装中的应用

名称		结构示意图	使用说明
用于元件定位的元件	元件与元件定位的定位销	元件定位销	元件定位销的直径为 16 mmk5，长度有 30 mm、44 mm、54 mm、80 mm、100 mm 和 120 mm 共 6 种。定位销一端有 M8 的螺纹孔，用于拔销器拔销
用于工件定位的元件	圆形、菱形定位销和定位盘	圆形、菱形定位销　圆形、菱形定位盘	用于工件孔定位。圆形和菱形定位销的长度为 39 mm，一端直径是 ϕ16 mmk5，另一端按工件的定位孔制造。工件定位孔直径大于 ϕ25 mm 时，用圆形和菱形定位盘定位，该元件高度为 20 mm，外圆直径为 ϕ25 mmh6 ~ ϕ135 mmh6，中心孔直径为 ϕ16.01 mmH6，用于插定位销定位

续表

<table>
<tr><th colspan="2">名称</th><th>结构示意图</th><th>使用说明</th></tr>
<tr><td rowspan="3">用于工件定位的元件</td><td>连接定位盘</td><td> 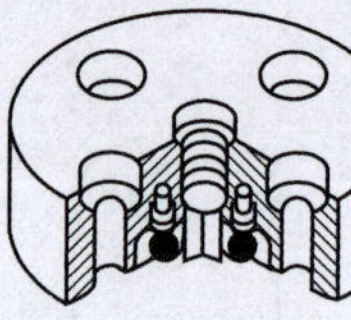连接定位盘</td><td>连接定位盘由高为（50±0.01）mm、外圆直径为 ϕ140 mmh6、中心孔直径为 ϕ25 mmH6 的定位盘座，以及用螺钉装在定位盘座中心孔内的定位销组成。定位销顶端增加了 M16 mm 螺孔</td></tr>
<tr><td>V 形板、V 形拼块和 V 形角铁</td><td> 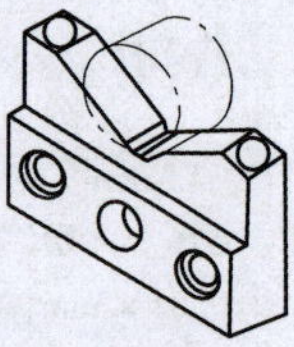V形板 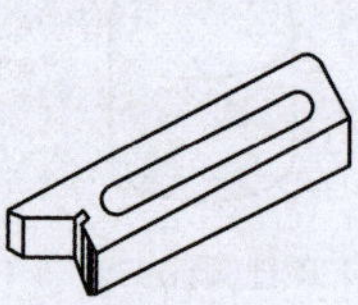　V形拼块 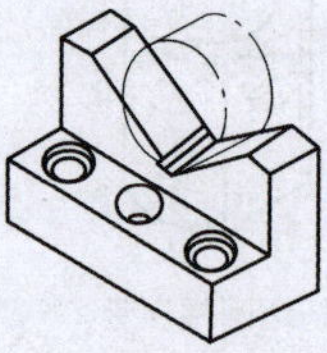　V形角铁</td><td>用于工件外圆定位的 V 形铁有 3 种，V 形角度都是 120°，如左图所示。V 形板的长 × 宽 × 高为 148 mm × 25 mm×92 mm，该元件与角铁可组装成 V 形角铁。
V 形拼块的长×宽×高为 160 mm×50 mm×20 mm。
V 形角铁的长×宽×高为 148 mm× 70 mm×80 mm，用于长轴的双 V 形定位</td></tr>
<tr><td>可调定位板、带台可调定位板和侧装可调定位板</td><td> 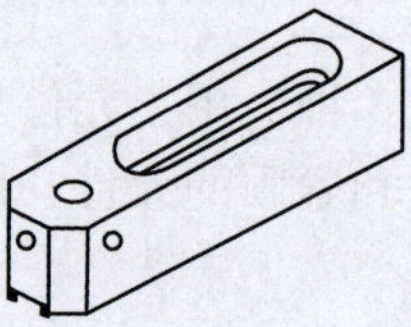可调定位板 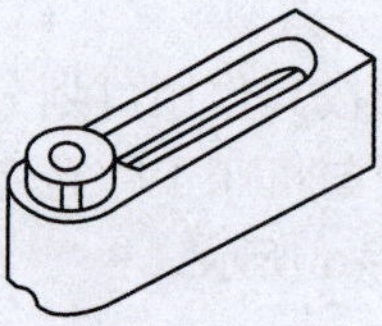　带台可调定位板 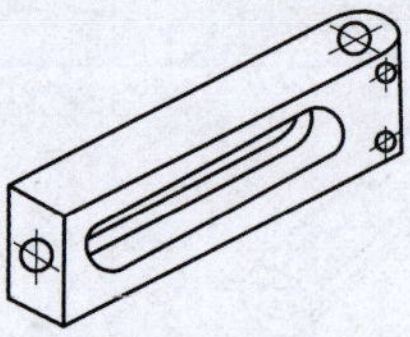
侧装可调定位板</td><td>用于组装销定位的可调定位板有 3 种，如左图所示，在这 3 个定位板上都有 ϕ16.01 mm H6 的定位孔。
可调定位板的宽×高为 50 mm×50 mm，长度有 105 mm 和 175 mm 两种。
带台可调定位板的长×宽×高为 175 mm×50 mm×60 mm，其顶面上有直径为 ϕ40 mmh6、高为 10 mm 的凸台。
侧装可调定位板的宽×高为 30 mm × 50 mm，长度有 95 mm 和 170 mm 两种</td></tr>
<tr><td>用于基础板与机体工作台定位的元件</td><td>T 形定位键</td><td> 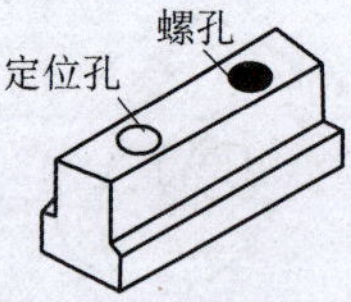螺孔
定位孔
T形定位键</td><td>T 形定位键是用于定位与紧固基础板与工作台的元件，长度为 100 mm，其余按机床工作台的 T 形槽尺寸制造。在 T 形定位键的顶面，增加了 ϕ16.01 mmH6 的定位孔和 M16 mm 螺孔，两孔的中心距为 50 mm</td></tr>
</table>

（4）调整件。

调整件按其功能可划分为螺纹孔调整板、预制调整板和定位连接板 3 种不同结构的元件。调整件的结构及其在组装中的应用如表 4-7 所示。

表 4-7　调整件的结构及其在组装中的应用

名称	结构示意图	使用说明
方形、长方形、扇形和圆形螺纹孔调整板	方形螺纹孔调整板　长方形螺纹孔调整板 扇形螺纹孔调整板　圆形螺纹孔调整板	可以用来调整夹具的支承定位点及夹紧螺栓的位置。这 4 种螺纹孔调整板有 25 mm 和 40 mm 两种。方形和长方形螺纹孔调整板的长×宽依次为 98 mm×98 mm 和 148 mm×98 mm。扇形螺纹孔调整板的长×宽为 135 mm×130 mm，扇形的夹角是 60°。圆形螺纹孔调整板的外圆直径为 ϕ100 mm
单、双螺纹孔和台阶螺纹孔调整板	单螺纹孔调整板　双螺纹孔调整板 台阶螺纹孔调整板	单螺纹孔调整板的宽×高为 40 mm×25 mm，长度有 85 mm 和 140 mm 两种。 双螺纹孔调整板的长×宽×高为 160 mm×40 mm×40 mm，两螺纹孔间距为 40 mm。 台阶螺纹孔调整板的长×宽×高为 120 mm×40 mm×45 mm
方形、长方形定位连接板	方形定位连接板　长方形定位连接板	方形定位连接板的长×宽×高为 100 mm×100 mm×40 mm，长方形定位连接板的长×宽×高为 200 mm×50 mm×40 mm

续表

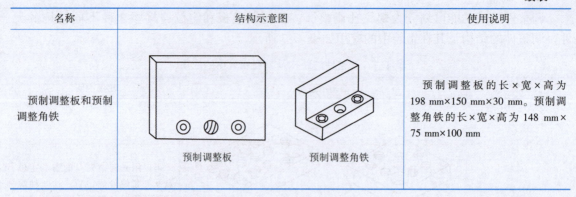

名称	结构示意图	使用说明
预制调整板和预制调整角铁	预制调整板　预制调整角铁	预制调整板的长×宽×高为198 mm×150 mm×30 mm。预制调整角铁的长×宽×高为148 mm×75 mm×100 mm

（5）压紧件。

孔系列组合夹具的压紧件与槽系列组合夹具相同，两个系列压紧工件的各种压板可以互换使用。孔系列组合夹具的基础件是调质件，表面硬度不高。因此，在组装孔系列组合夹具的压紧结构时，应尽量避免直接用基础件的螺纹孔。组装压紧螺栓时，压板的支承螺钉也不要直接压在基础板的表面上。

（6）紧固件。

孔系列组合夹具的紧固件，借用了槽系列组合夹具的平垫圈、球面垫圈、锥面垫圈、六角螺母、厚螺母、双头螺栓、紧定螺钉和压紧螺钉。中型系列的孔系列和槽系列组合夹具的连接螺纹都是M12 mm×1. 5 mm，两个系列的紧固件完全通用。而大型系列的双头螺栓、压紧螺钉、紧定螺钉和螺母等紧固件，不能互换使用。

（7）其他件。

孔系列组合夹具其他件的结构及其在组装中的应用如表4-8所示。

表4-8　其他件的结构及其在组装中的应用

名称	结构示意图	使用说明
平面、球面和鳞齿支钉	平面支钉　球面支钉　鳞齿支钉	借用了槽系列组合夹具，支钉的高度为30 mm
平面、球面和鳞齿支承帽子	平面支承帽子　球面支承帽子　鳞齿支承帽子	借用了槽系列组合夹具，支承帽的高度为25 mm
支承环		支承环借用了槽系列组合夹具，用于调整元件组装尺寸，其外圆直径为 ϕ28 mm，中心孔直径为 ϕ19 mm，高度有0. 5 mm、1 mm、2 mm、3 mm、5 mm和10 mm共6种，高度精度为±0. 01 mm

续表

名称	结构示意图	使用说明
连接板		连接板，其宽×高为 45 mm×30 mm，长度有 140 mm 和 160 mm 共 2 种
连接柱		连接柱，其外圆直径为 ϕ50 mm，高度有 45 mm、60 mm、90 mm 和 140 mm 共 4 种。顶面有螺纹孔，底面有 25 mm 的 M16 mm 螺纹
压板支座	六角头螺钉	压板支座用于组装压紧机构，其长×宽为 120 mm×40 mm，高度有 80 mm、100 mm 和 125 mm 共 3 种
防尘堵、螺纹堵和密封堵	密封圈 防尘堵　螺纹堵　密封堵	防尘堵和螺纹堵，分别放入基础板中不用的定位孔和螺纹孔，可防止铁屑进入孔内

（8）合件。

应用合件可以简化组装结构，但合件占用的空间较大，在组装夹具中受到约束。常用的孔系列组合夹具的定位合件和夹紧合件的结构及其在组装中的应用如表 4-9 所示。

表 4-9　定位合件和夹紧合件的结构及其在组装中的应用

名称	结构示意图	使用说明
浮动支承		浮动支承用于组装工件的辅助支承，其宽×高为 55 mm × 31 mm，长度有 125 mm 和 165 mm 两种
三爪自定心夹紧合件		三爪自定心夹紧合件的作用是将 ϕ160 mm 三爪自定心卡盘定位安装在连接板上，并用内六角圆柱螺钉紧固在基础板上。其外廓尺寸长×宽×高为 250 mm×250 mm×91. 5 mm

续表

名称	结构示意图	使用说明
偏心夹紧机构	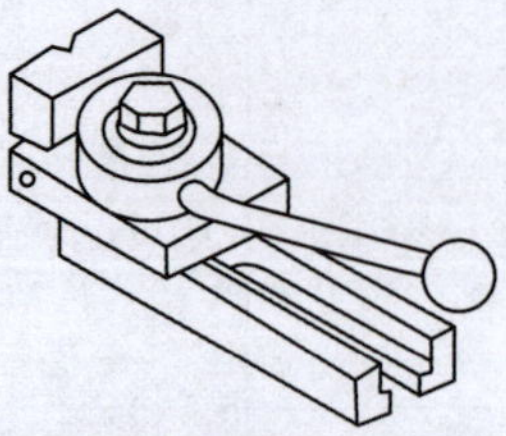	偏心夹紧机构的外廓尺寸长×宽×高为115 mm× 48 mm × 45 mm，偏心轮直径为ϕ46 mm，偏心距为 2 mm
夹紧钳	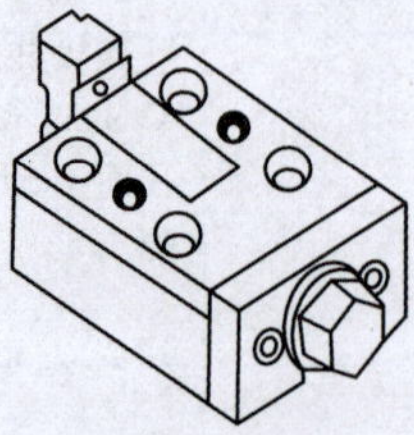	夹紧钳用于侧夹紧工件，其外廓尺寸长×宽×高为 95 mm×80 mm×40 mm，夹紧行程为 50 mm
钩形组合压板	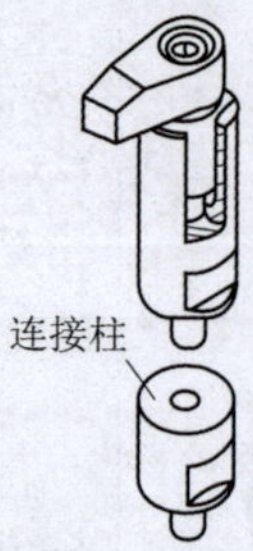 连接柱	钩形组合压板的结构紧凑，其圆柱底座的直径为 ϕ50 mm，高为 80 mm，夹紧行程为 10 mm，夹紧力小

（9）组装工具。

孔系列组合夹具的组装工具包括内六角扳手、开口扳手、铜锤、拔销器和磁棒。

4.2.2 孔系列组合夹具的基本结构

孔系列组合夹具主要用于数控机床，零件的加工尺寸精度由机床控制程序保证。孔系列组合夹具通常由基体、支承与定位、夹紧结构组成。

1. 基体结构

各种基础件是组装孔系列组合夹具的基体，可根据机床的工作台面，以及加工工件尺寸，选用一种基础件作为基体。孔系列组合夹具常用的基体结构如表 4-10 所示。

表 4-10 孔系列组合夹具常用的基体结构

名称	结构示意图	使用说明
左、右支承角铁和基础板组装的弯板基体	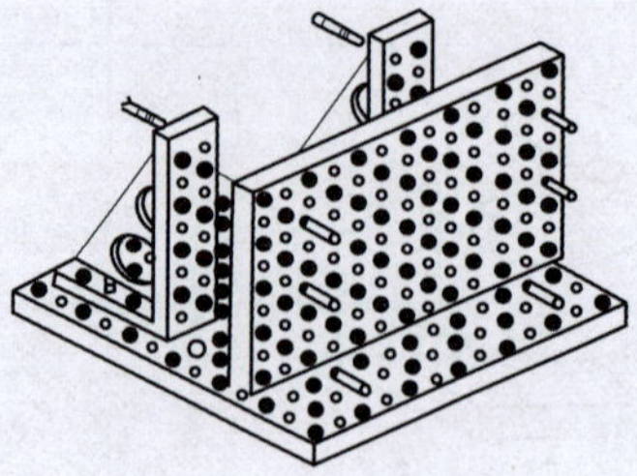	质量小

续表

名称	结构示意图	使用说明
四面支承和宽角铁组装的弯板基体	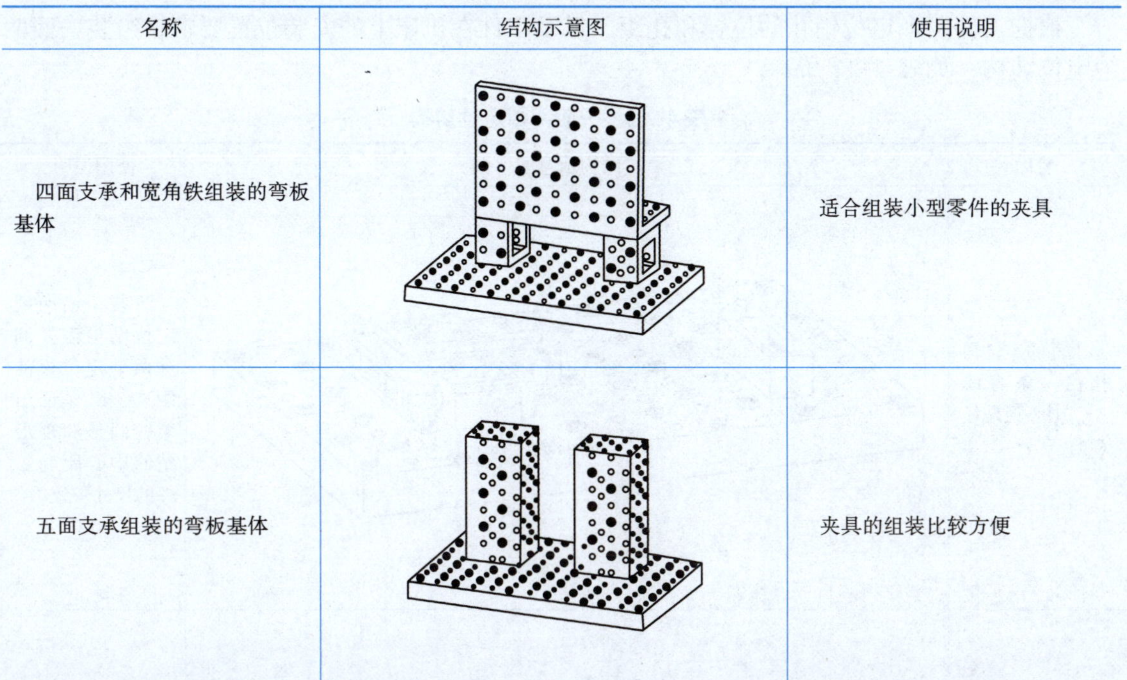	适合组装小型零件的夹具
五面支承组装的弯板基体		夹具的组装比较方便

2. 支承与定位结构

（1）外圆定位结构。

用 V 形板、V 形角铁和 V 形拼块可以组装工件的外圆定位，如表 4-11 所示。

表 4-11 用 V 形板、V 形角铁和 V 形拼块可以组装工件的外圆定位

名称	结构示意图	使用说明
用 V 形板和 V 形角铁组装的外圆定位		更换 V 形板和 V 形角铁之间的垫片，可以调整 V 形板的轴向尺寸
用定位板和定位销组装的外圆定位		将 4 个可调定位板插销与基础板定位孔定位，并用螺钉紧固

（2）一面两销定位结构。

根据工件两个定位销孔的位置和孔距，以及工件在机床上的安装位置要求，组装一面两销定位结构，如表 4-12 所示。

表 4-12　一面两销定位结构

名称	结构示意图	使用说明
工件的定位销孔在一条直线上，中心距是任意的	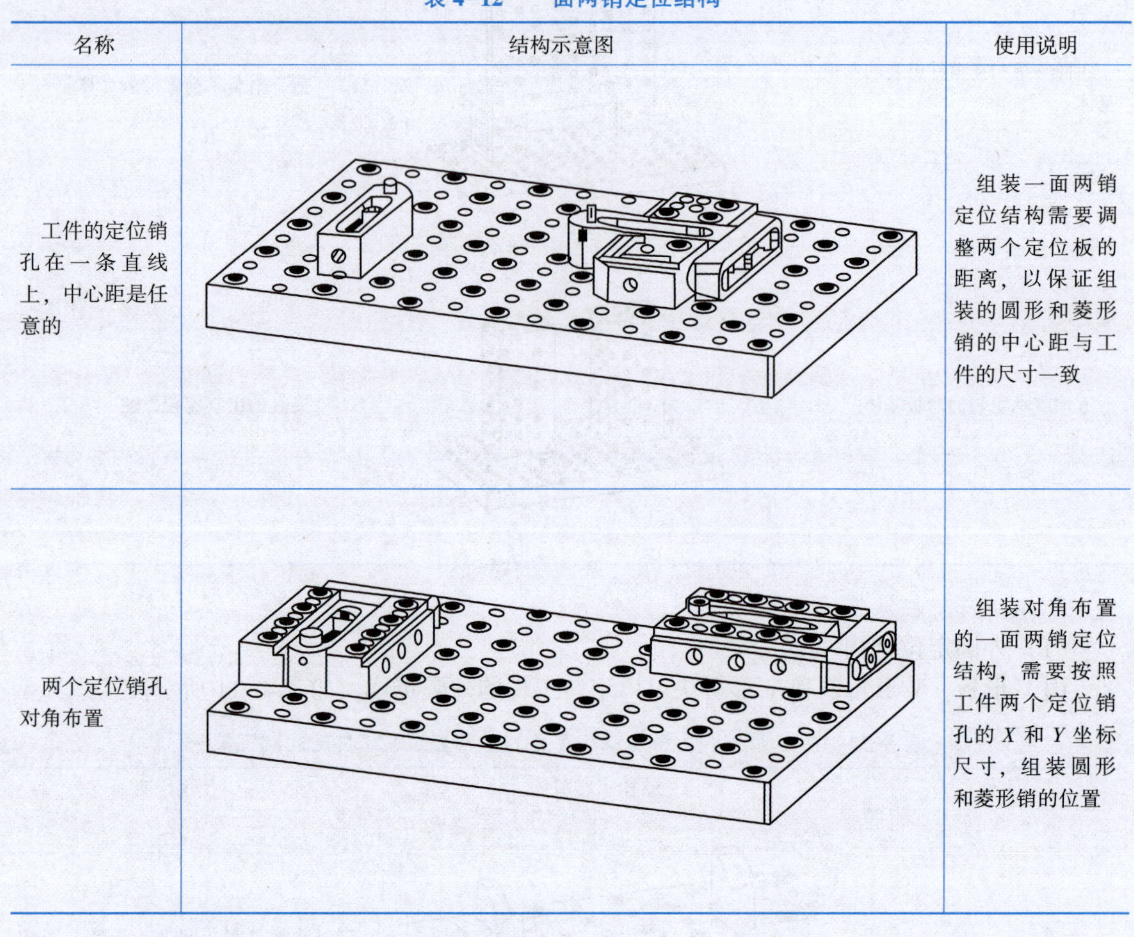	组装一面两销定位结构需要调整两个定位板的距离，以保证组装的圆形和菱形销的中心距与工件的尺寸一致
两个定位销孔对角布置		组装对角布置的一面两销定位结构，需要按照工件两个定位销孔的 *X* 和 *Y* 坐标尺寸，组装圆形和菱形销的位置

4.3　孔系列组合夹具设计实例

图 4-4 所示是用长×宽×高为 650 mm×360 mm×635 mm 的双面基础角铁为基体，组装的双工位孔系列组合夹具，其在卧式加工中心上，用于通孔加工风机壳体的两个 ϕ180 mmH7 和两个 ϕ150 mm 的台阶孔，以及 12 个 ϕ18 mm 通孔，加工时采用一面两销定位结构。按工艺和夹具设计的要求，风机壳体的上、下两个平面，以及孔中心距为（600±0. 015）mm 的两个 ϕ12 mmH7 的定位孔已加工完成，并按定位销孔直径制作 ϕ12 mmh5 圆形定位销和菱形定位销各一个。

该夹具用 M16 mm 大型孔系列组合夹具元件组装，在距双面基础角铁顶面 275 mm、与中心定位孔相距 300 mm 的左、右两个定位空处，分别将两个 100 mm×100 mm×25 mm 的方形直角台阶支承与两个 105 mm×50 mm×50 mm 的可调定位板插销定位，并用内六角圆柱头螺钉紧固。再把制作好的 ϕ12 mmh5 圆形定位销和菱形定位销，分别装入左侧和右侧两个可调定位板的定位孔中，并用可调定位板侧面的 M6 紧定螺钉固定，两个定位销应高出可调定位板 10 mm。然后，在双面基础角铁的 4 个角上，分别用内六角圆柱头螺钉紧固，组装

4 个 98 mm×98 mm×25 mm 的方形螺孔调整板，每个方形螺孔调整板再组装一个 ϕ45 mm×50 mm 的切边圆柱支承。这 4 个切边圆柱支承和左右两个可调支承板的顶面构成三点定位，再把风机壳体的两个销孔分别装入用可调定位板组装的圆形定位销和菱形定位销中，即构成一面两销定位结构。为了加强支承的刚性，在双面基础角铁的中间位置组装了浮动支承。利用在方形螺孔调整板上组装的 4 个平压板，可将壳体夹紧，再按下手把锁紧浮动支承，即可加工。

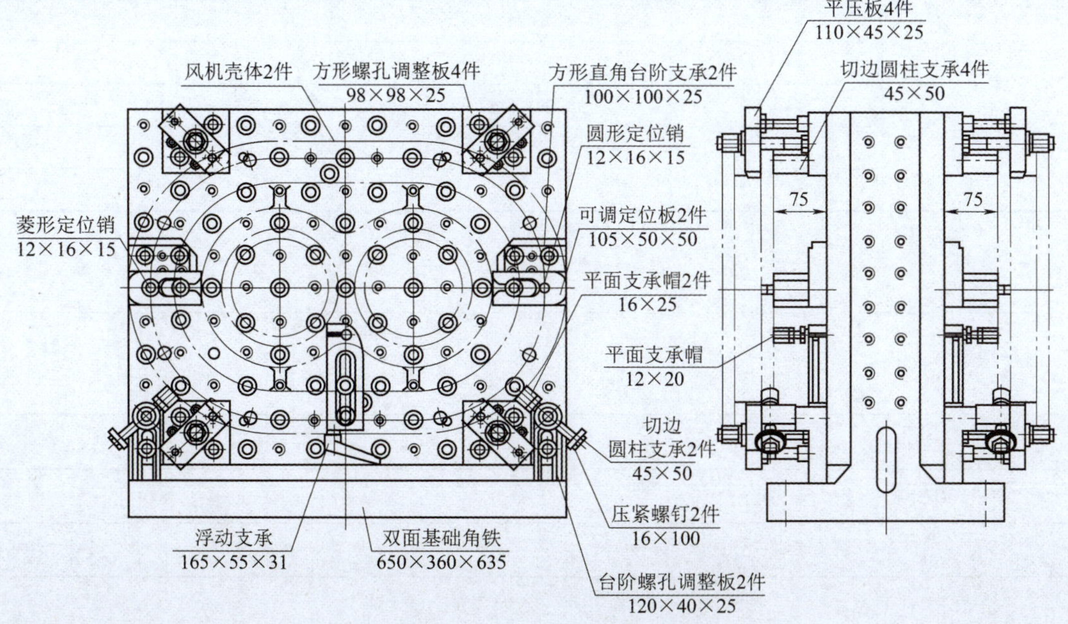

图 4-4　双工位孔系列组合夹具

为了便于工件的装夹和避免磕碰两个定位销，组装了工件的初限位。在双面基础角铁的左右角，用内六角圆柱头螺钉紧固，分别组装了两个 120 mm×40 mm×45 mm 的台阶螺孔定位板和 ϕ45 mm×50 mm 的切边圆柱支承。在位于切边圆柱支承侧平面上方的螺孔中拧入 M16 mm×100 mm 的压紧螺钉，调整平面支承帽，可确定初限位控制工件安装的位置。

由于风机壳体两个销孔的中心距 600 mm 与相应 M16 mm 型孔系列组合夹具元件的定位孔距一致，该夹具的一面两销定位的组装相对简单。

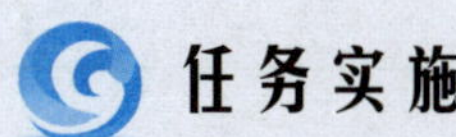

任务实施

1. 分组情况

学习任务采用分组教学法，每个学习任务开始前，组长对本组成员进行任务分工，填写表 4-13，然后成员按照要求做好预习。每个学习任务按照咨询—计划—决策—实施—检查—评价六步法进行。

表 4-13　学习小组分组情况表

学习任务		
类别	姓名	分工情况
组长		

续表

成员		

2. 题目

3. 前言

4. 对加工零件的工艺分析

5. 定位方案及误差分析

6. 对刀导向方案

7. 夹紧方案及夹紧力分析

8. 夹具体设计及连接元件选型

9. 夹具零件图和装配图及标注

任务评价

填写表 4-14～表 4-16。

表 4-14　小组成绩评分单　　评分人：

学习任务				
团队成员				
评价内容	评价标准	赋分	得分	备注
工作目标认知程度	工作目标明确、工作计划合理	10 分		
分工合理程度	工作难易程度与工作强度分配合理	5 分		
咨询	问题查询	10 分		
计划	过程方案	10 分		
决策	报告	15 分		
实施	实施情况良好	15 分		
检查	检查良好	10 分		
评价	学习任务过程及反思情况	15 分		
团队精神创新意识	工作态度与工作效果	10 分		
合计		100 分		

表 4-15　个人成绩评分单　　评分人：

学习任务				
学生姓名				
评价内容	评价标准	赋分	得分	备注
出勤情况	迟到、早退 1 次扣 2 分 病假 1 次扣 0.5 分 事假 1 次扣 1 分 旷课 1 次扣 5 分	15 分		旷课 3 次以上记 0 分
平时表现	任务完成的及时性，学习、工作态度	15 分		
个人成果	个人完成的任务质量	40 分		
团队协作	分为 3 个级别： 重要：8～10 分 一般：5～8 分 次要：1～5 分	10 分		
创新创意	个人成果或团队创意均发挥引导创新作用	20 分		
合计		100 分		

表 4-16　学生课程考核成绩档案

课程名称					
班级		姓名		学号	
考核过程					
学习任务名称		团队得分（40%）		个人得分（60%）	
合计得分					
授课教师签名：					

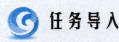

任务5　双面钻孔卧式组合机床液压系统设计

任务导入

液压传动是先通过动力元件（液压泵）将原动机（如电动机）输入的机械能转换为液体压力能，再经密封管道和控制元件等将其输送至执行元件（如液压缸），将液体压力能又转换为机械能以驱动工作部件的传动方式。本任务是设计一台双面钻孔卧式组合机床液压系统。

任务目标

一、知识目标

（1）掌握液压传动的基本原理。

（2）掌握液压传动的组成。

（3）掌握液压基本回路及特点。

二、技能目标

（1）掌握液压元件的选型。

（2）掌握液压传动装置设计的基本方法及应用。

（3）培养学生查阅液压设计手册和相关资料的能力。

（4）提高学生处理实际工程技术问题的能力。

三、素养目标

（1）培养严谨细致、吃苦耐劳的职业素养。

（2）培养大局意识与团队协作精神。

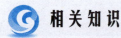

相关知识

5.1　液压传动系统的组成及特点

5.1.1　液压传动的工作原理

液压传动的工作原理，可以用一个液压千斤顶的工作原理来说明，如图5-1所示。大油缸9和大活塞8组成举升液压缸。杠杆手柄1、小油缸2、小活塞3、单向阀4和7组成手动液压泵。如提起杠杆手柄使小活塞向上移动，小活塞下端油腔容积增大，形成局部真空，这时单向阀4打开，通过吸油管5从油箱12中吸油；用力压下手柄，小活塞下移，小活塞下腔压力升高，单向阀4关闭，单向阀7打开，下腔的油液经管道6输入大油缸9的下腔，迫使大活塞8向上移动，顶起重物。再次提起杠杆手柄吸油时，单向阀7自动关闭，油液不能倒流，从而保证了重物不会自行下落。不断地重复扳动杠杆手柄，就能不断地把油液压入举升液压缸下腔，使重物逐渐地升起。如果打开截止阀 11，举升液压缸下腔的油液通过管道 10、截止阀 11 流回油箱，重物就向下移动。这就是液压千斤顶的工作原理。

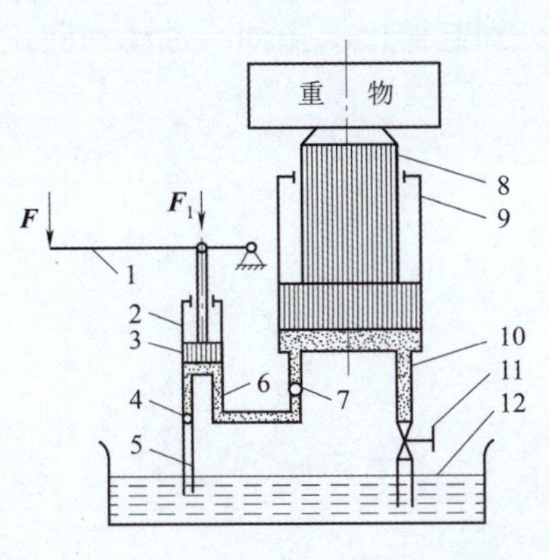

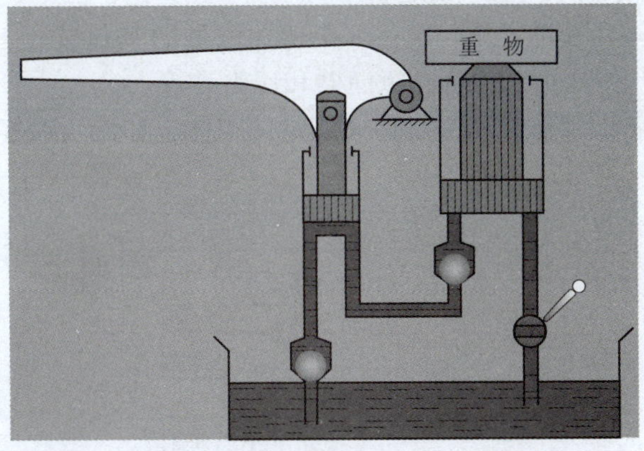

图 5-1　液压千斤顶的工作原理

1—杠杆手柄；2—小油缸；3—小活塞；4，7—单向阀；5—吸油管；6，10—管道；8—大活塞；9—大油缸；11—截止阀；12—油箱

通过对液压千斤顶工作过程的分析，可以初步了解液压传动的基本工作原理。液压传动利用有压力的油液作为传递动力的工作介质。压下杠杆手柄时，小油缸 2 输出液压油，是将机械能转换成油液的压力能；液压油经过管道 6 及单向阀 7，推动大活塞 8 举起重物，是将油液的压力能又转换成机械能。大活塞 8 举升的速度取决于单位时间内流入大油缸 9 中油的多少。由此可见，液压传动是一个不同能量的转换过程。

液压千斤顶

5.1.2　液压传动系统的组成

液压千斤顶是一种简单的液压传动装置。下面分析一种驱动机床工作台的液压传动系统，如图 5-2 所示，它由油箱、滤油器、液压泵、溢流阀、开停阀、节流阀、换向阀、液压缸，以及连接这些元件的油管、接头组成。其工作原理如下：液压泵由电动机驱动后，从油箱中吸油，油液经滤油器进入液压泵，油液在泵腔中从入口低压到出口高压，在图 5-2（a）所示状态下，通过开停阀、节流阀、换向阀进入液压缸左腔，推动活塞使工作台向右移动，这时，液压缸右腔的油液经换向阀和回油管 6 排回油箱；如果将换向手柄转换成图 5-2（b）所示状态，则压力管中的油液将经过开停阀、节流阀和换向阀进入液压缸右腔，推动活塞使工作台向左移动，并使液压缸左腔的油液经换向阀和回油管 6 排回油箱。

工作台的移动速度是通过节流阀来调节的。当节流阀开大时，进入液压缸的油量增多，工作台的移动速度增大；当节流阀关小时，进入液压缸的油量减小，工作台的移动速度减小。为了克服移动工作台时所受到的各种阻力，液压缸必须产生一个足够大的推力，这个推力是由液压缸中的油液压力产生的。要克服的阻力越大，液压缸中的油液压力越高；反之油液压力则越低。这种现象正说明了液压传动的基本原理——压力决定负载。从机床工作台液压系统的工作过程可以看出，一个完整的、能够正常工作的液压系统，应该由以下 5 个部分组成。

（1）动力元件：是将原动机输入的机械能转换为液体压力能的装置，其作用是为液压系统提供液压油，是系统的动力源，如各类液压泵。

（2）执行元件：是将液体压力能转换为机械能的装置，其作用是在液压油的推动下输出力和速度（或转矩和转速），以驱动工作部件，如各类液压缸和液压马达。

（3）控制调节元件：是用来控制液压传动系统中油液的压力、流量和流动方向的装置，如溢流阀、节流阀和换向阀等。

（4）辅助元件：上述 3 个部分以外的其他装置，分别起储油、输油、过滤和测压力等作用，如油箱、油管、过滤器和压力计等。

（5）工作介质：是传递能量的流体，如液压油等。

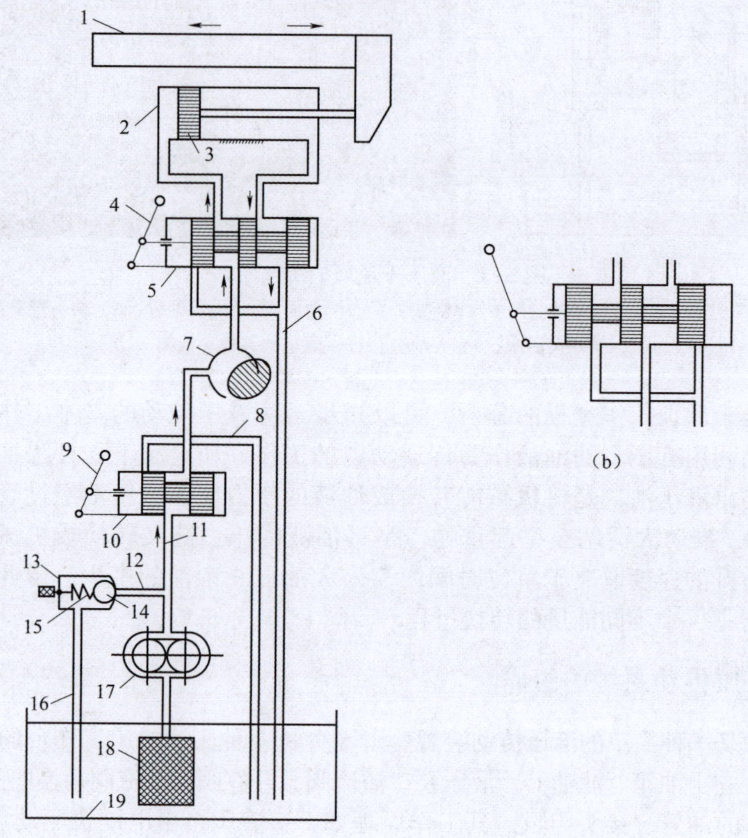

机床工作台
往复运动

图 5-2　机床工作台液压传动系统的工作原理

（a）工作台液压传动原理图；（b）手动换向阀原理图

1—工作台；2—液压缸；3—活塞；4—换向手柄；5—换向阀；6，8，16—回油管；7—节流阀；9—开停手柄；10—开停阀；11—压力管；12—压力支管；13—溢流阀；14—钢球；15—弹簧；17—液压泵；18—滤油器；19—油箱

5.1.3　液压传动系统图的图形符号

图 5-3 所示的液压传动系统图是一种半结构式的工作原理图，它有直观性强、容易理解的优点。当液压系统发生故障时，根据原理图检查十分方便，但图形比较复杂，绘制比较麻烦。我国已经制定了用规定的图形符号来表示液压原理图中的各元件和连接管路的国家标准，通常液压传动系统图都应按照 GB/T 786.1—2021/ISO 1219-1：2012 规定的液压图形符号来绘制。

（1）符号只表示元件的职能，连接系统的通路，不表示元件的具体结构和参数，也不表示元件在机器中的实际安装位置。

（2）元件符号内的油液流动方向用箭头表示，线段两端都有箭头的，表示流动方向可逆。

（3）符号均以元件的静止位置或中间零位置表示，当系统的动作另有说明时，可作例外。

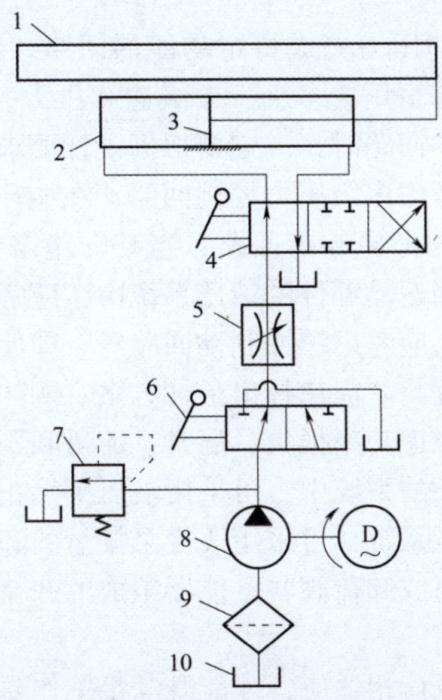

图 5-3　液压传动系统图

1—工作台；2—液压缸；3—油塞；4—换向阀；5—节流阀；6—开停阀；7—溢流阀；8—液压泵；9—滤油器；10—油箱

5.1.4　液压传动的特点

1. 液压传动的优点

（1）液压传动可在运行过程中进行无级调速，调速方便且调速范围大。

（2）在相同功率的情况下，液压传动装置的体积小、质量小、结构紧凑。

（3）液压传动工作比较平稳、反应快、换向冲击小，能快速启动、制动和频繁换向。

（4）液压传动的控制调节简单，操作方便、省力，易实现自动化。其与电气控制结合，更易实现各种复杂自动的工作循环。

（5）液压传动易实现过载保护，液压元件能够自行润滑，因此使用寿命较长。

（6）液压元件已实现了系列化、标准化和通用化，因此制造、使用和维修都比较方便。

2. 液压传动的缺点

（1）液体的泄漏和可压缩性使液压传动难以保证严格的传动比。

（2）液压传动在工作过程中能量损失较大，不宜做远距离传动。

（3）液压传动对油温变化比较敏感，不宜在很高和很低的温度下工作。

（4）液压传动出现故障时，不易查找出原因。

总体说来，液压传动的优点十分突出，其缺点将随着科学技术的发展逐渐被克服。

5.2　液压基本回路

液压基本回路是用于实现液体压力、流量及方向等控制的典型回路，它由有关液压元件组成。现代液压传动系统虽然越来越复杂，但仍然是由一些基本回路组成的。因此，掌握基本回路的构成、特点及作用原理，是设计液压传动系统的基础。

5.2.1 压力控制回路

压力控制回路是控制回路的压力完成特定功能的回路。压力控制回路的种类很多，例如，液压泵的输出压力控制，有恒压、多级、无级连续压力控制机控制压力上下限等回路。在设计液压系统、选择液压基本回路时，一定要根据设计要求、方案特点、适用场合等认真考虑。当载荷变化较大时，应考虑多级压力控制回路；在循环工作的某一段时间内，执行元件停止工作不需要液压能时，则考虑卸荷回路；当某支路需要稳定的、低于动力油源压力时，应考虑减压回路；在有升降运动部件的液压系统中，应考虑平衡回路；当惯性较大的运动部件停止、容易产生冲击时，应考虑缓冲制动回路等。即使在同一种压力控制的基本回路中，也要结合具体要求仔细研究，才能选择出最佳方案。例如，选择卸荷回路时，不但要考虑重复加载的频繁程度，还要考虑功率损失、温升、流量和压力的瞬间变化等因素。在压力不高、功率较小、工作间歇较长的系统中，可采用液压泵停止运转的卸荷回路，即构成高效率的液压回路。对于大功率液压系统，可采用改变泵排量的卸荷回路；对于频繁地重复加载的工况，可采用换向阀卸荷回路或卸荷阀与蓄能器组成的卸荷回路等。

1. 调压回路

液压系统中的压力必须与载荷相适应，才能既满足工作要求又减少动力损耗，这需要通过调压回路来实现。调压回路是指控制整个液压系统或系统局部的油液压力，使其保持恒定或限制其最高值的回路。调压回路的类型及特点如表 5-1 所示。

表 5-1 调压回路的类型及特点

类别		回路图	特点
用溢流阀的调压回路	远程调压回路	2 1	系统的压力可由与先导式溢流阀 1 的遥控口相连通的远程调压阀 2 进行远程调节。远程调压阀 2 的调整压力应小于溢流阀 1 的调整压力，否则远程调压阀 2 将不起作用 远程调压回路
		2 3 4 1	用 3 个溢流阀进行遥控连接，使系统有 3 种不同的压力调定值。主溢流阀 1 的遥控口接入 1 个三位四通换向阀 4，操纵换向阀 4 使其处于不同的工作位置，可使液压系统得到不同的压力 多级调压回路

续表

类别	回路图	特点
用变量泵的调压回路	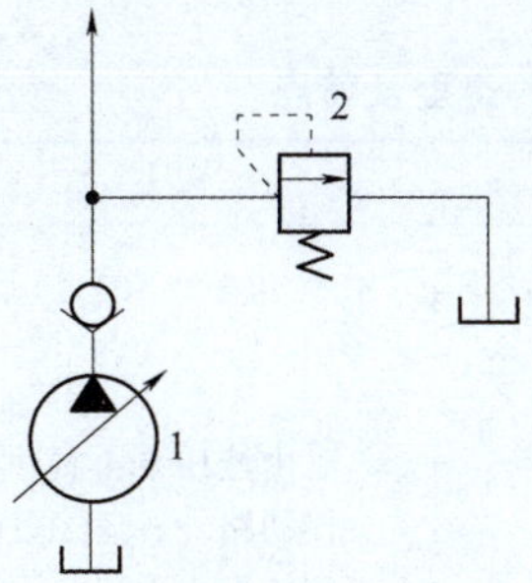 2 1	采用非限压式变量泵 1 时，系统的最高压力由安全阀 2 限定，安全阀一般采用直动型溢流阀。当采用限压式变量泵时，系统的最高压力由该泵调节，其值为该泵处于无流量输出时的压力值
用复合泵的调压回路	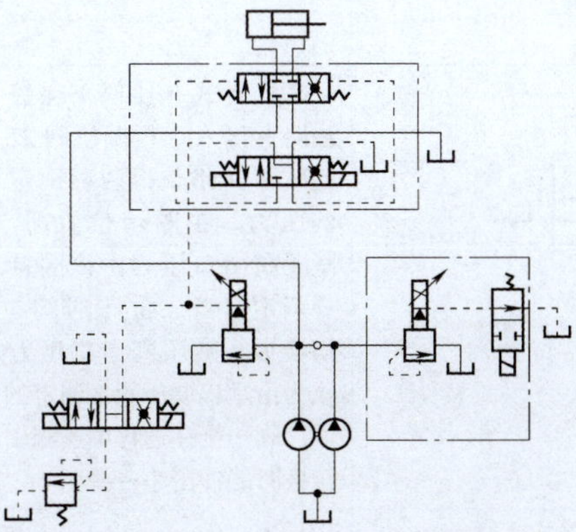	采用复合泵调压回路时，泵的容量必须与工作要求适应，并减少在低速驱动时因流量过大而产生无用的热。本回路采用电气控制，能按要求以不同的压力和流量工作，保持较高的效率，具有压力补偿变量泵所具有的优点。回油路中电液动换向阀的操纵油路从溢流阀的遥控口引出，避免了主换向阀切换时引起的冲击
用插装阀组成的调压回路	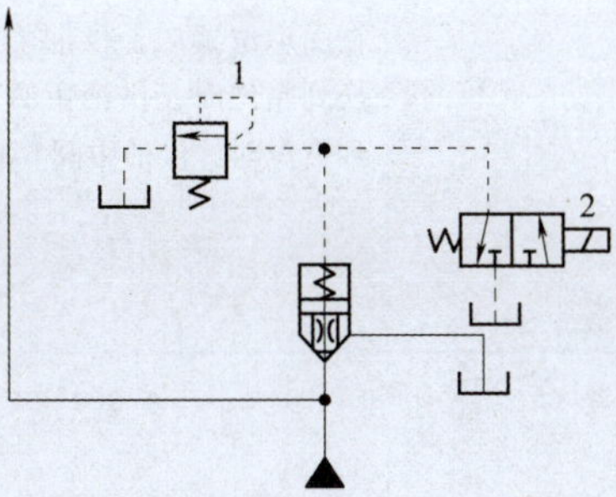 1 2	采用插装阀组成的一级调压回路，插装阀采用具有阻尼小孔结构的组件。溢流阀 1 用于调节系统的输出压力，二位三通电磁阀 2 用于系统卸荷。此回路适用于大流量系统

2. 减压回路

减压回路的作用是使系统中部分油路得到比油源供油压力低的稳定压力。当泵供油源高压，回路中某局部工作系统或执行元件需要低压时，便可采用减压回路。减压回路的类型及特点如表 5-2 所示。

表 5-2　减压回路的类型及特点

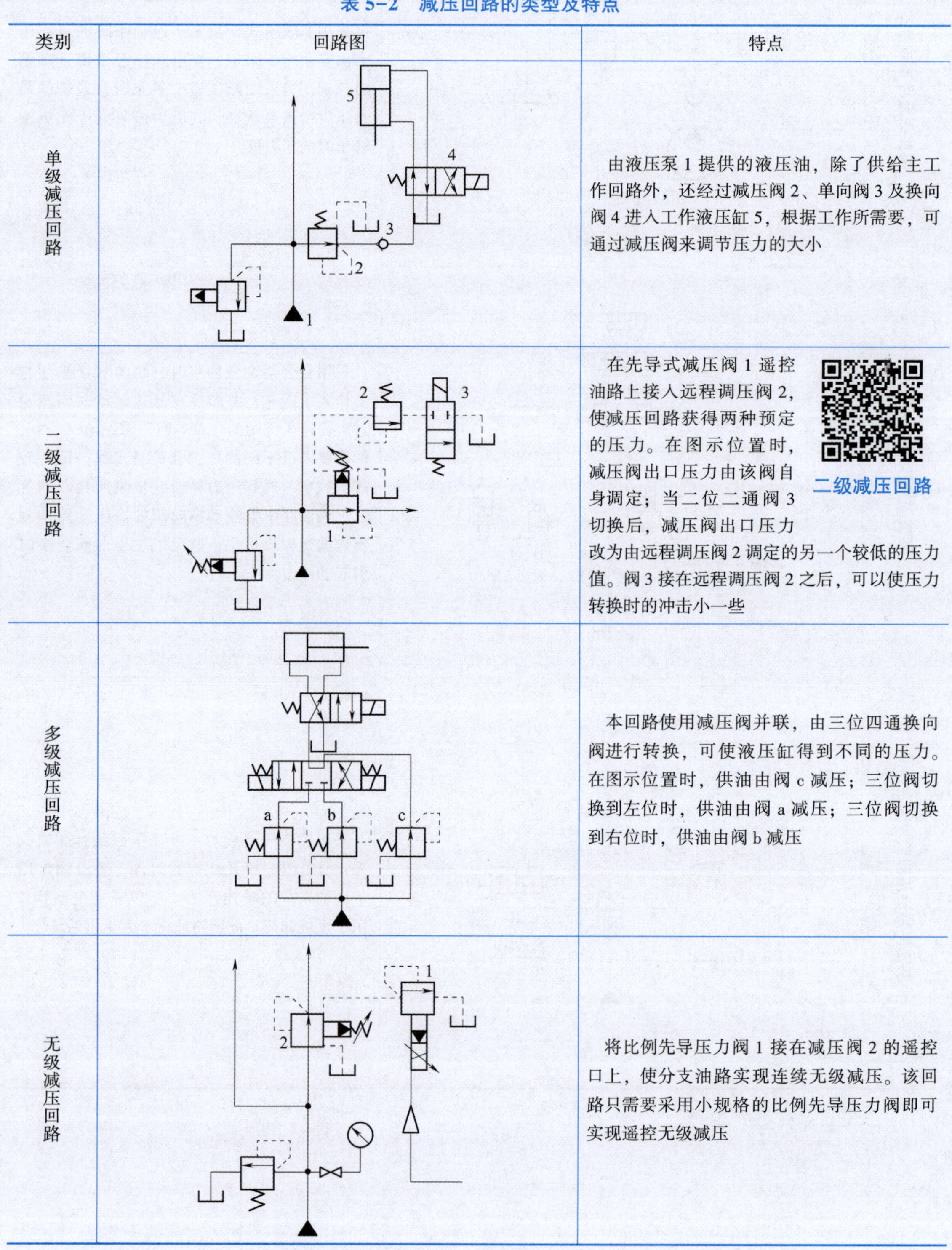

类别	回路图	特点
单级减压回路		由液压泵 1 提供的液压油，除了供给主工作回路外，还经过减压阀 2、单向阀 3 及换向阀 4 进入工作液压缸 5，根据工作所需要，可通过减压阀来调节压力的大小
二级减压回路		在先导式减压阀 1 遥控油路上接入远程调压阀 2，使减压回路获得两种预定的压力。在图示位置时，减压阀出口压力由该阀自身调定；当二位二通阀 3 切换后，减压阀出口压力改为由远程调压阀 2 调定的另一个较低的压力值。阀 3 接在远程调压阀 2 之后，可以使压力转换时的冲击小一些 二级减压回路
多级减压回路		本回路使用减压阀并联，由三位四通换向阀进行转换，可使液压缸得到不同的压力。在图示位置时，供油由阀 c 减压；三位阀切换到左位时，供油由阀 a 减压；三位阀切换到右位时，供油由阀 b 减压
无级减压回路		将比例先导压力阀 1 接在减压阀 2 的遥控口上，使分支油路实现连续无级减压。该回路只需要采用小规格的比例先导压力阀即可实现遥控无级减压

3. 增压回路

增压回路用来提高系统中局部油路中的油压，它能使局部压力远高于油源的工作压力。采用增压回路比选用高压大流量液压泵要经济得多。增压回路的类型及特点如表 5-3 所示。

表 5-3　增压回路的类型及特点

类别	回路图	特点
用增压缸的增压回路		本回路使用增压液压缸进行增压，工作液压缸 a、b 靠弹簧力返回，充油装置用来补充高压回路漏损。在气液并用的系统中可使用气液增压器，以压缩空气为动力获得高压 增压缸增压回路
用液压泵的增压回路		本回路多用于起重机的液压系统。液压泵 2 和 3 由液压马达 4 驱动，液压泵 1 与液压泵 2 或 3 串联，从而实现增压
用液压马达的增压回路		液压马达 1、2 的轴为刚性连接，马达 2 出口通油箱，马达 1 出口通液压缸 3 的左腔。若马达进口压力为 p_1，则马达 1 出口压力 $p_2=(1+a)p_1$，a 为两马达的排量比，即 $a=q_2/q_1$。例如，若 $a=2$，则 $p_2=3p_1$，实现了增压的目的。当马达 2 采用变量马达时，则可通过改变其排量 q_2 来改变增压压力 p_2。阀 4 用来使活塞快速退回。本回路适用于现有液压泵不能实现而又需要连续高压的场合

4. 保压回路

有些机械在工作循环的某一阶段要保持规定的压力，因此，需要采用保压回路。保压回路应满足保压时间、压力稳定、工作可靠性及经济性等多方面的要求。保压回路的类型及特点如表 5-4 所示。

表 5-4　保压回路的类型及特点

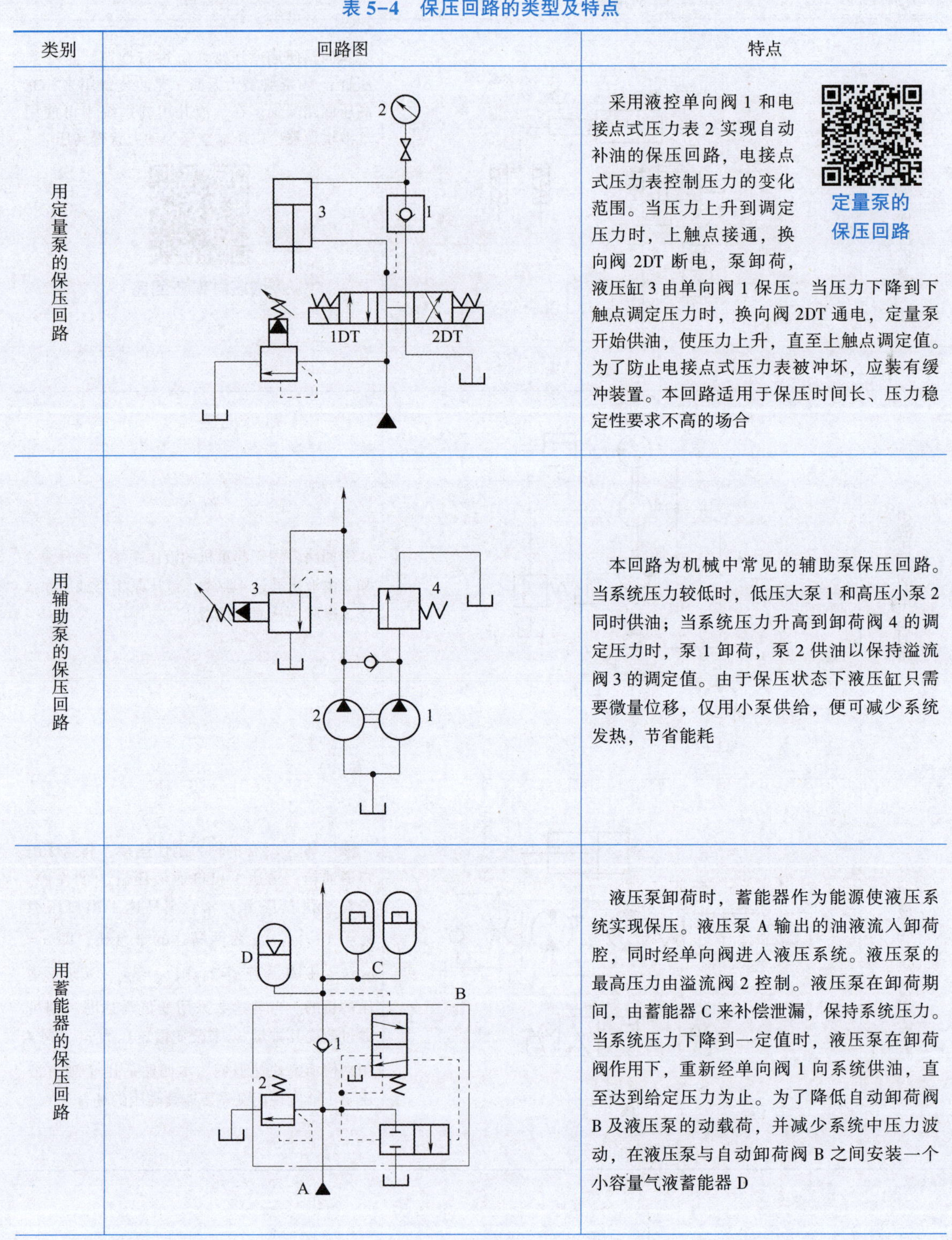

类别	回路图	特点
用定量泵的保压回路		采用液控单向阀 1 和电接点式压力表 2 实现自动补油的保压回路，电接点式压力表控制压力的变化范围。当压力上升到调定压力时，上触点接通，换向阀 2DT 断电，泵卸荷，液压缸 3 由单向阀 1 保压。当压力下降到下触点调定压力时，换向阀 2DT 通电，定量泵开始供油，使压力上升，直至上触点调定值。为了防止电接点式压力表被冲坏，应装有缓冲装置。本回路适用于保压时间长、压力稳定性要求不高的场合 定量泵的保压回路
用辅助泵的保压回路		本回路为机械中常见的辅助泵保压回路。当系统压力较低时，低压大泵 1 和高压小泵 2 同时供油；当系统压力升高到卸荷阀 4 的调定压力时，泵 1 卸荷，泵 2 供油以保持溢流阀 3 的调定值。由于保压状态下液压缸只需要微量位移，仅用小泵供给，便可减少系统发热，节省能耗
用蓄能器的保压回路		液压泵卸荷时，蓄能器作为能源使液压系统实现保压。液压泵 A 输出的油液流入卸荷腔，同时经单向阀进入液压系统。液压泵的最高压力由溢流阀 2 控制。液压泵在卸荷期间，由蓄能器 C 来补偿泄漏，保持系统压力。当系统压力下降到一定值时，液压泵在卸荷阀作用下，重新经单向阀 1 向系统供油，直至达到给定压力为止。为了降低自动卸荷阀 B 及液压泵的动载荷，并减少系统中压力波动，在液压泵与自动卸荷阀 B 之间安装一个小容量气液蓄能器 D

续表

类别	回路图	特点
用蓄能器和液控单向阀的保压回路	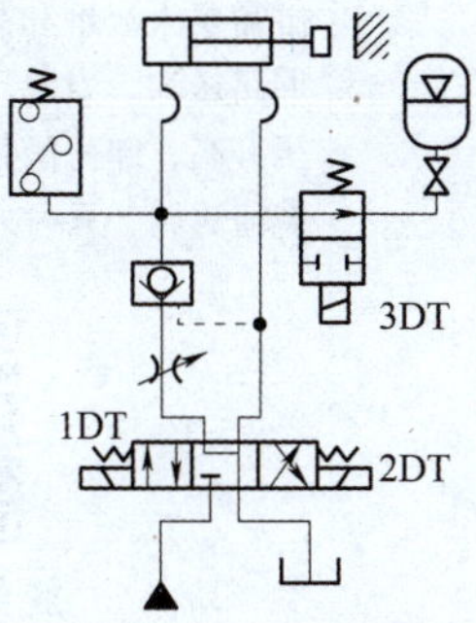 3DT 1DT 2DT	压紧工件动作：换向阀 1DT 通电，液压缸压紧工件，同时向蓄能器充压，达到一定压力后，换向阀 1DT 断电，液控单向阀和蓄能器共同作用，保持液压缸的压紧力。 放松工件动作：换向阀 2DT 通电，同时换向阀 3DT 通电，液控单向阀打开，液压缸缩回，蓄能器回路切断并保持压力。 本回路保压时间长、压力稳定、压力保持可靠

5. 卸荷回路

当执行元件处于工作间歇（或停止工作时），不需要液压能，应自动将液压泵源排油直通油箱，组成卸荷回路，使液压泵处于无载荷运转状态，以达到减少动力消耗和降低系统发热的目的。卸荷回路的类型及特点如表 5-5 所示。

表 5-5　卸荷回路的类型及特点

类别	回路图	特点
用换向阀的卸荷回路	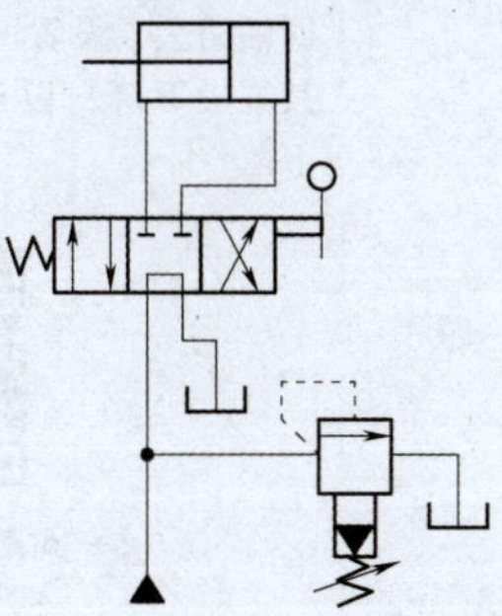	本回路结构简单，一般适用于流量较小的系统。对于压力较高、流量较大（大于 3.5 MPa、40 L/min）的系统，回路将产生冲击。 图中所示为采用三位四通 M 型换向阀进行卸荷的回路。换向阀也可用 H 型、K 型，均能达到卸荷目的。本回路不适用一泵驱动多个液压缸的多支路场合。 换向阀中位卸荷回路 本回路一般采用电液动换向阀以减少液压冲击
用溢流阀的卸荷回路	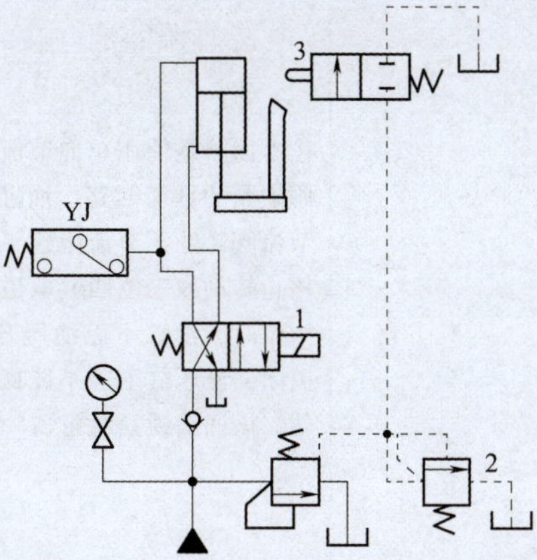 3 YJ 1 2	本回路为在小型压机上用溢流阀卸荷的回路。当二位四通电磁换向阀 1 通电，活塞下降压住工件后，液压缸内压力升高，当达到继电器调定压力时，换向阀 1 断电，活塞返回。撞块二位二通机动推动换向阀 3 后，泵卸荷。泵的压力由溢流阀 2 调节，加压压力由继电器调节

续表

类别	回路图	特点
用复合泵的卸荷回路	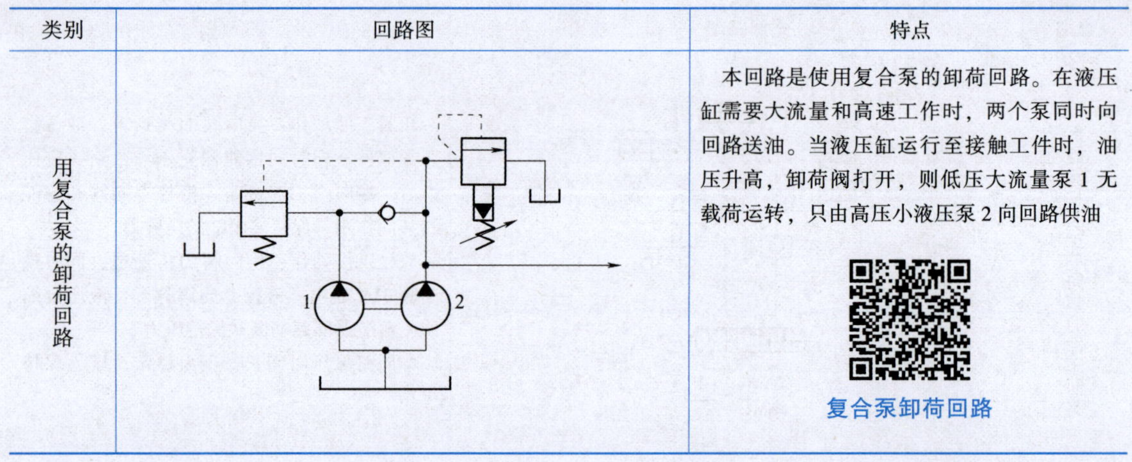	本回路是使用复合泵的卸荷回路。在液压缸需要大流量和高速工作时，两个泵同时向回路送油。当液压缸运行至接触工件时，油压升高，卸荷阀打开，则低压大流量泵 1 无载荷运转，只由高压小液压泵 2 向回路供油 复合泵卸荷回路

6. 平衡回路

在下降机构中，用来防止下降工况超速，并能在任何位置上锁紧的回路称为平衡回路。平衡回路的类型及特点如表 5-6 所示。

表 5-6 平衡回路的类型及特点

类别	回路图	特点
用单向顺序阀的平衡回路	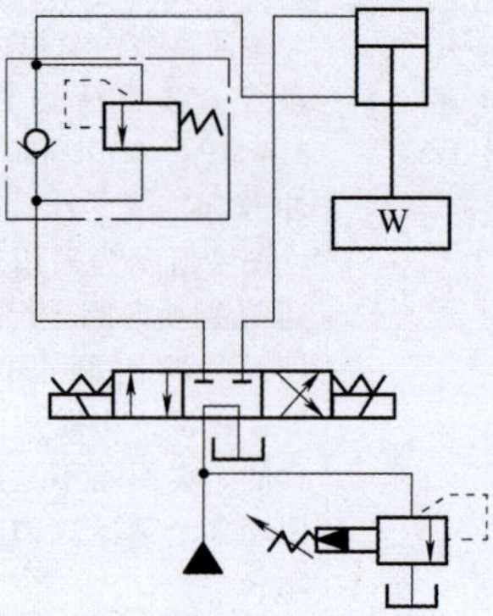	将单向顺序阀的调定压力调整到与重物 W 的质量相等或稍大，并在承重液压缸下行的回油路上，设置一定背压，阻止其下降或使其缓慢下降，以避免因其重力作用而突然下落 单向顺序阀平衡回路
用单向节流阀和液控单向阀的平衡回路	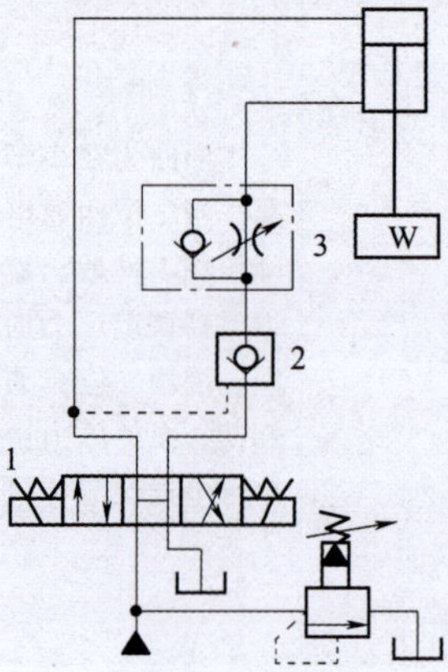	本回路是使用单向节流阀限速、液控单向阀锁紧的平衡回路。油缸活塞下降时，单向节流阀 3 处于节流限速工作状态，当泵突然停止转动或三位四通电磁换向阀 1 突然停在中位时，油缸下腔油压升高，液控单向阀 2 关闭，液压缸下腔不能回油，从而使机构锁住。该回路锁紧性能好

7. 制动回路

在液压马达带动部件运动的液压系统中，由于运动部件具有惯性，因此想要使液压马达由运动状态迅速停止，只靠液压泵卸荷或停止向系统供油仍然难以实现，为了解决这一问题，需要采用制动回路。制动回路是利用溢流阀等元件在液压马达的回油路上产生背压，使液压马达受到阻力矩而被制动。也有利用液压制动器产生摩擦阻力矩使液压马达制动的回路。制动回路的类型及特点如表 5-7 所示。

表 5-7　制动回路的类型及特点

类别	回路图	特点
用顺序阀的制动回路	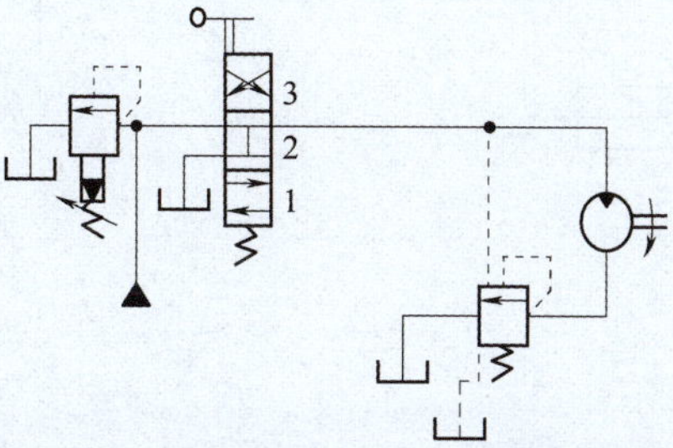	本回路适用于液压马达产生负载荷时的工况。四通阀切换到 1 的位置，当液压马达为正载荷时，顺序阀由于受到液压油作用而被打开；但当液压马达为负载荷时，液压马达入口侧的油压降低，顺序阀起制动作用。如四通阀处于 2 的位置，液压马达将停止工作
用溢流阀的制动回路	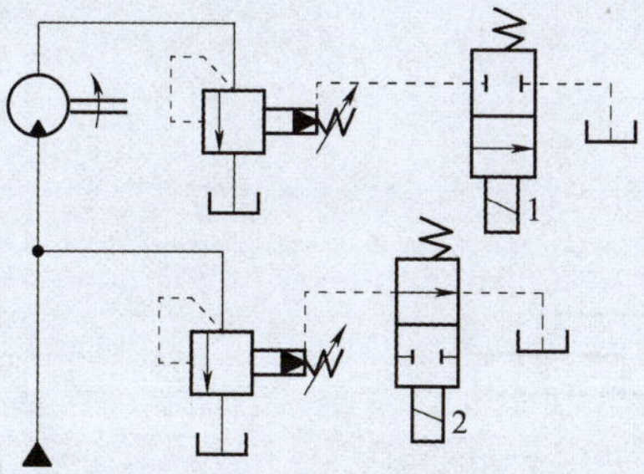	本回路为使用液控溢流阀的制动回路。用两个电磁阀分别操纵两个溢流阀的遥控口，电磁阀 1 用于减速或制动，电磁阀 2 用于加速或使液压泵卸荷

5.2.2　速度控制回路

在液压传动系统中，各机构的速度要求各不相同，而液压能源往往是共用的，要解决各执行元件不同的速度要求，就要采用速度控制回路。其主要控制方式是阀控和液压泵（或液压马达）控制。根据液压系统的工作压力、流量、功率大小及系统对温升、工作平稳性等要求，选择调速回路。调速回路主要通过节流调速、容积调速及两者兼有的联合调速方法实现。

1. 节流调速回路

节流调速系统装置简单，并能获得较大的调速范围，但系统中节流损失大、效率低，容易引起油液发热。因此，节流调速回路只适用于小功率（一般为 2~5 kW）及中低压（一般为 6.5 MPa）场合，或者系统功率较大但节流工作时间短的情况。

根据节流元件安装在油路上位置的不同，节流调速回路分为进口节流调速、出口节流调速、旁路节流调速及双向节流调速回路。节流调速回路，无论采用进口、出口或旁路节流调速，都是通过改变节流口的大小来控制进入执行元件的流量，这样就会产生能量损失。旁路节流回路，外载荷的压力即是泵的工作压力，外载荷变化，泵的输出功率也变化，所以旁路节流调速回路的效率高于进口、出口节流调速回路。但因为旁路节流调速回路低速不稳定，所以其调速比比较小。出口节流调速回路在回油路上有节流背压，工作平稳，在负载荷下仍可工作；而进口和旁路节流调速回路的节流背压为零，工作稳定性差。节流调速回路的类型及特点如表 5-8 所示。

表 5-8　节流调速回路的类型及特点

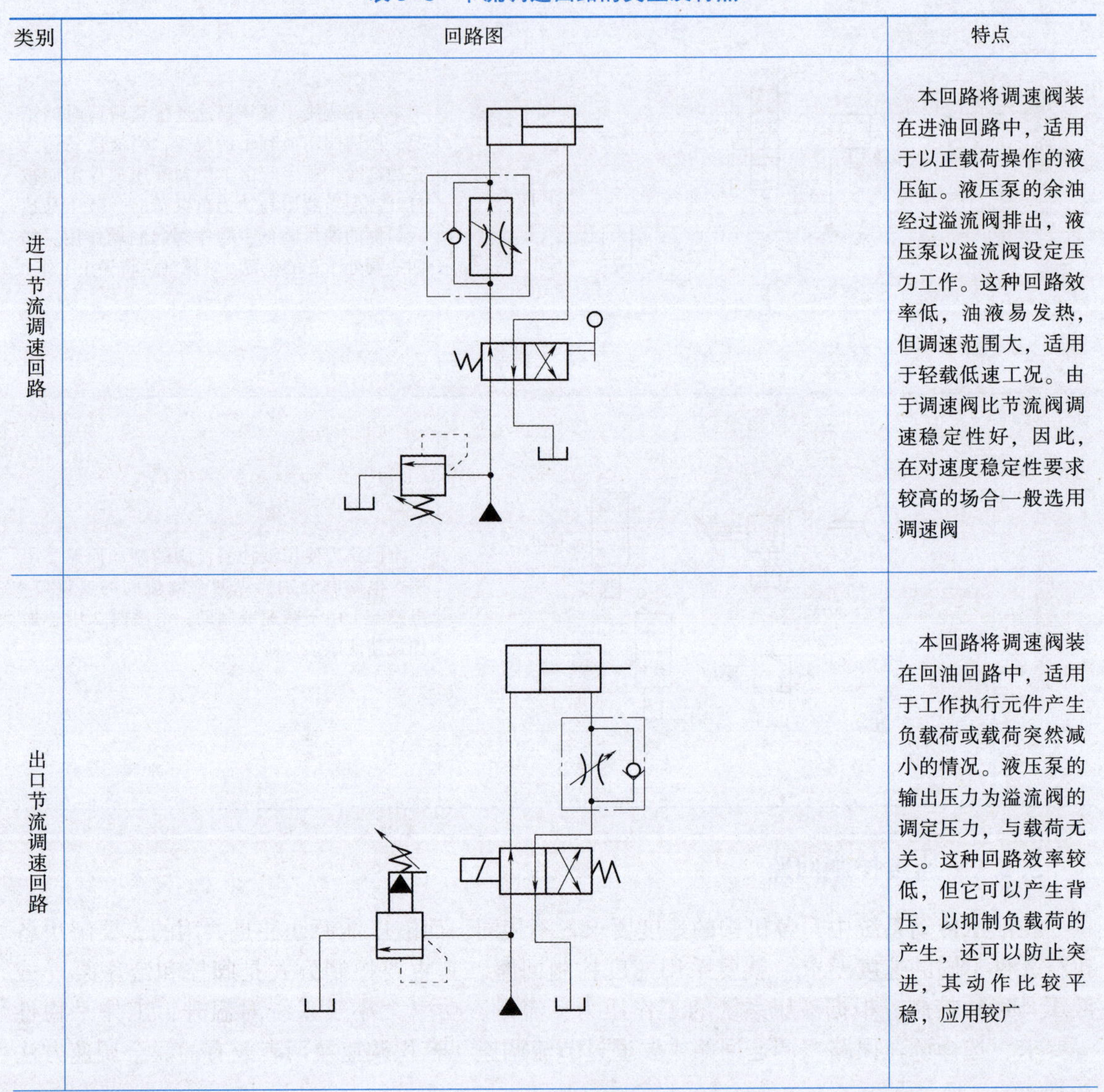

类别	回路图	特点
进口节流调速回路		本回路将调速阀装在进油回路中，适用于以正载荷操作的液压缸。液压泵的余油经过溢流阀排出，液压泵以溢流阀设定压力工作。这种回路效率低，油液易发热，但调速范围大，适用于轻载低速工况。由于调速阀比节流阀调速稳定性好，因此，在对速度稳定性要求较高的场合一般选用调速阀
出口节流调速回路		本回路将调速阀装在回油回路中，适用于工作执行元件产生负载荷或载荷突然减小的情况。液压泵的输出压力为溢流阀的调定压力，与载荷无关。这种回路效率较低，但它可以产生背压，以抑制负载荷的产生，还可以防止突进，其动作比较平稳，应用较广

续表

<table>
<tr><th>类别</th><th>回路图</th><th>特点</th></tr>
<tr><td>进口、出口节流调速回路</td><td>1DF 2DF C D E F T P
(a) 双向进口节流调速回路 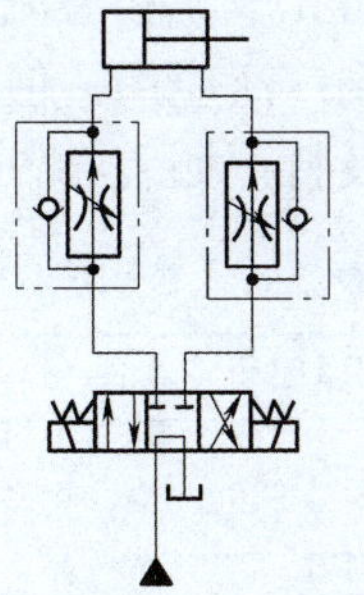　(b) 双向出口节流调速回路 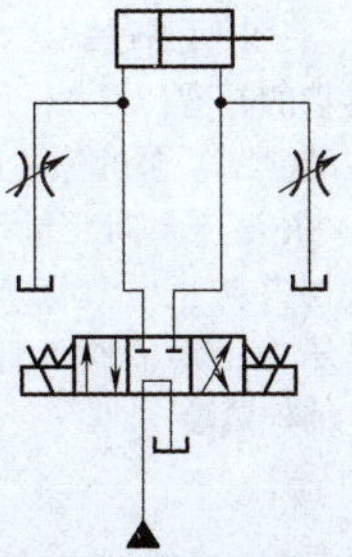
(c) 双向旁路调速回路 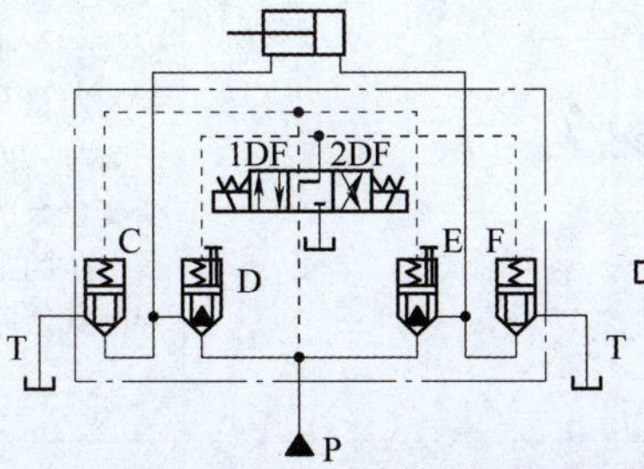　(d) 采用嵌入式锥阀的双向进口节流调速回路 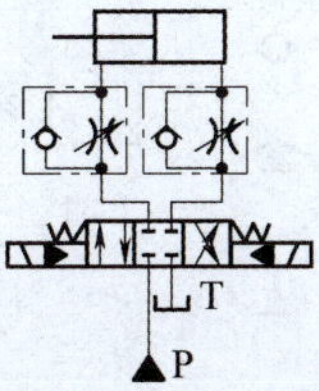 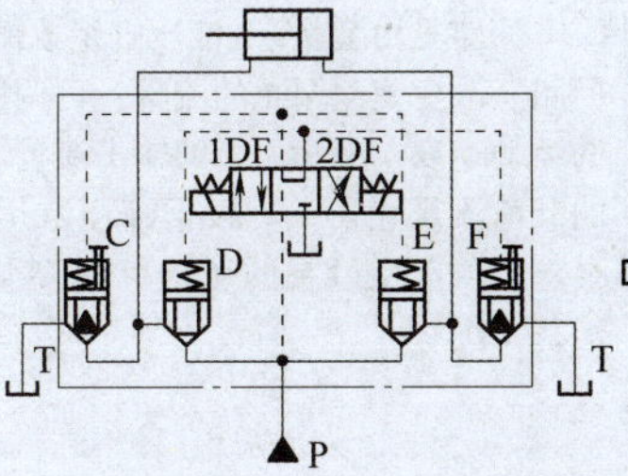 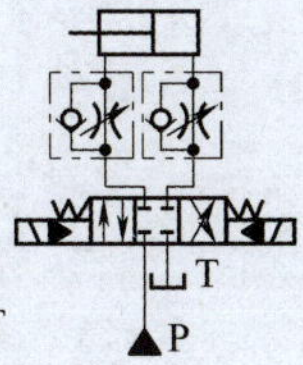
(e) 采用嵌入式锥阀的双向出口节流调速回路 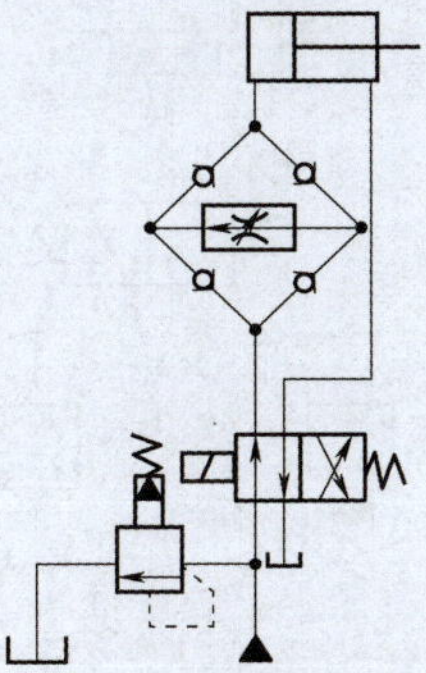　(f) 双向调速器</td><td>图 (a) ~图 (e) 所示的各回路为执行元件往返速度都可以调节的回路。调节调速阀或节流阀，可满足执行元件往返速度的要求。
图 (d) 和图 (e) 所示的调速回路适用于大流量液压系统。
图 (f) 所示为用1个调速回路和4个单向阀组成的调速器，可实现双向节流调速。4个单向阀的作用是使油液均能沿同一方向流经调速阀，保证调速阀中的定差减压阀起压力补偿作用。由于调速阀对同一个油腔进行节流，因此，即使是单杆式的液压缸，也能实现活塞的往返速度相等</td></tr>
<tr><td>旁路节流调速回路</td><td> 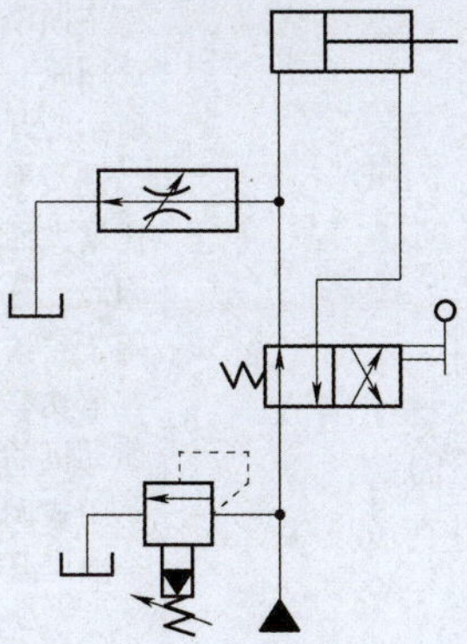</td><td>本回路中，余油直接由节流阀排入油箱，液压泵的压力随载荷而变，其安全阀仅在油压超出安全压力时才打开，所以效率高</td></tr>
</table>

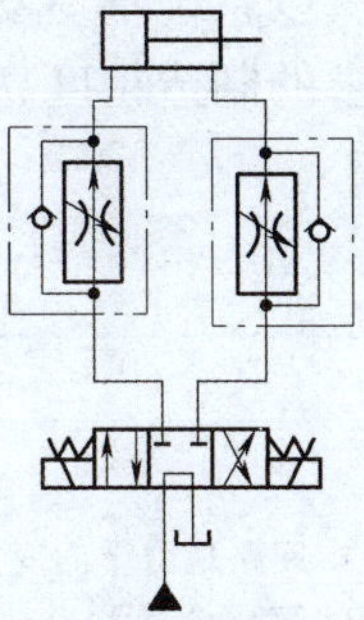

2. 容积调速回路

液压传动系统中，为了达到液压泵输出流量与负载元件流量一致而无溢流损失的目的，往往采取改变液压泵或改变液压马达（同时改变）的有效工作容积进行调速，这种调速回路称为容积调速回路。这类回路无节流和溢流能量损失，所以系统不易发热、效率较高，在功率较大的液压传动系统中得到广泛应用，但液压装置要求的制造精度高、结构较复杂、造价较高。容积调速回路的类型及特点如表 5-9 所示。

表 5-9　容积调速回路的类型及特点

类别	回路图	特点
变量泵-定量马达调速回路	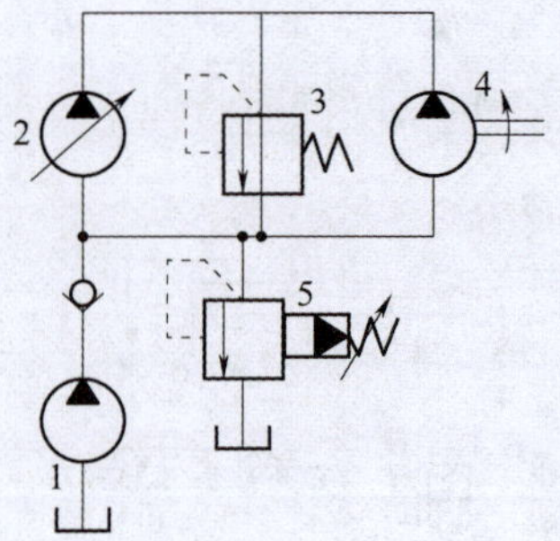	本回路是由单向变量泵和单向定量马达组成的容积调速回路。改变变量泵 2 的流量，可以调节定量马达 4 的转速。在高压管路上安装安全阀 3，防止回路过载。在低压管路上安装一个小容量的补液压泵 1，用来补充变量泵和定量马达的泄漏，泵的流量一般为主泵 2 的 20%～30%，补液压泵向变量泵供油，以改变变量泵的特性并防止空气渗入管路。补液压泵 1 的工作压力由溢流阀 5 调整。本回路为闭式回路，结构紧凑
变量泵-液压缸调速回路	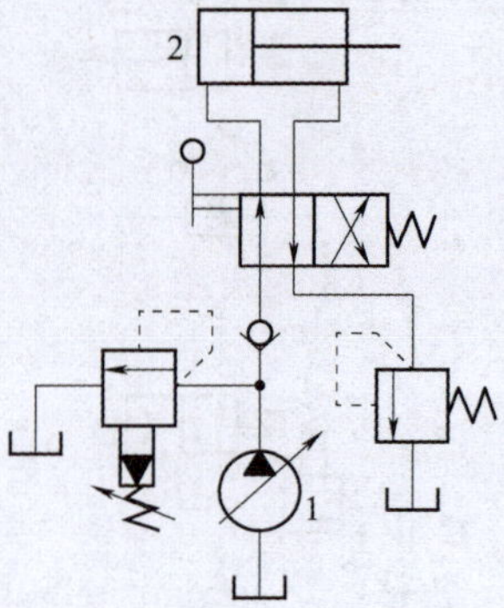	本回路是由变量泵-液压缸组成的容积调速回路。改变变量泵 1 的流量，可调节液压缸 2 的运动速度。变量泵 1 的输出流量与液压缸 2 的载荷流量相协调。根据液压缸运动速度的要求，调节变量泵的变量机构，实现液压缸运行工况
定量泵-变量马达调速回路	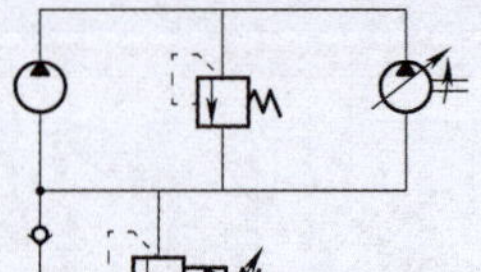 （a） 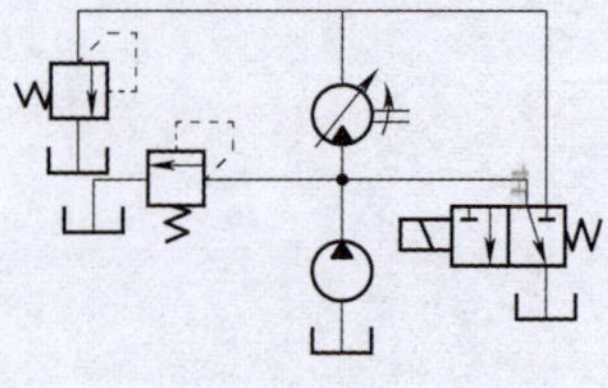 （b）	本回路是由定量泵-变量马达组成的容积调速回路。图（a）所示为闭式油路，图（b）所示为开式油路。泵出口为定压力、定流量，当调节变量马达时，其排量增大，转矩成正比增大而转速成反比减小，输出功率为恒值。因此，这类回路又称恒功率回路，该回路适用于卷扬机、起重运输机，可使原动机保持在恒功率高效工作，从而能最大限度地利用原动机的功率，达到节省能源的目的。 闭式调速回路，需要一个小型液压泵作为补液压泵，以补充主液压泵和马达的泄漏

续表

类别	回路图	特点
变量泵-变量马达调速回路	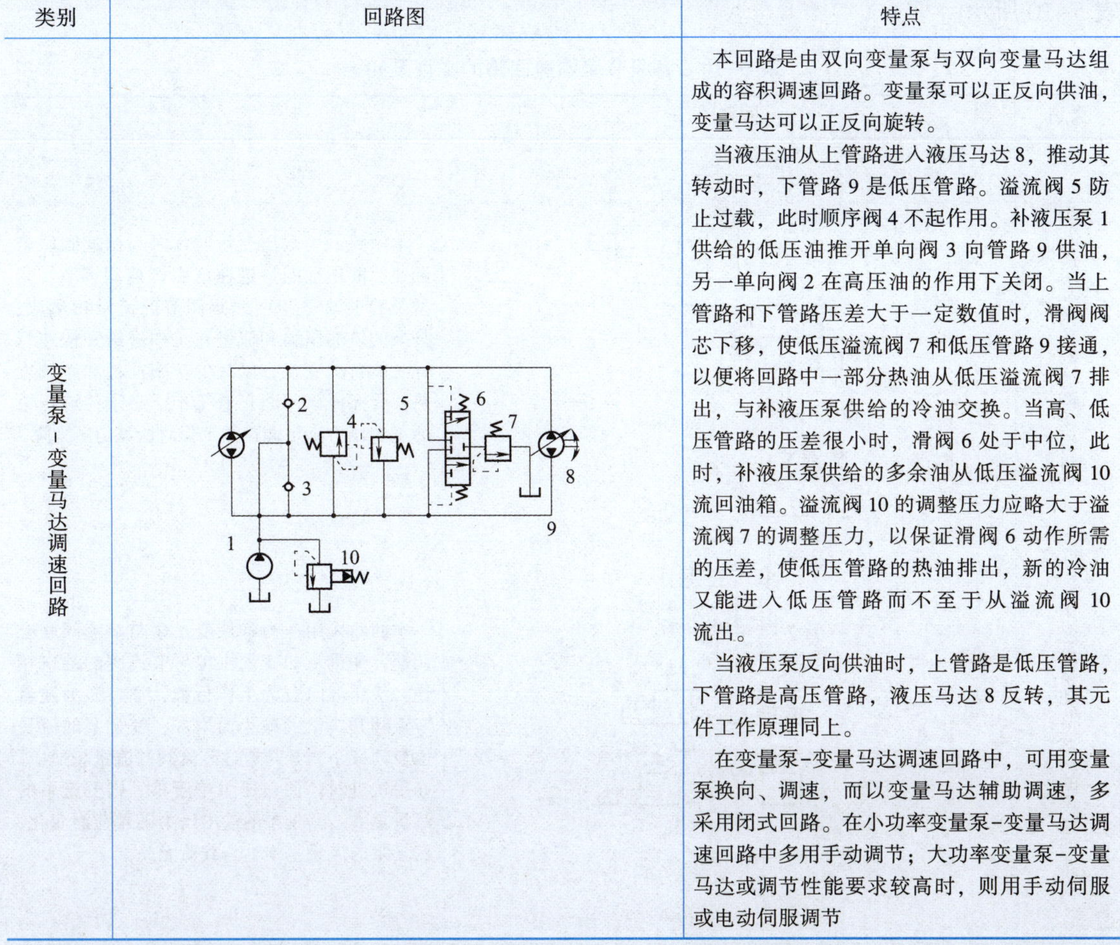	本回路是由双向变量泵与双向变量马达组成的容积调速回路。变量泵可以正反向供油，变量马达可以正反向旋转。 当液压油从上管路进入液压马达8，推动其转动时，下管路9是低压管路。溢流阀5防止过载，此时顺序阀4不起作用。补液压泵1供给的低压油推开单向阀3向管路9供油，另一单向阀2在高压油的作用下关闭。当上管路和下管路压差大于一定数值时，滑阀阀芯下移，使低压溢流阀7和低压管路9接通，以便将回路中一部分热油从低压溢流阀7排出，与补液压泵供给的冷油交换。当高、低压管路的压差很小时，滑阀6处于中位，此时，补液压泵供给的多余油从低压溢流阀10流回油箱。溢流阀10的调整压力应略大于溢流阀7的调整压力，以保证滑阀6动作所需的压差，使低压管路的热油排出，新的冷油又能进入低压管路而不至于从溢流阀10流出。 当液压泵反向供油时，上管路是低压管路，下管路是高压管路，液压马达8反转，其元件工作原理同上。 在变量泵-变量马达调速回路中，可用变量泵换向、调速，而以变量马达辅助调速，多采用闭式回路。在小功率变量泵-变量马达调速回路中多用手动调节；大功率变量泵-变量马达或调节性能要求较高时，则用手动伺服或电动伺服调节

容积调速回路有变量泵-定量马达（或液压缸）、定量泵-变量马达、变量泵-变量马达调速回路。若按油路的循环形式可分为开式调速回路和闭式调速回路。在变量泵-定量马达的液压回路中，用变量泵调速，变量机构可通过零点实现换向，因此，多采用闭式回路。在定量泵-变量马达的液压回路中，用变量马达调速。液压马达在排量很小的时候不能正常运转，变量机构不能通过零点，因此，只能采用开式回路。在变量泵-变量马达回路中，可用变量泵换向和调速，以变量马达辅助调速，多数采用闭式回路。

大功率变量泵和变量马达或调节性能要求较高时，则采用手动伺服或电动伺服调节。在变量泵-定量马达、定量泵-变量马达回路中，可分别采用恒功率变量泵和恒功率变量马达实现恒功率调节。

随着载荷的增加，变量泵-定量马达、液压缸容积调速回路会使工作部件产生进给速度不稳定的状况。因此，这类回路只适用于载荷变化不大的液压系统中。当载荷变化较大、速度稳定性要求又较高时，可采用容积节流调速回路。

3. 容积节流调速回路

容积节流调速回路，是由调速阀或节流阀与变量泵配合进行调速的回路。在容积节流调速的液压回路中，存在着与容积调速回路相似的弱点，即执行元件（液压缸或液压马达）的速度随载荷的变化而变化。但采用变量泵与节流阀或调速阀相配合，就可以提高其速度的稳定性，从而适用于对速度稳定性要求较高的场合。容积节流调速回路的类型及特点如表 5-10 所示。

表 5-10　容积节流调速回路的类型及特点

类别	回路图	特点
用变量泵和调速阀的调速回路	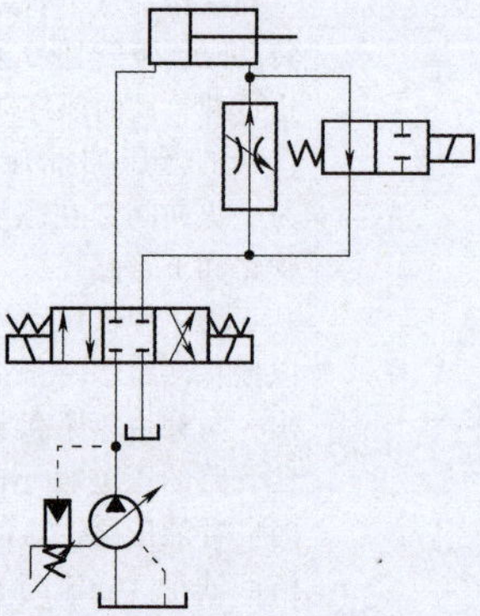	本回路采用限压变量叶片泵与调速阀联合调速。液压缸的慢进速度由调速阀调节，变量泵的供油量与调速阀调节的流量相适应，且泵的供油压力和流量在工作进给和快速行程时能自动变换，以减少功率消耗和系统发热。要保证该回路正常工作，必须使液压泵的工作压力满足调速阀工作时所需的压力降
用变量泵和节流阀的调速回路	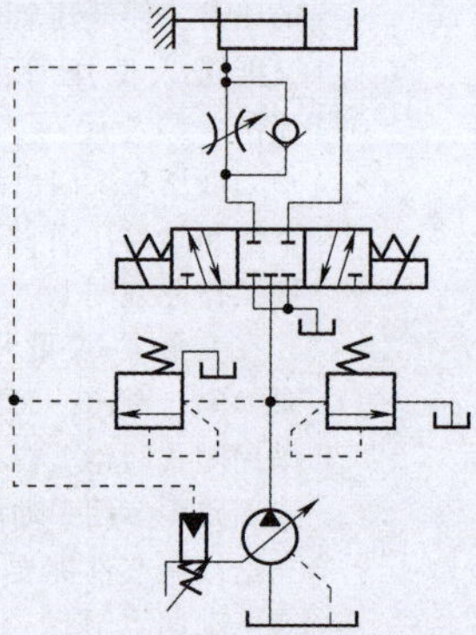	本回路采用压力补偿变量泵与节流阀联合调速。变量泵的变量机构与节流阀的油口相连。液压缸向右为工作行程，油口压力随着节流阀开口量的减小而增加，变量泵的流量也自动减小，并与通过节流阀的流量相适应。如果快进时，油口压力趋于零，则变量泵的流量最大。变量泵的输出压力随载荷而变化，变量泵的流量基本上与载荷无关

4. 增速回路

增速回路是指在不增加液压泵流量的前提下，使执行元件运行速度增加的回路，通常采用差动缸、增速缸、自重充液、蓄能器等方法实现。增速回路的类型及特点如表 5-11 所示。

表 5-11　增速回路的类型及特点

类别	回路图	特点
差动缸增速回路	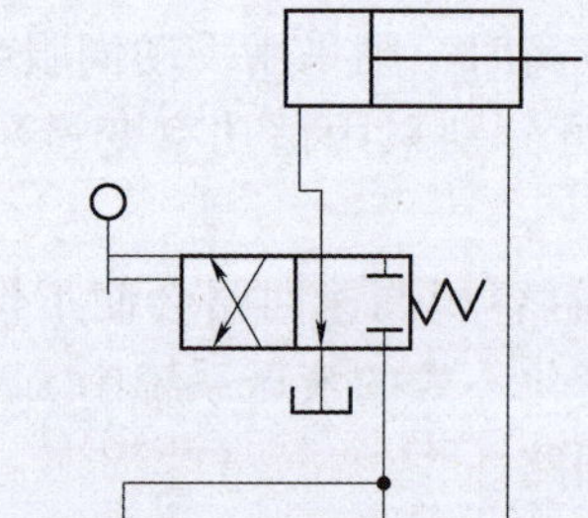	液压缸由有杆腔和无杆腔构成。两个腔受压面积不等，其面积比值即为速度变化的倍数。如左图所示，当换向阀换到左位时，液压缸呈差动连接，液压泵输出的油液和液压缸返回的油液合流进入液压缸无杆腔，活塞实现快速运动。该回路在设计应用时，一定要考虑有杆腔的反力作用

续表

类别	回路图	特点
增速缸增速回路	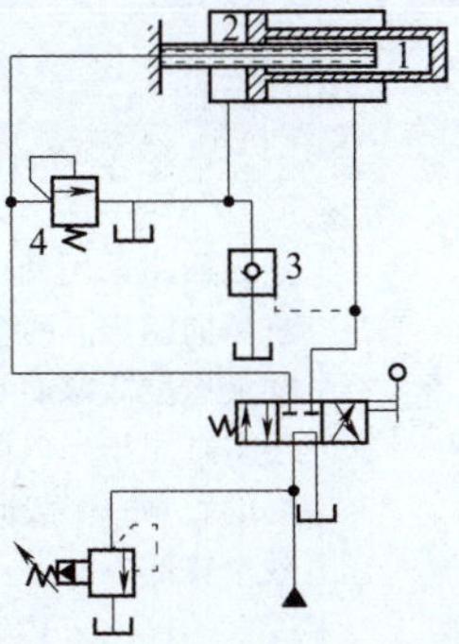	采用增速活塞的结构实现增速。活塞快速右行时，泵只供给增速活塞小腔1所需的油液，大腔2所需的油液通过液动单向阀3从油箱中吸取；当外载荷增加时，系统压力升高，使顺序阀4打开，单向阀3关闭，液压油进入大腔2，活塞慢速移动。回程时，液压油打开单向阀3，大腔2内的油排回油箱，活塞快速回程

5. 减速回路

减速回路是使执行元件的速度平缓地降低，以达到实际运行速度要求的回路。减速回路的类型及特点如表5-12所示。

表5-12　减速回路的类型及特点

类别	回路图	特点
用行程阀的减速回路	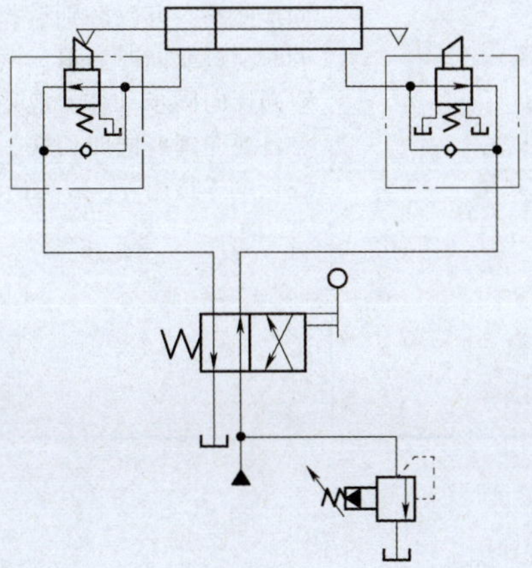	在液压缸两侧接入行程阀，通过活塞杆上的凸轮进行操作，在每次接近终端时，进行排油控制，使其逐渐减速，平缓停止

6. 同步回路

在有两个或多个液压执行元件的液压系统中，要求执行元件以相同的位移或相同的速度同步运行时，就要使用同步回路。在同步回路的设计中，必须注意执行元件名义上要求的流量，可能会受到载荷不均衡、摩擦阻力不相等、泄漏量有差别、制造上有差异等各种因素的影响。为了弥补这些因素造成的流量变化，应采取必要的措施。同步回路的类型及特点如表5-13所示。

表 5-13　同步回路的类型及特点

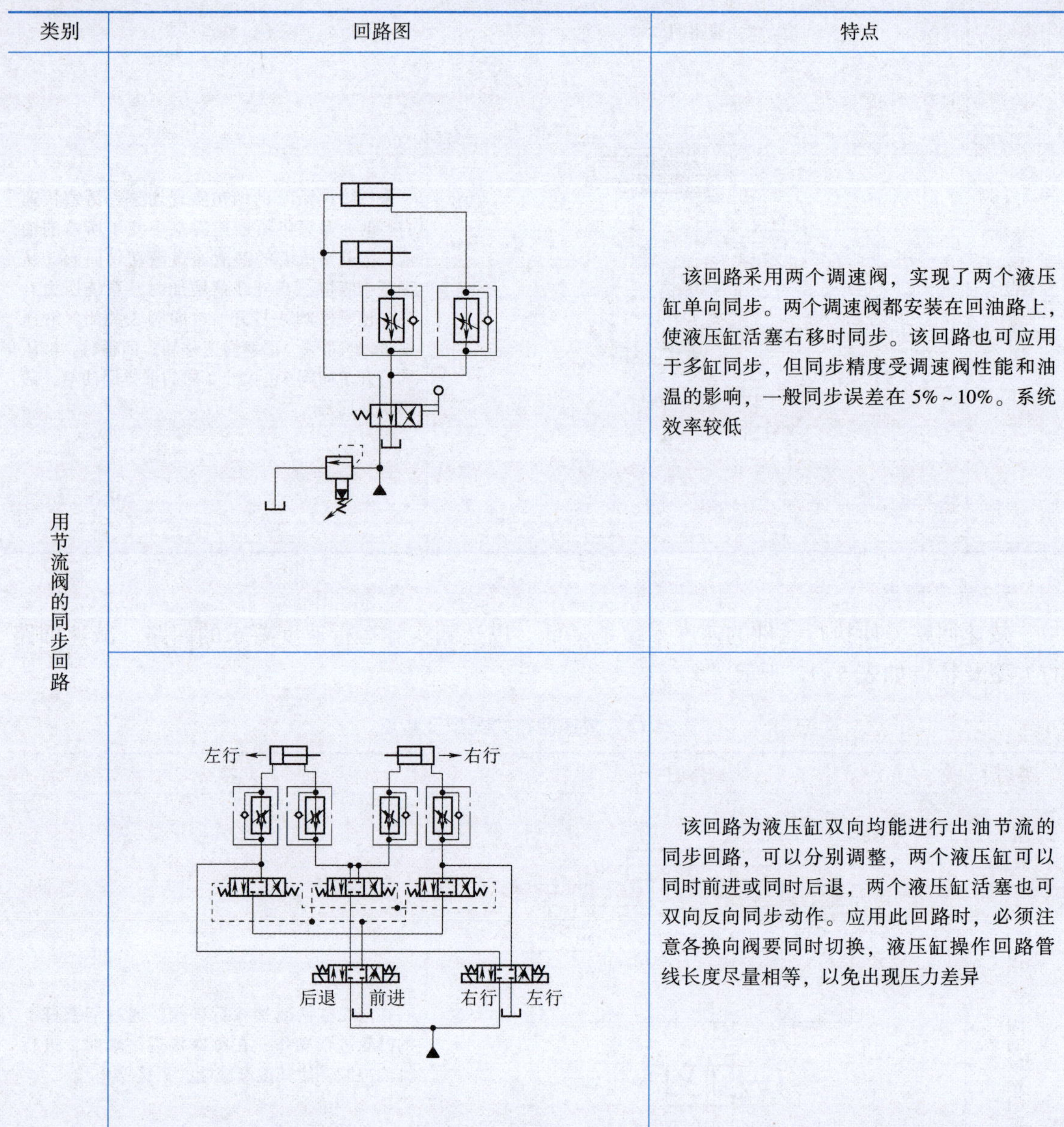

类别	回路图	特点
用节流阀的同步回路		该回路采用两个调速阀，实现了两个液压缸单向同步。两个调速阀都安装在回油路上，使液压缸活塞右移时同步。该回路也可应用于多缸同步，但同步精度受调速阀性能和油温的影响，一般同步误差在 5%～10%。系统效率较低
		该回路为液压缸双向均能进行出油节流的同步回路，可以分别调整，两个液压缸可以同时前进或同时后退，两个液压缸活塞也可双向反向同步动作。应用此回路时，必须注意各换向阀要同时切换，液压缸操作回路管线长度尽量相等，以免出现压力差异

5.2.3　方向控制回路

在液压传动系统中，执行元件的启动、停止或改变运动方向均通过控制进入执行元件的液流通断或方向来实现。实现方向控制的基本方法有阀控制、泵控制、执行元件控制。阀控制主要是采用方向控制阀分配液压系统中的能量；泵控制是采用双向定量泵和双向变量泵改变液流的方向和流量；执行元件控制是采用双向液压马达改变液流方向。方向控制回路的类型及特点如表 5-14 所示。

表 5-14　方向控制回路的类型及特点

类别	回路图	特点
用阀控制的方向控制回路	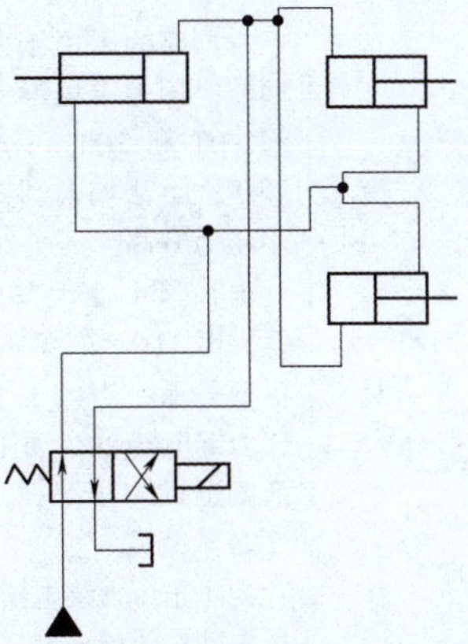	本回路为使用二位四通阀控制的方向控制回路。电磁阀通电，液压油进入 3 个液压缸的无杆腔，推动活塞。当电磁阀断电时，如图示位置，液压油进入有杆腔，活塞反向运动
用泵控制的方向控制回路	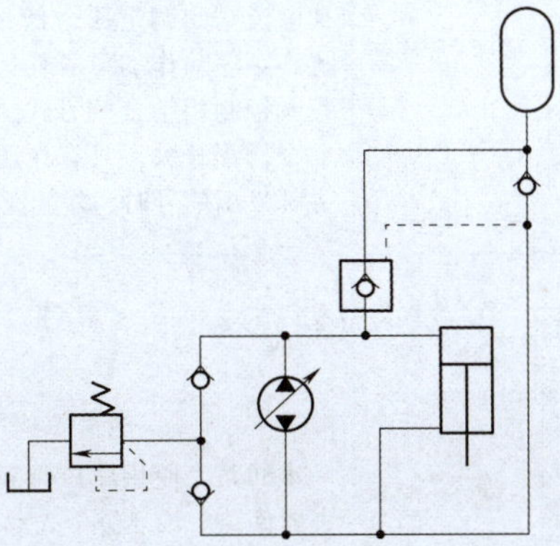	本回路为使用双向变量泵控制的方向控制回路。为了补偿在闭式液压回路中单杆液压缸两侧油腔的油量差，回路采用了蓄能器。当活塞向下运行时，蓄能器放出油液以补偿泵吸油量的不足。当活塞向上运行时，液压油将液控单向阀打开，使液压缸上腔多余的回油流入蓄能器

5.2.4　其他液压回路

顺序阀控制的顺序动作回路

1. 顺序动作回路

顺序动作回路是实现多个执行元件依次动作的回路。按其控制的方法不同，可分为压力控制、行程控制和时间控制顺序动作回路。顺序动作回路的类型及特点如表 5-15 所示。

表 5-15　顺序动作回路的类型及特点

类别	回路图	特点
压力控制顺序动作回路	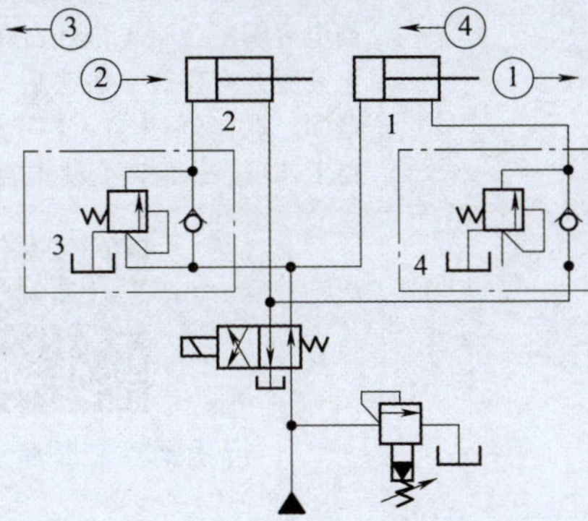	本回路为采用顺序阀控制的顺序动作回路。换向阀置于右位时，液压缸 1 的活塞前进，当活塞杆接触工件后，回路中压力升高，顺序阀 3 接通液压缸 2，其活塞右行。工作结束后，将换向阀置于左位，此时，液压缸 2 的活塞先退，当退至左端点时，回路压力升高，从而打开顺序阀 4，液压缸 1 的活塞退回原位。完成①—②—③—④的顺序动作。 在用顺序阀的顺序动作回路中，顺序阀的调定压力必须大于前一行程液压缸的最高工作压力，否则前一行程尚未终止，下一行程就开始动作了

续表

类别	回路图	特点
压力控制顺序动作回路	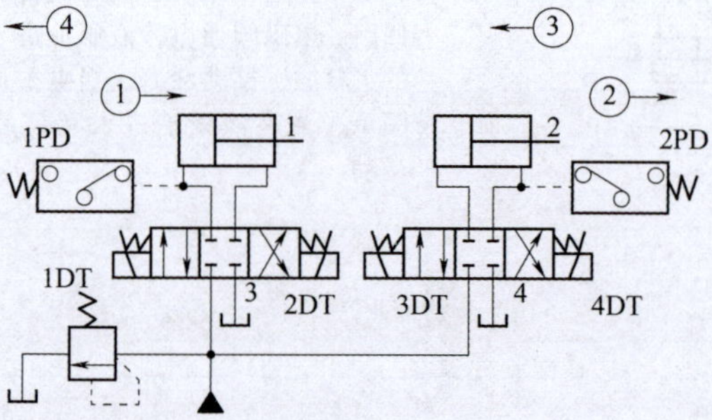	本回路为采用压力继电器控制的顺序动作回路。压力继电器 1PD、2PD 分别控制换向阀 3DT 和 2DT，1DT 通电，阀 3 处于左位，液压缸 1 活塞右移；当活塞行至终点，回路中压力升高，压力继电器 1PD 动作，使 3DT 通电，阀 4 处于左位，液压缸 2 活塞右移。返回时 1DT、2DT 断电，4DT 通电，液压缸 2 活塞先退；当其退至终点，回路压力升高，压力继电器 2PD 动作，使 2DT 通电，液压缸 1 活塞退回。全部循环按①—②—③—④的顺序动作完成。 为防止压力继电器误动作，它的调定压力应比先动作的液压缸工作压力高 0.3～0.5 MPa，比溢流阀的调定压力低 0.3～0.5 MPa。为了提高顺序动作的可靠性，可以采用压力与行程阀控制相结合的方式，即在活塞终点安装一个行程开关，只有在压力继电器和行程开关都发出信号时，才能使换向阀动作
	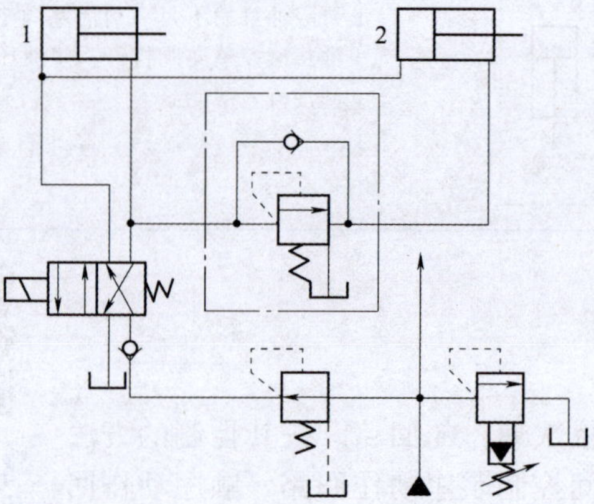	本回路为使用减压阀和顺序阀组成的定位夹紧回路。液压缸 1 先动作，夹紧工件定位；定位后，液压缸 1 停止动作，回路压力升高，顺序阀打开，液压缸 2 动作夹紧工件。通过调节减压阀的输出压力控制夹紧力的大小，同时保持夹紧力的稳定
行程控制顺序动作回路	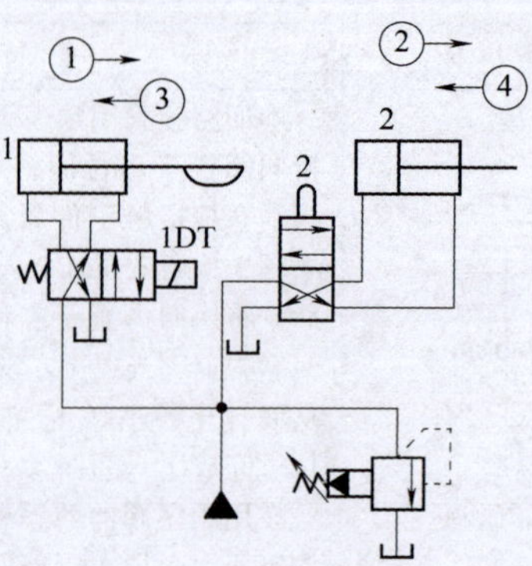	本回路为采用行程阀控制的顺序动作回路，根据需要将行程阀装在指定位置上。当 1DT 通电、液压缸 1 活塞右移，直至其碰块压下行程阀 2 触头后，液压缸 2 活塞开始右移；当电磁阀复位后，液压缸 1 活塞先退回，直至其脱开行程阀 2 触头后，液压缸 2 活塞才退回。动作顺序①—②—③—④完成。该回路工作可靠，但改变动作顺序比较困难 行程阀控制顺序动作回路

续表

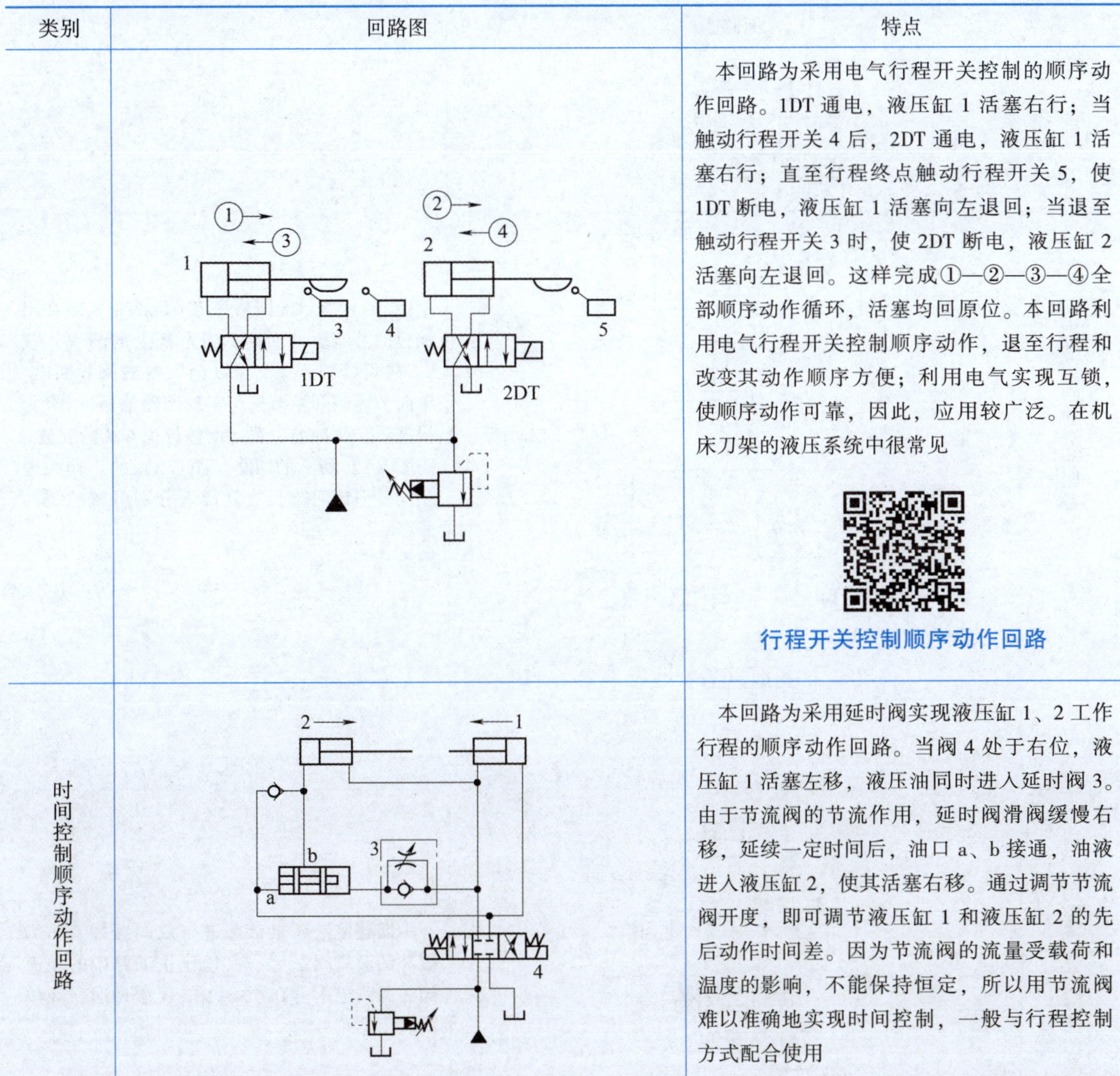

类别	回路图	特点
		本回路为采用电气行程开关控制的顺序动作回路。1DT 通电，液压缸 1 活塞右行；当触动行程开关 4 后，2DT 通电，液压缸 1 活塞右行；直至行程终点触动行程开关 5，使 1DT 断电，液压缸 1 活塞向左退回；当退至触动行程开关 3 时，使 2DT 断电，液压缸 2 活塞向左退回。这样完成①—②—③—④全部顺序动作循环，活塞均回原位。本回路利用电气行程开关控制顺序动作，退至行程和改变其动作顺序方便；利用电气实现互锁，使顺序动作可靠，因此，应用较广泛。在机床刀架的液压系统中很常见 行程开关控制顺序动作回路
时间控制顺序动作回路		本回路为采用延时阀实现液压缸 1、2 工作行程的顺序动作回路。当阀 4 处于右位，液压缸 1 活塞左移，液压油同时进入延时阀 3。由于节流阀的节流作用，延时阀滑阀缓慢右移，延续一定时间后，油口 a、b 接通，油液进入液压缸 2，使其活塞右移。通过调节节流阀开度，即可调节液压缸 1 和液压缸 2 的先后动作时间差。因为节流阀的流量受载荷和温度的影响，不能保持恒定，所以用节流阀难以准确地实现时间控制，一般与行程控制方式配合使用

压力控制顺序动作回路是用油路中压力的差别自动控制多个执行元件先后动作的回路。对于多个执行元件要求的顺序动作，压力控制顺序动作回路在给定的最高工作压力范围内有时难以安排各自的调定压力。对于顺序动作要求严格或多个执行元件的液压系统，采用行程控制回路实现顺序动作更为合适。

行程控制顺序动作回路是在液压缸移动一段规定行程后，由机械结构或电气元件作用，改变液流方向，使另一液压缸移动的回路。

时间控制顺序动作回路是采用延时阀、时间继电器等延时元件，使多个液压缸按时间先后完成动作的回路。

2. 缓冲回路

当执行元件带动速度较高或质量较大的工作机构时，若突然停止或换向，则会产生很大的冲击和振动。为了减少或消除冲击，除了对液压元件本身采取一些措施外，还需要在液压系统的设计上采取一些办法实现缓冲，这种回路称为缓冲回路。缓冲回路的类型及特点如表 5-16 所示。

表 5-16　缓冲回路的类型及特点

类别	回路图	特点
用节流阀的缓冲回路	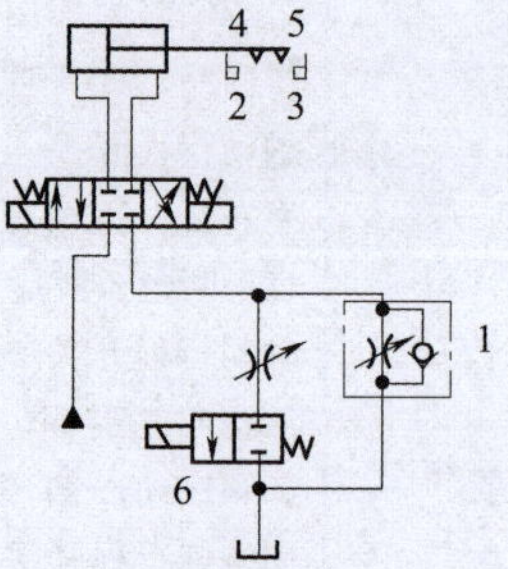 (a) 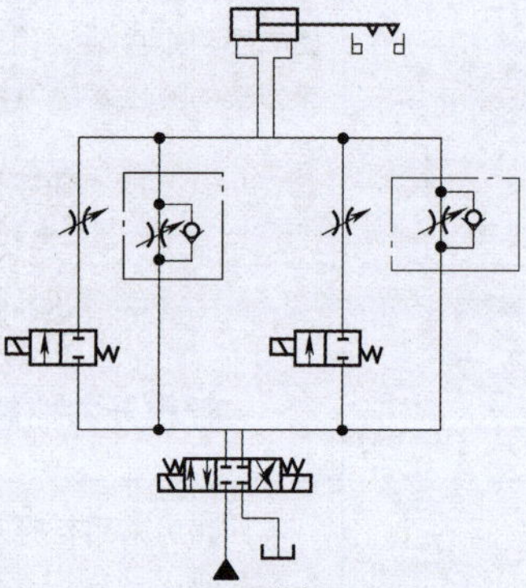 (b)	图（a）所示的回路是将节流阀 1 安装在出油口的节流缓冲回路。活塞杆上的凸块 4 或 5，碰到行程开关 2 或 3 时，电磁阀 6 断电，单向节流阀开始节流，实现回路的缓冲作用。根据要求缓冲的位置，调整行程开关的安放。 图（b）所示的回路与图（a）的工作原理相同，但该回路为往复行程分别可调的缓冲回路
用溢流阀的缓冲回路	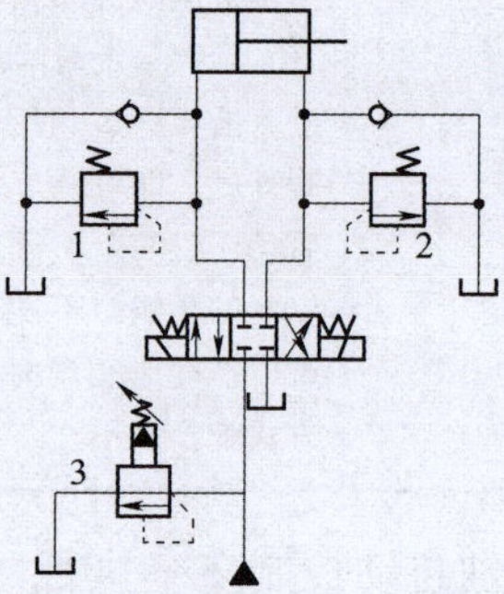	本回路使液压缸活塞进行双向缓冲。作为缓冲的溢流阀 1、2，必须比主油路中的溢流阀 3 的调定压力高 5%～10%，缓冲时，经单向阀由油箱补油
用液压缸的缓冲回路	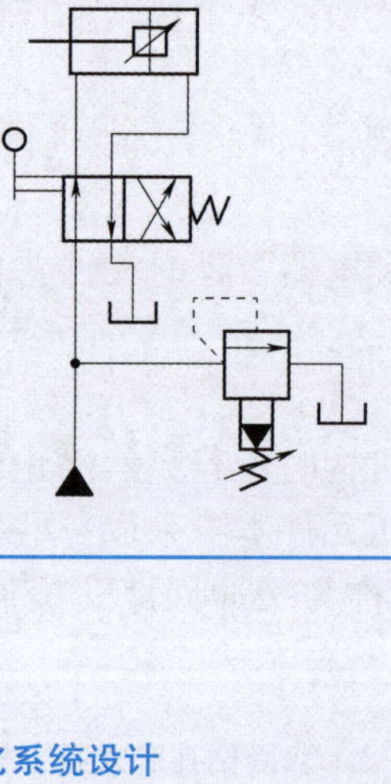	由缓冲液压缸组成的缓冲回路。对液压回路没有特殊的要求，缓冲动作可靠，但对缓冲液压缸的行程设计要求严格，不容易变换，适合于缓冲行程位置固定的工作场合，故限制了适用范围。其缓冲效果由缓冲液压缸的缓冲装置调整

3. 锁紧回路

锁紧回路是使执行元件停止工作，并将其锁紧在要求位置上的回路。锁紧回路的类型及特点如表 5-17 所示。

表 5-17　锁紧回路的类型及特点

类别	回路图	特点
用单向阀的锁紧回路	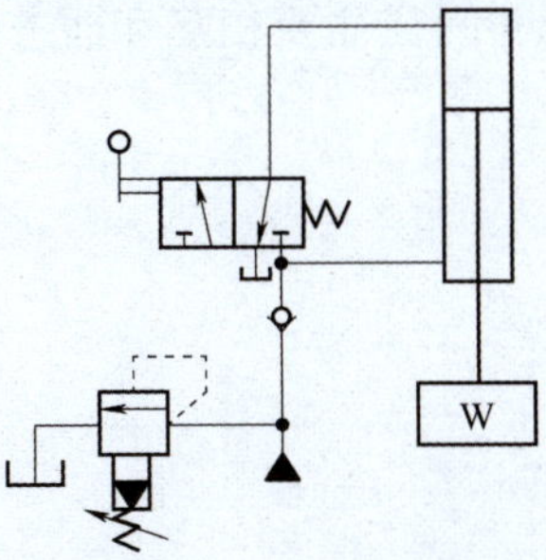	本回路采用一个单向阀，使液压缸活塞锁紧在行程的终点。单向阀的作用是防止重物因自重下落，也防止外载荷变化时活塞移动。本回路只能实现在液压缸一端锁紧
用液控单向阀的锁紧回路	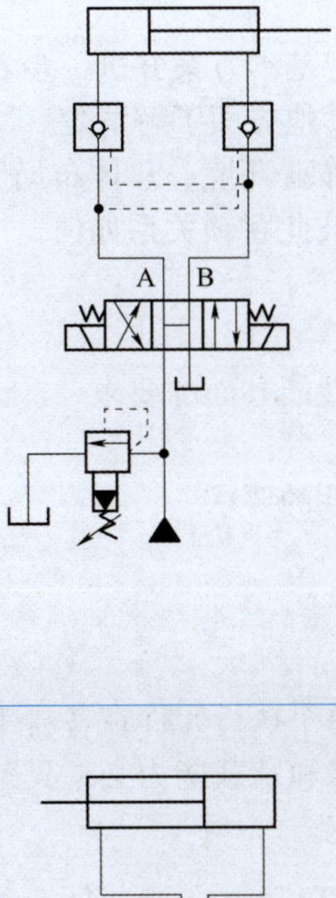	本回路为采用两个液控单向阀组成的锁紧回路，可以实现活塞在任意位置上的锁紧。只有在电磁换向阀通电切换时，液压油向液压缸供给，液控单向阀被反向打开，液压缸活塞才能运动。此回路锁紧精度高，在设计中应用本回路时，为了保证可靠的锁紧，其换向阀应该采用 H 型或 Y 型。这样，当换向阀处于中位时，A、B 两个油口直通油箱，液控单向阀才能立即关闭，活塞停止运动并被锁紧。否则（如采用 O 型阀），往往因单向阀控制腔液压油被封闭而不能立即关闭，直到换向阀内泄后才能使液控单向阀关闭，这样将影响回路的锁紧精度 液控单向阀控制的锁紧回路
用换向阀的锁紧回路	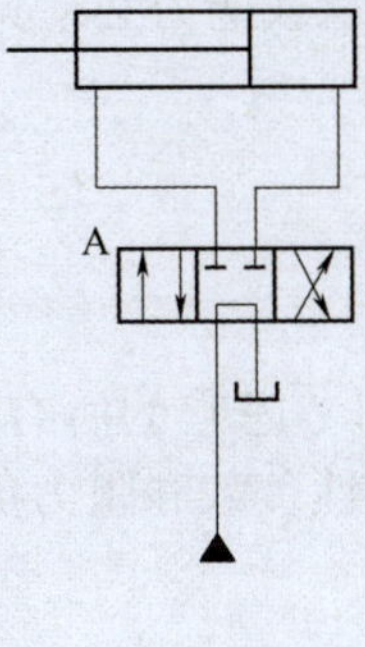	本回路是双向锁紧回路。由于滑阀存在一定的泄漏，因此，在需要较长时间且精度要求较高的系统中是不适合使用这种回路进行锁紧的

5.3 液压系统的设计

液压系统是液压设备的一个组成部分，它与主机的关系密切，两者的设计通常需要同时进行。液压系统的设计要求是必须从实际出发，重视调查研究，注意吸取国内外先进技术，有机地结合各种传动形式，充分发挥液压传动的优点，力求做到设计出系统质量小、体积小、效率高、工作可靠、结构简单、操作和维护保养方便、经济性好的液压系统。

液压系统的设计步骤并无严格的顺序，各步骤间往往要相互穿插进行。一般来说，按如下步骤进行。

(1) 明确设计要求。

(2) 进行工况分析。

(3) 确定基本方案，拟定液压系统图。

(4) 液压元件的选择与计算。

(5) 液压系统的性能验算。

(6) 绘制工作图，编制技术文件。

在设计过程中不一定严格按照这些步骤进行，有时可以交替进行，甚至反复多次。某些关键性的参数和性能难以确定时，需要先经过试验，才能将设计方案确定下来。

5.3.1 明确设计要求

设计要求是进行每项工程设计的依据。在确定基本方案并进一步着手液压系统各部分设计之前，必须把设计要求及与该设计内容有关的其他方面了解清楚。

(1) 主机的概况：用途、性能、工艺流程、作业环境、总体布局等。

(2) 液压系统要完成哪些动作，动作顺序及彼此联锁关系如何。

(3) 液压驱动机构的运动形式、运动速度。

(4) 各动作机构的载荷大小及其性质。

(5) 对调速范围、运动平稳性、转换精度等性能方面的要求。

(6) 对自动化程序、操作控制方式的要求。

(7) 对防尘、防爆、防寒、噪声、安全可靠性的要求。

(8) 对效率、成本等方面的要求。

5.3.2 进行工况分析

对液压系统进行工况分析，就是要查明它的每个执行元件在各自工作过程中的运动速度和负载的变化规律。这是满足主机规定的动作要求和承载能力必须具备的条件。

液压系统承受的负载可通过以下几种方式确定。

(1) 可由主机的规格规定。

(2) 可由样机通过实验测定。

(3) 可由理论分析确定。

当用理论分析确定系统的实际负载时，必须仔细考虑它的所有组成项目，如工作负载（切削力、挤压力、弹性塑性形变拉力、重力等）、惯性负载和阻力负载（摩擦力、背压力）等，并把它们绘成图形。

1. 运动分析

运动分析是分析主机按其工艺要求，以何种运动规律完成一个工作循环，要求绘出速度循环图。图 5-4、图 5-5 所示分别为组合机床动力滑台的工作循环图和速度循环图。

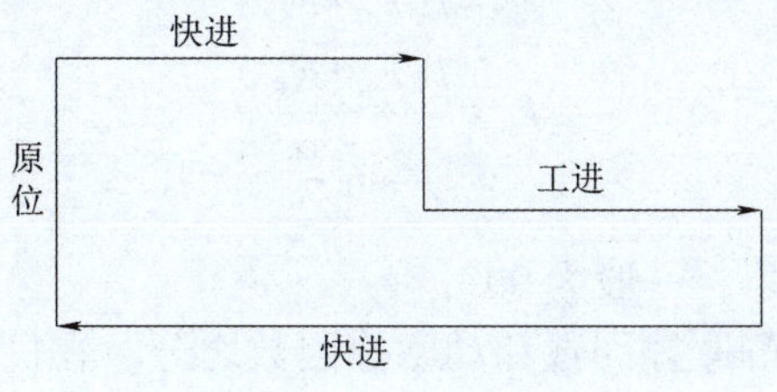

图 5-4　工作循环图

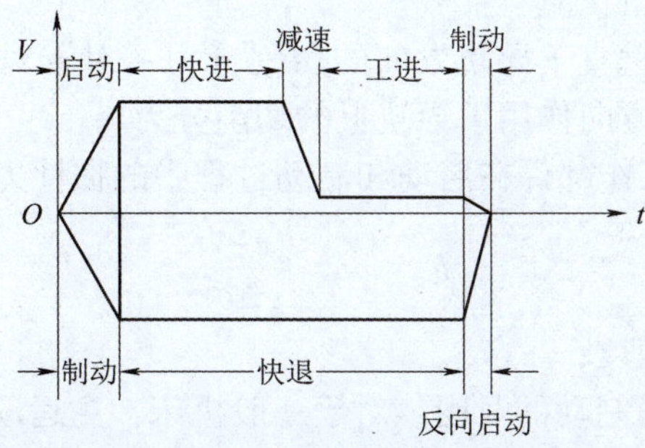

图 5-5　速度循环图

2. 动力分析

对于某些设备，若负载变化较复杂，在条件允许时，按工况分析，绘出负载循环图。为确定液压执行元件的工作压力、拟定液压系统提供可靠的依据，对功率变化较大的主机，还应绘出功率循环图，这样可合理利用液压能源。

3. 液压缸的负载分析

（1）工作阻力 F_t——沿液压缸运动方向的切削分力、重力、挤压力等。

（2）摩擦阻力 F_m——液压缸工作机构工作时需要克服的机械摩擦力。对于机床来说，即导轨摩擦阻力，它与导轨形状、放置情况及运动状态有关。

选用最常见的两种导轨型式，如图 5-6 所示。

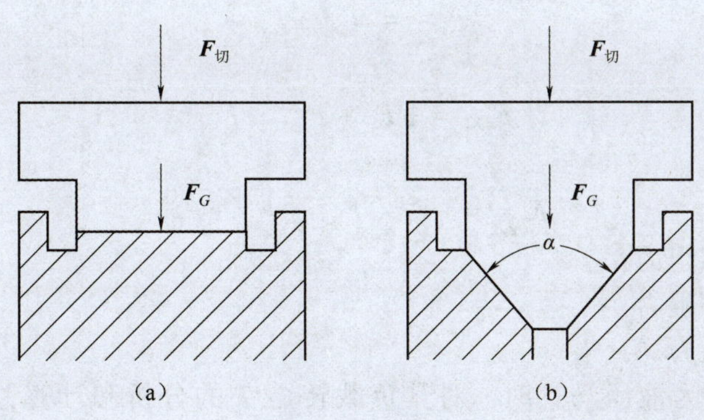

图 5-6　导轨型式

（a）平导轨；（b）对称 V 形导轨

两种导轨的摩擦阻力计算公式分别为

平导轨 $$F_m=f(F_G+F_{切})$$

对称 V 形导轨 $$F_m=\frac{f(F_G+F'_{切})}{\sin\frac{\alpha}{2}}$$

式中 α ——V 形导轨的夹角，一般为 90°；

f——摩擦因数，有静摩擦因数和动摩擦因数之分。在机床滑动导轨上，一般静摩擦因数 $f_j\leqslant 0.2\sim0.3$，动摩擦因数 $f_d\leqslant 0.05\sim0.1$。启动时按静摩擦因数计算，运动时按动摩擦因数计算；

F_G——运动部件的总重，N；

$F_{切}$——对于平导轨为垂直于导轨方向的切削分力；对于对称 V 形导轨为沿 V 形导轨横剖面中心线方向作用于导轨上的切削分力。

（3）惯性阻力 F_g——工作部件在启动和制动过程中的惯性力。

$$F_g=ma=\frac{F_G\Delta v}{g\Delta t}$$

式中 a——工作部件的加速度；

Δt——启动加速或减速制动的时间。对于一般机床，主运动 $\Delta t=0.25\sim0.5$ s，进给运动 $\Delta t=0.1\sim0.5$ s，磨床 $\Delta t=0.01\sim0.05$ s。低速轻载运动部件取较小值，反之取较大值；

Δv ——在 Δt 时间内的速度变化量。

惯性阻力有正、有负，启动时为正，制动时为负。

（4）密封阻力 F_m——密封件在相对运动中产生的摩擦阻力。

（5）背压阻力 F_b——液压缸回油路上的阻力。

4. 机床液压缸在各工作阶段总外负载 $F_{f\sum}$ 的计算

（1）启动阶段。

$$F_{f\sum}=F_{mj}\pm F_G$$

（2）加速阶段。

$$F_{f\sum}=F_{md}+F_g\pm F_G$$

（3）快进阶段。

$$F_{f\sum}=F_{md}\pm F_G$$

（4）工进阶段。

$$F_{f\sum}=\pm F_t+F_{md}\pm F_G$$

（5）制动阶段。

$$F_{f\sum}=\pm F_t+F_{md}-F_g\pm F_G$$

式中 F_{mj}——静摩擦阻力；

F_{md}——动摩擦阻力；

F_t——工作阻力。

当液压执行元件为液压马达时，对其负载转矩 T 的分析和计算，思考方法与液压缸相同。

5. 绘制液压缸负载图

绘制液压缸负载图，如图 5-7 所示。

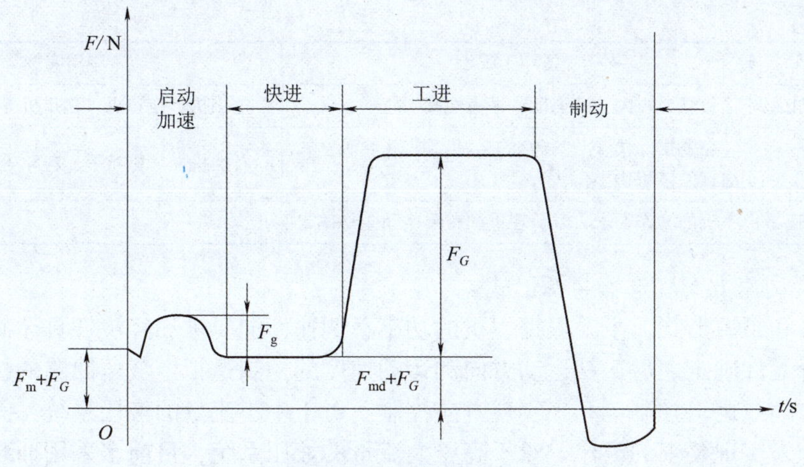

图 5-7　液压缸负载图

5.3.3　确定系统方案，拟定液压系统图

确定液压系统方案、拟定液压系统图，是设计液压系统关键性的一步。系统方案，首先应满足工况提出的工作要求（运动和动力）和性能要求；其次，拟定系统图时，还应力求系统效率高、发热少、简单、可靠、寿命长、造价低。

1. 确定系统方案

通过分析负载循环图，可初步确定最大负载点，并根据工况特点和性能要求，用类比法选用执行元件的工作压力。当主机的工况难以类比时，可按负载的大小选取。在选用液压泵时，应注意选用液压泵的类型和额定压力。由于管路有压力损失，因此，液压泵的工作压力应比执行元件的工作压力高。液压泵的额定压力应比液压泵的工作压力高 25%~60%，以使泵具有压力储备。压力低的系统，储备量宜取大些，反之则取小些。初选的执行元件的工作压力作为计算执行元件尺寸时的参考压力。然后，在验算系统压力时，再确定液压泵的实际工作压力。

（1）确定执行元件的类型。

执行元件的类型，根据工作部件所需的运动形式、速度、负载的性质和工作环境，可参考表 5-18 确定。

表 5-18　执行元件的类型

执行元件类型		适用工况	应用实例
油缸	双活塞杆	负载不大、双向工作、往复运动速度相等	磨床工作台
	单活塞杆	双向工作、往复运动速度不同或在差动接法（有效工作面积比为 2∶1）时，往复速度相等	液压机、拉床、组合机床、工程机械、建筑机械、农业机械等
	柱塞式	负载大、行程较长时，成对使用或单向回程靠外力（弹簧或自重等）实现	龙门刨床、工程机械升降机、自卸汽车等
齿条活塞式		负载不大的摆动运动	机械手、回转工作台、转位夹具等
油发动机	齿轮式	负载力矩不大、速度平稳性要求不高、工作环境差（噪声限制不严而尘埃多）	钻床、攻丝、风扇驱动。对体积受限制时选摆线齿轮式
	叶片式	负载力矩不大、噪声要求较小	磨床回转工作台、机床操纵机构
	柱塞式	负载力矩较大、有变速和变力矩要求、低速平稳性要求较高	起重机、铰车、铲车、内燃机车、数控机床等

续表

执行元件类型		适用工况	应用实例
油发动机	低速大扭矩型	负载力矩大、转速低、平稳性高	挖掘机、拖拉机、起重机等
	摆动型	往复摆动角小于 360° 的运动。比齿条活塞式油缸的体积要小	石油机械、机械手、料斗等

注：执行元件的选择由主机的动作要求、载荷轻重和布置空间条件确定。

(2) 确定调速方案和选择泵源形式。

调速方案和泵源形式，主要根据主机的功率、调速性能要求和经济性具体确定。

液压执行元件确定之后，其运动方向和运动速度的控制是拟定液压回路的核心问题。

使用换向阀或逻辑控制单元来实现方向控制。对于中小流量的液压系统，大多通过换向阀的有机组合来实现要求的动作。对于高压大流量的液压系统，目前多采用插装阀与先导控制阀的逻辑组合来实现。

通过改变液压执行元件输入或输出的流量，或者利用密封空间的容积变化来实现速度控制。相应的调整方式有节流调速、容积调速及两者的结合（容积节流调速）。

节流调速一般采用定量泵供油，用流量控制阀改变输入或输出液压执行元件的流量来调节速度。这种调速方式结构简单，但是由于这种系统必须用闪流阀，因此，效率低、发热量大，多用于功率不大的场合。

节流调速又分为进油节流、回油节流和旁路节流 3 种形式。进油节流启动冲击较小，回油节流常用于有负载荷的场合，旁路节流多用于高速系统。

容积调速是靠改变液压泵或液压马达的排量来达到调速的目的。其优点是没有溢流损失和节流损失，效率较高。但为了散热和补充泄漏，需要有辅助泵。这种调速方式适用于功率大、运动速度高的液压系统。

容积节流调速一般使用变量泵供油，用流量控制阀调节输入或输出液压执行元件的流量，并使其供油量与所需油量相适应。这种调速回路效率较高，速度稳定性较好，但其结构比较复杂。

调速回路一经确定，回路的循环形式也就随之确定了。

节流调速一般采用开式循环形式。在开式系统中，液压泵从油箱吸油，液压油流经系统释放能量后，再排回油箱。开式循环回路结构简单、散热性好，但油箱体积大，容易混入空气。

容积调速大多采用闭式循环形式。在闭式系统中，液压泵的吸油口直接与执行元件的排油口相通，形成一个封闭的循环回路。其结构紧凑，但散热条件差。

液压系统的工作介质完全由液压源来提供，液压源的核心是液压泵。节流调速系统一般用定量泵供油，在无其他辅助油源的情况下，液压泵的供油量需要大于系统所需油量，多余的油经溢流阀流回油箱，溢流阀同时起到控制并稳定油源压力的作用。容积调速系统多数使用变量泵供油，用安全阀限定系统的最高压力。

为了节省能源、提高效率，液压泵的供油量要尽量与系统所需流量匹配。对于在工作循环各阶段系统所需油量相差较大的情况，一般采用多泵供油或变量泵供油。对于所需流量长时间较小的情况，可增设蓄能器做辅助油源。

(3) 确定压力控制方式。

液压执行元件工作时，要求系统保持一定的工作压力或在一定的压力范围内工作，还有的需要多级或无级连续地调节压力。在节流调速系统中，通常由定量泵供油，采用溢流阀调节所需压力，并保持恒定。在容积调速系统中，使用变量泵供油，使用安全阀起安全保护作用。

在有些液压系统中，需要流量不大的高压油，这时可以考虑采用增压回路得到高压，而不单设高压泵。液压执行元件在工作循环中的某段时间不需要供油，又不便停泵的情况下，可以考虑选择卸荷回路。

在系统的某个局部，工作压力低于主油源压力时，可以考虑采用减压回路来获得所需的工作压力。

（4）确定液流流向控制方式。

根据系统工作循环、动作变换性能和自动化程度的要求，按方向控制回路要求选择结构形式、换向位数、通路数、中间滑阀机能和操作方式。

（5）确定顺序动作控制方式。

对于操作不频繁、动作顺序随机的工况，如工程、建筑、起重运输等作业，常采用手动多路换向阀控制。如果操纵力较大，则可用手动伺服控制。行程和速度经常变化时，采用伺服系统。

对于功率不大、换向平稳性要求较低、动作顺序较严格而变化不多的工况，常采用以下3种控制方式。

①行程控制。当运动部件移动到预定位置（行程）时，发出控制信号，使液压元件动作，实现执行元件速度方向的变化。

②压力控制。利用油路本身的压力变化控制阀门启闭，实现各工作部件依次顺序动作。例如，利用压力变化实现多缸顺序动作、快进给工进、低压转增压，或者到达一定压力后实现系统卸荷、互锁、安全防护等动作。为了防止压力波引起压力控制元件误动作，调整压力应比动作所需压力高0.5~0.7 MPa。

③时间控制。当动作转换需要间隔一定时间时，常采用电气时间继电器或延时阀的转换，来控制时间的间隔。例如，液压机、压铸机、塑料注射机保压或冷却一定时间后，实现动作的转换。

有时，为了主机的某一动作更为可靠（例如，机床为了定位和夹紧可靠，要求定位行程开关发信，而且夹紧后压力继电器也发信，才允许转换动作），可采用行程和压力联合控制的方式。

此外，还可采用其他物理量的变化实现动作的转换。例如，压铸机加热到规定温度后，通过温度传感器发信，转换下一个顺序动作；也有的通过电磁感应、光电感应等发信，转换下一个顺序动作。

2. 拟定液压系统图

确定液压系统方案后，可选择和设计液压基本回路，并配置辅助性回路或元件（如滤油器及其回路、压力表及其测压点布置、控制油路或润滑油路等），即可组成液压系统图。

在拟定液压系统图时，应考虑以下几点。

（1）避免回路之间相互干扰。

同一泵源驱动的多个执行元件要求同时动作时，负载不同会使执行元件先后动作；或者在保压油路上，其他执行元件的负载变化，会使油路压力下降。上述引起速度或压力干扰的现象必须加以解决。

对速度同步精度要求不高的场合，可在各进油路上串接节流阀；速度同步稍有要求时使用调速阀。对速度同步精度有较高要求时，使用流量比例阀或分流-集流阀。

出现压力干扰时，可采用蓄能器与单向阀，使回路与其他动作的油路隔开。如果时间短，可选用泄漏量较小的换向阀，并使用单向阀隔断。

对于某一执行元件必须保持一定压力，并允许其他执行元件动作的回路，可采用顺序阀，使工作台回转时不会落下。

对于两个以上需要快进与工进的执行元件，为了防止快进对工进的干扰，可采用在高压小流量泵与各换向阀之间都串接一个调速阀，在低压大流量泵与各换向阀之间都串接一个单向阀，当一个或几个执行元件快进时，其余执行元件可以继续工进。也可以采用快进与工进由低压大流量泵与高压小流量泵分别供油的方式。

（2）防止液压冲击。

液压系统中由于工作部件运动速度变换、工作负载突变，常会产生液压冲击，影响系统的正常工作，因此必须采取预防措施，具体如表5-19所示。

表5-19 防止液压冲击的措施

工作过程	冲击原因	防止冲击的措施	举例
泵启动	带负载启动时压力超调	泵应在空载下启动	组合机床系统
系统中大量高压油突然释放（在换向时）	油的压缩性	采用节流阀，使高压油换向时逐渐降压	液压机
速度换接过程	惯性	用行程节流阀（单向行程调速阀或双联泵系统）使大泵提前卸荷	液压机、组合机床的双泵系统
工进中有速度波动	限压式（或差压式）变量泵变量反应灵敏度不够	加安全阀	组合机床
快进或快退到制动	换向阀关闭瞬时由惯性引起回油路压力剧增	选择换向滑阀机能H、Y、P等，或回油路加安全阀	龙门刨床或组合机床
滑阀换向过程	换向阀关闭时，管路流量突变	用带阻尼的电液阀代替电磁阀，或用节流阀调节换向速度	组合机床
负载突变	工作负载突然消失，引起前冲现象或冲击性负载	加背压阀或加安全阀	冲床、剪床、钻床、挖掘机等

（3）力求控制油路可靠。

高压大流量系统除采用单独低压液压泵控制油路外，一般在主油路上直接引出控制油路。此时，引出的控制油路应满足液动阀的最低控制压力。在液压泵卸荷时，为保证液动阀能够换向，可以在回油路上安装背压阀，或在进油路上安装顺序阀。但应注意，在高压系统中，应采用高压顺序阀，当在高压下开启时间较长时，由于弹簧疲劳、滑阀“卡紧”而不能复位，易产生误动作。同样，电液换向阀由于控制压力较高，停留时间较长时，也存在不能复位的问题。因此，采用面序阀维持开启压力引出的控制油，经减压阀和安全阀限压后，可获得较稳定的低压控制油源。但油路在高压下工作的可靠性比单独低压泵供油时要差些。

（4）力求系统简单。

在组合基本回路时，力求元件少。例如，当两个油缸不同时工作而工作速度相同时，可采用公用阀的回路，即在回油路上并联节流阀下二位二通阀。

应尽量选用标准元件，品种规格要少。只有在不得已时，才自行设计元件。在连接油管时，油管尽量要短，接头数量要少。

（5）合理分布测压点。

管路内油压变化的大小，是反映系统工作状态的主要参数之一。因此，合理分布测压点，随时了解各段油路的工作状况很重要，以避免发生事故。测压点一般分布在以下各处。

①泵源出口处和执行元件进、出口处。

②减压阀或增压器输出油路上。

③压力继电器或要求保压的油路上。

④顺序阀或背压阀前的油路上。

⑤滤油器前的油路上。

⑥润滑油油路上。

尽量使液压传动装置的组合通用化，可采用液压动力源装置（油箱、液压泵）与压力阀、滤油器、压力表、温度近期控制装置和相应的电器控制系统组成的液压柜。液压柜已通用化，在柜内还可以安装液压控制元件的集成块。YG 系列液压柜有 4 种形式：单泵系统、双泵系统、多泵系统、变量泵系统。

控制元件组合时，需要考虑通用化。其配制方式有 3 种，即单元通油板、集成块和叠合块式。目前，大多采用标准的板式控制元件组合单元通油板或集成块组。集成块的优点是便于回路通用化，结构布局紧凑，更换或追加元件灵活性大，设计、制造和维修等工作大为简化。在大流量系统中采用法兰安装方式。对于管式控制元件，由于悬空安装，容易造成振动，管路布局繁杂，目前已经不常使用。

5.3.4 液压元件的计算与选择

1. 执行元件主要参数的计算

通过负载循环图，初步确定了执行元件的最大外负载和系统的工作压力后，根据选择的执行元件的类型、密封件的型式和回路的组合情况，计算执行元件的主要尺寸。

（1）液压缸主要尺寸的计算。

液压缸的有效面积可按液压缸受力的平衡关系计算。

①单活塞杆液压缸，以无杆腔为工作腔时，有

$$p_1A_1=P+p_2A_2+F_m$$

②单活塞杆液压缸，以有杆腔为工作腔时，有

$$p_1A_2=P+p_2A_1+F_m$$

③双活塞杆液压缸，当 $A_1=A_2=A$ 时，有

$$p_1A=P+p_2A+F_m$$

式中 A_1——无杆腔的有效面积，cm^2。其中 $A_1=\frac{\pi}{4}D^2$，D 为活塞直径，cm；

A_2——有杆腔的有效面积，cm^2。其中 $A_2=\frac{\pi}{4}(D^2-d^2)$，$D$ 及 d 分别为活塞、活塞杆直径，cm；

P——液压缸外负载的最大值；

p_1——工作腔进油路压力；

p_2——回油腔背压力。中、低压系统或轻载的节流调速系统，p_2 取 0.2~0.5 MPa；回油路带背压阀的系统，背压阀的调整压力一般为 0.5~1.5 MPa；带调速阀或复杂的回油路系统，$p_2\leqslant0.5$ MPa；拉床、龙门刨床、导轨磨床等，p_2 取 0.8~

1.5 MPa；高压系统，一般 p_2 可忽略不计。

当工作压力 p_2<16 MPa 时，密封件引起的摩擦阻力 F_m 为

$$F_m = \Delta p_m A_1 \quad 或 \quad F_m = P\Delta\eta_m$$

式中 Δp_m——克服液压缸密封件的摩擦阻力所需要的空载压力，启动时按表 5-20 选取，运动时取表中值的 50%；

A_1——进油工作腔的有效面积，cm^2；

$\Delta\eta_m$——液压缸的机械损失率。启动时，$\Delta\eta_m$ 按表 5-20 选取；运动时，取表 5-20 中值的 50%。

表 5-20 空载压力和液压缸的机械损失率

密封圈形式	Δp_m/MPa	$\Delta\eta_m$
O、U、X、Y	<3	<0.04
V	<5	<0.06

注：活塞杆采用 V 形密封圈时，表中数值增大 50%。

液压缸活塞（或液压缸内径）的直径 D 和活塞杆的直径 d，按公式计算

当活塞杆受拉时，一般取 $$\frac{d}{D}=0.3\sim0.5$$

即 $$\frac{A_1}{A_2}=1.1\sim1.33$$

当活塞杆受压时，取 $$\frac{d}{D}=0.5\sim0.7$$

即 $$\frac{A_1}{A_2}=1.33\sim2$$

对于某些工况的主机，活塞杆直径可按活塞的往返速比 φ 选取，如表 5-21 所示。在返回行程不工作时，取值可大些。但在运动部件质量较大时，为了减少不必要的冲击，取值可小些。在组合机床中，为了获得相同的往返速度，液压缸能过差动连接，取 $\varphi=2$（即 $d=0.7D$）。当往返都工作（如磨床中单活塞杆液压缸）时，取 $\varphi=1.1\sim1.2$（即 $d\leqslant0.3\sim0.4D$），使往返工作速度接近。

表 5-21 活塞杆直径的选取

往返速比 $\varphi=\frac{V_2}{V_1}=\frac{A_1}{A_2}$	1.33	1.46	1.61	2
活塞杆直径 d	0.5D	0.55	0.62D	0.7D

根据表 5-21 中的推荐值和关系式求得活塞、活塞杆直径后，按有关液压手册尺寸系列选取标准值。

当液压缸活塞的行程与活塞杆直径 d 的比值大于 10 时，应参考有关液压设计手册对活塞杆进行压杆稳定性验算。

当速度要求很低时（如机床中精镗或金刚镗床的进给速度），仍需要按最低速度验算液压缸尺寸，即应保证液压缸有效工作面积 A 为

$$A\geqslant\frac{Q_{min}}{V_{min}}$$

式中　A——液压缸有效工作面积，cm^2；

Q_{min}——流量阀的最小稳定流量（可在产品样本上查得）；

V_{min}——主机要求的最低工作速度，cm/min。

如果液压缸有效面积 A 不能满足上述算式的要求，则说明主机不能达到所要求的最低工作速度。这时可采用下述方法加以解决：一是加大液压缸活塞的直径；二是采用稳定流量更小的流量阀，如微量节流阀、温度补偿调速阀等；三是采用低速回路，例如，在进口调速回路的调速阀出油管中，再接一个调速阀进行旁路放油。

此外，由于结构尺寸的限制等原因，若液压缸内径、活塞杆直径事先已经确定，则可根据液压缸最大负载和液压缸内径、活塞杆直径确定工作压力。

液压缸的壁厚、长度可参考有关公式进行计算。

（2）液压马达主要参数的确定。

液压马达所需的排量公式如下：

$$q=\frac{M\times10^3}{1.59\Delta p\eta_m}$$

式中　M——液压马达实际输出扭矩，N·m；

Δp——液压马达进、出口压力差；

η_m——液压马达的机械效率，按产品样本中指标选取，一般为 0.90~0.97。

必要时，应验算主机的最低转速，即油马达排量应满足

$$q>\frac{Q_{min}}{n_{min}}\times10^{-3}$$

式中　Q_{min}——液压马达的最小稳定流量，L/min；

n_{min}——主机要求的最低转速，r/min。

求得 q 值后，从产品系列规格中选取标准值。

2. 执行元件所需流量

通常按执行元件在工作循环中的最大移动速度（或转速）来计算所需流量。

（1）液压缸的最大流量 $Q_{缸}$。

$$Q_{缸}=\frac{AV_{max}}{10}$$

式中　A——液压缸进油腔的有效工作面积，cm^2；

V_{max}——液压缸活塞最大移动速度，m/min。

（2）液压马达的最大流量 $Q_{马}$。

$$Q_{马}=\frac{qn_{max}}{1000}$$

式中　q——液压马达的排量，mL/r；

n_{max}——液压马达的最高转速，r/min。

3. 绘出执行元件工况循环图

根据计算出的执行元件几何尺寸参数和工况循环绘出压力循环（p-t）图、流量循环（Q-t）图和功率循环（N-t）图。

（1）执行元件的工况图。

工况图是在执行元件结构参数确定之后，根据设计任务要求，算出不同阶段的实际工作压力、流量和功率之后绘出的，如图 5-8 所示。

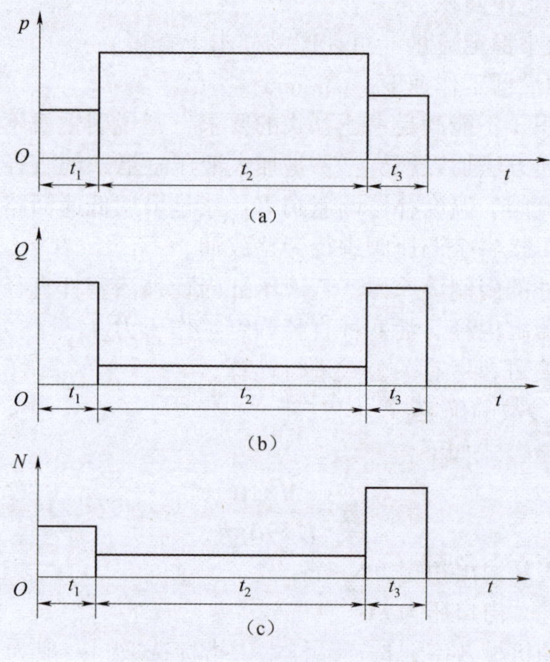

图 5-8 执行元件工况图

(a) 压力循环图；(b) 流量循环图；(c) 功率循环图

t_1—快进时间；t_2—工进时间；t_3—快退时间

工况图的作用如下。

①通过工况图找出最大压力点、最大流量点和最大功率点，分析各工作阶段中压力、流量的变化规律，作为选择液压泵和控制阀的依据。

②验算各工作阶段所确定参数的合理性。例如，当功率循环图上各阶段的功率相差太大时，可以在工艺情况允许的条件下，调整有关段的速度，以减小系统需要的功率。当系统有多个液压缸工作时，应把各液压缸的功率循环图按循环要求叠加后进行分析。若最大功率点互相重合，功率分布很不均衡，则同样应在工艺条件允许的情况下，适当调整参数，避开或削减功率"高峰"，增加功率利用的合理性，以提高系统的效率。

③通过对工况图的分析，可以合理地选择系统主要回路、油源形式和油路循环形式等。如果在一个循环内流量变化很大，则不宜采用单定量泵，也不宜采用蓄能器，而应采用"大小泵"的双泵供油回路或限压式变量泵的供油回路。以上的分析、验算和调整，有利于拟定出较为合理、完善的液压系统方案。

(2) 分析工况循环图。

①找出最高压力点和最大流量点，分析各工作阶段中压力、流量的变化规律，选用合适的液压泵型号和规格。若难以选定，则需要修改执行元件的几何尺寸，然后选购相应的液压泵型号和规格。

②分析功率变化，找出最大功率点，以便选定电动机的功率。

③验算各工作阶段所确定参数的合理性。如果在工况范围内，合理地调整各工作阶段的时间。

通过以上的分析、验算和调整，可以找出驱动功率小、效率高、工作性能好和经济合理的方案。

4. 选定液压泵和确定电动机功率

（1）计算液压泵最高工作压力 $p_{泵}$。

$$p_{泵} \geqslant p_1 + \Delta p_1$$

式中 $p_{泵}$——泵的最高工作压力。对定量泵而言，是溢流阀的调整压力；

p_1——执行元件在稳态工况下的最高工作压力。对压机、夹紧机构等工况，则以行程终点作为最高工作压力，这时 $p_{泵} \approx p_1$。如果是行程过程，需要考虑油液的流动阻力损失；

Δp_1——进油路上管路沿程和局部阻力损失。初算时，对于节流调速及管路简单的系统，Δp_1 取 0.2~0.5 MPa；对于管路复杂，进油路采用调速阀的系统，Δp_1 取 0.5~1.5 MPa。

如果需要准确计算，则应在选定液压元件并绘制管路布置图后进行。

（2）确定液压泵的最大流量 $Q_{泵}$。

$$Q_{泵} \geqslant K\left(\sum Q\right)_{max}$$

式中 K——系统泄漏系数，一般取 1.1~1.3；

$\left(\sum Q\right)_{max}$——执行元件同时工作时系统所需的最大流量，L/min。对于动作较复杂的系统，将同时工作的执行元件作流量循环图的合成，从中求得 $\left(\sum Q\right)_{max}$；当采用差动回路时，应按差动连接的最大流量进行计算。

采用蓄能器的系统，液压泵最大流量 $Q_{泵}$ 根据系统在整个工作循环中的平均流量选取，即

$$Q_{泵} \geqslant \frac{K}{T}\sum_{i=1}^{n} V_i \times 60$$

式中 K——系统泄漏系数，一般取 1.2；

T——主机工作循环的周期，s；

V_i——各执行元件在工作循环周期中的总耗油量，L；

n——执行元件的个数。

（3）选择液压泵规格。

参照产品样本，选取额定压力比 $p_{泵}$ 高 25%~60%、流量与系统所需的 $Q_{泵}$ 相当的泵。表 5-22 列举了各种液压泵的技术性能和应用范围。

表 5-22 各种液压泵的技术性能和应用范围

应用范围	齿轮泵			螺杆泵	叶片泵		柱塞泵				
	外啮合	内啮合			单作用	双作用	轴向			径向轴配流	卧式轴配流
		楔块式	摆线转子式				直轴端面配流	斜轴端面配流	阀配流		
压力范围/MPa	≤25.0	≤30.0	1.6~16.0	2.5~10.0	≤6.3	6.3~32.0	≤10.0	≤40.0	≤70.0	10.0~20.0	≤40.0
排量范围/($mL \cdot r^{-1}$)	0.3~650	0.8~300	2.5~150	25~1 500	1~320	0.5~480	0.2~560	0.2~3 600	≤420	20~720	1~250
转速范围/($r \cdot min^{-1}$)	300~7 000	1 500~2 000	1 000~4 500	1 000~2 300	500~2 000	500~4 000	600~2 200	600~1 800	≤1 800	700~1 800	200~2 200

续表

应用范围	齿轮泵			螺杆泵	叶片泵		柱塞泵				
	外啮合	内啮合			单作用	双作用	轴向			径向轴配流	卧式轴配流
		楔块式	摆线转子式				直轴端面配流	斜轴端面配流	阀配流		
最大功率/kW	120	350	120	390	30	320	730	2 660	750	250	260
容积效率（%）	70~95	≤96	80~90	70~95	85~92	80~94	88~93	88~93	90~95	80~90	90~95
总效率（%）	63~87	≤90	65~80	70~85	64~81	65~82	81~88	81~88	83~88	81~83	83~88
功率质量比/（kW·kg^{-1}）	中	大	中	小	小	中	大	大	大	中	中
最高自吸能力/kPa	50.0	40.0	40.0	63.5	33.5	33.5	16.5	16.5	16.5	16.5	16.5
流量脉动（%）	11~27	1~3	≤3	<1	≤1	≤1	1~5	1~5	<14	<2	≤14
噪声	中	小	小	小	中	中	大	大	大	中	中
污染敏感度	小	中	中	小	中	中	大	中大	小	中	小
变量能力	不能	能	好								
价格	最低	中	低	高	中	中低	高	高	高	高	高
应用范围	机床、工程机械、农业机械、航空、船舶、一般机械			精密机床、精密机械、食品、化工、石油、纺织等机械	机床、注塑机、液压机、起重运输机械、工程机械、飞机		工程机械、锻压机械、运输机械、矿山机械、冶金机械、船舶、飞机等				

（4）确定液压泵电动机功率。

①在恒压系统中，液压泵驱动率 N 的计算式为

$$N=\frac{p_{泵}\ Q_{泵}}{60\eta}$$

式中 $p_{泵}$——泵的最高工作压力，MPa；

$Q_{泵}$——在 $p_{泵}$ 压力下，泵的实际最大流量，L/min；

η——泵的总效率。齿轮泵一般取 0.60~0.70；柱塞泵取 0.80~0.85；泵的规格大时，取大值，规格小时，取小值；变量泵取小值，定量泵取大值。各类液压泵的总效率取值范围如表 5-23 所示。

表 5-23　液压泵的总效率取值范围

液压泵类型	齿轮泵	螺杆泵	叶片泵	柱塞泵
总效率	0.60~0.70	0.65~0.80	0.60~0.75	0.80~0.85

应该指出，当泵的工作压力为额定压力的 10%~15%时，泵的总效率将显著下降；限压式变量叶片泵的驱动功率，可按实际流量特性曲线的拐点（参考产品样本）进行计算。但

应注意，变量泵的流量在公称流量的 1/4~1/3 时，η 显著下降。

②对非恒压系统，在工作循环中，泵的压力与流量是变化的，可按各工作阶段的功率进行计算，然后取平均值 N_{av}，即

$$N_{av}=\sqrt{\frac{t_1N_1^2+t_2N_2^2+\cdots+t_nN_n^2}{t_1+t_2+\cdots+t_n}}$$

式中 t_1，t_2，…，t_n——在整个工作循环中各个工作阶段所对应的时间，s；

N_1，N_2，…，N_n——在整个工作循环中各个工作阶段所需的功率，kW。

在选取驱动泵的电动机时，首先比较平均功率与各工作阶段的最大功率。最大功率符合电动机短时超载 30%的范围时，按平均功率选取，否则，应按最大功率选取。

5. 选择控制元件

按照系统需要的最高工作压力和通过该阀的最大流量，选取标准阀类的规格。溢流阀应按液压泵的最大流量选取；流量阀应按回路控制的流量范围选取。阀的公称流量应大于控制调速范围要求的最大通过流量，最小稳定流量应小于调速范围要求的最小稳定流量。其他阀类的选择，按接入回路的通过流量选取。必要时，通过流量允许超过该阀公称流量的 20%，但不宜过大，以防止压力损失过大，引起发热、噪声和阀的性能变差。此外，根据系统的性能要求，选取相应阀的型号。

6. 选择辅助元件

（1）滤油器。

①对液压油过滤精度的要求。

液压油的过滤精度是以滤去杂质的最大颗粒为标准，一般分为 4 类，粗（$d \geqslant 0.1$ mm）、普通（d 为 0.01~0.1 mm）、精（d 为 0.005~0.01 mm）、特精（d 为 0.001~0.005 mm）。液压油过滤精度的要求与压力有关，如表 5-24 所示。

表 5-24　液压油过滤精度的要求

系统类别	传动系统		伺服系统	润滑系统	特殊要求	
压力 P/MPa	≤7	>7	≤35	≤21	0~2.5	≤35
颗粒大小 d/mm	≤0.05	≤0.025	≤0.005	≤0.005	≤0.1	≤0.001

在工作压力小于 14 MPa 的液压系统中，存在 25~50 μm 的杂质，不会影响齿轮泵和叶片泵的寿命，也不会淤塞控制阀（非随动阀）。

②滤油器的类型一般可分为网式滤油器、线隙式滤油器、纸芯式滤油器、金属烧结式滤油器。

③滤油器的布置。

a. 装在液压泵吸油管道上，保护泵和整个系统。该布置要求有很大的通油能力和很小的阻力（不超过 0.01~0.02 mm），因此，一般装置精度不高的粗滤油器，如网式滤油器。

b. 装在液压泵的压油管道上，这时滤油器能保护除液压泵外的其他元件。因为滤油器处于高压下，所以要求滤芯有一定的强度和刚度。为了避免滤芯淤塞而击空，一般与安全阀并联。安全阀的开启压力略低于滤油器的最大允许压差。

c. 装在回油管道上。这种布置方法不能直接防止杂质进入系统和各元件中，只能循环地除去系统中的部分杂质。由于回油管压力低，因此，可用强度、刚度较低的滤油器，滤油器的体积和质量也可小一些。

d. 装在重要元件，如伺服元件、微量流量阀等的入口处。

（2）选择油管和管接头。

①油管类型的选择。

油管的类型，根据使用场合和液压系统的最大工作压力进行选择。对于相对移动的两个部件，一般可用软管连接，也可用可伸缩的套管连接。橡胶软管分高、低压两种，承受压力随油管内径与钢丝编织层数而异，最高压力可达 35 MPa。对于相对固定的两个部件，可采用硬管连接，对于相对转动的两个部件可用回转接头连接。钢管的承受压力随油管内径和管的壁厚而异，具体数值可查阅产品样本，最高压力可达 32 MPa。紫铜、黄铜管的承受压力随油管内径和管的壁厚而异，具体数值可查阅产品样本，承受压力为 6.3~10 MPa。

②油管尺寸的确定。

一般先按通过油管的最大流量和管内允许的流速来选择油管的内径。也可根据表 5-25 所示的计算图直接查出油管尺寸，然后按工作压力来确定油管的壁厚或外径。

油管内径 d 的计算式为

$$d=4.6\sqrt{\frac{Q}{V}}$$

式中 Q——通过油管的最大流量，L/min；

V——油管内的允许流速，m/s。吸油管道取 1~2 m/s，流量大时取上限；压油管道取 2.5~5 m/s。

当系统压力高、黏度小、流量较大时，油管壁厚 t 的计算式为

$$t\geqslant\frac{pd}{2[\sigma]}$$

式中 p——油管内最高压力；

d——油管内径，mm；

$[\sigma]$——油管材料许用应力，MPa。对于紫铜管，$[\sigma]=25$ MPa；对于钢管，$[\sigma]=\frac{\sigma_b}{n}$（$\sigma_b$ 为抗拉强度；n 为安全系数）。当 $p<6.3$ MPa 时，n 取 8；当 $p<16$ MPa 时，n 取 6；当 $p\geqslant16$ MPa 时，n 取 4。

③管接头的选择。

管接头的型式有直通、三通、变径、直角等多种，可以根据油管连接的需要按标准选用。

由于油管承受的压力、油管的直径和材料的不同，采用的管接头结构形式也不同。对于高压大流量的油管，采用法兰连接。高压卡套式管接头，工作压力为 32 MPa，用作钢管的连接，直径 3~42 mm。焊接式管接头，工作压力≤32 MPa，用作钢管的连接，直径 3~42 cm。扩口薄管式管接头，工作压力≤8 MPa，用作紫铜管或薄无缝钢管的连接，直径 3~32 cm。法兰连接管接头，工作压力为 32 MPa，直径大于 32 mm。橡胶软管接头，工作压力为 8~16 MPa。胶管内径为 8~13 mm 的接头，最高工作压力可提高到 25 MPa。整壳式软管接头，用于内径为 8~25 mm 的胶管。壳式软管接头，用于内径为 19~38 mm 的胶管。

（3）确定油箱的容量。

油箱的主要作用是储油和散热，因此，必须有足够的散热面积和储油量。整个液压系统的能量损失，包括压力损失、流量损失和机械损失，均转化为热能，使油温升高、油氧化变质，从而影响系统正常工作，因此油温有一定允许范围。要保证这一点，首先要合理拟定液

表 5-25　流量、流速、管道尺寸对照表

流速	0.4 m/s	0.6 m/s	0.8 m/s	1.0 m/s	1.2 m/s	1.4 m/s	1.6 m/s	1.8 m/s	2.0 m/s	2.2 m/s	2.4 m/s	2.6 m/s	2.8 m/s	3.0 m/s
管径 DN/mm	流量/($m^3 \cdot h^{-1}$)													
20	0.5	0.7	0.9	1.1	1.4	1.6	1.8	2.0	2.3	2.5	2.7	2.9	3.2	3.4
25	0.7	1.1	1.4	1.8	2.1	2.5	2.8	3.2	3.5	3.9	4.2	4.6	4.9	5.3
32	1.2	1.7	2.3	2.9	3.5	4.1	4.6	5.2	5.8	6.4	6.9	7.5	8.1	8.7
40	1.8	2.7	3.6	4.5	5.4	6.3	7.2	8.1	9.0	10.0	10.9	11.8	12.7	13.6
50	2.8	4.2	5.7	7.1	8.5	9.9	11.3	12.7	14.1	15.6	17.0	18.4	19.8	21.2
65	4.8	7.2	9.6	11.9	14.3	16.7	19.1	21.5	23.9	26.3	28.7	31.1	33.4	35.8
80	7.2	10.9	14.5	18.1	21.7	25.3	29.0	32.6	36.2	39.8	43.4	47.0,	50.7	54.3
100	11.3	17.0	22.6	28.3	33.9	39.6	45.2	50.9	56.5	62.2	67.9	73.5	79.2	84.8
125	17.7	26.5	35.3	44.2	53.0	61.9	70.7	79.5	88.4	97.2	106.0	114.9	123.7	132.5
150	25.4	38.2	50.9	63.6	76.3	89.1	101.8	114.5	127.2	140.0.	152.7	165.4	178.1	190.9
200	45.2	67.9	90.5	113.1	135.7	158.3	181.0	203.6	226.2	248.8	271.4	294.1	316.7	339.3
250	70.7	106.0.	141.4	176.7	212.1	247.4	282.7	318.1	353.4	388.8	424.1	459.5	494.8	530.1
300	101.8	152.7	203.6	254.5	305.4	356.3	407.1	458.0	508.9	559.8	610.7	661.6	712.5	763.4
350	138.5	207.8	277.1	346.4	415.6	484.9	554.2	623.4	692.7	762.0	831.3	900.5	969.8	1 039.1
400	181.0	271.4	361.9	452.4	542.9	633.3	723.8	814.3	904.8	995.3	1 085.7	1 176.2	1 266.7	1 357.2
450	229.0	343.5	458.0	572.6	687.1	801.6	916.1	1 030.6	1 145.1	1 259.6	1 374.1	1 488.6	1 603.2	1 717.7
500	282.7	424.1	565.5	706.9	848.2	989.6	1 131.0	1 272.3	1 413.7	1 555.1	1 696.5	1 837.8	1 979.2	2 120.6

压系统，提高系统的效率，减少系统的发热。其次要保证油箱有一定的散热面积，也就是保证油箱有一定的容量。

油箱的有效容量 V 可按下列经验公式概略确定。

在低压系统中 $V=(2\sim4)Q$

在中压系统中 $V=(5\sim7)Q$

在中高压、高压大功率系统中（如锻压冶金机械）推荐为

$$V=(6\sim12)Q$$

式中 Q——泵的额定流量，L/min。

对于行走式机械（如工程、建筑机械），系数可取小些，但应对油箱的有效容量进行热平衡验算。

按上式概略确定的油箱容积，一般情况下能保证系统正常工作。但在功率较大且连续工作的工况下，需要按发热量验算后确定。

设计油箱结构时，应注意以下几点。

①结构上应考虑清洗、换油方便。油箱顶部要有加油孔，底面应有倾斜度，放油孔开在最低处。

②吸油管及回油管应隔开，中间加隔板，以使回油中夹杂的气泡和脏物得到沉淀，不至直接进入吸油管。隔板高度不低于油面到箱底高度的3/4，而油面高度是油箱高度的80%。

③吸油管距箱底距离 $H\geqslant 2D$，距箱壁距离大于 $3D$（D 为吸油管外径）。回油管需插入油面以下，距箱底距离 $h\geqslant 2d$（d 为回油管外径），油管切口角为45°，切口面向箱壁。

5.3.5 液压系统的性能验算

为了判断液压系统工作性能的好坏，并正确调整系统的工作压力，常需要验算管路的压力损失、发热后的温升。对动态特性有要求的系统，还需要验算液压冲击或换向性能。

1. 压力损失验算和压力阀的调整压力

选定系统的元件、油管和管接头后，绘制管路的安装图。然后对管路系统总的压力损失进行验算，确定溢流阀的调整压力，并计算其他压力阀（如顺序阀、减压阀）的调整压力。

（1）管路系统的压力损失 Δp。

$$\Delta p = \sum \Delta p_{沿} + \sum \Delta p_{局}$$

式中 $\sum \Delta p_{沿}$——管路中沿程阻力损失之和；

$\sum \Delta p_{局}$——管路中管道弯管、接头或通过阀类通道的局部压力损失之和。

在公称流量下通过控制元件的局部压力损失，可从产品样本的性能指标中查阅。但应注意，控制元件实际压力损失 $\Delta p'$ 与通过该阀的流量有关，即

$$\Delta p' = \Delta p\left(\frac{Q'}{Q}\right)^2$$

式中 Δp——阀在公称流量下的压力损失；

Q'——通过该阀的实际流量，L/min；

Q——阀的公称流量，L/min。

（2）确定溢流阀的调整压力 $p_{溢}$。

$$p_{溢} \geqslant p_1 + \Delta p$$

式中 p_1——执行元件工作腔的压力；

Δp——管路压力损失，进油路为 Δp_1，回油路为 Δp_2。

当油缸活塞无杆腔作为工作腔时

$$p_1=\frac{1}{A_1}(p_0+A_2\Delta p_2)$$

则

$$p_{溢}\geqslant\frac{p_0}{A_1}+\frac{A_2}{A_1}\Delta p_2+\Delta p_1$$

当油缸活塞有杆腔作为工作腔时

$$p_{溢}\geqslant\frac{p_0}{A_2}+\frac{A_1}{A_2}\Delta p_2+\Delta p_1$$

当油缸为双活塞杆，$A_1=A_2=A$ 时

$$p_{溢}\geqslant\frac{p_0}{A}+\Delta p_2+\Delta p_1$$

式中 p_0——油缸的总负载（$p_0=P+F_m$），其中，P 为缸外负载的最大值；F_m 为密封件引起的摩擦阻力；

A_1——无杆腔的有效面积；

A_2——有杆腔的有效面积；

A——双活塞杆的有效面积。

如果验算结果大于选定液压泵的额定压力（应仍有一定压力储备量）时，需要另外选择液压泵型号和规格，并再次验算电动机功率；或者增大油缸、油马达的结构尺寸，降低工作压力。

在验算中应注意管路压力损失对系统工作性能的影响。通常管路压力损失按快速工况计算。若管路压力损失太大，在定量泵系统中，快速工况的压力可能会超过负载工况的压力。此时，若以负载工况的压力作为溢流阀的调整值，快速工况达不到预期的效果。在变量泵或双泵系统中，快速工况的系统压力可能会超过转换压力，使进入液压缸的流量减少，使快速工况达不到预期的效果。因此，需要根据压力降重新调整元件工作压力，以满足快速工况的要求。在一般系统中，若管路压力损失过大，则需要重新选择管道尺寸、元件规格，以降低压力损失或提高泵的工作压力；或增大液压缸的结构尺寸，使工作压力降低，从而降低调整压力。

在安全阀限压控制的系统中，安全阀的调定压力 $p_{安}$ 应比系统的最高工作压力高，一般 $p_{安}\geqslant(1.05\sim1.1)p_{溢}$。

2. 油箱容量的验算

在液压传动的过程中，压力损失和溢流、泄漏的能量损失，绝大部分转为热能，以使系统的油温升高。为了保证系统正常工作，油温升高的值应在规定范围内。

系统连续工作一定时间后，发热量与散热量相互平衡。验算的任务是计算发热量和散热量，使得热平衡后的温度允许值应在规定范围内。一般机床和数控机床的正常温度为 30~50 ℃，最高允许温度为 50~70 ℃；冶金机械和液压机械的正常工作温度为 40~70 ℃，最高允许温度为 60~90 ℃。发热和散热的因素复杂，在此只对其主要因素作概略计算。热量主要是液压泵、油缸、液压马达和通过溢流阀或其他主要阀的能量损失。管路的发热和散热基本平衡，故不计算，一般仅计算油箱的散热。

（1）系统发热量的计算。

液压泵、液压马达能量损失转换的热量 H_1 为

$$H_1=N(1-\eta)\times 3\,600$$

式中 N——驱动液压泵或液压马达的功率，kW；

η——液压泵或液压马达的总效率。

若在整个工作循环中有功率变化，则根据各工作阶段的发热量求出总的平均发热量，即

$$H_1=\frac{1}{T}\sum_{i=1}^{n}N_i(1-\eta_i)t_i$$

式中 T——工作循环的周期，h；

t_i——某一工作阶段所需时间，h；

η_i——在 t_i 对应的工作阶段中液压泵或液压马达的总效率；

N_i——t_i 对应的工作阶段中液压泵或液压马达的驱动功率，kW。

溢流阀溢流损失转换的热量 H_2 为

$$H_2=1.6\times 10^{-3}p_{溢}Q_{溢}$$

式中 $p_{溢}$，$Q_{溢}$——分别为溢流阀的调整压力和溢流流量。

同理，油液通过其他阀压力损失产生的热量 H_2 为

$$H_2=1.6\times 10^{-3}pQ$$

式中 p，Q——分别为通过该阀的压力损失及流量。

系统的总发热量 H 为

$$H=H_1+H_2$$

（2）系统散热量的计算（油箱散热量 H' 的近似乎计算）。

$$H'=KA(T_1-T_2)=KA\Delta T$$

式中 K——油箱的散热系数，kW/(m^2·℃)，如表 5-26 所示；

A——油箱散热面积，m^2；

T_1——允许的最高油温，℃；

T_2——环境温度，℃；

ΔT——油与环境的温度差，℃。

表 5-26 油箱的散热系数 K

冷却条件	K/(kW·m^{-2}·℃$^{-1}$)
通风很差	7~8
通风良好	13
用风扇冷却	20
用循环水强制冷却	95~150

当油箱长、宽、高的比例为 1∶1∶1~1∶2∶3，而油面高度为油箱高度的 80%时，油箱散热面积 A 近似为

$$A=0.065\sqrt[3]{V^2}$$

5.3.6 绘制工作图，编制技术文件

选定液压元件，经过必要的验算后，按工况分析和工作性能的要求，反复修改初步拟定

的液压系统图，便可绘制正式的液压系统图。图中应注意以下几点。

(1) 标题栏中应标明液压元件、辅助元件的规格、型号和调整值。

(2) 在各执行元件的上方标出工作循环示意图。对于复杂的系统，按各执行元件的动作程序绘制动作周期表，应以主机静止状态绘出液压系统图。

(3) 应绘出电气行程开/关布置图，并附电磁铁、压力断电器等动作程序状态表。然后，绘制液压系统的管路布置示意图、泵源装配图（包括油箱、液压泵机架）、阀安装总体结构（包括通油板或集成块）和电气线路图。

(4) 编写液压系统设计计算书和液压系统工作原理、操作、使用说明书，其中包括液压系统图。

5.4 液压系统设计实例

5.4.1 明确设计要求

1. 设计内容

设计一台双面钻孔卧式组合机床液压系统。

2. 设计要求及参数

(1) 设计要求。

机床的工作循环要求如下。

①左、右动力部件同时快进→左、右动力部件同时工进→左、右动力部件同时快退→左、右动力部件原位停止，系统卸载。

②左动力部件快进→Ⅰ工进→Ⅱ工进→右动力部件快进→Ⅰ工进→Ⅱ工进→左、右动力部件同时快退，原位停止，系统卸载。

(2) 各循环工步的选择要求。

各循环工步的运动长度选择要求：快进 205 mm、Ⅰ工进 35 mm、Ⅱ工进 10 mm、快退 250 mm。

(3) 钻床工作参数及要求。

钻床要求用变量泵供油，加调速阀调速，使用非差动连接，钻床要求的工作参数如表 5-27 所示。

表 5-27 钻床要求的工作参数

动力部件快进、快退摩擦阻力/N	动力部件切削负载（Ⅰ/Ⅱ）/N	快进速度 v_1/(m·min^{-1})	（Ⅰ/Ⅱ）工进速度 v_2/v_3/(m·min^{-1})	快退速度 v_4/(m·min^{-1})
900	8 000/2 500	5.8	0.1~0.5/0.05~0.1	10.4

注：切削负载包含摩擦阻力。

5.4.2 工况分析

负载分析时，暂不考虑回油腔的背压力，液压腔的密封装置产生的摩擦阻力在机械效率中加以考虑。因为工作部件是卧式放置，可忽略惯性力，所以主要考虑摩擦阻力和切削负载即可。如果忽略切削力引起的颠覆力矩对导轨摩擦力的影响，并取液压缸的机械效率 η_m 为 0.90，则液压缸在各工作阶段的总机械负载可以算出，如表 5-28 所示。

表 5-28　液压缸在各工作阶段的总机械负载

工况	液压缸负载 F/N	液压缸驱动力 $F_0=\frac{F}{\eta_m}$/N
快进	900	1 000
Ⅰ工进	8 000	8 889
Ⅱ工进	2 500	2 778
快退	900	1 000

（1）按照要求，绘出系统的工作循环图，如图 5-9 所示。

（2）系统的总机械负载如图 5-10 所示。

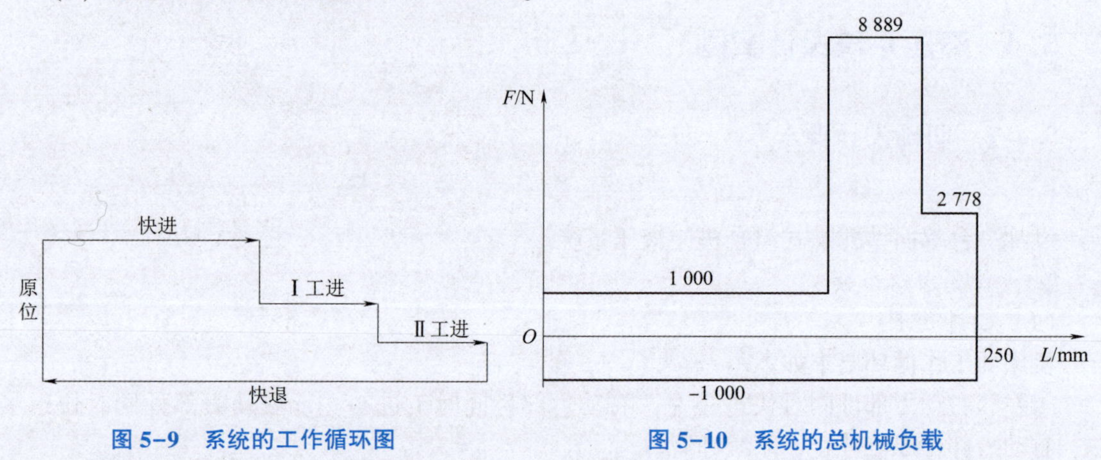

图 5-9　系统的工作循环图

图 5-10　系统的总机械负载

（3）工作循环中各工步的负载速度如图 5-11 所示。

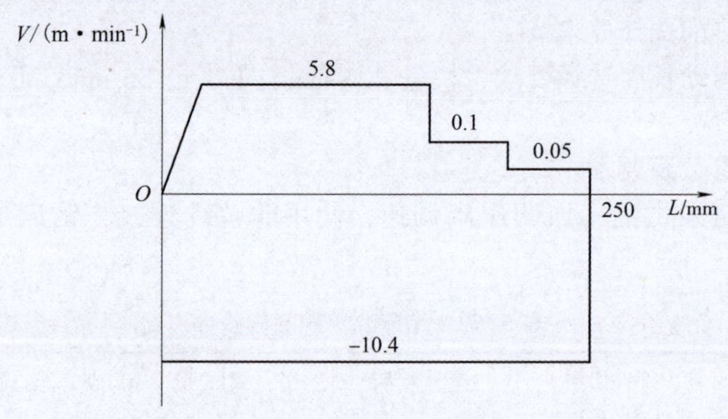

图 5-11　负载速度

5.4.3　制订基本方案，拟定液压系统原理图

1. 确定液压泵的类型及调速方式

根据图 5-10 所示的总机械负载图及图 5-11 所示的负载速度可知，这台钻床液压系统的功率小、滑台运动速度低、工作负载变化小，可采用进口节流的调速方式。为防止钻孔钻通时滑台突然失去负载而向前冲，在回油路上设置背压阀，初定背压值为 $p_b=0.8$ MPa。

由于液压系统选用节流调速方式，因此，系统中油液的循环必然是开式的。

液压缸的输入流量中，最大流量与最小流量的比值约为 116，而快进、快退所需的时间比工进所需的时间少得多，因此，从提高系统效率、节省能量的角度来看，采用单个定量泵作为油源显然是不合适的，宜采用双泵供油系统，或者采用限压式变量泵加调速阀组成容积节流调速系统。

综上所述，选用双作用变量叶片泵供油、调速阀进油节流调速的开式回路，溢流阀作为定压阀和安全阀，并在回油路上设置背压阀。

2. 选用执行元件

由于系统动作要求正向快进和工进，反向快退，且快进、快退速度较高，因此，选用单活塞杆液压缸，非差动连接。无杆腔面积 A_1 与有杆腔面积 A_2 的比值根据 I 工进的压力与阻力关系初步计算 A_1，再结合背压计算 A_2。

3. 快速运动回路和速度切换回路的选择

根据设计要求的运动方式，采用非差动连接与双作用变量叶片泵供油，通过调速阀调速来实现快速运动。

本设计采用二位二通电磁阀的速度切换回路，控制由快进转为工进（与采用行程阀相比，电磁阀可以直接安装在液压站上，由工作台的行程开关控制，管路较简单，行程也容易调整）。

4. 换向回路的选择

因为本系统对换向的平稳性没有严格要求，所以选用电磁换向阀的换向回路。为方便实现非差动连接，选用三位四通电磁换向阀。

5. 组成液压系统

将上述选定的液压回路进行组合，并根据要求和需要作必要的修改、补充，组成图 5-12 所示的液压系统原理图。为便于观察压力，在液压泵的出口、液压缸无杆腔进油口和有杆腔的出油口设置测压点。若设置多点压力表开关，则只需要一个压力表即能观测多点的压力。

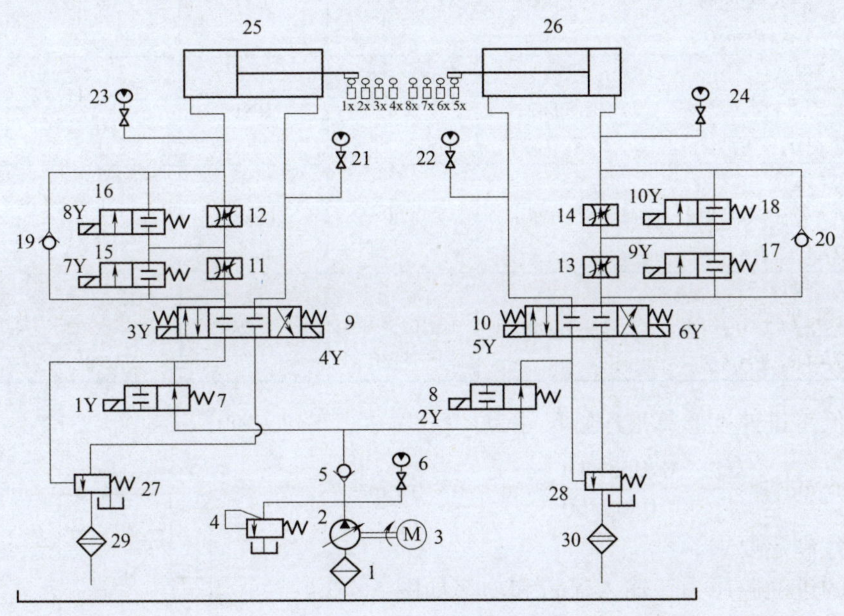

图 5-12　液压系统原理图

5.4.4 液压元件的计算与选择

1. 液压缸尺寸的确定

（1）从表5-28中可以读出，钻床液压系统在Ⅰ工进时的总机械负载值为8 889 N，选择液压缸的工作压力为1.5 MPa。液压缸选用单杆式，并在快进时选用非差动连接。不考虑液压缸的背压，由Ⅰ工进时的负载初步计算 A_1，通过计算式 $F=A_1p$，可得，$A_1=8\ 889/(1.5\times10^6)\ \text{cm}^2=59.26\ \text{cm}^2$。

在钻孔加工时，液压缸回油路上必须设置背压 p_2，以防止孔被钻通时滑台突然前冲，可取 $p_2=p_b=0.8$ MPa。快进时由于油管中存在压降 Δp，有杆腔的压力必须大于无杆腔，估算时可取 $\Delta p=0.5$ MPa。快退时回油腔有背压，此时 p_2 可按0.5 MPa估算。

由表5-28可知，Ⅰ工进时的液压缸驱动力最大，可据此计算液压缸有杆腔的面积：$F/\eta_m=A_1p_1-A_2p_2$，选择 $p_1=1.9$ MPa，已知 $A_1=59.26\ \text{cm}^2$，$p_2=0.8$ MPa，得 $A_2=29.63\ \text{cm}^2$，$D=\sqrt{4A_1/\pi}=8.69$ cm，$d=\sqrt{4(A_1-A_2)/\pi}=6.14$ cm。根据GB/T 2822—2005将这些直径总结成标准值，得 $D=9$ cm，$d=6.30$ cm。由此求得，液压缸两腔的实际有效面积为$A_1=\pi D^2/4=63.6\ \text{cm}^2$，$A_2=\pi(D^2-d^2)/4=32.4\ \text{cm}^2$。

（2）液压缸各工作阶段的压力、流量和功率。

根据计算得到的 D 与 d 值，可以估算出液压缸在各工作阶段的压力、流量和功率，如表5-29所示（其中Ⅰ工进和Ⅱ工进的速度分别取 $v_2=0.1$ m/min，$v_3=0.05$ m/min）。

表5-29 液压缸在各工作阶段的压力、流量和功率

工况	计算公式	液压缸驱动 F_D/N	回油腔压力 p_2/MPa	进油腔压力 p_1/MPa	输入流量 $Q/(10^{-4}\text{m}^3\cdot\text{s}^{-1})$	功率 P/W
快进	$p_2=\Delta p$ $p_1=(F_D+A_2p_2)/A_1$ $Q=A_1v_1,P=p_1Q$	1 000	0.5	0.41	6.15	253.4
Ⅰ工进	$p_2=p_b$ $p_1=(F_D+A_2p_2)/A_1$ $Q=A_1v_2,P=p_1Q$	8 889	0.8	1.81	0.11 (0.55)	19.18 (95.9)
Ⅱ工进	$p_2=p_b$ $p_1=(F_D+A_2p_2)/A_1$ $Q=A_1v_3,P=p_1Q$	2 778	0.8	0.85	0.053 (0.11)	4.48 (8.96)
快退	$p_2=\Delta p$ $p_1=(F_D+A_1p_2)/A_2$ $Q=A_2v_4,P=p_1Q$	1 000	0.5	1.29	5.62	725.1

按照最低工进速度验算液压缸尺寸为

$$A_1=63.6\ \text{cm}^2\geqslant\frac{Q_{\min}}{v_{\min}}=\frac{0.053\times10^{-4}}{0.05/60}\ \text{cm}^2=63.6\ \text{cm}^2$$

即液压缸尺寸满足要求。

液压缸的进油腔压力、输入流量和功率如图5-13～图5-15所示（其中，各工作阶段的运动时间分别为 $t_1=2.12$ s、$t_2=21$ s、$t_3=12$ s、$t_4=1.44$ s）。

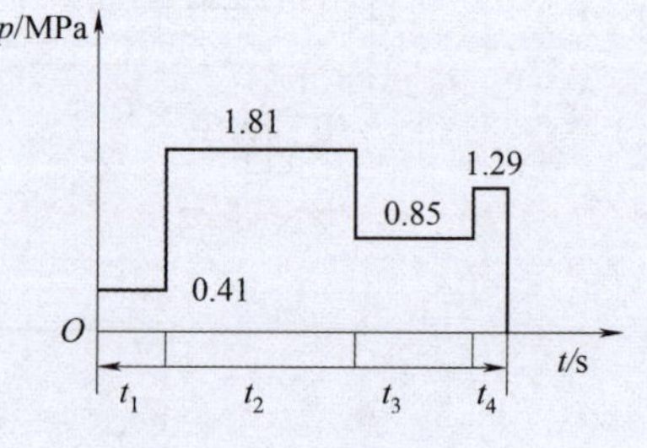

图5-13 进油腔压力

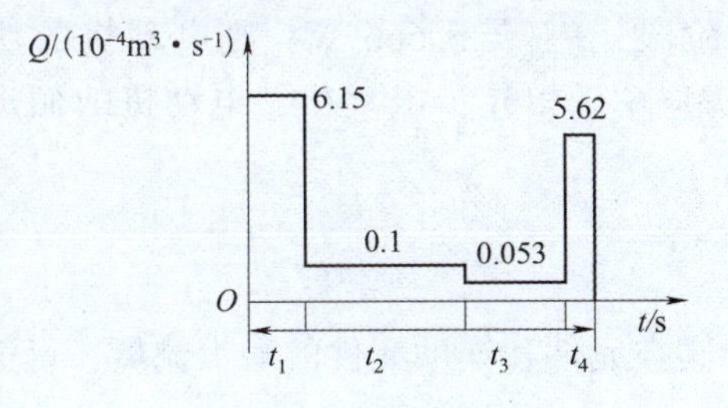

图 5-14 输入流量

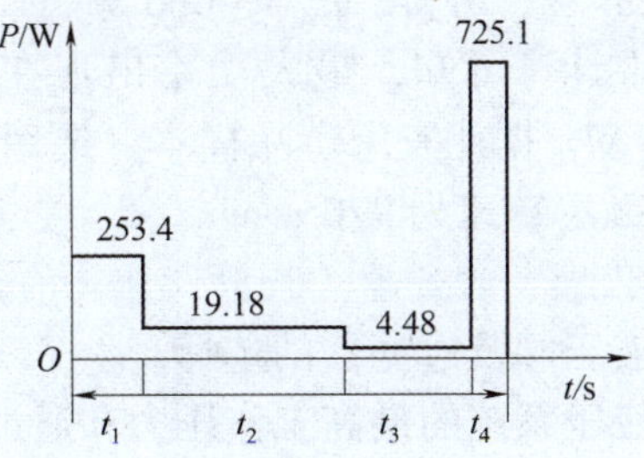

图 5-15 功率

2. 液压泵及电动机的选择

(1) 液压泵的选择。

由图 5-13 可知，液压系统在Ⅰ工进阶段液压缸的工作压力最大。整个工作循环中最大工作压力为1.81 MPa，系统采用溢流阀进油节流调速，进油管压力损失选取0.5 MPa，压力继电器可靠动作需要的压力差为0.5 MPa。则液压泵最高工作压力按式 $p_p \geqslant p_1 + \sum \Delta p$，可得 $p_p \geqslant (1.81+0.5+0.5)$ MPa = 2.81 MPa，因此，泵的额定工作压力可取 $p_r \geqslant (1+30\%) \times 2.81$ MPa = 3.653 MPa。由图 5-14 可知，快进时液压缸所需的流量最大为 $Q_{max}=6.15\times10^{-4}\times60\times1\,000$ L/min = 36.9 L/min，即 $Q_{max}=36.9$ L/min。则液压泵所需的最大流量 $Q_p \geqslant K \times \sum Q_{max} = 1.1\times2\times(1+15\%)\times36.9$ L/min = 93.4 L/min，其中，K 取 1.1。

根据上面计算出的压力和流量，查阅产品样本，选用 YBP-100 型的变量叶片液压泵。该泵的额定压力为6.3 MPa，额定转速为1 000 r/min，额定流量为100 L/min，额定功率为13 kW。

(2) 电动机的选择。

取泵的机械效率为 $\eta_1=0.9$，电动机的机械效率为 $\eta_2=0.75$。

快进时，电动机所需的功率 $P_1=\dfrac{p_{p_1}Q_1}{\eta_1\eta_2}=\dfrac{(p_1+\Delta p_1+\Delta p_2)Q_1}{\eta_1\eta_2}$，式中，$\Delta p_1=0.5$ MPa 是进油路压力损失，$\Delta p_2=0.5$ MPa 是压力继电器可靠动作需要的压力差，$Q_1=100\times10^{-3}/60\ \text{m}^3/\text{s}=1.67\times10^{-3}\text{m}^3/\text{s}$，可得，$P_1=3\,488$ W。

Ⅰ工进时，电动机所需的功率 $P_2=\dfrac{p_{p_2}Q_2}{\eta_1\eta_2}=\dfrac{(p_2+\Delta p_1+\Delta p_2)Q_2}{\eta_1\eta_2}$，式中，$\Delta p_1=0.5$ MPa 是调速阀所需的最小压力，$\Delta p_2=0.5$ MPa 是压力继电器可靠动作需要的压力差，$Q_2=1.1\times2\times(1+0.15)\times0.1\times10^{-4}\text{m}^3/\text{s}=0.253\times10^{-4}\text{m}^3/\text{s}$，可得，$P_2=105.3$ W。

Ⅱ工进时，电动机所需的功率 $P_3=\dfrac{p_{p_3}Q_3}{\eta_1\eta_2}=\dfrac{(p_3+2\Delta p_1+\Delta p_2)Q_3}{\eta_1\eta_2}$，式中，$\Delta p_1=0.5$ MPa 是调速阀所需的最小压力，$\Delta p_2=0.5$ MPa 是压力继电器可靠动作需要的压力差，$Q_3=1.1\times2\times(1+0.15)\times0.053\times10^{-4}\text{m}^3/\text{s}=0.134\times10^{-4}\text{m}^3/\text{s}$，可得，$P_3=46.7$ W。

快退时，电动机所需的功率 $P_4=\dfrac{p_{p_4}Q_4}{\eta_1\eta_2}=\dfrac{(p_4+\Delta p_1+\Delta p_2)Q_4}{\eta_1\eta_2}$，式中，$\Delta p_1=0.5$ MPa 是回油路压力损失，$\Delta p_2=0.5$ MPa 是压力继电器可靠动作需要的压力差，$Q_4=100\times10^{-3}/60\ \text{m}^3/\text{s}=$

$1.67\times10^{-3}m^3/s$，可得，$P_4=5\ 666$ W。

由以上计算可知，最大功率出现在快退阶段，$P_{max}=5\ 666$ W，则电动机的功率应为 $N_p\geq5\ 666$ W。据此查阅产品样本，选用 Y160M-6 三相异步电动机，电动机的额定功率为 7.5 kW，额定转速为 970 r/min。

3. 液压阀、过滤器、油管及油箱的选择

(1) 液压阀及过滤器的选择。

根据液压系统的最高工作压力和通过各个阀类元件和辅助元件的最大流量，可选出这些元件的型号及规格，如表 5-30 所示。

表 5-30　液压元件明细表

编号	元件名称	估计通过流量/($L\cdot min^{-1}$)	元件型号	规格
1	XU 线隙式滤油器	200	XU-B200×100	2.5 MPa
2	变量叶片液压泵	90	YBP-100	6.3 MPa
3	三相异步电动机	—	Y160M-6	7.5 kW
4	溢流阀	20	YF-L20B	5~70 MPa
5	单向阀	80	I-100	100 L/min
6	弹簧管压力表	—	Y-100	10 MPa
7	二位二通换向阀	≤40	22D-63B	6.3 MPa
8	二位二通换向阀	≤40	22D-63B	6.3 MPa
9	三位四通换向阀	≤40	34D-63B	6.3 MPa
10	三位四通换向阀	≤40	34D-63B	6.3 MPa
11	调速阀	0.6	Q-10B	0.050 L/min
12	调速阀	0.6	Q-10B	0.050 L/min
13	调速阀	0.6	Q-10B	0.050 L/min
14	调速阀	0.6	Q-10B	0.050 L/min
15	二位二通换向阀	≤36.9	22D-63B	6.3 MPa
16	二位二通换向阀	≤36.9	22D-63B	6.3 MPa
17	二位二通换向阀	≤36.9	22D-63B	6.3 MPa
18	二位二通换向阀	≤36.9	22D-63B	6.3 MPa
19	单向阀	33.7	I-40	40 L/min
20	单向阀	33.7	I-40	40 L/min
21	弹簧管压力表	—	Y-100	10 MPa
22	弹簧管压力表	—	Y-100	10 MPa
23	弹簧管压力表	—	Y-100	10 MPa
24	弹簧管压力表	—	Y-100	10 MPa
25	液压缸	36.9	90×63	90×63
26	液压缸	36.9	90×63	90×63

续表

编号	元件名称	估计通过流量/(L·min^{-1})	元件型号	规格
27	背压阀	≤40	B-63B	6.3 MPa
28	背压阀	≤40	B-63B	6.3 MPa
29	片式滤油器	70	Γ41-44	5 MPa
30	片式滤油器	70	Γ41-44	5 MPa

(2) 油管的选择。

根据选定液压阀的连接油口尺寸确定管道尺寸。由于系统在液压缸快进、快退时流量最大，实际最大流量 $Q_{max}\approx 36.9$ L/min，泵的流量为额定流量 100 L/min，连接液压缸的进出油路油管的直径选择公称直径 20 mm。

(3) 油箱容积的选择。

中压系统的油箱容积 V 一般取液压泵额定流量的 5～7 倍，这里取 6 倍，即 $V=6Q_r$，式中，Q_r 为液压泵每分钟排出液压油的体积，可得，$V=600$ L。

4. 系统压力损失、发热及温升的验算

(1) 系统压力损失的验算。

由于系统具体的管路布置尚未清楚，因此整个回路的压力损失无法估算，只有阀类元件对压力损失造成的影响可以看得出来，供调定压力值时参考。由于快进时的油液流量比快退时的流量大，其压力损失也就比快退时的大，因此，必须计算快进时进油路与回油路的压力损失。假定液压系统选用 N32 号液压油，考虑最低工作温度为 15 ℃，由产品手册查出此时油的运动黏度 $\nu=1.5\ \text{st}=1.5\ \text{cm}^2/\text{s}$，油的密度 $\rho=900\ \text{kg/m}^3$，液压元件采用集成块式的配置形式，Q 取 36.9 L/min，即 $Q=0.000\,615\ \text{m}^3/\text{s}$。

判定雷诺数 Re：$Re=\dfrac{vd}{\nu}\times 10^4=\dfrac{1.273\,2Q}{d\nu}\times 10^4$，此处 d 取 20 mm，即 $d=0.020$ m，代入数据，可得 $Re=261<2\,300$，则进油回路中的流动为层流。

沿程压力损失 $\sum \Delta p_{\lambda}$：选取进油管长度为 $l=1.5$ m，则进油路上的流体速度为 $v=\dfrac{Q}{\pi d^2/4}=1.96$ m/s，压力损失为 $\sum \Delta p_{\lambda}=\dfrac{64}{Re}\times\dfrac{l}{d}\times\dfrac{\rho v^2}{2}=31\,792.6\ \text{Pa}=0.03\ \text{MPa}$。

局部压力损失：由于采用集成块式配置的液压装置，因此只考虑进油路上的阀类元件和集成块内油路的压力损失。通过各阀的局部压力损失，按式 $\Delta p_{\xi}=\Delta p_{s}\left(\dfrac{q}{q_s}\right)^2$ 计算，结果如表 5-31 所示。

表 5-31　各阀局部压力损失

编号	元件名称	额定流量 q_s/(L·min^{-1})	实际流量 q/(L·min^{-1})	额定压力损失 Δp_s/MPa	实际压力损失 Δp_{ξ}/MPa
1	单向阀	100	80.0	0.2	0.128
2	二位二通换向阀	3	40.0	0.4	0.161
3	三位四通换向阀	63	40.0	0.4	0.161

续表

编号	元件名称	额定流量 $q_s/(\mathrm{L}\cdot\mathrm{min}^{-1})$	实际流量 $q/(\mathrm{L}\cdot\mathrm{min}^{-1})$	额定压力损失 Δp_s/MPa	实际压力损失 Δp_ξ/MPa
4	二位二通换向阀	63	36.9	0.4	0.137
5	二位二通换向阀	63	36.9	0.4	0.137

若取集成块进油路的压力损失 $\Delta p_j = 0.03$ MPa，则进油路的总压力损失为

$$\sum \Delta p = \sum \Delta p_\lambda + \Delta p_\xi + \Delta p_j = (0.03 + 0.128 + 0.161 \times 2 + 0.137 \times 2 + 0.03)\,\mathrm{MPa} = 0.78\ \mathrm{MPa}$$

即 $\sum \Delta p < (0.5 + 0.5)\,\mathrm{MPa} = 1.0\ \mathrm{MPa}$。也就是说，初选的进油管压力损失略大于实际油路压力损失。这说明液压系统的油路结构及元件的参数选择基本合理，满足要求。

（2）系统发热及温升的验算。

在整个工作循环中，Ⅰ工进和Ⅱ工进阶段用的时间都较长，而快进、快退阶段系统的功率较大，因此系统的发热量大小无法判断，计算如下。

快进时液压泵的输入功率 $P_1 = 3\ 488$ W，而快进时液压缸的输出功率 $P_1' = F_1 v_1 = 1\ 000 \times 5.8/60\ \mathrm{W} = 97$ W，系统的总发热功率 $\Phi_1 = P_1 - 2 \times P_1' = 3\ 294$ W，发热量 $Q_{1热} = \Phi_1 t_1 = 3\ 294 \times 2.12\ \mathrm{J} = 6\ 983$ J。

Ⅰ工进时液压泵的输入功率 $P_2 = 105.3$ W，而Ⅰ工进时液压缸的输出功率 $P_2' = F_2 v_2 = 8\ 889 \times 0.1/60\ \mathrm{W} = 14.8$ W，系统的总发热功率 $\Phi_2 = P_2 - 2 \times P_2' = 75.7$ W，发热量 $Q_{2热} = \Phi_2 t_2 = 75.7 \times 21\ \mathrm{J} = 1\ 590$ J。

Ⅱ工进时液压泵的输入功率 $P_3 = 46.7$ W，而Ⅱ工进时液压缸的输出功率 $P_3' = F_3 v_3 = 2\ 778 \times 0.05/60\ \mathrm{W} = 2.3$ W，系统的总发热功率 $\Phi_3 = P_3 - 2 \times P_3' = 42.1$ W，发热量 $Q_{3热} = \Phi_3 t_3 = 42.1 \times 12\ \mathrm{J} = 505$ J。

快退时液压泵的输入功率 $P_4 = 5\ 666$ W，而快退时液压缸的输出功率 $P_4' = F_4 v_4 = 10\ 00 \times 10.4/60\ \mathrm{W} = 173$ W，系统的总发热功率 $\Phi_4 = P_4 - 2 \times P_4' = 5\ 320$ W，发热量 $Q_{4热} = \Phi_4 t_4 = 5\ 320 \times 1.44\ \mathrm{J} = 7\ 661$ J。

综合以上可知，发热量最大的阶段是快退阶段，即取 $\Phi_{\max} = 5\ 320$ W。

假设油箱 3 条边的比在 1∶1∶1～1∶2∶3 范围内，且油面高度为油箱高度的 80%，其散热面积近似为 A，由式 $A = 0.065\sqrt[3]{V^2}$，可得 $A = 4.624\ \mathrm{m}^2$。假定通风良好，取油箱散热系数 $C_T = 15 \times 10^{-3}\,\mathrm{kW/(m^2 \cdot ℃)}$，则利用式 $\Delta T = \dfrac{\Phi}{C_T A}$，可得油液温升 $\Delta T = 76.7$ ℃。设环境温度 $T_2 = 20$ ℃，则热平衡温度 $T_1 = T_2 + \Delta T = 96.7$ ℃。由于 $T_1 > [T_1] = 55 \sim 70$ ℃，因此油箱散热必须加装专用冷却器。

再验算，取 $C_T = 110 \times 10^{-3}\ \mathrm{kW/(m^2 \cdot ℃)}$，则利用式 $\Delta T = \dfrac{\Phi}{C_T A}$，可得油液温升 $\Delta T = 10.5$ ℃。设环境温度 $T_2 = 20$ ℃，则热平衡温度 $T_1 = T_2 + \Delta T = 30.5$ ℃。由于 $T_1 < [T_1] = 55 \sim 70$ ℃，因此加装冷却器后油箱的工作温度没有超过最高允许油温，散热可以满足要求。

最终绘制的双面钻孔卧式组合机床液压系统如图 5-16 所示。

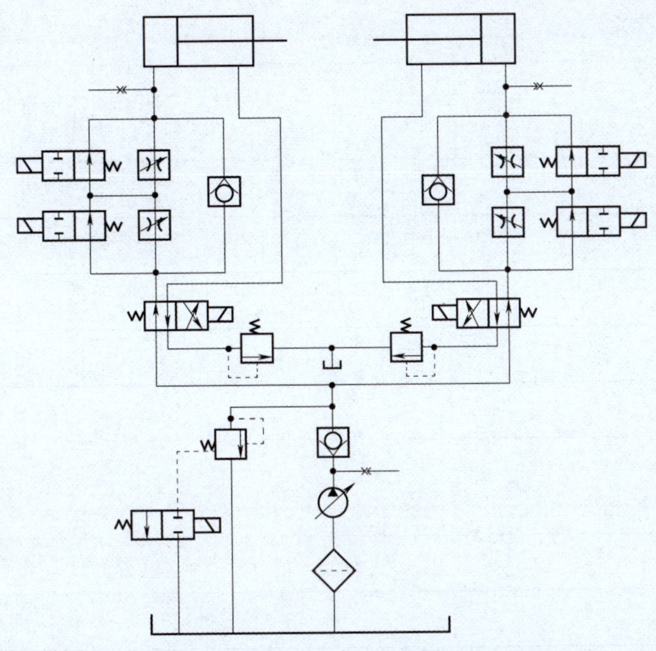

图 5-16　双面钻孔卧式组合机床液压系统图

任务实施

1. 分组情况

学习任务采用分组教学法，每个学习任务开始前，组长对本组成员进行任务分工，填写表 5-32，然后成员按照要求做好预习。每个学习任务按照咨询—计划—决策—实施—检查—评价六步法进行。

表 5-32　学习小组分组情况

学习任务		
类别	姓名	分工情况
组长		
成员		

2. 题目

3. 前言

4. 设计依据

5. 工况分析

6. 初步确定油缸参数，绘制工况图

7. 确定液压系统方案并拟定液压系统原理图

8. 选择液压元件

9. 验算液压系统性能

任务评价

填写表 5-33～表 5-35。

表 5-33　小组成绩评分单　　评分人：

学习任务				
团队成员				
评价内容	评价标准	赋分	得分	备注
工作目标认知程度	工作目标明确、工作计划合理	10 分		
分工合理程度	工作难易程度与工作强度分配合理	5 分		
咨询	问题查询	10 分		
计划	过程方案	10 分		
决策	报告	15 分		

续表

评价内容	评价标准	赋分	得分	备注
实施	实施情况良好	15 分		
检查	检查良好	10 分		
评价	学习任务过程及反思情况	15 分		
团队精神创新意识	工作态度与工作效果	10 分		
合计		100 分		

表 5-34　个人成绩评分单　　　　评分人：

学习任务				
学生姓名				
评价内容	评价标准	赋分	得分	备注
出勤情况	迟到、早退 1 次扣 2 分	15 分		旷课 3 次以上记 0 分
	病假 1 次扣 0.5 分			
	事假 1 次扣 1 分			
	旷课 1 次扣 5 分			
平时表现	任务完成的及时性，学习、工作态度	15 分		
个人成果	个人完成的任务质量	40 分		
团队协作	分为 3 个级别： 重要：8~10 分 一般：5~8 分 次要：1~5 分	10 分		
创新创意	个人成果或团队创意均发挥引导创新作用	20 分		
合计		100 分		

表 5-35　学生课程考核成绩档案

课程名称					
班级		姓名		学号	
考核过程					

学习任务名称	团队得分（40%）	个人得分（60%）
合计得分		
授课教师签名：		

任务6　搬运机械手气动系统设计

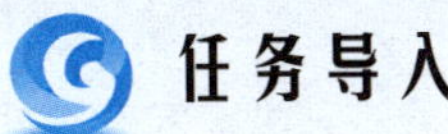

任务导入

气压传动与控制技术简称气动，是以压缩空气为工作介质来进行能量与信号的传递，实现各种生产过程、自动控制的一门技术。它是流体传动与控制学科的一个重要组成部分。近几十年来，气压传动技术广泛应用于工业产业中的自动化和省力化，在促进自动化的发展中起到了极为重要的作用。本任务是设计一套搬运机械手气动系统。

任务目标

一、知识目标

（1）掌握气压传动的组成及工作原理。

（2）了解气压传动的特点及应用。

（3）掌握气压基本回路及特点。

二、技能目标

（1）掌握气压元件的选型。

（2）掌握气压传动装置设计的基本方法及应用。

（3）培养学生查阅气压设计手册和相关资料的能力。

（4）提高学生处理实际工程技术问题的能力。

三、素养目标

（1）树立吃苦耐劳、勇于拼搏的精神品格。

（2）弘扬劳动光荣、技能宝贵、创造伟大的新时代风尚。

相关知识

6.1　气压传动系统的组成及特点

6.1.1　气压传动的工作原理和组成

通过一个典型的气压传动系统来理解气动系统如何进行能量信号传递，如何实现控制自动化。

以气动剪切机为例，介绍气压传动的工作原理。图6-1所示为气动剪切机的工作原理，图示位置为剪切前的情况。空气压缩机1产生的压缩空气经后冷却器2、分水排水器3、储气罐4、分水滤气器5、减压阀6、油雾器7到达换向阀9。部分气体经节流通路进入换向阀9的下腔，使上腔弹簧压缩，换向阀9阀芯位于上端；大部分压缩空气经换向阀9后进入气缸 10 的上腔，而气缸的下腔经换向阀与大气相通，因此气缸活塞处于最下端。当上料装置把工料 11 送入剪切机并到达规定位置时，工料压下行程阀 8，此时换向阀 9 阀芯下腔的压缩空气经行程阀 8 排入大气，在弹簧的推动下，换向阀 9 阀芯向下运动至下端；换向阀阀芯上腔的压缩空气则经换向阀 9 进入气缸的下腔，气缸上腔经换向阀 9 与大气相通，气缸活塞向上运动，带动剪刀上行剪断工料。工料剪下后，即与行程阀 8 脱开。行程阀 8 阀芯在弹簧的作用下复位，出路被堵死。换向阀 9 阀芯上移．气缸活塞向下运动，又恢复到剪断前的状态。

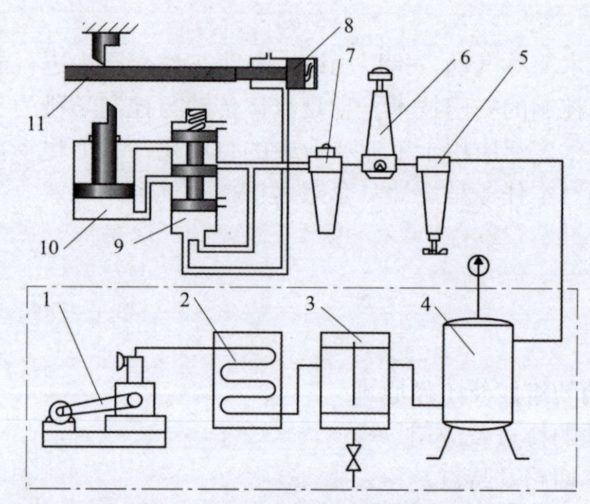

图 6-1　气动剪切机的工作原理

1—空气压缩机；2—后冷却器；3—分水排水器；4—储气罐；5—分水滤气器；
6—减压阀；7—油雾器；8—行程阀；9—气控换向阀；10—气缸；11—工料

图 6-2 所示为用图形符号绘制的气动剪切机系统原理。

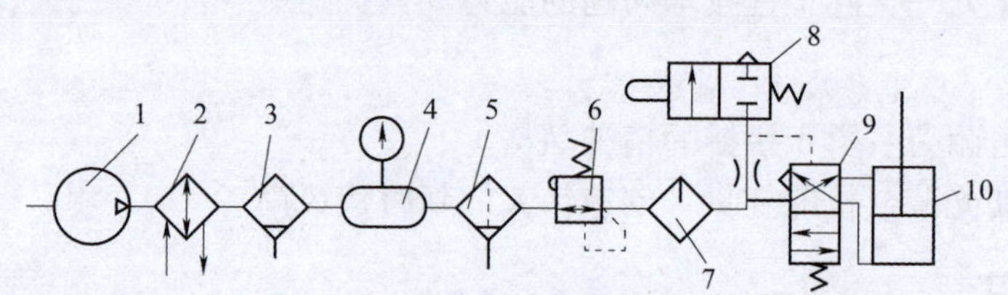

图 6-2　气动剪切机系统原理

1—空气压缩机；2—后冷却器；3—分水排水器；4—储气罐；5—分水滤气器；
6—减压阀；7—油雾器；8—行程阀；9—气控换向阀；10—气缸

在气压传动系统中，根据气动元件和装置的不同功能，可将气压传动系统分成以下 4 个组成部分。

（1）气源装置。气源装置将原动机提供的机械能转换为气体的压力能，为系统提供压缩空气。它主要由空气压缩机构成，还配有储气罐、气源净化处理装置等附属设备。

（2）执行元件。执行元件起能量转换作用，把压缩空气的压力能转换成工作装置的机械能。其主要形式有气缸输出直线往复式机械能、摆动气缸和气马达分别输出回转摆动式和旋转式机械能。对于以真空压力为动力源的系统，采用真空吸盘来完成各种吸吊作业。

(3) 控制元件。控制元件用来对压缩空气的压力、流量和流动方向进行调节和控制，使系统执行机构按功能要求的程序和性能工作。根据完成功能的不同，控制元件可分为很多种，气压传动系统中一般包括压力、流量、方向和逻辑等四大类控制元件。

(4) 辅助元件。辅助元件是元件内部润滑、排气噪声、元件间连接及信号转换、显示、放大、检测等所需的各种气动元件，如油雾器、消声器、管件及管接头、转换器、显示器、传感器等。

6.1.2 气压传动的优缺点

气压传动具有以下优点。

(1) 使用方便。以空气作为工作介质，来源方便，用过以后直接排入大气，不会污染环境，可少设置或不设置回气管道。

(2) 系统组装方便。使用快速接头可以非常简单地进行配管，因此，系统的组装、维修及元件的更换比较简单。

(3) 快速性好。动作迅速反应快，可以在较短的时间内达到所需的压力和速度。在一定的超载运行下也能保证系统安全工作，并且不易发生过热现象。

(4) 安全可靠。压缩空气不会爆炸或着火，在易燃、易爆场所使用时不需要配置昂贵的防爆设施。可安全可靠地应用于易燃、易爆、多尘埃、辐射、强磁、振动、冲击等恶劣环境中。

(5) 储存方便。气压具有较高的自保持能力，压缩空气可储存在储气罐内，随取随用。即使压缩机停止运行，气阀关闭，气动系统仍可维持一个稳定的压力。因此不需要压缩机连续运转。

(6) 可远距离传输。由于空气的黏度小，流动阻力小，管道中空气流动的沿程压力损失小，因此有利于介质集中供应和远距离输送。不论距离远近，空气都极易由管道输送。

(7) 能过载保护。气动机构与工作部件如果超载则停止不动，因此，无过载危险。

(8) 清洁。基本无污染，适用于要求高净化、无污染的场合，如食品、印刷、木材和纺织工业等。

(9) 气动具有独特的适应能力，优于液压、电子、电气控制。

气压传动同时也存在以下缺点。

(1) 速度稳定性差。由于空气可压缩性大，气缸的运动速度易随负载的变化而变化，因此稳定性较差，给位置控制和速度控制精度带来较大影响。

(2) 需要净化和润滑。压缩空气必须处理良好，去除含有的灰尘和水分。空气本身没有润滑性，必须采取措施对元件进行给油润滑，如加油雾器等装置进行供油润滑。

(3) 输出力小。经济工作压力低（一般低于 0.8 MPa），因此气动系统输出力小，在相同输出力的情况下，气动装置比液压装置尺寸大。输出力限制在 20~30 kN 之间。

(4) 噪声大。排放空气的声音很大（随着吸声材料和消声器的发展这个问题大部分现在已得到解决），需要加装消声器。

气压传动与其他传动的性能比较如表 6-1 所示。

表 6-1 气压传动与其他传动的性能比较

类型		操作力	动作快慢	环境要求	构造	负载变化影响	操作距离	无级调速	工作寿命	维护	价格
气压传动		中等	较快	适应性好	简单	较大	中距离	较好	长	一般	便宜
液压传动		最大	较慢	不怕振动	复杂	有一些	短距离	良好	一般	要求高	稍贵
电传动	电气	中等	快	要求高	稍复杂	几乎没有	远距离	良好	较短	要求较高	稍贵
	电子	最小	最快	要求特高	最复杂	没有	远距离	良好	短	要求更高	最贵
机械传动		较大	一般	一般	一般	没有	短距离	较困难	一般	简单	一般

6.1.3 气压传动技术的应用和发展

目前，气动控制装置应用广泛，主要体现在以下几个方面。

（1）机械制造业，包括机械加工生产线上工件的装夹及搬送，铸造生产线上的造型、捣固、合箱等。在汽车制造业中，主要包括汽车自动化生产线、车体部件的自动搬运与固定、自动焊接等。

（2）电子 IC 及电器行业，如用于硅片的搬运，元器件的插装与锡焊，家用电器的组装等。

（3）石油、化工业，用管道输送介质的自动化流程绝大多数采用气动控制，如石油提炼加工、气体加工、化肥生产等。

（4）轻工食品包装业，包括各种半自动或全自动包装生产线，如酒类、油类、煤气的罐装，以及各种食品的包装等。

（5）机器人，如装配机器人，喷漆机器人，搬运机器人及爬墙、焊接机器人等。

（6）其他，如车辆刹车装置，车门开闭装置，颗粒物质的筛选，鱼雷导弹自动控制装置等。目前，各种气动工具的广泛使用，也是气动技术应用的一个组成部分。

气动产品的发展趋势主要体现在以下几方面。

（1）小型化、集成化。气动元件的有些使用场合空间有限，要求气动元件的外形尺寸尽量小，小型化是其主要发展趋势。

（2）组合化、智能化。最常见的组合是带阀、带开关气缸。在物料搬运中，还使用了气缸、摆动气缸、气动夹头和真空吸盘的组合体，同时配有电磁阀、程控器，结构紧凑、占用空间小、行程可调。

（3）精密化。目前开发了非圆活塞气缸、带导杆气缸等，可减小普通气缸活塞杆工作时的摆转。为了使气缸定位精确，开发了制动气缸等。为了使气缸的定位更精确，使用了传感器、比例阀等实现反馈控制，定位精度可达 0.01 mm。在精密气缸方面已经开发了 0.3 mm/s 的低速气缸和 0.01 N 的微小载荷气缸。在气源处理中，过滤精度为 0.01 mm，过滤效率为 99.99%的过滤器和灵敏度为 0.001 MPa 的减压阀也已经开发出来。

（4）高速化。目前，气缸的活塞速度范围为 50~750 mm/s。为了提高生产效率，自动化的脚步正在加快。今后，要求气缸的活塞速度提高到 5~10 m/s。与此相应，阀的响应速度也将加快，要求由现在的 1/100 s 级提高到 1/1 000 s 级。

（5）无油、无味、无菌化。由于人们对环境的要求越来越高，不希望气动元件排放的废气带油雾，污染环境，因此，无油润滑的气动元件将会普及。还有些特殊行业，如食品、饮料、制药、电子等，对空气的要求更为严格，除无油外，还要求无味、无菌等，这类特殊要求的过滤器将不断被开发出来。

（6）高寿命、高可靠性和智能诊断功能。气动元件大多用于自动化生产中，元件的故障往往会影响设备的运行，使生产线停止工作，从而造成严重的经济损失，因此，对气动元件的工程可靠性提出了更高的要求。

（7）节能、低功耗。气动元件的低功耗能够节约能源，并能更好地与微电子技术结合。功耗小于等于 0.5 W 的电磁阀已开发并商品化，可由计算机直接控制。

（8）机电一体化。为了精确达到预定的控制目标，应采用闭路反馈控制方式。为了实现这种控制方式，需要解决计算机的数字信号、传感器反馈模拟信号和气动控制气压或气流量三者之间的相互转换问题。

（9）应用新技术、新工艺、新材料。在气动元件制造中，型材挤压、铸件浸渗和模块拼装等技术已经在国内广泛应用；压铸新技术（液压抽芯、真空压铸等）目前已在国内逐步推广；压电技术、总线技术、新型软磁材料、透析滤膜等正在应用。

6.2 气动基本回路

与液压传动系统一样，气压传动系统也是由各种功能的基本回路组成的。因此，熟悉并掌握常用的基本回路是分析、安装调试、使用维修气压传动系统的基础。

6.2.1 方向控制回路

1. 单作用气缸换向回路

气缸活塞杆运动的一个方向靠压缩空气驱动，另一个方向则靠其他外力，如重力、弹簧力等驱动。单作用气缸换向回路简单，可选用简单结构的二位三通阀来控制，如图 6-3 所示。

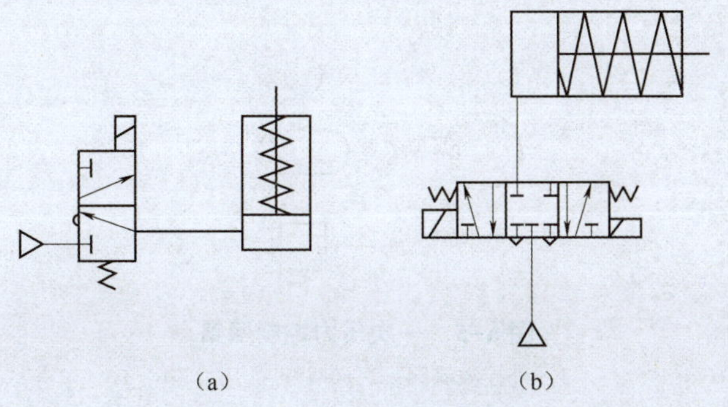

图 6-3 单作用气缸换向回路

（a）采用二位三通阀；（b）采用三位五通阀

2. 双作用气缸换向回路

气缸活塞杆的伸出或缩回，其两个方向的运动都靠压缩空气驱动，通常选用二位五通阀来控制，如图 6-4 所示。

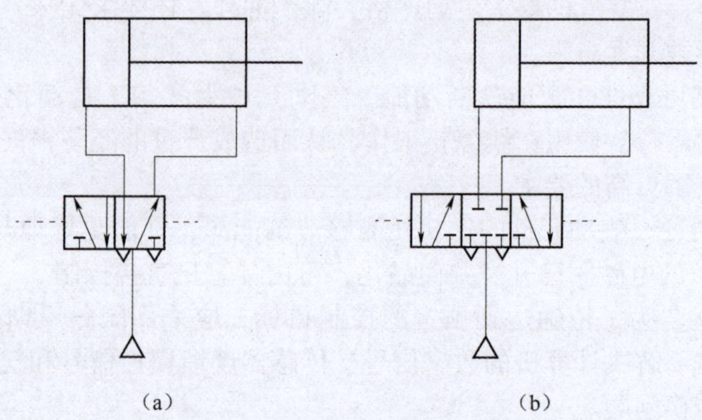

图 6-4　双作用气缸换向回路

(a) 采用二位五通阀；(b) 采用三位五通阀

6.2.2　压力控制回路

气动系统中，压力控制不仅是维持系统正常工作所必需的条件，而且也关系到系统总的经济性、安全性及可靠性。压力控制方法可分为一次压力（气源压力）控制、二次压力（系统工作压力）控制、多级压力控制等。

1. 一次压力控制回路

如图 6-5 所示，一次压力控制回路用于控制储气罐的压力，使其不超过规定的压力值。一次压力控制回路，空气压缩机由电动机驱动，当启动电动机后，空气压缩机产生的压缩空气经单向阀进入储气罐，储气罐内的压力上升，电接点式压力表显示压力值。当储气罐中的压力值上升到气压传动系统的最大限定值时，电接点式压力表内的针指碰到上触点，即控制其内的中间继电器断电，使电动机停止转动，空气压缩机停止转动，储气罐内的压力值不再上升。

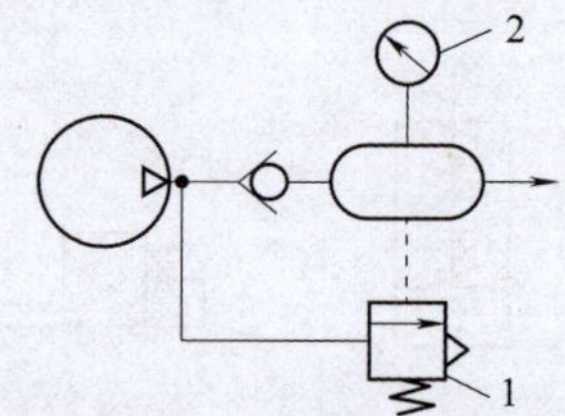

图 6-5　一次压力控制回路

1—外控溢流阀；2—带触点的压力表

2. 二次压力控制回路

图 6-6 所示为二次压力控制回路，图 6-6（a）由气动三联件组成，主要由溢流减压阀来实现压力控制；图 6-6（b）由减压阀和换向阀组成，对同一系统可实现输出高、低压力 p_1 和 p_2 的控制；图 6-6（c）由减压阀来实现对不同系统输出不同压力 p_1 和 p_2 的控制。

3. 高低压转换回路

气源经过减压阀可调至两种不同的压力，通过换向阀可得到两种不同的输出压力。高低压转换回路如图 6-7 所示。

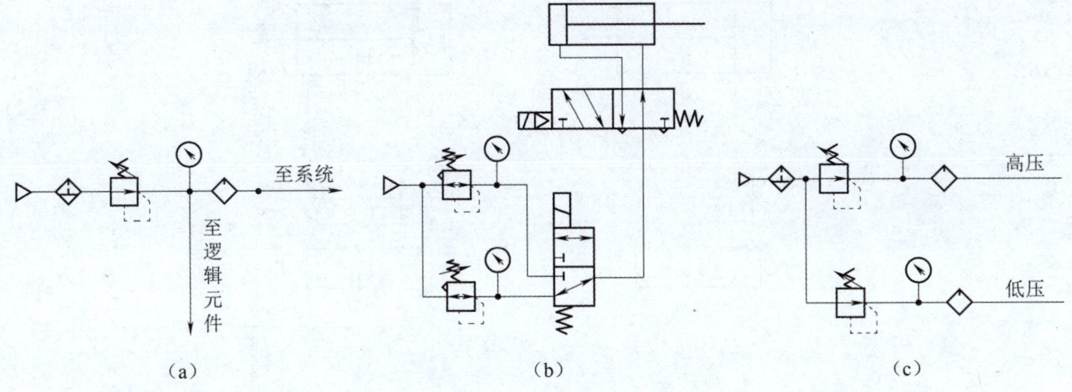

图 6-6　二次压力控制回路

(a) 由溢流减压阀控制压力；(b) 由减压阀和换向阀控制高低压力；(c) 由减压阀控制高低压力

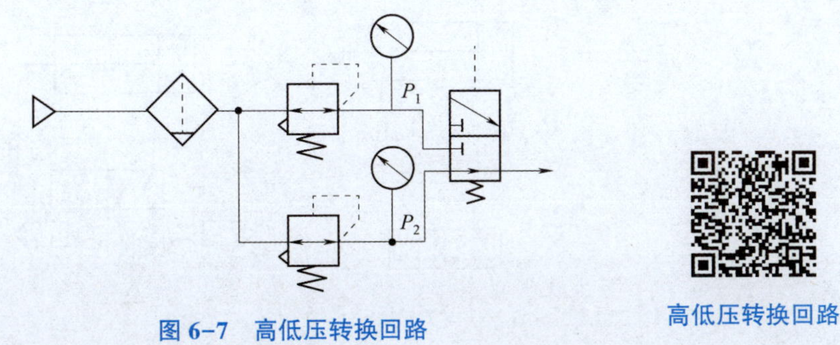

图 6-7　高低压转换回路

高低压转换回路

6.2.3　速度控制回路

速度控制回路就是通过调节压缩空气的流量，来控制气动执行元件的运动速度，使其保持在一定范围内的回路。

1. 单向调速回路

如图 6-8 (a) 所示，供气节流多用于垂直安装的气缸供气回路中，水平安装的气缸供气回路一般采用图 6-8 (b) 所示的排气节流调速回路。当气控换向阀不换向时（即处于图 6-8 所示位置)，从气源来的压缩空气经气控换向阀直接进入气缸的 a 腔，而 b 腔排出的气体必须经过节流阀到气控换向阀而排入大气，因此 b 腔中的气体就有了一定的压力。此时活塞在 a 腔与 b 腔的压力差作用下前进，减少了“爬行”的可能性。调节节流阀的开度，就可控制不同的排气速度，从而也就控制了活塞的运动速度。排气节流回路具有以下特点。

(1) 气缸速度随负载的变化较小，运动较平稳。

(2) 能承受与活塞运动方向相同的负载。

2. 双向调速回路

如图 6-9 (a) 所示，在气缸的两个气口分别安装单向节流阀，活塞两个方向的运动分别通过每个单向节流阀调节。图 6-9 (b) 所示回路采用二位四通（五通）阀，在阀的两个排气口分别安装节流阀，实现排气节流速度控制，此方法比较简单。

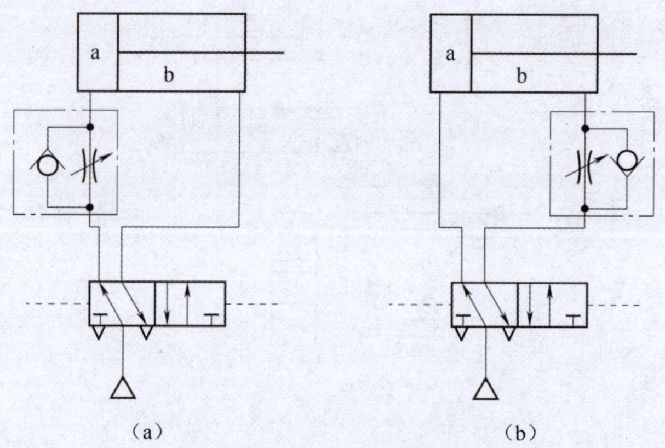

图 6-8　双作用缸单向调速回路

(a) 供气节流调速回路；(b) 排气节流调速回路

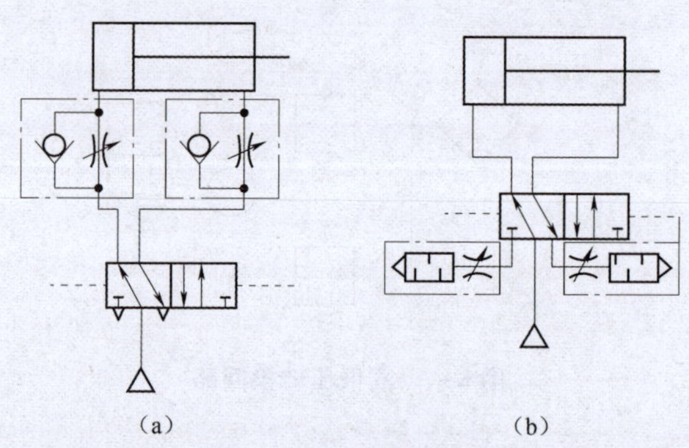

图 6-9　双向调速回路

(a) 采用单向节流阀；(b) 采用排气节流阀

双向调速回路

3. 气-液转换速度控制回路

图 6-10 所示的回路，充分发挥了气动供气的方便和液压速度容易控制的优点。

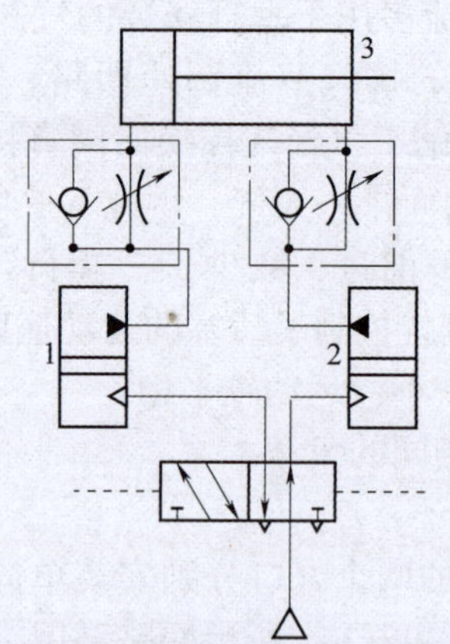

图 6-10　气-液转换速度控制回路

1，2—气液转换器；3—液压缸

6.2.4 其他常用基本回路

1. 安全保护回路

由于气动机构负荷过载、气压突然降低及气动执行机构的快速动作等原因都有可能危及操作人员或设备的安全，因此，在气动回路中，常常要加入安全回路。

（1）过载保护回路，如图 6-11 所示。

（2）互锁回路，如图 6-12 所示。

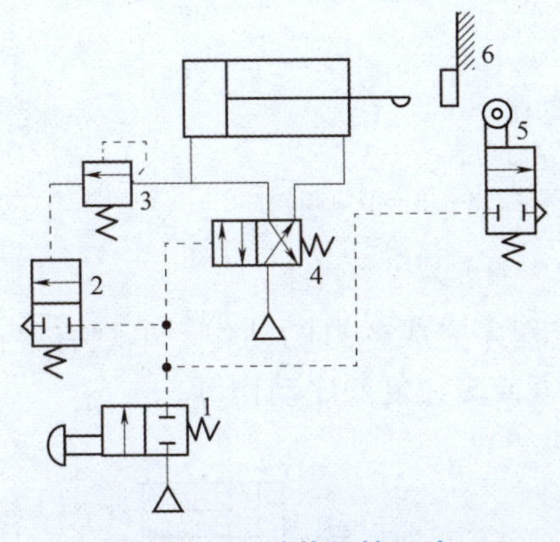

图 6-11 过载保护回路

1，2，4，5—换向阀；3—顺序阀；6—障碍

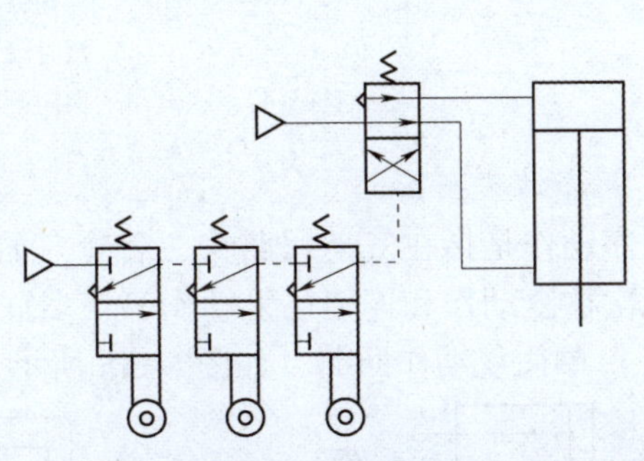

图 6-12 互锁回路

（3）双手同时操作回路。

双手同时操作回路，是使用两个启动用的手动阀，只有同时按动两个阀才动作的回路。这种回路主要是为了安全。在锻造、冲压机械上常用来避免误动作，以保护操作人员双手的安全，如图 6-13 所示。

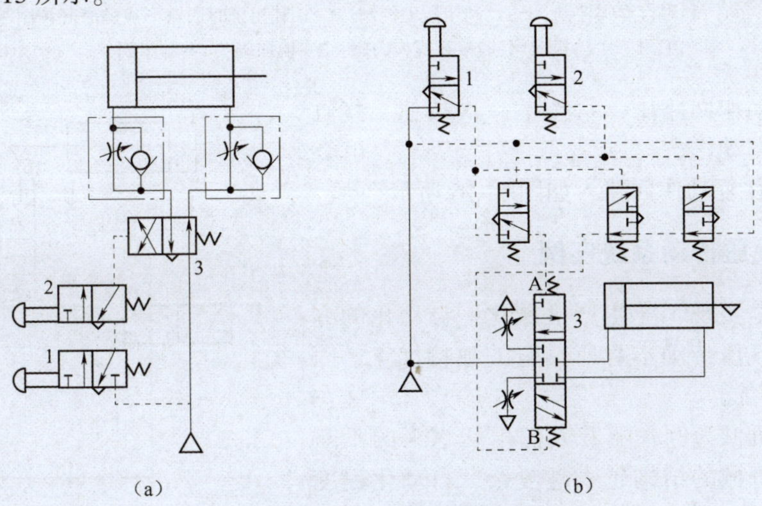

图 6-13 双手同时操作回路

(a) 使用逻辑与；(b) 使用三位主控阀

1，2—手动换向阀；3—主控制阀

2. 延时回路

图 6-14 所示的两种回路，通过调节节流阀的开度，便可调节延时时间。

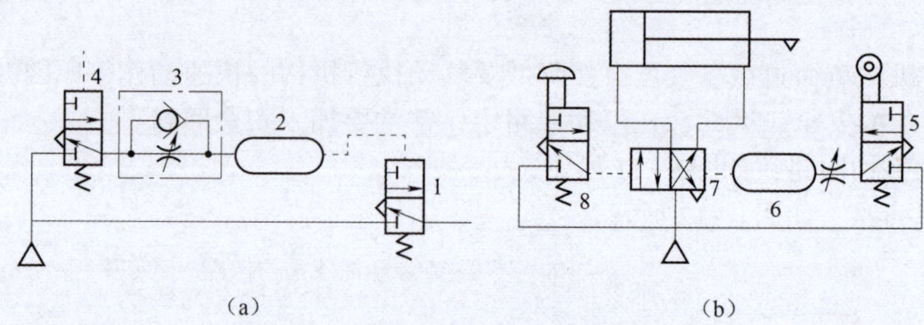

图 6-14　延时回路

(a) 延时输出；(b) 延时切换

1，4，5，7，8—换向阀；2，6—气罐；3—单向节流阀

3. 顺序动作回路

顺序动作是指在气动回路中，各个气缸按一定程序完成各自的动作。单缸有单往复动作、二次往复动作和连续往复动作等；多缸有单往复或多往复顺序动作等。

(1) 单往复动作回路，如图 6-15 所示。

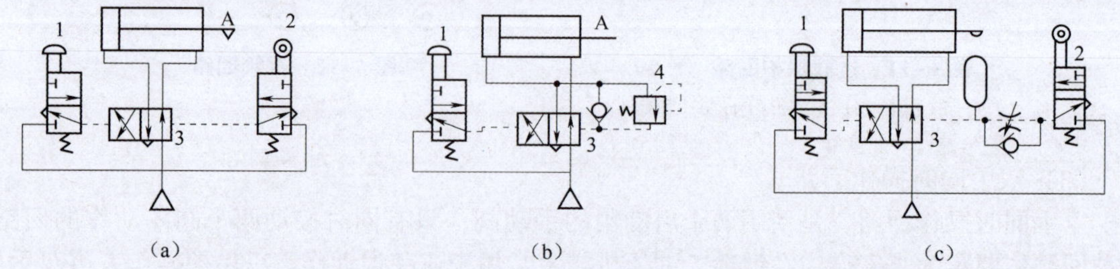

图 6-15　单往复动作回路

(a) 利用行程阀控制；(b) 利用压力控制；(c) 利用延时回路形成的时间控制

1—手动换向阀；2—行程换向阀；3—换向阀；4—顺序阀

在单往复动作回路中，每按下一次按钮，气缸就完成一次往复动作。

(2) 连续往复动作回路，如图 6-16 所示。

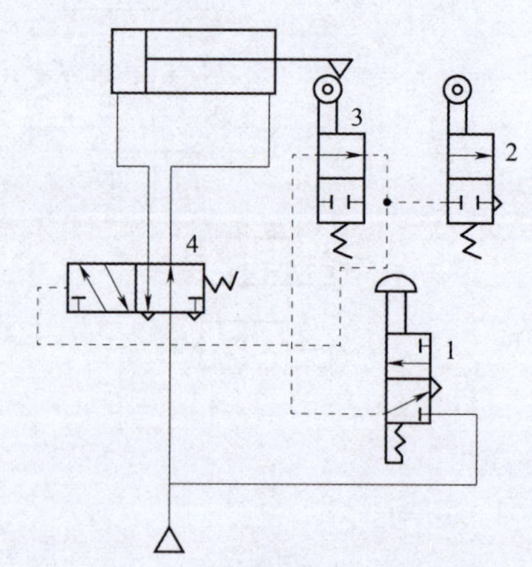

图 6-16　连续往复动作回路

1—手动换向阀；2，3—行程换向阀；4—换向阀

6.2.5　气压传动系统实例

气动技术是实现工业生产机械化、自动化的方式之一，由于气压传动本身所具有的独特优点，因此其应用日益广泛。

以土木、机械为例，随着人们生活水平的不断提高，土木、机械的结构越来越复杂、自动化程度不断提高。由于土木、机械在加工时转速高、噪声大，木屑飞溅十分严重，在这样的环境下采用气动技术非常合适。因此，近期开发或引进的土木、机械，普遍采用气动技术。下面以八轴仿形铣加工机床为例加以分析。

1. 八轴仿形铣加工机床简介

八轴仿形铣加工机床是一种高效、专用、半自动加工木质工件的机床。其主要功能是仿形加工，如梭柄、虎形腿等异型空间曲面。工件表面经粗、精铣，砂光和仿形加工后，可得到尺寸精度较高的木质构件。

八轴仿形铣加工机床一次可加工 8 个工件。在加工时，把样品放在居中位置，铣刀主轴转速一般为 8 000 r/min 左右。由变频调速器控制的三相异步电动机，经蜗杆/蜗轮传动副控制降速后，可得工件的转速范围为 15~735 r/min；纵向进给由电动机带动滚珠丝杠实现，其转速根据挂轮变化为 20~1 190 r/min 或 40~2 380 r/min。工件转速、纵向进给运动速度的改变，都是根据仿形轮的几何轨迹变化，反馈给变频调速器后，再控制电动机来实现的。该机床的接料盘升降，工件的夹紧松开，粗、精铣，砂光和仿形加工等工序都是由气动控制与电气控制配合实现的。

2. 气动控制回路的工作原理

八轴仿形铣加工机床使用夹紧缸 B（共 8 只），接料托盘升降缸 A（共 2 只），盖板升降缸 C，铣刀上、下缸 D，粗、精铣缸 E，砂光缸 F，平衡缸 G 共计 15 只气缸。其动作程序为

启动+工件夹紧(B_1)→接料托盘降(A_0) { →盖板下 ; →铣刀下(D_0)→粗铣(E_0)→精铣(E_1)→ ; →平衡缸 }

砂光进→砂光退→铣刀上 { →盖板上 ; →接料托盘升→工件松开 ; →平衡缸 }

该机床的气控回路如图 6-17 所示。动作过程分为 4 个方面，具体说明如下。

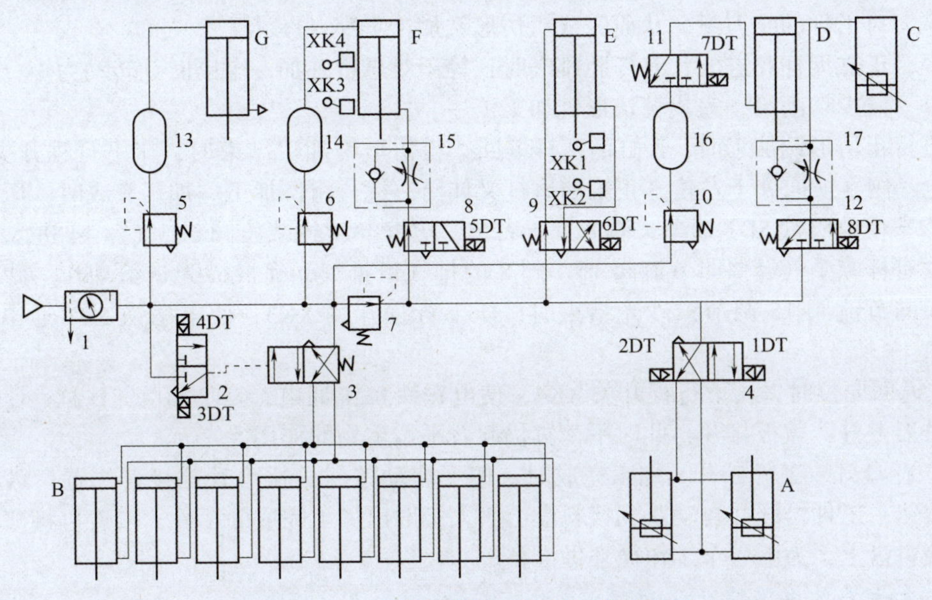

图 6-17　八轴仿形铣加工机床气控回路图

1—气动三联件；2，3，4，8，9，11，12—气控阀；5，6，7，10—减压阀；13，14，16—气容；15，17—单向节流阀

A—托盘缸；B—夹紧缸；C—盖板缸；D—铣刀缸；E—粗、精铣缸；F—砂光缸；G—平衡缸

（1）接料托盘升降及工件夹紧。按下接料托盘升按钮（电开关）后，电磁 1DT 通电，

使阀 4 处于右位，A 缸无杆腔进气，活塞杆伸出，有杆腔余气经阀 4 的排气口排空，此时接料托盘升起。托盘升至预定位置时，由人工把工件毛坯放在托盘上，接着按工件夹紧按钮使电磁铁 3DT 通电，阀 2 换向处于下位。此时，阀 3 的气控信号经阀 2 的排气口排空，使阀 3 复位处于右位，压缩空气分别进入 8 只夹紧缸的无杆腔，有杆腔余气经阀 3 的排气口排空，实现工件夹紧。

工件夹紧后，按下接料托盘下降按钮，使电磁铁 2DT 通电，1DT 断电，阀 4 换向处于左位，A 缸有杆腔进气，无杆腔排气，活塞杆退回，使托盘返至原位。

（2）盖板缸、铣刀缸和平衡缸的动作。由于铣刀主轴转速很高，加工木质工件时，木屑会飞溅。因此，为了便于观察加工情况和防止木屑向外飞溅，该机床有一个透明盖板并由气缸 C 控制，以实现盖板的上、下运动。在盖板中的木屑由引风机产生负压，从管道中抽吸到指定地点。

为了确保安全生产，盖板缸与缸力器同时动作。按下铣刀缸向下按钮时，电磁铁 7DT 通电，阀 11 处于右位，压缩空气进入 D 缸的有杆腔和 C 缸的无杆腔，D 缸无杆腔和 C 缸有杆腔的空气经单向节流阀 17、阀 12 的排气口排空，实现铣刀下降和盖板下降的同时动作。由图 6-17 可见，在铣刀下降的同时悬臂绕固定轴 O 逆时针转动。而 G 缸无杆腔有压缩空气的作用，且对悬臂产生绕 O 轴的顺时针转动力矩，因此，G 缸起平衡作用。由此可知，在铣刀缸动作的同时，盖板缸及平衡缸也动作，G 缸无杆腔的压力由减压阀 5 调定。

（3）粗、精铣及砂光的进退。铣刀下降动作结束时，铣刀已接近工件，按下粗仿形铣按钮后，使电磁铁 6DT 通电，阀 9 换向处于右位，压缩空气进入正缸的有杆腔，无杆腔的余气经阀 9 的排气口排空，完成粗铣加工。由图 6-17 可知，E 缸的有杆腔加压时，由于对下端盖有一个向下的作用力，因此，对整个悬臂来说又增加了一个逆时针转动力矩，进一步增加了铣刀对工件的吃刀量，从而完成粗仿形铣加工工序。

同理，正缸无杆腔进气，有杆腔排气时，等于对悬臂施加一个顺时针转动力矩，使铣刀离开工件，减少切削量，完成精仿形铣加工工序。

在进行粗仿形铣加工时，E 缸活塞杆缩回，粗仿形铣加工结束时，压下行程开关 XK1，6DT 通电，阀 9 换向处于左位，正缸活塞杆又伸出，进行粗铣加工。加工完成时，压下行程开关 XK2，使电磁铁 5DT 通电，阀 8 处于右位，压缩空气经减压阀 6、气容 14 进入 F 缸的无杆腔，有杆腔余气经单向节流阀 15、阀 8 的排气口排气，完成砂光进给动作。砂光进给速度由单向节流阀 15 调节，砂光结束时，压下行程开关 XK3，使电磁铁 5DT 通电，F 缸退回。

F 缸返回原位时，压下行程开关 XK4，使电磁铁 8DT 通电，7DT 断电，D 缸、C 缸同时动作，铣刀上升，盖板打开，此时平衡缸仍起着平衡重物的作用。

（4）托盘升、工件松开。加工完成时，按下启动按钮，托盘升至接料位置。然后按下另一个按钮，工件松开并自动落到接料盘上，人工取出加工完成的工件。接着再将被加工工件放至接料盘上，为下一个工作循环做准备。

3. 气控回路的主要特点

（1）该机床气动控制与电气控制相结合，各自发挥自己的优点，互为补充，具有操作简便、自动化程度较高等特点。

（2）砂光缸、铣刀缸和平衡缸均与气容相连，稳定了气缸的工作压力，在气容前都设有减压阀，可单独调节各自的压力值。

（3）使用平衡缸通过悬臂对吃刀量和自重进行平衡，具有气弹簧的作用，其柔韧性较好，缓冲效果好。

（4）接料托盘缸采用双向缓冲气缸，实现终端缓冲，简化了气控回路。

6.3 气动执行元件——气缸

6.3.1 气缸的典型结构和工作原理

以气动系统中最常使用的单活塞杆双作用气缸为例，来说明气缸的典型结构，如图 6-18 所示。它由缸筒、活塞、活塞杆、前端盖、后端盖及密封件等组成。双作用气缸内部被活塞分成两个腔；有活塞杆的腔称为有杆腔，无活塞杆的腔称为无杆腔。

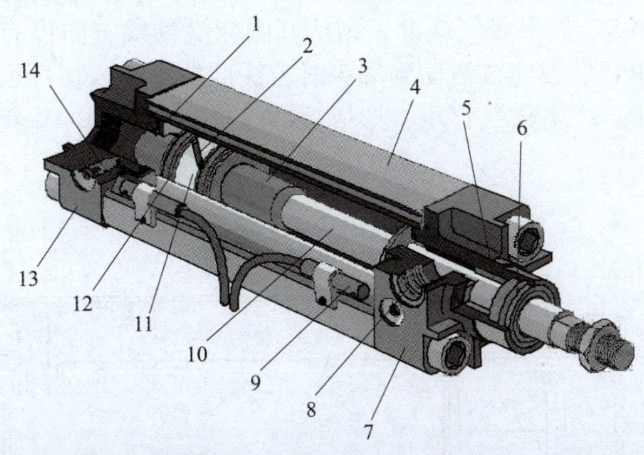

图 6-18 单活塞杆双作用气缸

1，3—缓冲柱塞；2—活塞；4—缸筒；5—导向套；6—防尘圈；7—前端盖；8—气口；9—传感器；10—活塞杆；11—耐磨环；12—密封圈；13—后端盖；14—缓冲节流阀

当从无杆腔输入压缩空气时，有杆腔排气，气缸两个腔的压力差作用在活塞上所形成的力克服阻力负载推动活塞运动，使活塞杆伸出；当有杆腔进气，无杆腔排气时，使活塞杆缩回。若有杆腔和无杆腔交替进气和排气，活塞实现往复直线运动。

1. 气缸的分类

气缸的种类很多，一般按气缸的结构特征、功能、驱动方式或安装方法等进行分类。分类的方法也不同。按结构特征，气缸主要分为活塞式气缸和膜片式气缸两种。气缸按运动形式分为直线运动气缸和摆动气缸两类。

2. 气缸的安装形式

气缸的安装形式可分为以下几种。

（1）固定式气缸：气缸安装在机床上固定不动，有脚座式和法兰式。

（2）轴销式气缸：缸体围绕固定轴可做一定角度的摆动，有 U 形钩式和耳轴式。

（3）回转式气缸：缸体固定在机床主轴上，可随机床主轴做高速旋转运动。这种气缸常用于机床的气动卡盘中，以实现工件的自动装卡。

（4）嵌入式气缸：气缸缸筒直接制作在夹具体内。

6.3.2 常用气缸的结构原理

1. 普通气缸

普通气缸包括单作用式和双作用式气缸。常用于无特殊要求的场合。

图 6-19 所示为最常用的单杆双作用普通气缸的基本结构，气缸一般由缸筒、前后缸盖、活塞、活塞杆、密封件和紧固件等零件组成。缸筒 7 与前后缸盖固定连接。有活塞杆侧的缸盖 5 为前缸盖，缸底侧的缸盖 14 为后缸盖。在缸盖上设有进排气通口，有的还设有气缓冲机构。在前缸盖上设有密封圈、防尘圈 3，同时还设有导向套 4，以提高气缸的导向精度。活塞杆 6 与活塞 9 紧固相连。活塞上除有密封圈 10、11 防止活塞左右两腔相互漏气外，还有耐磨环 12 以提高气缸的导向性；带磁性开关的气缸，其活塞上装有磁环。活塞两侧常装有橡胶垫作为缓冲垫 8。如果是气缓冲，则活塞两侧沿轴线方向设有缓冲柱塞，同时缸盖上有缓冲节流阀和缓冲套。当气缸运动到端头时，缓冲柱塞进入缓冲套，气缸排气需经缓冲节流阀，排气阻力增加，产生排气背压，形成缓冲气垫，起到缓冲作用。

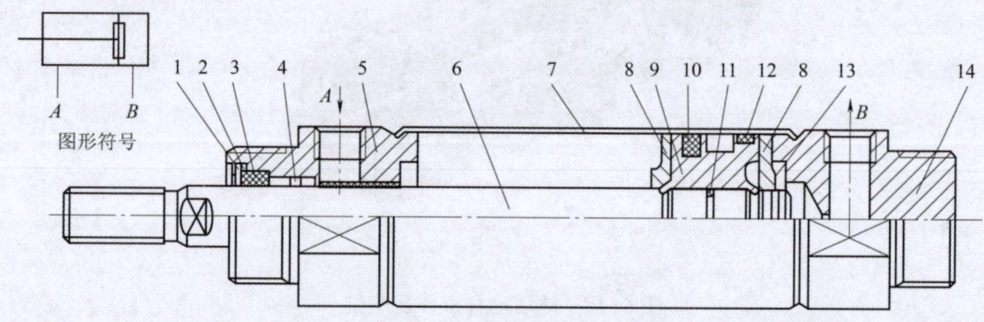

图 6-19 单杆双作用普通气缸

1，13—弹簧挡圈；2—防尘圈压板；3—防尘圈；4—导向套；5—杆侧端盖；6—活塞杆；7—缸筒；8—缓冲垫；9—活塞；10—活塞密封圈；11—密封圈；12—耐磨环；14—无杆侧端盖

2. 特殊气缸

为了满足不同的工作需要，在普通气缸的基础上，通过改变或增加气缸的部分结构，设计开发出多种特殊气缸。

（1）薄膜式气缸。图 6-20 所示为薄膜式气缸的工作原理。膜片有平膜片和盘形膜片两种，一般用夹织物橡胶、钢片或磷青铜片制成，厚度为 5~6 mm（也有 1~2 mm 厚的膜片）。

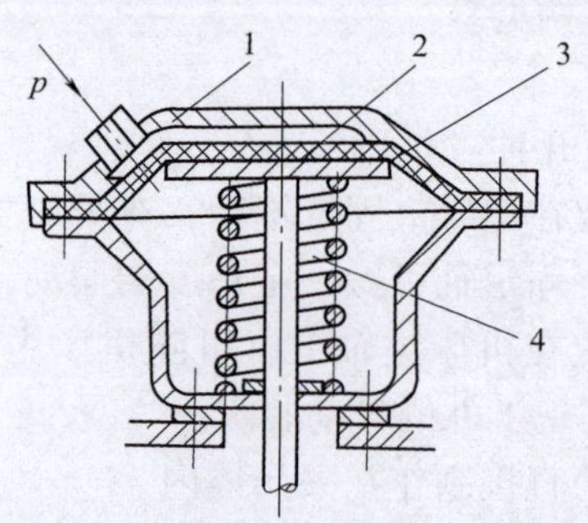

图 6-20 薄膜式气缸的工作原理

1—缸体；2—膜片；3—膜盘；4—活塞杆

图 6-20 所示的薄膜式气缸的功能类似于弹簧复位的活塞式单作用气缸，工作时，膜片在压缩空气的作用下推动活塞杆运动。它的优点是结构简单、紧凑、体积小、质量小、密封性好、不易漏气、加工简单、成本低、无磨损件、维修方便等，适用于行程短的场合。缺点是行程短，一般不超过 50 mm。平膜片的行程更短，约为其直径的 1/10。

（2）磁性开关气缸。磁性开关气缸是指在气缸的活塞上安装磁环，在缸筒上直接安装磁性开关，磁性开关用来检测气缸行程的位置，控制气缸往复运动。因此，就不需要在缸筒上安装行程阀或行程开关来检测气缸活塞位置，也不需要在活塞杆上设置挡块。

磁性开关气缸的工作原理如图 6-21 所示。它是在气缸活塞上安装永久磁环，在缸筒外壳上安装舌簧开关。开关内装有舌簧片、保护电路和动作指示灯等，均用树脂塑封在一个盒子内。当装有永久磁环的活塞运动到舌簧片附近，磁力线通过舌簧片使其磁化，两个舌簧片吸引接触，则开关接通。当永久磁环返回时，磁场减弱，两个舌簧片弹开，则开关断开。通过开关的接通或断开，使电磁阀换向，从而实现气缸的往复运动。

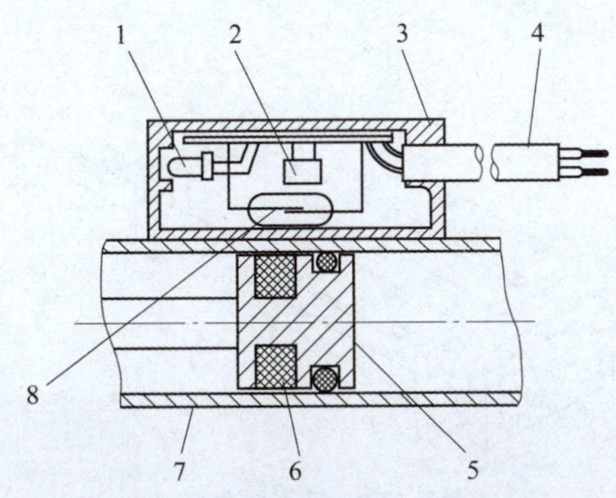

图 6-21　磁性开关气缸的工作原理

1—动作指示灯；2—保护电路；3—开关外壳；4—导线；
5—活塞；6—磁环；7—缸筒；8—舌簧开关

气缸磁性开关与其他开关的比较如表 6-2 所示。

表 6-2　气缸磁性开关与其他开关的比较

开关形式	控制原理	成本	调整安装复杂性
磁性开关	磁场变化	低	方便，不占位置
行程开关	机械触点	低	麻烦，占位置
接近开关	阻抗变化	高	麻烦，占位置
光电开关	光的变化	高	麻烦，占位置

（3）带阀气缸。带阀气缸是由气缸、换向阀和速度控制阀等组成的一种组合式气动执行元件。它省去了连接管道和管接头，减少了能量损耗，具有结构紧凑、安装方便等优点。带阀气缸的阀有电控、气控、机控和手控等各种控制方式。阀的安装形式有安装在气缸尾部、上部等几种。如图 6-22 所示，电磁换向阀安装在气缸的上部，当有电信号时，电磁阀被切换，输出气压可直接控制气缸动作。

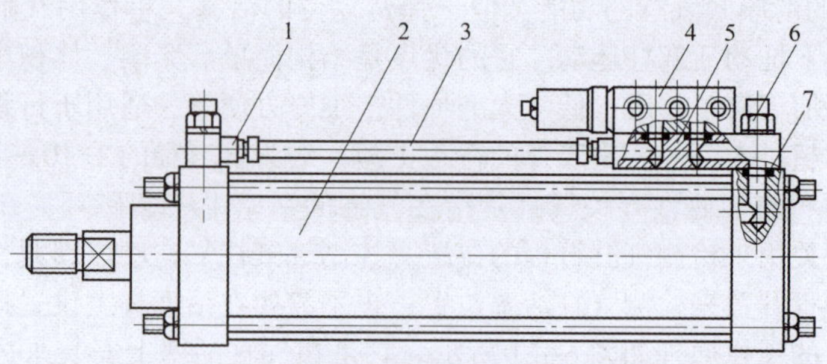

图 6-22 带阀气缸

1—管接头；2—气缸；3—气管；4—电磁换向阀；5—换向阀底板；6—单向节流阀组合件；7—密封圈

（4）带导杆气缸。图 6-23 所示为带导杆气缸，在缸筒两侧配导向用的滑动轴承（轴瓦式或滚珠式），导向精度高，承受横向载荷能力强。

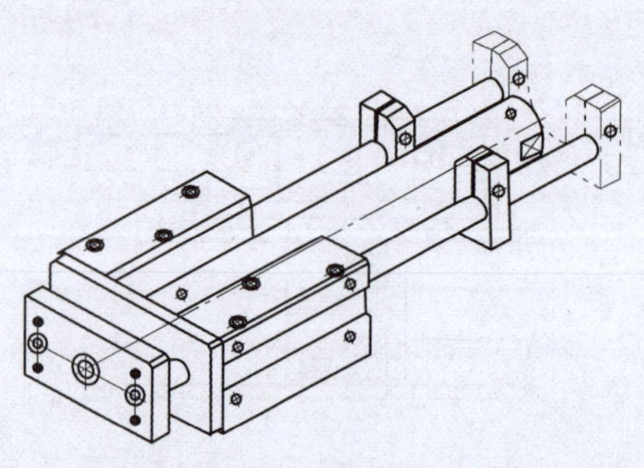

图 6-23 带导杆气缸

（5）无杆气缸。无杆气缸是指利用活塞直接或间接地连接外界执行机构，并使其跟随活塞实现往复运动的气缸。这种气缸的最大优点是节省安装空间。

①磁性无杆气缸。活塞通过磁力带动缸体外部的移动体做同步移动，其结构如图 6-24 所示。它的工作原理是在活塞上安装一组高强磁性的永久磁环，磁力线通过薄壁缸筒与套在外面的另一组磁环作用，由于两组磁环磁性相反，因此具有很强的吸力。当活塞在缸筒内被气压推动时，在磁力作用下，带动缸筒外的磁环套一起移动。气缸活塞的推力必须与磁环的吸力相适应。

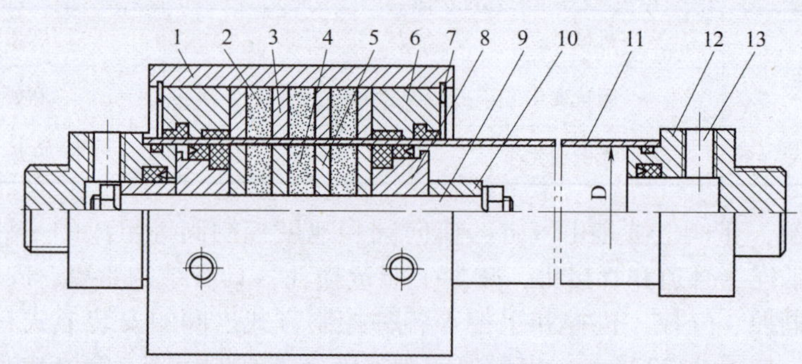

图 6-24 磁性无杆气缸

1—套筒；2—外磁环；3—外磁导板；4—内磁环；5—内磁导板；6—压盖；7—卡环；8—活塞；9—活塞轴；10—缓冲柱塞；11—气缸筒；12—端盖；13—进、排气口

②机械接触式无杆气缸。机械接触式无杆气缸，其结构如图 6-25 所示。在气缸缸管的轴向开一条槽，活塞与滑块在槽上部移动。为了防止泄漏及防尘需要，在开口部位采用聚氨酯密封带和防尘不锈钢带固定在两端缸盖上，活塞架穿过槽，把活塞与滑块连成一体。活塞与滑块连接在一起，带动固定在滑块上的执行机构实现往复运动。这种气缸的特点是与普通气缸相比，在同样的行程下可缩小 1/2 的安装位置；不需要设置防转机构；适用缸径为 10~80 mm，最大行程在缸径大于等于 40 mm 时可达 7 m；速度高，标准型可达 0.1~0.5 m/s，高速型可达 0.3~3.0 m/s。其缺点是：密封性能差，容易产生泄漏，在使用三位阀时必须选用中压式；受负载力小，为了增加负载能力，必须增加导向机构。

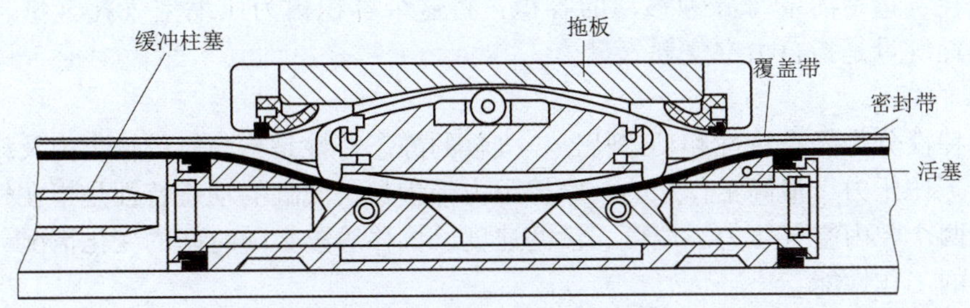

图 6-25　机械接触式无杆气缸

6.3.3　气缸的技术参数

1. 气缸的输出力

气缸理论输出力的设计计算与液压缸类似，可参见液压缸的设计计算。例如，双作用单活塞杆气缸推力计算如下。

理论推力（活塞杆伸出）　　$F_{t1}=A_1p$

理论拉力（活塞杆缩回）　　$F_{t2}=A_2p$

式中　F_{t1}，F_{t2}——气缸理论输出力，N；

A_1，A_2——无杆腔、有杆腔活塞面积，m^2；

p——气缸工作压力，Pa。

实际中，由于活塞等运动部件的惯性力及密封等部分的摩擦力，活塞杆的实际输出力小于理论推力，将这个推力称为气缸的实际输出力 F。

气缸的效率 η 是气缸的实际推力 F 和理论推力 F_{t1} 的比值，即

$$\eta=\frac{F}{F_{t1}}$$

所以

$$F=\eta A_1p$$

气缸的效率取决于密封的种类、气缸内表面和活塞杆加工的状态及润滑状态。此外，气缸的运动速度、排气腔压力、外载荷状况及管道状态等都会对效率产生一定的影响。

2. 负载率 β

从对气缸运行特性的研究可知，要精确确定气缸的实际输出力是困难的。于是在研究气缸性能和确定气缸的输出力时，常用到负载率的概念。气缸的负载率 β 定义为

$$\beta=\frac{\text{气缸的实际负载 }F}{\text{气缸的理论输出力 }F_t}\times100\%$$

气缸的实际负载是由实际工况决定的，若确定了气缸负载率β，则由定义就能确定气缸的理论输出力，从而可以计算出气缸的缸径。

对于阻性负载，如气缸用作气动夹具，负载不产生惯性力，一般选取负载率β为80%；对于惯性负载，如气缸用来推送工件，负载将产生惯性力，负载率β的取值如下。

当气缸低速运动，$v<100$ mm/s 时，$\beta<65\%$。

当气缸中速运动，$v=100\sim500$ mm/s 时，$\beta<50\%$。

当气缸高速运动，$v>500$ mm/s 时，$\beta<35\%$。

3. 气缸的耗气量

气缸的耗气量是活塞每分钟移动的容积，将这个容积称为压缩空气耗气量。一般情况下，气缸的耗气量是指自由空气耗气量。

4. 气缸的特性

气缸的特性分为静态特性和动态特性。气缸的静态特性是指与缸的输出力及耗气量密切相关的最低工作压力、最高工作压力、摩擦阻力等参数。气缸的动态特性是指在气缸运动过程中，气缸两个腔内空气压力、温度、活塞速度、位移等参数随时间的变化情况，它能真实地反映气缸的工作性能。

6.3.4 气缸的选型及计算

1. 气缸的选型步骤

应根据工作要求和条件，正确选择气缸的类型。下面以单活塞杆双作用气缸为例介绍气缸的选型步骤。

（1）气缸缸径。根据气缸负载力的大小来确定气缸的输出力，由此计算出气缸的缸径。

（2）气缸的行程。气缸的行程与使用的场合和机构的行程有关，但一般不选用满行程。

（3）气缸的强度和稳定性计算。

（4）气缸的安装形式。气缸的安装形式根据安装位置和使用目的等因素决定。一般情况下，采用固定式气缸。在需要随工作机构连续回转时（如车床、磨床等），应选用回转气缸。当活塞杆除做直线运动外，还需做圆弧摆动时，应选用轴销式气缸。有特殊要求时，应选用相应的特种气缸。

（5）气缸的缓冲装置。根据活塞的速度决定是否应采用缓冲装置。

（6）磁性开关。当气动系统采用电气控制方式时，可选用带磁性开关的气缸。

（7）其他要求。如气缸工作在有灰尘等恶劣环境下，则需要在活塞杆伸出端安装防尘罩；如要求无污染，则需要选用无给油或无油润滑气缸。

2. 气缸直径计算

气缸直径需要根据其负载大小、运行速度和系统工作压力来决定。首先，根据气缸安装及驱动负载的实际工况，分析计算出气缸轴向实际负载F；然后根据气缸平均运行速度选定气缸的负载率β，初步选定气缸工作压力（一般为0.4～0.6 MPa）；再由F/β，计算出气缸理论输出力F_t；最后计算出缸径及杆径，并按圆整标准得到实际所需要的缸径和杆径。

例题 气缸推动工件在水平导轨上运动。已知工件等运动件质量$m=250$ kg，工件与导轨间的摩擦因数$\mu=0.25$，气缸行程$s=400$ mm，经1.5 s工件运动到位，系统工作压力$p=0.4$ MPa，试选定气缸直径。

解：气缸实际轴向负载

$$F=mg=0.25\times250\times9.81\ \text{N}=613.13\ \text{N}$$

气缸平均速度

$$v=\frac{s}{t}=\frac{400}{1.5}\ \text{mm/s}\approx 267\ \text{mm/s}$$

选定负载率

$$\beta=50\%$$

则气缸理论输出力

$$F_t=\frac{F}{\beta}=\frac{613.13}{0.5}\ \text{N}=1\ 226.3\ \text{N}$$

双作用气缸理论推力

$$F_t=\frac{1}{4}\pi D^2 p$$

则气缸直径为 $D=\sqrt{\frac{4F_t}{\pi p}}=\sqrt{\frac{4\times 1\ 226.3}{3.14\times 0.4}}\ \text{mm}\approx 62.49\ \text{mm}$

按标准，选定气缸缸径为 63 mm。

6.4 常用气动控制阀

气动控制阀是控制、调节压缩空气的流动方向、压力和流量的气动元件。可以利用它们组成各种气动回路，使气动执行元件按设计要求正常工作。和液压控制阀类似，常用的基本气动控制阀分为气动方向控制阀、气动压力控制阀和气动流量控制阀。此外，还有通过改变气流方向和通、断以实现各种逻辑功能的气动逻辑元件。

6.4.1 气动方向控制阀

气动方向控制阀是用来控制压缩空气的流动方向和气流通、断的气动元件。

1. 气动方向控制阀的分类

气动方向控制阀和液压系统的方向控制阀类似，也分为单向阀和换向阀，其分类方法也基本相同。但由于气压传动具有自己独有的特点，气动方向控制阀可按阀芯结构、控制方式等进行分类。

(1) 截止式方向控制阀。

截止式方向控制阀的截止阀口和阀芯的关系如图 6-26 所示，图中用箭头表示了阀口开启后气流的流动方向。

截止式方向控制阀具有以下特点。

①用很小的移动量就可以使阀完全开启，阀的流通能力强，便于设计成结构紧凑的大口径阀。

②截止阀一般采用软质材料（如橡胶等）密封，当阀门关闭后始终存在背压，因此，密封性好、泄漏量小、不用借助弹簧也能关闭。

③因为存在背压，所以换向力较大，冲击力也较大。不适合用于高灵敏度的场合。

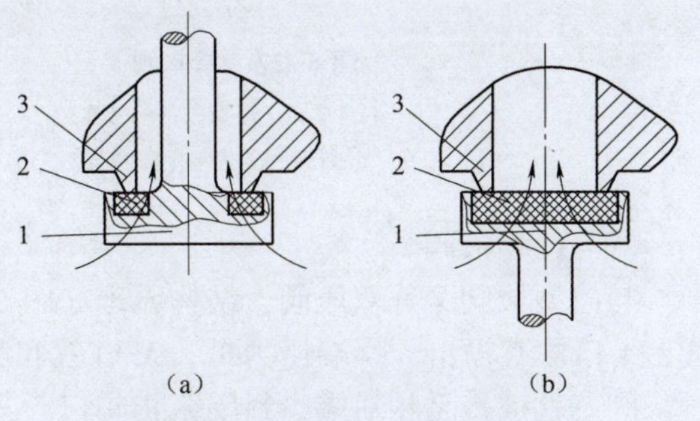

图 6-26 截止式方向控制阀阀芯

(a) 下螺纹阀杆截止阀芯；(b) 上螺纹阀杆截止阀芯

1—截止阀芯；2—密封材料；3—截止阀座

④比滑柱式方向控制阀阻力损失小，抗粉尘能力强，对气体的过滤精度要求不高。

（2）滑柱式方向控制阀。

滑柱式方向控制阀的工作原理与滑阀式液压控制元件类似，这里不再具体说明。

滑柱式方向控制阀的特点如下。

①阀芯较截止式长，增加了阀的轴向尺寸，对动态性能有不利影响，大直径的阀一般不宜采用滑柱式结构。

②由于结构的对称性，阀芯处在静止状态时，气压对阀芯的轴向作用力保持平衡，容易设计成气动控制中比较常用的具有记忆功能的阀。

③换向时由于不受截止式密封结构所具有的背压阻力，换向力较小。

④通用性强。同种基型阀只要调换少数零件便可以改变成不同控制方式、不同通路的阀；同一只阀，改变接管方式，便可以做多种阀使用。

⑤阀芯对介质的杂质比较敏感，需要对气动系统进行严格的过滤和润滑，对系统的维护要求高。

2. 常用的气动方向控制阀

（1）单向型方向控制阀。

①单向阀。

单向阀的结构原理如图 6-27 所示。其工作原理和图形符号与液压单向阀一致，只不过气动单向阀的阀芯和阀座之间是靠密封垫密封的。

②或门型梭阀。

图 6-28 所示为或门型梭阀的结构原理。其工作特点是不论 P_1 和 P_2 哪条通路单独通气，都能导通其与 A 的通路；当 P_1 和 P_2 同时通气时，哪端压力高，A 就和哪端相通，另一端关闭，其逻辑关系为或，图形符号如图 6-28 所示。

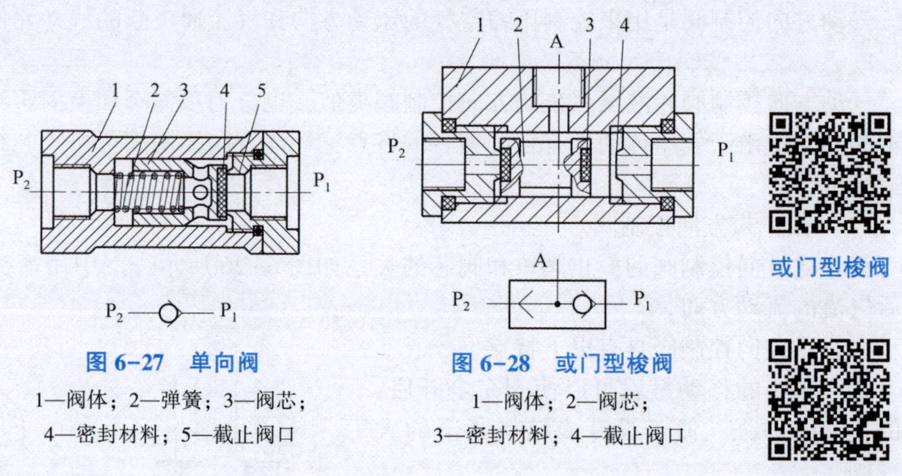

图 6-27　单向阀

1—阀体；2—弹簧；3—阀芯；4—密封材料；5—截止阀口

图 6-28　或门型梭阀

1—阀体；2—阀芯；3—密封材料；4—截止阀口

③与门型梭阀。

与门型梭阀又称双压阀，结构原理如图 6-29 所示。其工作特点是只有 P_1 和 P_2 同时通气，A 口才有输出，哪端压力低，A 口就和哪端相通，另一端关闭；当 P_1 或 P_2 单独通气时，阀芯就被推至相对端，封闭截止阀口，其逻辑关系为与，图形符号如图 6-29 所示。

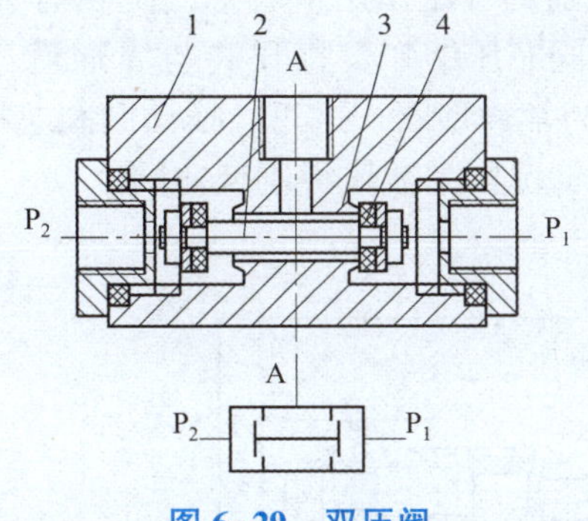

图 6-29　双压阀

1—阀体；2—阀芯；3—截止阀口；4—密封材料

双压阀

④快速排气阀。

快速排气阀是为加快气体排放速度而采用的气压控制阀。

图 6-30 所示为快速排气阀的结构原理。当气体从 P 通入时，气体的压力使唇形密封圈右移封闭快速排气通道 e，并压缩密封圈的唇边，导通 P 和 A 通道；当 P 没有压缩空气时，密封圈的唇边张开，封闭 A 和 P 通道，A 气体的压力使唇形密封圈左移，A、T 通过排气通道 e 连通并快速排气（一般排到大气中）。

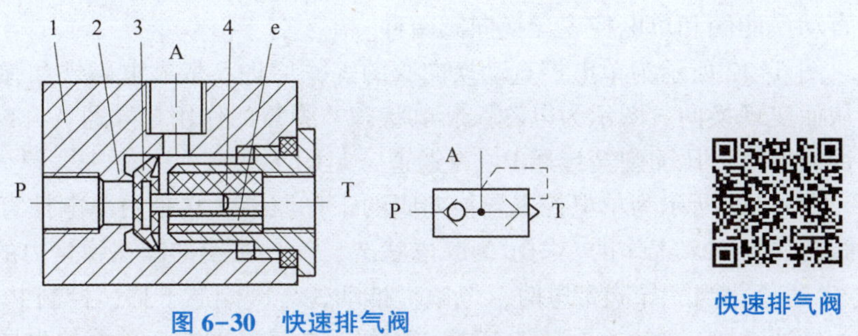

图 6-30　快速排气阀

1—阀体；2—截止阀口；3—唇形密封圈；4—阀套

（2）换向型方向控制阀。

换向型方向控制阀（简称换向阀），是通过改变气流通道而使气体流动方向发生变化，从而改变气动执行元件运动方向的元件。它包括气压控制换向阀、电磁控制换向阀、机械控制换向阀、人力控制换向阀和时间控制换向阀等。

①气压控制换向阀。

气压控制换向阀是利用气体压力使主阀阀芯和阀体发生相对运动而改变气体流动方向的元件。

气压控制换向阀按控制方式不同分为加压控制、卸压控制和差压控制 3 种。加压控制是指所加的气压控制信号压力是逐渐上升的，当气压增加到阀芯的动作压力时，主阀换向；卸压控制是指所加的气压控制信号压力是逐渐减小的，当减小到某一压力值时，主阀换向；差压控制是使主阀阀芯在两端压力差的作用下换向。

气压控制换向阀按主阀结构不同，又可分为截止式和滑阀式两种。滑阀式气控换向阀的结构和工作原理与液动换向阀基本相同。在此，只介绍截止式换向阀。

图 6-31 所示为二位三通单气控截止式换向阀的结构原理。图示为 K 没有控制信号时的

状态，阀芯 3 在弹簧 2 与 P 通道的气压作用下右移，使 P 与 A 断开、A 与 T 导通；当 K 有控制信号时，推动活塞 5 通过阀芯压缩弹簧打开 P 与 A 通道，封闭 A 与 T 通道。图示为常断型阀，如果 P、T 换接则成为常通型阀。这里，换向阀阀芯换位采用的是加压的方法，所以称为加压控制换向阀。相反情况则为减压控制换向阀。

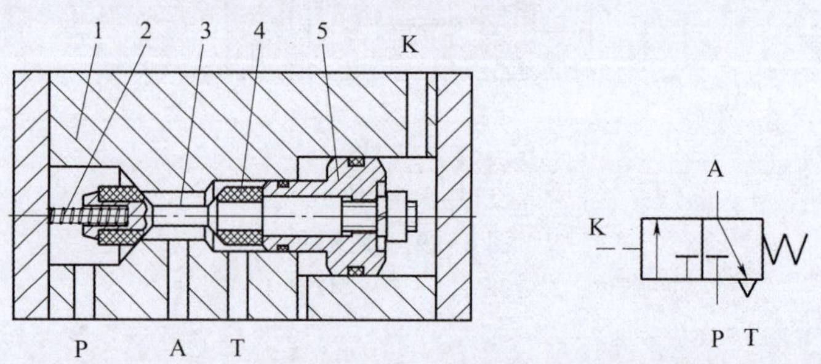

图 6-31　二位三通单气控截止式换向阀

1—阀体；2—弹簧；3—阀芯；4—密封材料；5—控制活塞

②电磁控制换向阀。

a. 单电控换向阀。

由单个电磁铁的衔铁推动换向阀阀芯移位的阀称为单电控换向阀。单电控换向阀有单电控直动换向阀和单电控先导换向阀两种。

图 6-32 所示为单电控直动换向阀的工作原理。依靠电磁铁和弹簧的相互作用使阀芯换位从而实现换向。图示为电磁铁断电状态，弹簧的作用是导通 A、T 通道，封闭 P 通道；电磁铁通电时，压缩弹簧导通 P、A 通道，封闭 T 通道。

图 6-33 所示为单电控先导换向阀的工作原理。它是用单电控直动换向阀作为气控主换向阀的先导阀来工作的。图示为断电状态，气控主换向阀在弹簧力的作用下，封闭 P，导通 A、T 通道；当先导阀带电时，电磁力推动先导阀阀芯下移，控制 P_1 的压力推动主阀阀芯右移，导通 P、A 通道，封闭 T 通道。类似于电液换向阀，单电控先导换向阀适用于较大直径的场合。

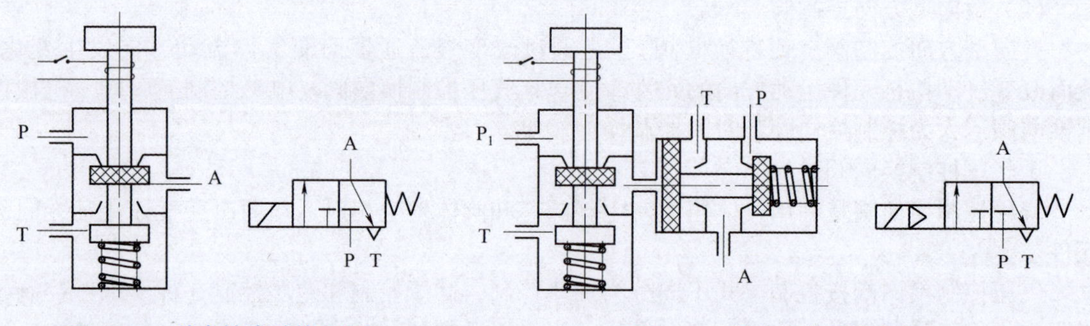

图 6-32　单电控直动换向阀　　**图 6-33　单电控先导换向阀**

b. 双电控换向阀。

由两个电磁铁的衔铁推动换向阀阀芯移位的阀称为双电控换向阀。双电控换向阀有双电控直动换向阀和双电控先导换向阀两种。

图 6-34 所示为双电控直动二位五通换向阀左侧电磁铁通电的工作状态。其工作原理显

而易见，不再说明。注意，这里的两个电磁铁不能同时通电。这种换向阀具有记忆功能，即当左侧的电磁铁通电后，换向阀阀芯处在右端位置，当左侧电磁铁断电而右侧电磁铁没有通电前，阀芯仍然保持在右端位置。图 6-35 所示为双电控先导换向阀左侧电磁铁通电的工作状态。工作原理与单电控先导换向阀类似，不再叙述。

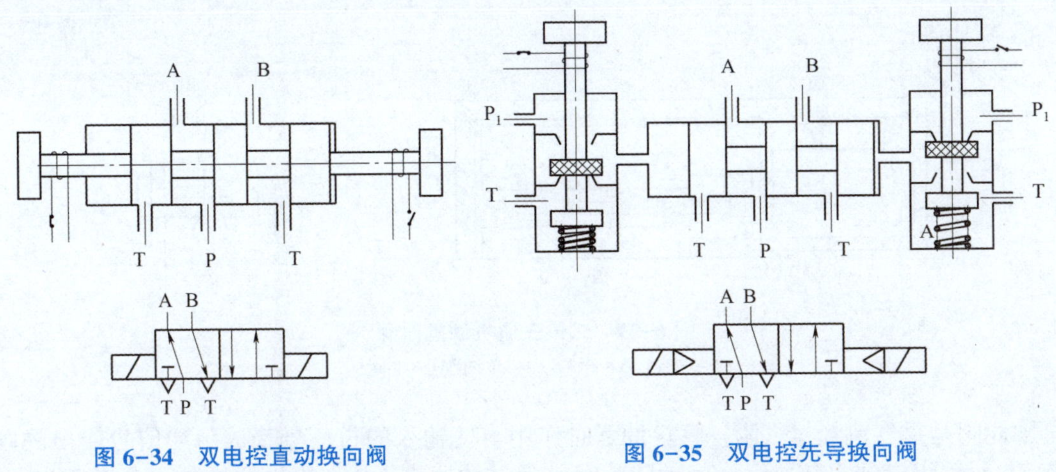

图 6-34 双电控直动换向阀

图 6-35 双电控先导换向阀

③机械控制或人力控制换向阀。

通过机械或人力控制使换向阀阀芯换位的换向阀，有机动换向阀和手动（脚踏）换向阀等。

它们的换向原理很简单。图 6-36 所示为通过推杆工作的直动式行程换向阀。图 6-37 所示为通过杠杆和滚轮作用推动推杆的行程换向阀。图 6-38 所示为可通过式杠杆滚轮控制的行程换向阀，当机械撞块向右运动时，压下滚轮，实现换向动作；当撞块通过滚轮后，阀芯在弹簧力的作用下恢复；撞块回程时，由于滚轮的头部可弯折，阀芯不换向。此阀由 A 输出脉冲信号，常被用来排除回路中的障碍信号，简化设计回路。

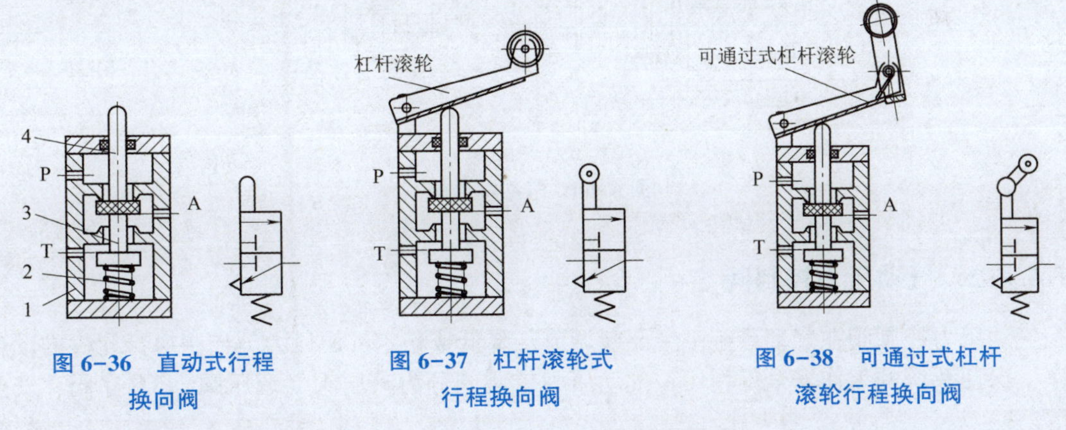

图 6-36 直动式行程换向阀

图 6-37 杠杆滚轮式行程换向阀

图 6-38 可通过式杠杆滚轮行程换向阀

④时间控制换向阀。

时间控制换向阀是通过气容或气阻对阀的换向时间进行控制的换向阀，包括延时阀和脉冲阀。

a. 延时阀。

图 6-39 所示为二位三通气动延时阀的结构原理。该阀由延时控制部分和主阀组成。常

态时，弹簧的作用使阀芯 2 处在左端位置。当从 K 通入气控信号时，气体通过可调节流阀 4（气阻）使气容 1 充气，当气容中的压力达到一定值时，通过阀芯压缩弹簧使阀芯向右动作，换向阀换向；气控信号消失后，气容中的气体通过单向阀快速卸压，当压力降到某个值时，阀芯左移，换向阀换向。

二位三通气动延时阀

b. 脉冲阀。

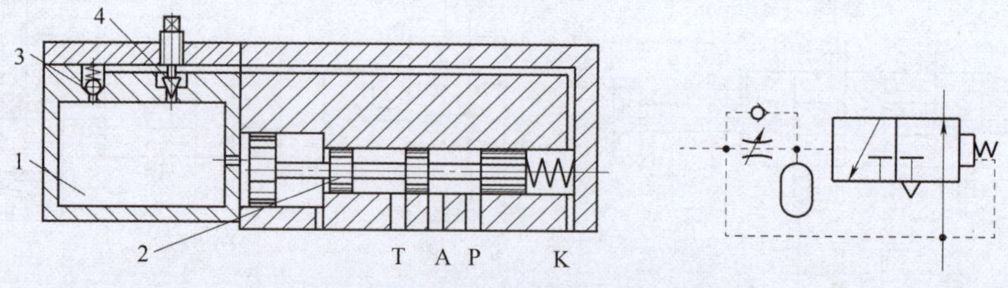

图 6-39 二位三通气动延时阀

1—气容；2—阀芯；3—单向阀；4—阀体

脉冲阀是靠气流经过气阻、气容的延时作用，使输入的长信号变成脉冲信号输出的阀。图 6-40 所示为滑阀式脉冲阀（气动脉冲阀）的结构原理。P 有输入信号时，由于阀芯上腔气容中压力较低，并且阀芯中心阻尼小孔很小，因此阀芯向上移动，使 P、A 相通，A 有信号输出；同时，从阀芯中心阻尼小孔不断地给上部气容充气，因为阀芯的上、下端作用面积不等，气容中的压力上升到某个值时，阀芯下降封闭 P、A 通道，A、T 相通，A 没有信号输出。这样，P 的连续信号就变成 A 输出的脉冲信号。

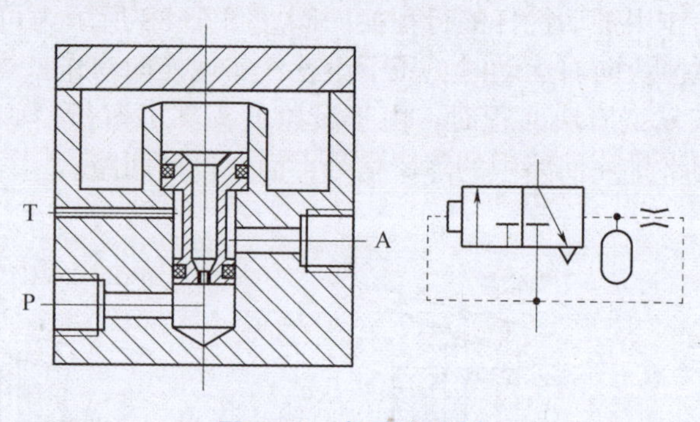

图 6-40 气动脉冲阀

6.4.2 气动压力控制阀

气动压力控制阀在气动系统中主要起调节、降低或稳定气源压力，控制执行元件的动作顺序，保证系统的工作安全等作用。气动压力控制阀分为减压阀（调压阀）、顺序阀、安全阀等。

1. 减压阀

减压阀是气动系统中的压力调节元件。气动系统的压缩空气一般是由压缩机将空气压缩，储存在储气罐内，然后经管路输送给气动装置使用。储气罐的压力一般比设备实际需要的压力高，并且压力波动也较大，一般情况下，需要采用减压阀来得到压力较低并且稳定的供气。

减压阀按调节压力的方式分为直动式和先导式两种。

（1）直动式减压阀。

图 6-41 所示为直动式减压阀的结构原理。输入气流经 P_1进入阀体，经阀口 2 节流减压后从 P_2 输出，输出的压力经过阻尼孔 4 进入膜片室，在膜片上产生向上的推力。当出口 P_2 的压力瞬时增高时，作用在膜片上向上的作用力增大，有部分气流经溢流口和排气口排出，同时减压阀阀芯在复位弹簧 1 的作用下向上运动，调小节流减压口，使出口压力降低；相反情况不难理解。调压手轮 8 可以调节减压阀的输出压力。采用两个调压弹簧的作用是使调节的压力更稳定。

（2）先导式减压阀

图 6-42 所示为先导式减压阀的结构原理图。与直动式减压阀相比，该阀增加了由喷嘴 10、挡板 11、固定节流口 5 及气室组成的喷嘴挡板放大环节。当喷嘴与挡板之间的距离发生微小变化时，就会使气室中的压力发生很明显的变化，从而引起膜片 6 有较大的位移，从而控制阀芯 4 的上下移动，使进气阀口 3 开大或关小，提高了对阀芯控制的灵敏度，也就提高了阀的稳压精度。

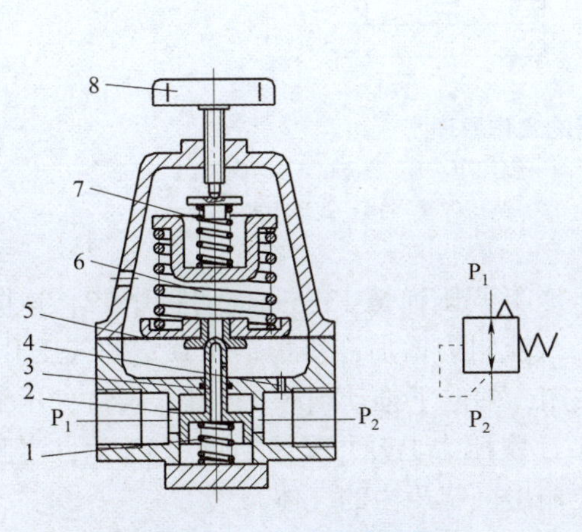

图 6-41　直动式减压阀

1—复位弹簧；2—阀口；3—阀芯；4—阻尼孔；
5—膜片；6，7—调压弹簧；8—调压手轮

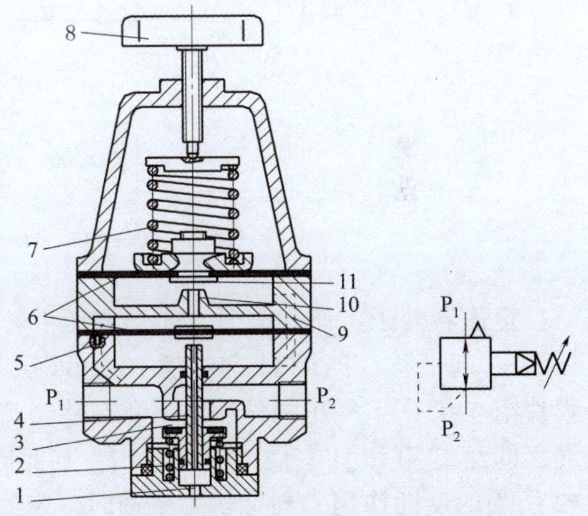

图 6-42　先导式减压阀

1—排气孔；2—复位弹簧；3—阀口；4—阀芯；
5—固定节流口；6—膜片；7—调压弹簧；
8—调压手轮；9—孔道；10—喷嘴；11—挡板

（3）定值器。

定值器是一种高精度的减压阀，主要用于压力定值。图 6-43 所示为定值器的工作原理图。它由三部分组成：一是直动式减压阀的主阀部分；二是恒压降装置，相当于固定差值的减压阀，主要作用是使喷嘴得到稳定的气源流量；三是喷嘴挡板装置和调压部分，起调压和压力放大作用，利用被它放大的气压去控制主阀部分。由于定值器具有调定、比较和放大的功能，因此，稳压精度高。

定值器处于非工作状态时，由气源输入的压缩空气进入 A 室和 E 室。阀芯 2 在弹簧 1 和气源压力的作用下压在截止阀口 3 上，使 A 室与 B 室断开。进入 E 室的气流经阀口 7 进入 F 室，再通过节流口 5 降压后，分别进入 G 室和 D 室。由于此时尚未对膜片 12 加力，因此挡板 11 与喷嘴 10 之间的间距较大，气体从喷嘴 10 流出时的气流阻力较小，C 室及 D 室的气压较低，膜片 8 及 4 都保持在原始位置。进入 H 室的微量气体主要部分经 B 室，通过

溢流口从排气口排出；另有一部分从输出口排空。此时，输出口输出压力近似为零，由喷嘴流出而排空的微量气体是维持喷嘴挡板装置工作所必需的，因为其为无功耗气量，所以希望其耗气量越小越好。

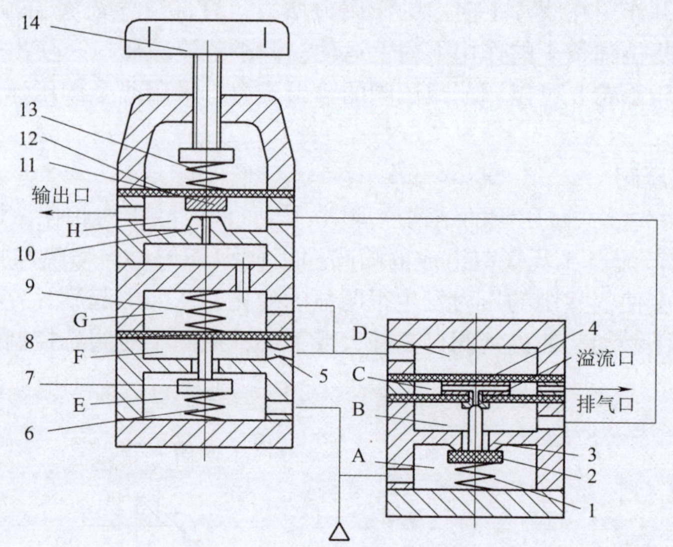

图 6-43　定值器的工作原理

1，6，9—弹簧；2—阀芯；3—截止阀口；4—膜片组；5—节流口；7—阀口；
8，12—膜片；10—喷嘴；11—挡板；13—调压弹簧；14—调压手轮

定值器处于工作状态时，转动调压手轮 14，压下调压弹簧 13，并推动膜片 12，连同挡板 11 一起下移，挡板 11 与喷嘴 10 的间距缩小，气流阻力增加，使 C 室和 D 室的气压升高。膜片组 4 在 D 室气压的作用下下移，将溢流口关闭，并向下推动阀芯 2，打开阀口，压缩空气，即经 B 室和 H 室由输出口输出。与此同时，H 室压力上升并反馈到膜片 12 上，当膜片 12 所受的反馈作用力与弹簧力平衡时，定值器便输出一定压力的气体。

当输入的压力发生波动，如压力上升，阀口 7、进气阀芯 2 的开度不变，则 B、F、H 室的气压瞬时增高，使膜片 12 上移，导致挡板 11 与喷嘴 10 的间距加大，C 室和 D 室的气压下降。由于 B 室压力增高，D 室压力下降，因此，膜片组 4 在压差的作用下向上移动，使主阀阀口减小，输出压力下降，直到稳定在调定压力上。此外，当输入压力上升时，E 室和 F 室的瞬时压力也上升，膜片 8 在上下压差的作用下上移，关小阀口 7。由于节流作用加强，F 室气压下降，始终保持节流口 5 的前后压差恒定，因此，通过节流口的气体流量不变，使喷嘴、挡板的灵敏度得到提高。当输入压力降低时，B 室和 H 室的压力瞬时下降，膜片 12 连同挡板 11 由于受力平衡破坏而下移，喷嘴 10 与挡板 11 的间距减小，C 室和 D 室的压力上升，膜片 8 和膜片组 4 下移。膜片组 4 的下移使主阀阀口开度加大，B 室及 H 室气压回升，直到与调定压力平衡为止。而膜片 8 下移，开大阀口 7，F 室气压上升，始终保持节流口 5 的前后压差恒定。

同理，当输出压力波动时，将与输入压力波动时得到同样的调节。

由于定值器利用输出压力的反馈作用和喷嘴、挡板的放大作用控制主阀，使其能对较小的压力变化作出反应，从而使输出压力及时得到调节，保持出口压力基本稳定，定值稳压精度较高。

2. 顺序阀

顺序阀是根据入口处压力的大小控制阀口启闭的阀。目前应用较多的是单向顺序阀。图 6-44 所示为单向顺序阀的结构原理。当气流从 P_1 通道进入时，单向阀反向关闭，压力达到顺序阀弹簧 6 的调定值时，阀芯上移，打开 P、A 通道，实现顺序打开；当气流从 P_2 通道流入时，气流顶开弹簧刚度很小的单向阀，打开 P_2、P_1 通道，实现单向阀的功能。

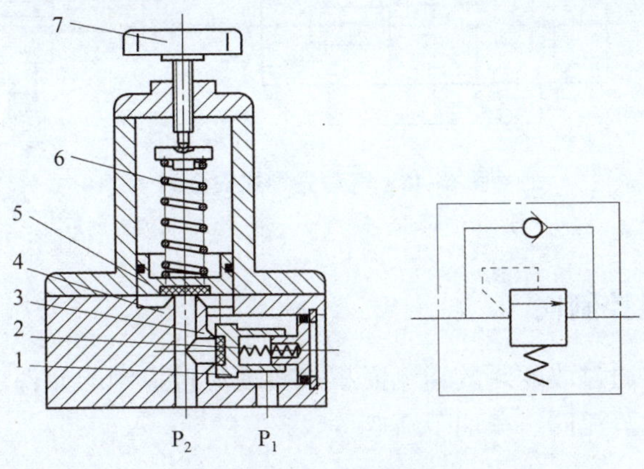

图 6-44 单向顺序阀

1—单向阀阀芯；2—弹簧；3—单向阀阀口；4—顺序阀阀口；5—顺序阀阀芯；6—调压弹簧；7—调压手轮

3. 安全阀

安全阀在气动系统中起安全保护作用。当系统压力超过规定值时，打开安全阀，保证系统的安全。安全阀在气动系统中又称溢流阀。

安全阀结构形式很多，这里仅介绍几种。图 6-45（a）所示为直动截止式安全阀的结构原理，当压力超过弹簧的调定值时顶开截止阀口；图 6-45（b）所示为直动膜片式安全阀的结构原理；图 6-46 所示为气动先导式安全阀的结构原理，它是靠比较作用在膜片上的控制口气体的压力和作用在截止阀口的进气口气体压力来进行工作的。

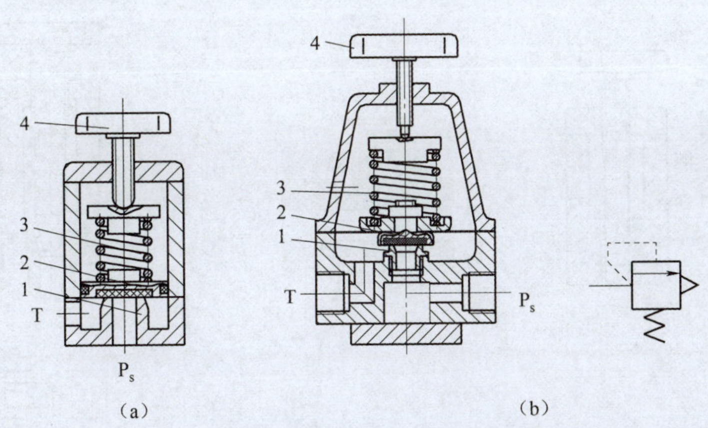

图 6-45 气动直动式安全阀

（a）直动截止式安全阀；（b）直动膜片式安全阀

1—阀座；2—阀芯；3—调压弹簧；4—调压手轮

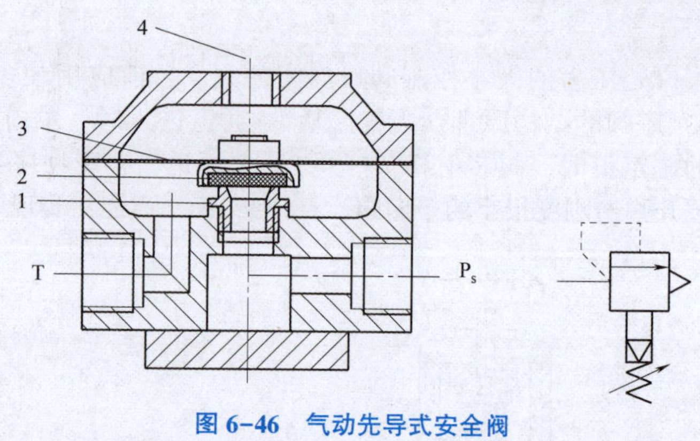

图 6-46　气动先导式安全阀

1—阀座；2—阀芯；3—膜片；4—先导压力控制口

6.4.3　气动流量控制阀

气动流量控制阀是通过改变阀的通流面积来实现流量控制的元件。流量控制阀包括节流阀、柔性节流阀、排气节流阀、单向节流阀等。

1. 节流阀

节流阀的原理很简单。节流阀的形式有多种，常用的有针阀型、三角沟槽型和圆柱削边型等。图 6-47（a）所示为圆柱削边型阀口结构的节流阀。P 为进气口，A 为出气口。

2. 柔性节流阀

柔性节流阀的结构原理如图 6-47（b）所示。其工作原理是依靠阀杆夹紧柔韧的橡胶管 2，使其产生变形来减小通道的口径，从而实现节流调速作用。

3. 排气节流阀

排气节流阀安装在系统的排气口处，限制气流的流量，通常还具有减小排气噪声的作用，所以又称排气消声节流阀。

图 6-47（c）所示为排气节流阀的结构原理。节流口的排气经过由消声材料制成的消声套，在节流的同时减少排气噪声，排出的气体一般通入大气。

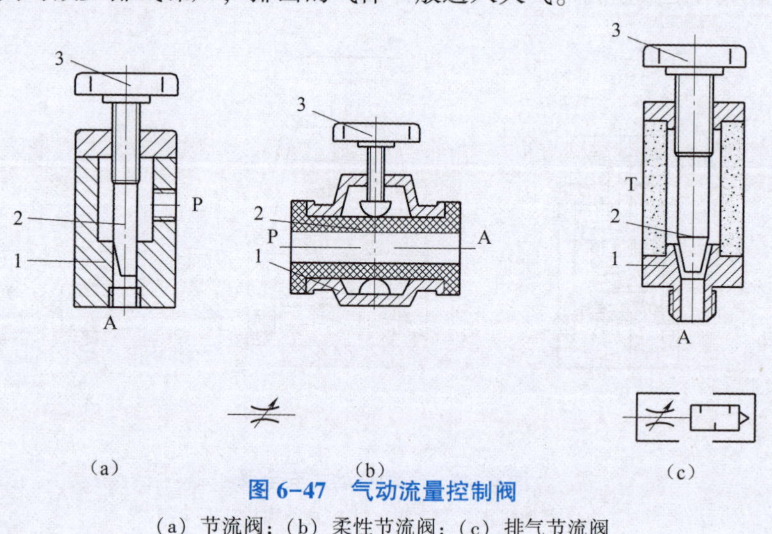

图 6-47　气动流量控制阀

（a）节流阀；（b）柔性节流阀；（c）排气节流阀

1—阀体；2—阀芯；3—手轮

4. 单向节流阀

图 6-48 所示为气动单向节流阀的结构原理。其节流阀阀口为针形结构。气流从 P 通道流入时，顶开单向阀密封阀芯 1，气流从阀座 6 的周边槽口流向 A，实现单向阀功能；当气流从 A 通道流入时，单向阀阀芯 1 受力向左运动紧抵截止阀口 2，气流经过节流口流向 P，实现反向节流功能。

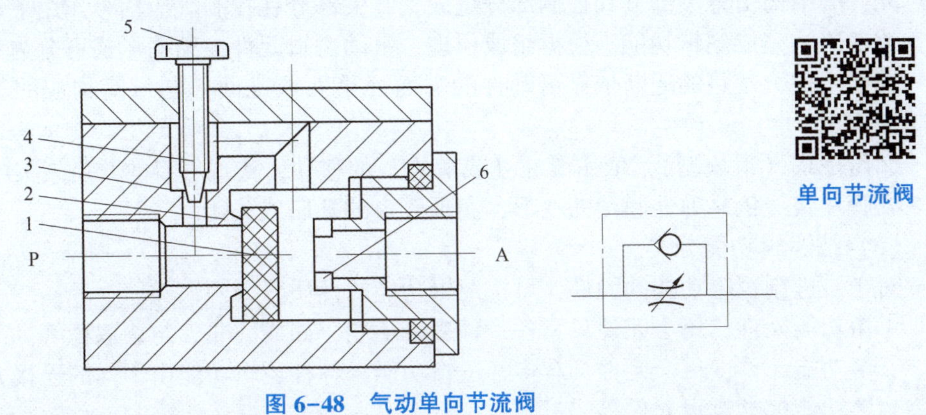

图 6-48　气动单向节流阀

1—单向阀阀芯；2—截止阀口；3—节流阀阀座；4—节流阀阀芯；5—调节手轮；6—阀座

6.4.4　气动逻辑元件

任何一个实际的控制问题都可以用逻辑关系来进行描述。从逻辑角度看，事物都可以表示为两个对立的状态，这两个对立的状态又可以用两个数字符号“1”和“0”来表示。它们之间的逻辑关系遵循布尔代数的二进制逻辑运算规则。

同样，任何一个气动控制系统及执行机构的动作和状态，也可设定为“1”和“0”。例如，将气缸前进设定为“1”，后退设定为“0”；管道有压设定为“1”，无压设定为“0”；元件有输出信号设定为“1”，无输出信号设定为“0”等。这样，一个具体的气动系统可以用若干个逻辑函数式来表达。由于逻辑函数式的运算是有规律的，对这些逻辑函数式进行运算和求解，可使问题变得明了、易解，从而获得最简单的或最佳的系统。

总之，逻辑控制是将具有不同逻辑功能的元件，按不同的逻辑关系组配，实现输入口、输出口状态的变换。气动逻辑控制系统，遵循布尔代数的运算规则，其设计方法已经趋于成熟和规范化。然而，元件的结构原理发展变化较大，自 20 世纪 60 年代以来，已经历了三代更新。第一代为滑阀式元件，可动部件是滑柱，在阀孔内移动，利用空气轴承的原理，反应速度快，但要求很高的制造精度；第二代为注塑型元件，可动件为橡胶塑料膜片，结构简单、成本低，适于大批量生产；第三代为集成化组合式元件，综合利用电、磁的功能，便于组成通用程序回路或与可编程控制器（programmable logical controller，PLC）匹配组成气-电混合控制系统。

气动逻辑元件是用压缩空气为介质，通过元件的可动部件（如膜片、阀芯）在气控信号作用下动作，改变气流方向以实现一定逻辑功能的气体控制元件。实际上气动方向控制阀也具有逻辑元件的各种功能，不同的是它的输出功率和尺寸较大。而气动逻辑元件的尺寸较小，因此，在气动控制系统中广泛采用各种形式的气动逻辑元件（逻辑阀）。

1. 气动逻辑元件的分类

气动逻辑元件的种类很多，可根据不同特性进行分类。

（1）按工作压力分类。

①高压型，工作压力为 0.2~0.8 MPa。

②低压型，工作压力为 0.05~0.2 MPa。

③微压型，工作压力为 0.005~0.05 MPa。

（2）按结构形式分类。

元件的结构由开关部分和控制部分组成。开关部分在控制气压信号作用下来回动作，改变气流通路，完成逻辑功能。根据组成原理，气动逻辑元件按结构形式可分为三大类。

①截止式，气路的通断依靠可动件的端面（平面或锥面）与气嘴构成的气口的开启或关闭来实现。

②滑柱式（滑块型），依靠滑柱（或滑块）的移动，实现气口的开启或关闭。

③膜片式，依靠弹性膜片的变形，实现气口的开启或关闭。

（3）按逻辑功能分类。

对于二进制逻辑功能的元件，可按逻辑功能的性质分为两大类。

①单功能元件，每个元件只具备一种逻辑功能，如或、非、与、双稳等。

②多功能元件，每个元件具有多种逻辑功能，各种逻辑功能由不同的连接方式获得，如三膜片多功能气动逻辑元件等。

2. 主要逻辑元件

（1）高压截止式逻辑元件。

高压截止式逻辑元件是依靠控制气压信号或通过膜片的变形来推动阀芯动作，改变气流的流动方向，以实现一定逻辑功能的逻辑元件。气压逻辑系统中广泛采用高压截止式逻辑元件。它具有行程小、流量大、工作压力高、对气源压力净化要求低，便于实现集成安装和实现集中控制等，其拆卸也方便。

①或门元件。

图 6-49 所示为气动或门元件的结构原理。A、B 为元件的信号输入口，S 为信号的输出口。气流的流通关系是 A、B 任意一个有信号或同时有信号，则 S 有信号输出。逻辑关系式为 S=A+B。

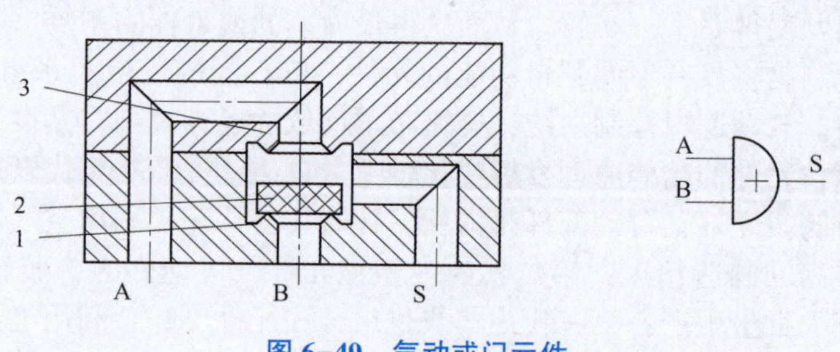

图 6-49　气动或门元件

1—下阀座；2—阀芯；3—上阀座

②是门和与门元件。

图 6-50 所示为气动是门和与门元件的结构原理。在 A 处接信号，S 为输出口，中间孔接气源 P 的情况下，元件为是门。在 A 没有信号的情况下，由于弹簧力的作用，阀口处在关闭状态；当 A 接入控制信号后，气流的压力作用在膜片上，压下阀芯导通 P、S 通道，S 有输出。指示活塞 8 可以显示 S 有无输出，手动按钮 7 用于手动发信。元件的逻辑

关系为 S=A。

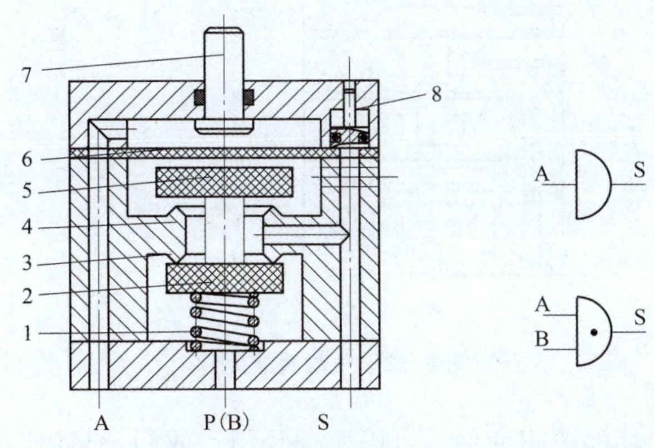

图 6-50　气动是门和与门元件

1—弹簧；2—下密封阀芯；3—下截止阀座；4—上截止阀座；5—上密封阀芯；6—膜片；7—手动按钮；8—指示活塞

若中间孔不接气源 P 而接信号 B，则元件为与门。也就是说，只有 A、B 同时有信号时 S 口才有输出。元件的逻辑关系式为 $S=A \cdot B$。

③非门和禁门元件。

气动非门和禁门元件的结构原理如图 6-51 所示。在 P 处接气源，A 处接信号，S 为输出口的情况下元件为非门。在 A 没有信号的情况下，气源压力 P 将阀芯推离截止阀座 1，S 有信号输出；当 A 有信号时，信号压力通过膜片把阀芯压在截止阀座 1 上，断开 P、S 通路，这时 S 没有信号。元件的逻辑关系式为 $S=\overline{A}$。

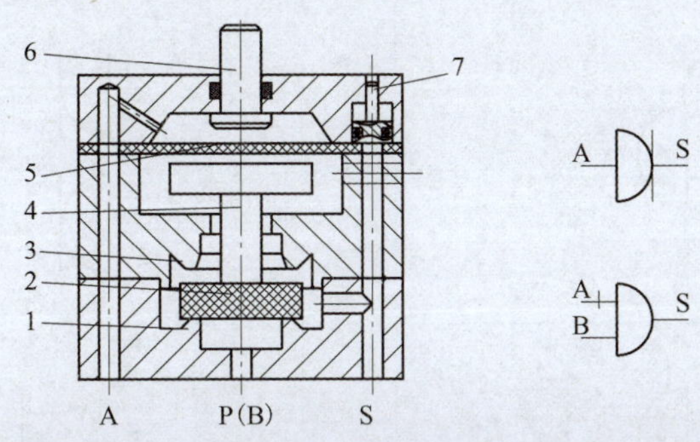

图 6-51　气动非门和禁门元件

1—下截止阀座；2—密封阀芯；3—上截止阀座；4—阀芯；5—膜片；6—手动按钮；7—指示活塞

若中间孔不接气源 P 而接信号 B，则元件为禁门。也就是说，在 A、B 同时有信号时，由于作用面积的关系，阀芯紧抵下截止阀座 1，S 没有输出。在 A 无信号而 B 有信号时，S 有输出。A 信号对 B 信号起禁止作用，元件的逻辑关系式为 $S=\overline{A}B$。

④或非元件。

如图 6-52 所示，气动或非元件是在非门元件的基础上增加了两个输入端，即具有 A、B、C 三个信号输入端。当 3 个输入端都没有信号时，P、S 导通，S 有输出信号。当存在任何一个输入信号时，元件都没有输出。元件的逻辑关系式为 $S=\overline{A+B+C}$。

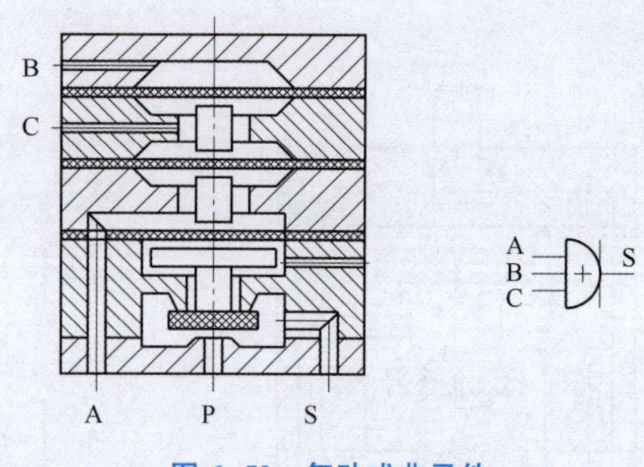

图 6-52　气动或非元件

或非元件是一种多功能逻辑元件，可以实现是门、或门、与门、非门或记忆等逻辑功能，如表 6-3 所示。

表 6-3　或非元件组合可实现的逻辑功能

是门	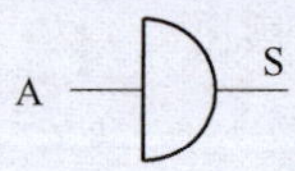 A S	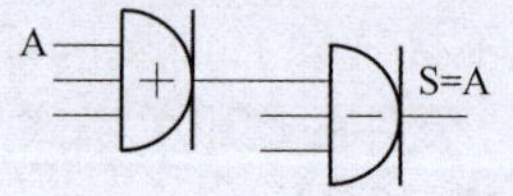 A S=A
或门	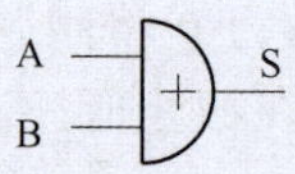 A B S	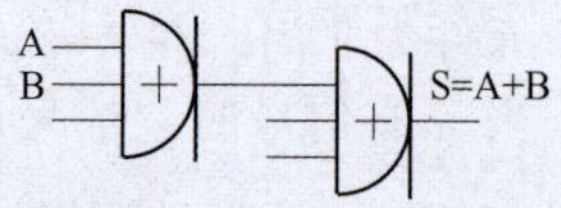 A B S=A+B
与门	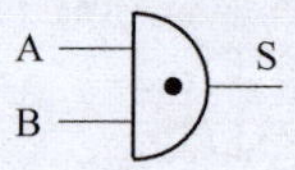 A B S	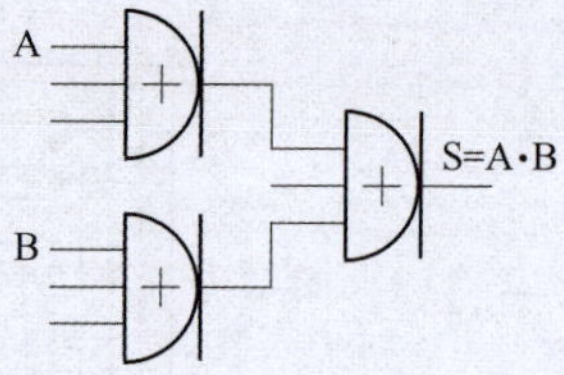 A B S=A·B
非门	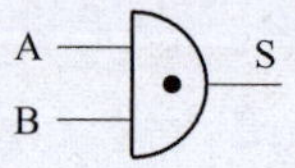 A B S	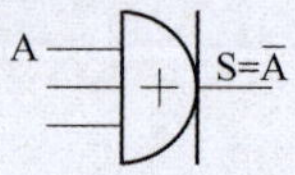 A S=$\bar{A}$
双稳	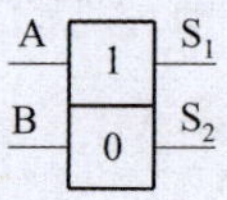 A 1 S_1 B 0 S_2	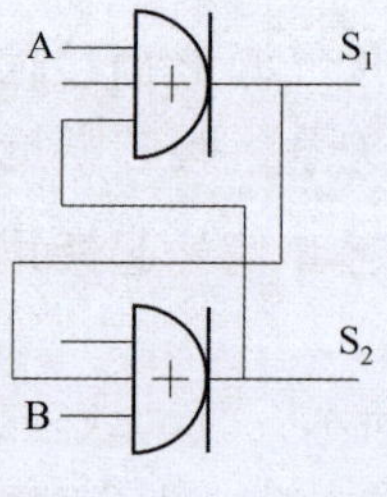 A S_1 S_2 B

⑤双稳元件。

双稳元件属于记忆型元件，在逻辑线路中具有重要的作用。图 6-53 所示为双稳元件的工作原理。

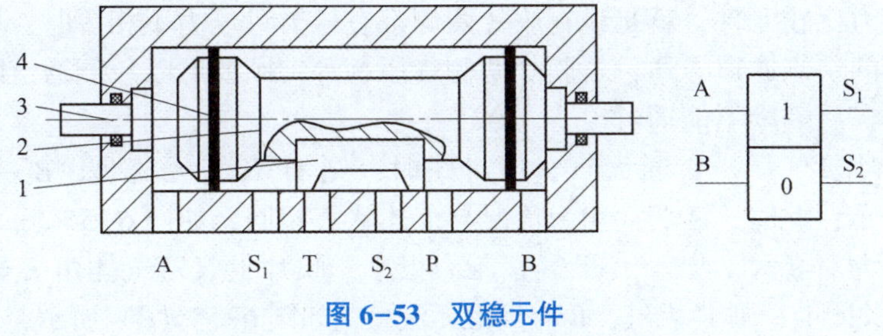

图 6-53 双稳元件

1—滑块；2—阀芯；3—手动按钮；4—密封圈

当 A 有信号输入时，阀芯移动到右端极限位置，由于滑块的分隔作用，P 的压缩空气通过 S_1 输出，S_2 与排气口 T 相通；在 A 信号消失 B 信号到来前，阀芯保持在右端位置，S_1 总有输出；当 B 有信号输入时，阀芯移动到左端极限位置，P 的压缩空气通过 S_2 输出，S_1 与排气口 T 相通；在 B 信号消失 A 信号到来前，阀芯保持在右端位置，S_2 总有输出。这里，两个输入信号不能同时存在。元件的逻辑关系式为 $S_1=K_B^A$；$S_2=K_A^B$。

（2）高压膜片式逻辑元件。

高压膜片式逻辑元件是利用膜片式阀芯的变形来实现其逻辑功能。最基本的单元是三门元件和四门元件。

①三门元件。

图 6-54（a）所示为三门元件的工作原理。它由上、下气室及膜片组成，下气室有输入口 A 和输出口 S，上气室有输入口 B，膜片将上、下两个气室隔开。因为元件共有三个口，所以称为三门元件。A 接气源（输入），S 为输出口，B 接控制信号。若 B 无控制信号，则 A 输入的气流顶开膜片从 S 输出，如图 6-54（b）所示；若 S 接大气，A 和 B 输入相等的压力，由于膜片两边作用面积不同，受力不等，因此，S 通道被封闭，A、S 气路不通，如图 6-54（c）所示；若 S 封闭，A、B 通入相等的压力信号，膜片受力平衡，无输出，如图 6-54（d）所示。但当 S 接负载时，三门的关断是有条件的，即 S 降压或 B 升压才能保证可靠地关断。利用这个压力差作用的原理，关闭或开启元件的通道，可组成各种逻辑元件。三门元件的图形符号如图 6-54（e）所示。

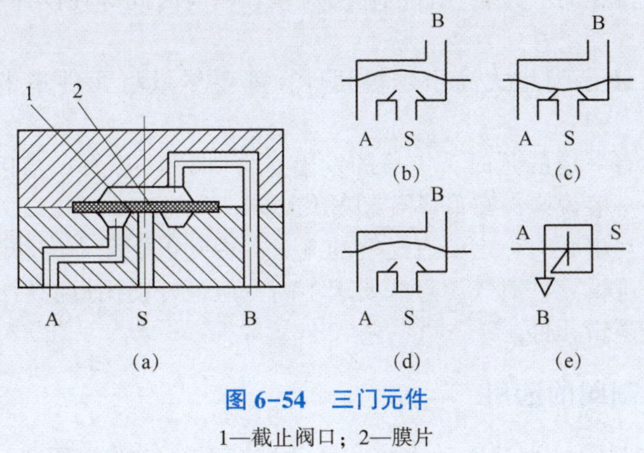

图 6-54 三门元件

1—截止阀口；2—膜片

②四门元件。

四门元件的工作原理如图 6-55 所示。膜片将元件分成上、下两个气室，下气室有输入口 A 和输出口 B，上气室有输入口 C 和输出口 D，因为共有四个口，所以称为四门元件。四门元件是一个压力比较元件，就是说在膜片两侧都有压力且压力不相等时，压力小的一侧通道断开，压力高的一侧通道导通；若膜片两侧气压相等，则要看哪一侧通道的气流先到达气室，先到的通过，后到则不能通过。

当 A、C 同时接气源、B 通大气、D 封闭时，则 D 有气无流量，B 关闭无输出，如图 6-55（b）所示；此时，若封闭 B，情况与上述状态相同，如图 6-55（c）所示；此时放开 D，则 C 至 D 气体流动、放空，下气室压力很小，膜片上气室气体由 A 输入，为气源压力，膜片下移，关闭 D，则 D 无气，B 有气但无流量，如图 6-55（d）所示；同理，此时再将 D 封闭，元件仍保持这一状态，如图 6-55（e）所示。四门元件的图形符号如图 6-55（f）所示。

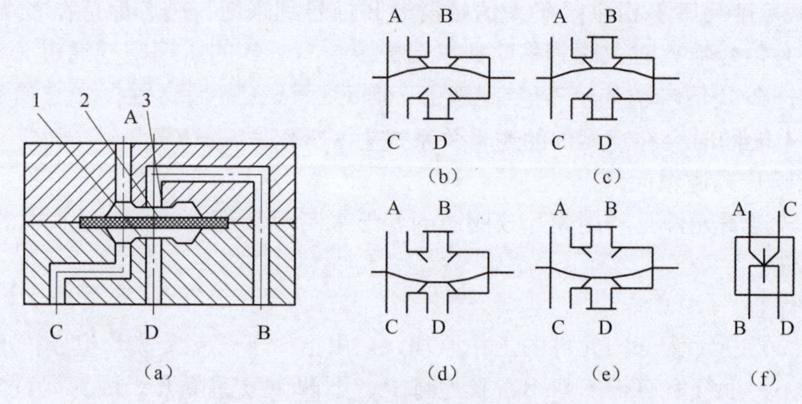

图 6-55　四门元件

1—下截止阀口；2—膜片；3—上截止阀口

根据上述三门和四门这两个基本元件，就可构成逻辑回路中常用的或门、与门、非门、记忆元件等。

3. 逻辑元件的选用

气动逻辑控制系统所用气源的压力变化必须保障逻辑元件正常工作需要的气压范围和输出端切换时所需的切换压力，逻辑元件的输出流量和响应时间等在设计系统时可根据系统要求参照有关资料选取。

无论采用截止式还是膜片式高压逻辑元件，都要尽量将元件集中布置，以便于集中管理。

由于信号的传输有一定的延时，信号的发出点（如行程开关）与接收点（如元件）之间，不能相距太远。一般说来，最好不要超过几十米。

当逻辑元件要相互串联时一定要有足够的流量，否则可能无力推动下一级元件。

另外，尽管高压逻辑元件对气源过滤要求不高，但最好使用过滤后的气源，一定不要使加入油雾的气源进入逻辑元件。

6.4.5　气动控制阀的选用

正确选择气动控制阀是设计气动系统和气动控制系统的重要环节，选择合理则能够简化线路、减少控制阀的品种和数量、降低压缩空气的消耗量、降低成本并提高系统的可靠性。

在选择气动控制阀时，首先要考虑阀的技术规格能否满足使用环境的要求，如气源工作压力范围、电源条件（交、直流及电压等）、介质温度、环境温度、湿度、粉尘等情况。还要考虑阀的机能和功能是否满足需要。尽量选择功能一致的阀。

根据流量来选择直径。分清是主阀还是控制用的先导阀。主阀必须根据执行元件的流量来选择直径；先导阀（信号阀）则应该根据控制阀的远近、数量和要求动作的时间来选择直径。

根据使用条件、使用要求来选择阀的结构形式。如果要求严格密封，则一般选择软质密封阀；如果要求换向力小、有记忆性能，则应选择滑阀；如果气源过滤条件差，则应采用截止式阀。

安装方式的选择。从安装维护方面考虑，板式连接较好，特别是对于集中控制的自动、半自动空置系统其优越性更突出。

阀的种类选择。在设计控制系统时，应尽量减少阀的种类，避免采用专用阀，选择标准化系列阀，以利于专业化生产、降低成本和便于维修使用。

调压阀的选用要根据使用要求，选定类型和调压精度，根据最大输出流量选择其直径。减压阀一般安装在分水滤气器之后，油雾气或定值器之前；进出口不能接反；阀不用时应该把旋钮放松，防止膜片经常受压变形而影响性能。

安全阀的选择应根据使用要求选定类型，根据最大输出流量选择其直径。

选用气动流量控制阀对气动执行元件进行调速，比液压流量阀调速要困难，因为气体具有压缩性。选择气动流量控制阀要注意以下几点：管道上不能有漏气现象；气缸、活塞间的润滑状态要好；流量控制阀尽量安装在气缸或气马达附近；尽可能采用出口节流调速方式；外加负载应当稳定。

6.5 气源装置及辅件

6.5.1 压缩空气站的设备组成及布置

压缩空气站一般包括产生压缩空气的空气压缩机和使气源净化的辅助设备。图 6-56 所示为压缩空气站的设备组成及布置示意图。

在图 6-56 中，空气压缩机 1 用来产生压缩空气，一般由电动机带动。其吸气口装有空气过滤器，以减少进入空气压缩机的杂质量。后冷却器 2 用来冷却压缩空气，使净化的水凝结出来。油水分离器 3 用来分离并排出冷却的水滴、油滴、杂质等。储气罐 4 用来储存压缩空气，稳定压缩空气的压力并除去部分油分和水分。干燥器 5 用来进一步吸收或排除压缩空气中的水分和油分，使其成为干燥空气。过滤器 6 用来进一步过滤压缩空气中的灰尘、杂质颗粒。储气罐 4 输出的压缩空气可用于一般要求的气动系统，储气罐 7 输出的压缩空气可用于要求较高的气动系统（如气动仪表及射流元件组成的控制回路等）。气动三大件的组成及布置由用气设备确定，图中未画出。

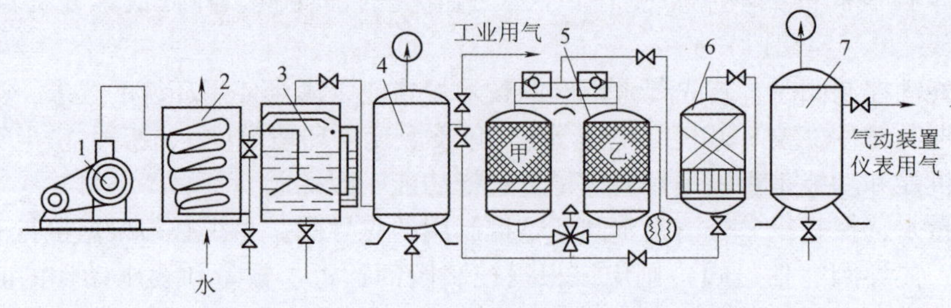

图 6-56　压缩空气站的设备组成及布置示意图

1—空气压缩机；2—后冷却器；3—油水分离器；4，7—储气罐；5—干燥器；6—过滤器

1. 空气压缩机的分类

空气压缩机是一种气压发生装置，它是将机械能转化成气体压力能的能量转换装置，其种类很多，分类形式也有数种。例如，按工作原理可将其分为容积型压缩机和速度型压缩机。容积型压缩机的工作原理是压缩气体的体积，使单位体积内气体分子的密度增大，以提高压缩空气的压力。速度型压缩机的工作原理是提高气体分子的运动速度，使气体的动能转化为压力能，以提高压缩空气的压力。

2. 空气压缩机的选用原则

空气压缩机的选用原则是气压传动系统需要的工作压力和流量。一般空气压缩机为中压空气压缩机，额定排气压力为 1 MPa；低压空气压缩机，排气压力为 0.2 MPa；高压空气压缩机，排气压力为 10 MPa；超高压空气压缩机，排气压力为 100 MPa。

选择输出流量时，要根据整个气动系统对压缩空气的需要，再加一定的备用余量，作为选择空气压缩机的流量依据。空气压缩机铭牌上的流量是自由空气流量。

6.5.2　气动辅助元件

气动辅助元件分为气源净化装置和其他辅助元件两大类。

1. 气源净化装置

气源净化装置一般包括后冷却器、油水分离器、储气罐、干燥器、过滤器等。

（1）后冷却器。

后冷却器安装在空气压缩机出口处的管道上，它的作用是将空气压缩机排出的压缩空气由 140~170 ℃降至 40~50 ℃。这样就可以使压缩空气中的油雾和水汽迅速达到饱和，使其大部分析出并凝结成油滴和水滴，以便经油水分离器排出。后冷却器的结构形式有蛇形管式、列管式、散热片式、管套式，冷却方式有水冷和气冷两种。蛇形管式和列管式后冷却器的结构如图 6-57 所示。

（2）油水分离器。

油水分离器安装在后冷却器出口的管道上，它的作用是分离并排出压缩空气中凝聚的油分、水分和灰尘杂质等，使压缩空气得到初步净化。油水分离器的结构形式有环形回转式、撞击折回式、离心旋转式、水浴式及以上形式的组合使用等。图 6-58 所示为撞击折回并回转式油水分离器的结构。它的工作原理是当压缩空气由入口进入分离器壳体后，气流先受到隔板的阻挡而被撞击折回向下（见图中箭头所示流向）；之后又上升产生环形回转，这样凝聚在压缩空气中的油滴、水滴等杂质受惯性力作用而分离析出、沉降于壳体底部，由放水阀定期排出。

为提高油水分离效果，应控制气流回转后上升的速度不超过 0.3~0.5 m/s。

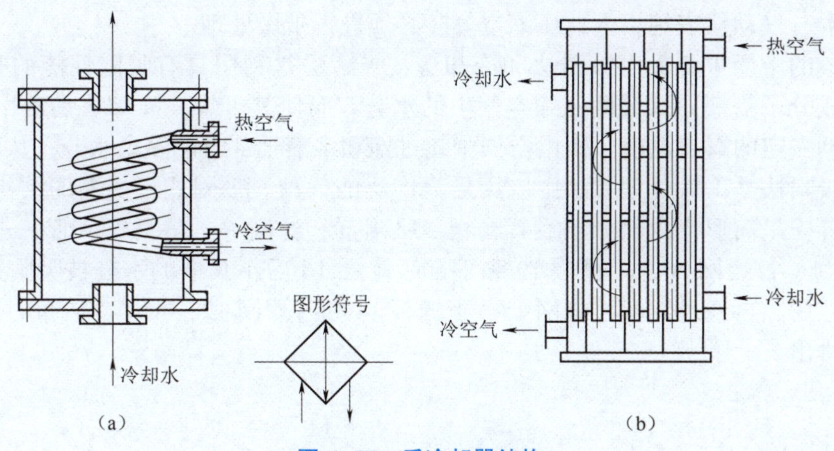

图 6-57　后冷却器结构

(a) 蛇形管式；(b) 列管式

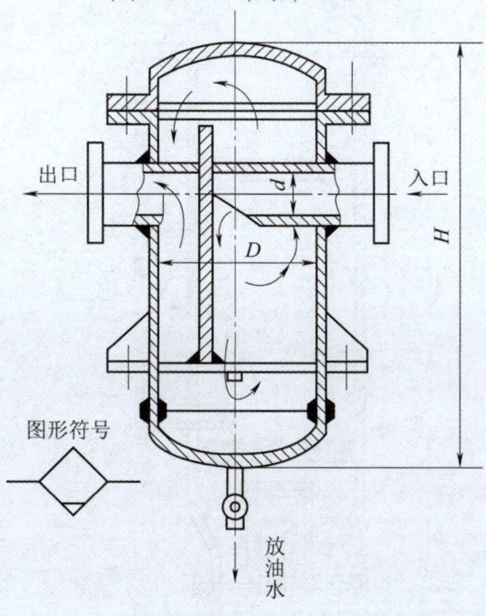

图 6-58　撞击折回并回转式油水分离器结构

（3）储气罐。

储气罐的主要作用如下。

①储存一定数量的压缩空气，以备发生故障或临时需要时应急使用。

②消除由于空气压缩机断续排气而引起的压力脉动，保证输出气流的连续性和平稳性。

③进一步分离压缩空气中的油、水等杂质。

储气罐一般采用焊接结构，以立式居多，其结构如图 6-59 所示。

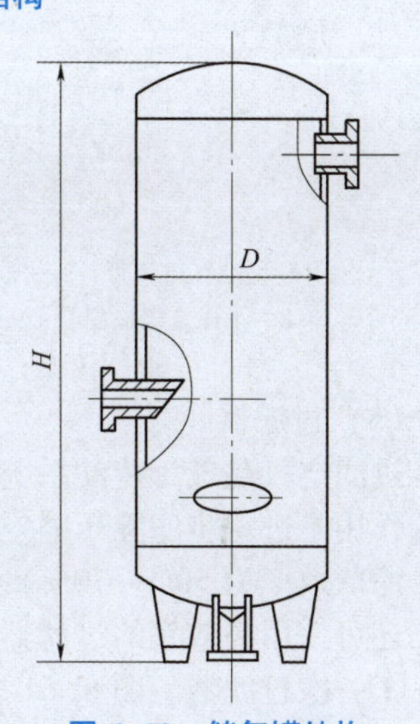

图 6-59　储气罐结构

（4）干燥器。

经过后冷却器、油水分离器和储气罐后得到初步净化的压缩空气，已经满足一般气压传动系统的需要。但压缩空气中仍含有一定量的油、水及少量的粉尘。如果用于精密的气动装置、气动仪表等，上述压缩空气还必须进行干燥处理。

压缩空气的干燥主要采用吸附法和冷却法。吸附法是利用具有吸附性能的吸附剂（如硅胶、铝胶或分子筛等）来吸附压缩空气中的水分，而使其干燥；冷却法是利用制冷设备，使空气冷却到一定的露点温度，析出空气中超过饱和水蒸气部分的多余水分，从而达到所需的干燥度。吸附法是干燥处理方法中应用最为广泛的一种。吸附式干燥器的结构如图 6-60 所示。它的外壳呈筒形，内部分层设置栅板、吸附剂、滤网等。湿空气从管 1 进入干燥器，通过吸附剂 21、过滤网 20、上栅板 19 和下部吸附层 16 后，其中的水分被吸附剂吸收而变得很干燥。然后，再经过钢丝过滤网 15、下栅板 14 和过滤网 12，干燥、洁净的压缩空气便从输出管 8 排出。

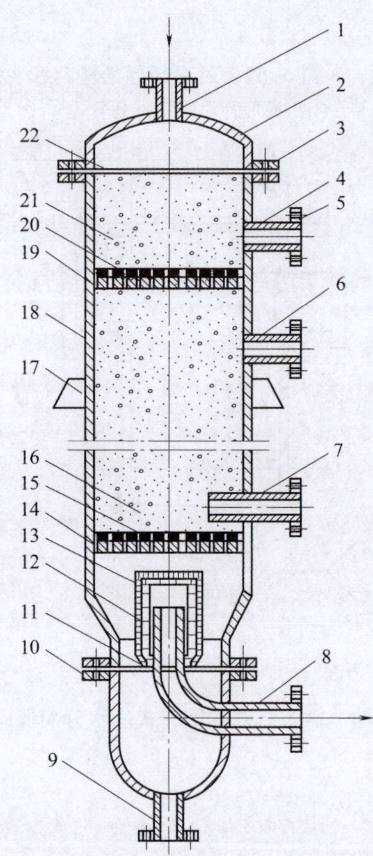

图 6-60　吸附式干燥器结构

1—湿空气进气管；2—顶盖；3，5，10—法兰；4，6—再生空气排气管；7—再生空气进气管；8—干燥空气输出管；9—排水管；11，22—密封座；12，15，20—钢丝过滤网；13—毛毡；14—下栅板；16，21—吸附剂层；17—支承板；18—筒体；19—上栅板

（5）过滤器。

过滤空气是气压传动系统中的重要环节。不同的场合，对压缩空气的要求也不同。过滤器的作用是进一步滤除压缩空气中的杂质。常用的过滤器有一次性过滤器（又称简易过滤器，滤灰效率为 50%～70%）；二次过滤器（滤灰效率为 70%～99%）；在要求高的特殊场合，还可使用高效率的过滤器（滤灰效率大于 99%）。

①一次过滤器。图 6-61 所示为一次过滤器的结构。气流由切线方向进入筒内，在离心力的作用下分离出液滴，然后气体自下而上通过多片钢板/毛毡、硅胶、焦炭、滤网等过滤

吸附材料，干燥清洁的空气从筒顶输出。

②分水滤气器。分水滤气器的滤灰能力较强，属于二次过滤器。它和减压阀、油雾器一起称为气动三联件，是气动系统不可缺少的辅助元件。普通分水滤气器的结构如图 6-62 所示。其工作原理如下：压缩空气从输入口进入后，被引入旋风叶子 1，旋风叶子上有很多小缺口，使空气沿切线反向产生强烈的旋转，这样夹杂在气体中的较大水滴、油滴、灰尘（主要是水滴）便获得较大的离心力，并高速与存水杯 3 内壁碰撞而从气体中分离出来，沉淀在存水杯 3 中；然后气体通过中间的滤芯 2，部分灰尘、雾状水被滤芯拦截而滤去，洁净的空气便从输出口输出。挡水板 4 起到防止气体漩涡将杯中积存的污水卷起而破坏过滤的作用。为保证分水滤气器正常工作，必须及时将存水杯中的污水通过排水阀 5 放掉。在某些手动排水不方便的场合，可采用自动排水式分水滤气器。

存水杯由透明材料制成，便于观察工作情况、污水情况和滤芯污染情况。滤芯目前采用铜粒烧结而成，如果发现油泥过多，可采用酒精清洗，干燥后再装上，便可继续使用。但是这种过滤器只能滤除固体和液体杂质，因此，使用时应尽可能将其装在能使空气中的水分变成液态的部位或防止液体进入的部位，如气动设备的气源入口处。

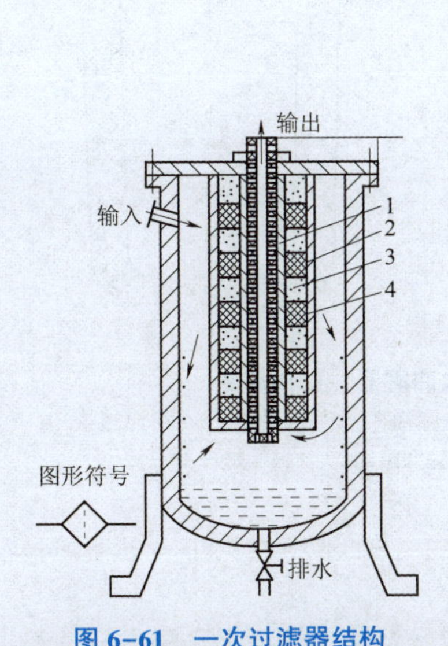

图 6-61　一次过滤器结构

1—ϕ10 mm 密孔网；2—280 目细钢丝网；3—焦炭；4—硅胶

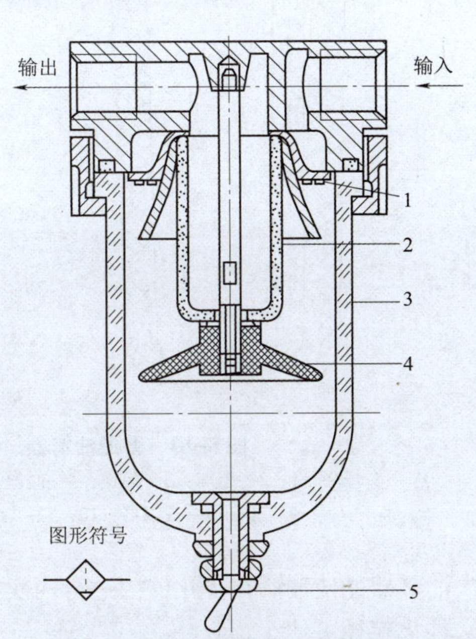

图 6-62　普通分水滤气器结构

1—旋风叶子；2—滤芯；3—存水杯；4—挡水板；5—手动排水阀

2. 其他辅助元件

（1）油雾器。

油雾器是一种特殊的注油装置。它以空气为动力，使润滑油雾化后，注入空气流中，并随空气进入需要润滑的部件，达到润滑的目的。

图 6-63 所示为普通油雾器（又称一次油雾器）的结构简图。当压缩空气由输入口进入后，通过喷嘴 1 下端的小孔进入阀座 4 的腔室内，在截止阀的钢球 2 上下表面形成压差。由于泄漏和弹簧 3 的作用，使钢球处于中间位置。压缩空气进入存油杯 5 的上腔使油面受压，液压油经吸油管 6 将单向阀 7 的钢球顶起，由于钢球上部管道有一个方形小孔，钢球不能将

上部管道封死，因此液压油不断流入视油器 9 内，再滴入喷嘴 1 中，然后被主管气流从上面小孔引射出来，雾化后从输出口输出。节流阀 8 可以调节流量，使滴油量在 0~120 滴/mm 内变化。

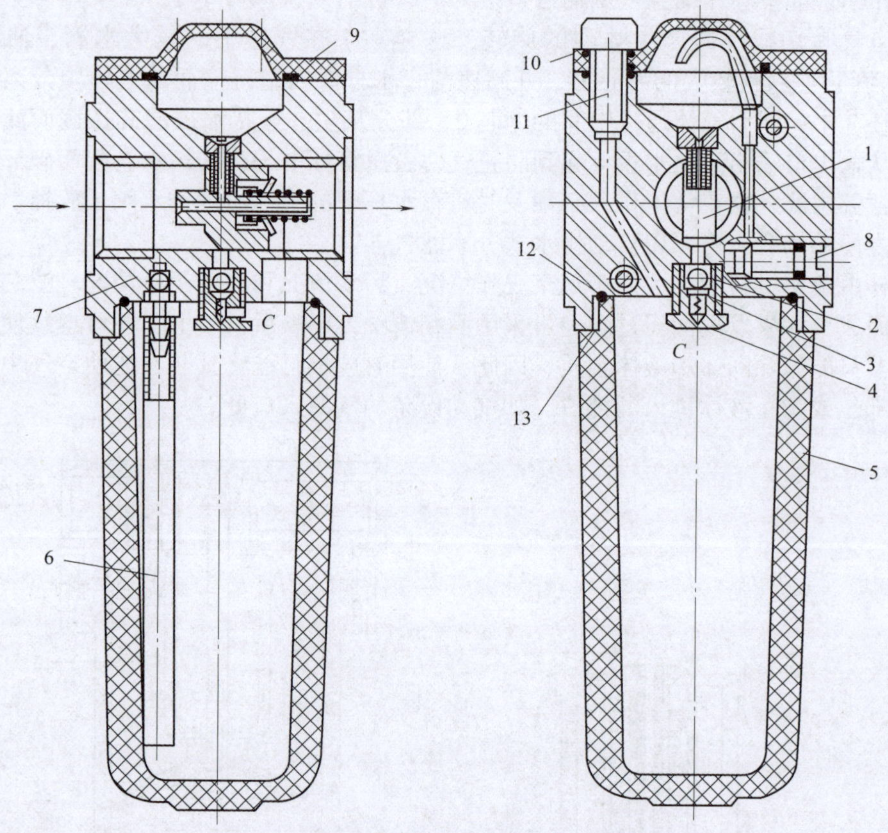

图 6-63　普通油雾器（一次油雾器）结构简图

1—喷嘴；2—钢球；3—弹簧；4—阀座；5—存油杯；6—吸油管；7—单向阀；8—节流阀；9—视油器；10，12—密封垫；11—油塞；13—螺母、螺钉

二次油雾器能使油滴在雾化器内进行两次雾化，使油雾粒度更小、更均匀，输送距离更远。二次雾化粒径可达 5 μm。

油雾器主要是根据气压传动系统所需的额定流量及油雾粒径大小来进行选择。所需油雾粒径在 50 μm 左右，选用一次油雾器。若所需油雾粒径很小，可选用二次油雾器。油雾器一般应配置在滤气器和减压阀之后、用气设备之前的较近处。

（2）消声器。

在气压传动系统中，气缸、气阀等元件工作时，排气速度较高，气体体积急剧膨胀，会产生刺耳的噪声。噪声的强弱随排气的速度、排量和空气通道的形状而变化。排气的速度和功率越大，噪声也就越大，一般可达 100~120 dB，为了降低噪声可以在排气口安装消声器。

消声器是通过阻尼或增加排气面积来降低排气速度和功率，从而降低噪声的装置。

气动元件使用的消声器一般有 3 种类型：吸收型消声器、膨胀干涉型消声器和膨胀干涉吸收型消声器。常用的是吸收型消声器。图 6-64 所示为吸收型消声器的结构简图。这种消声器主要依靠吸声材料消声。消声罩 2 为多孔吸声材料，一般用聚苯乙烯或铜珠烧结而成。

当消声器的直径小于 20 mm 时，多用聚苯乙烯制成消声罩；当消声器的直径大于 20 mm 时，消声罩多用铜珠烧结，以增加强度。其消声原理是当有压气体通过消声罩时，气流受到阻力，部分声能量被吸收而转化为热能，从而降低了噪声强度。

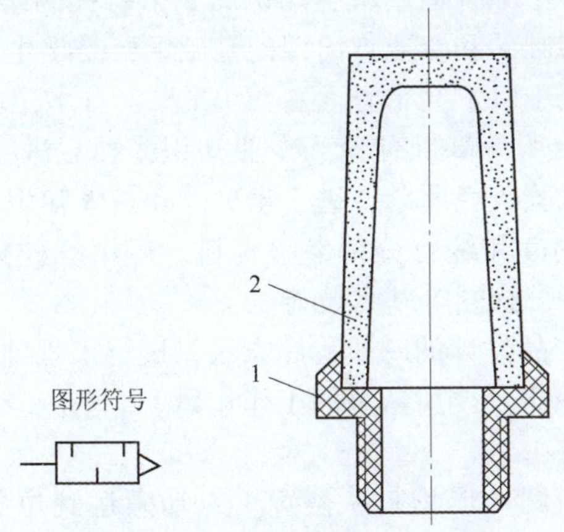

图 6-64　吸收型消声器结构简图

1—连接螺丝；2—消声罩

吸收型消声器结构简单，具有良好的消除中、高频噪声的性能，消声效果大于 20 dB。在气压传动系统中，排气噪声主要是中、高频噪声，尤其是高频噪声，所以采用这种消声器较合适。在主要是中、低频噪声的场合，应使用膨胀干涉型消声器。

（3）管道连接件。

管道连接件包括管子和各种管接头。有了管子和各种管接头，才能把气动控制元件、气动执行元件及辅助元件等连接成一个完整的气动控制系统。因此，在实际应用中，管道连接件是不可缺少的。

管子可分为硬管和软管两种。总气管和支气管等一些固定不动的、不需要经常装拆的地方，使用硬管；连接运动部件和临时使用、希望装拆方便的管路应使用软管。硬管有铁管、铜管、黄铜管、紫铜管和硬塑料管等；软管有塑料管、尼龙管、橡胶管、金属编织塑料管及挠性金属导管等。常用的是紫铜管和尼龙管。

气动系统中使用的管接头的结构及工作原理与液压管接头基本相似，分为卡套式、扩口螺纹式、卡箍式、插入快换式等。

6.6　气压传动设计举例

近 20 年来，气动技术的应用领域迅速拓宽，其在各种自动化生产线上得到广泛应用。电气可编程控制技术与气动技术相结合，使整个系统自动化程度更高、控制方式更灵活、性能更加可靠；气动机械手、柔性自动生产线的迅速发展，对气动技术提出了更多更高的要求；微电子技术的引入，促进了电气比例伺服技术的发展，现代控制理论的发展，使气动技术从开关控制进入闭环比例伺服控制，控制精度不断提高；由于气动脉宽调制技术具有结构简单、抗污染能力强和成本低廉等特点，国内外都在大力开发研究。

气动机械手作为机械手的一种，它具有结构简单、质量小、动作迅速、平稳、可靠、节能和不污染环境等优点而被广泛应用。本节设计一种气压传动两维运动机械手，用于搬运流水线上的物料。

6.6.1 设计任务

1. 设计任务介绍及意义

通过课程设计，培养学生综合运用所学知识的能力，提高学生分析和解决问题的能力。专业课程设计建立在专业基础课和专业方向课的基础上，是学生根据所学课程进行的工程基本训练。课程设计的意义在于以下几个方面。

（1）培养学生综合运用所学基础理论和专业知识，独立进行机电控制系统（产品）的初步设计，并结合设计或试验研究课题，进一步巩固和扩大知识领域的能力。

（2）培养学生搜集、阅读和综合分析参考资料，运用各种标准和工具书，以及编写技术文件的能力，提高其计算、绘图等基本技能。

（3）使学生掌握机电产品设计的一般程序方法，进行工程师基本素质的训练。

（4）树立正确的设计思想及严肃认真的工作作风。

2. 设计任务明细

（1）机械手的功能。将圆柱形物料从位置 1 自动搬运到位置 2，位置 1 和位置 2 相距 400 mm，放下物料后返回原始位置，继续搬运下一个物料，然后一直循环下去，直到搬完或接到停止命令，如图 6-65 所示。

（2）任务要求。

执行元件：气动气缸。

运动方式：直角坐标。

控制方式：PLC 控制。

控制要求：速度控制。

（3）主要设计参数。

气缸工作行程：400 mm。

运动负载质量：50 kg。

移动速度控制：0.2 m/s。

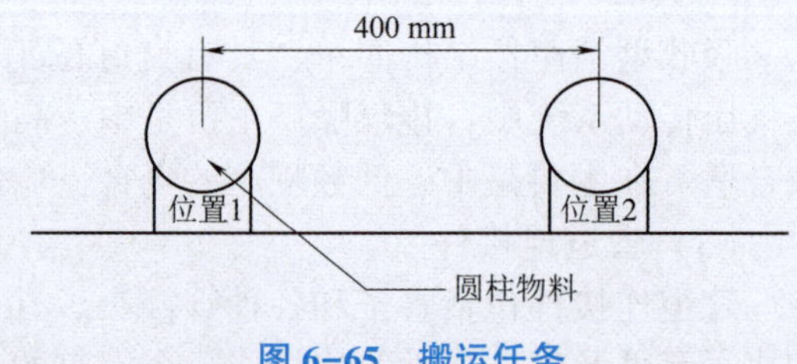

图 6-65 搬运任务

6.6.2 总体方案设计

（1）方案一，如图 6-66 所示。

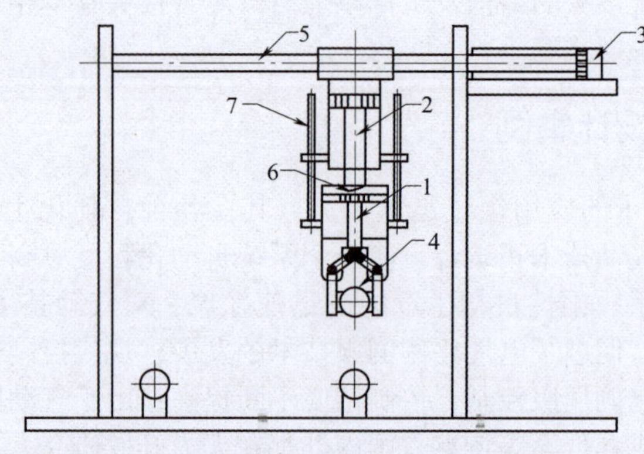

图 6-66 方案一示意图

1—夹紧气缸；2—纵向气缸；3—横向气缸；4—常开手部；5—固定支架导轨（2 个）；6—弹簧

（2）方案二，如图 6-67 所示。

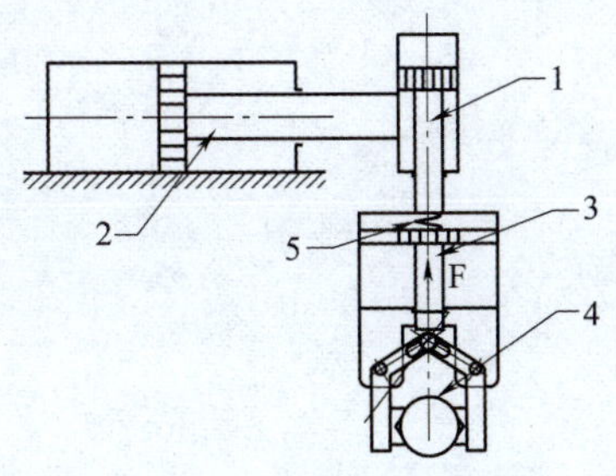

图 6-67　方案二示意图

1—升降气缸；2—水平移动气缸；3—夹紧气缸；4—常开手部；5—弹簧

（3）方案的比较及最终方案的确定。

由以上两个方案可以看出：方案一为悬挂式，根据场地情况制作一个固定支架，机械手由固定支架支承，支架上方是一个导轨，气缸 3 通过固定设备固定在导轨上，气缸 2 通过与导轨相连，可以在水平方向移动，气缸 1 采用的是靠弹簧恢复的单作用气缸，它与手爪构成了一套常闭式夹紧装置；方案二为地面固定式，气缸 2 固定在地面的固定台上，其他气缸的重量由气缸 2 支承，气缸 1 与方案一相同。

通过方案比较可知，在负载相同的情况下，方案二中气缸 2 的尺寸将远远大于方案一，浪费原材料，不经济，而且横向气缸活塞杆会承受很大的弯矩，影响装置的使用寿命，但方案一的占地面积大些。综合考虑后，方案一较方案二更好，故选择方案一。

6.6.3　机械传动系统设计

本方案的机械设计重在气缸的设计，气缸 1 的作用是抓紧和释放物品，气缸 2 的作用是实现物料纵向的提升与下降，气缸 3 的作用是实现物料的横向移动。对气缸结构的要求：一是质量尽量小，以达到动作灵活、运动速度快、节约材料和动力的目的，同时减少运动的冲击；二是要有足够的刚度，以保证运动精度和定位精度。

气缸的设计流程如图 6-68 所示。

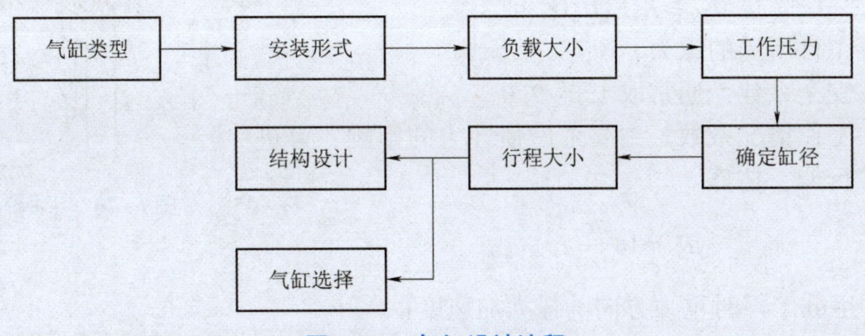

图 6-68　气缸设计流程

按结构特征对气缸进行分类，如图 6-69 所示。

单活塞杆气缸是各类气缸中应用最广泛的一种气缸。由于它只在活塞的一端有活塞杆，活塞两侧承受气压作用的面积不等，因此活塞杆伸出时的推力大于退回时的拉力。双活塞杆气缸活塞两侧都有活塞杆，两侧受气压作用的面积相等，活塞杆伸出时的推力和退回时的拉力相等。

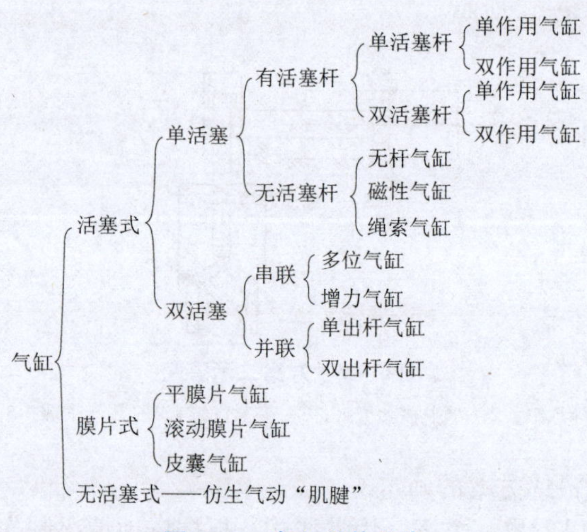

图 6-69　气缸结构分类

单作用气缸是由单侧气口供给气压驱动活塞运动，依靠弹簧力、外力或自重等作用返回；而双作用气缸是由两侧供气口交替供给气压，使活塞能够往复运动。结合课程设计的方案，夹紧气缸 1 选择单作用气缸，依靠弹簧力恢复；纵向气缸 2 选择双作用气缸，依靠重力恢复；横向气缸 3 选择双作用气缸。

1. 手指气缸的设计

手指气缸的结构如图 6-70 所示。

（1）夹紧力的计算。

手指加在工件上的夹紧力，是设计手部的主要依据。必须对其大小、方向和作用点进行分析、计算。一般来说，夹紧力必须克服由工件重力产生的静载荷及由工件运动状态变化产生的载荷（惯性力或惯性力矩），以使工件保持可靠的夹紧状态。

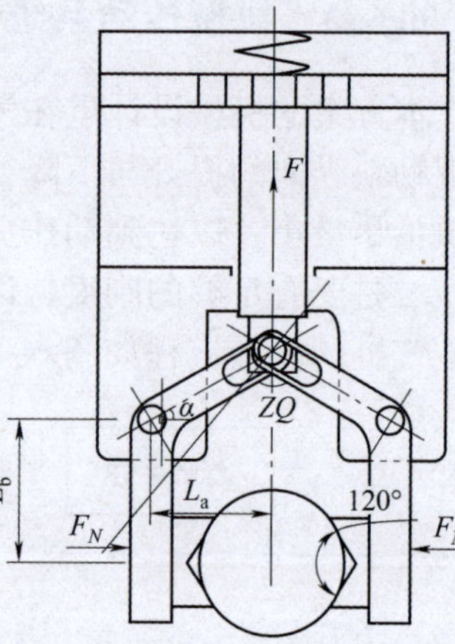

图 6-70　手指气缸结构

手指对工件的夹紧力的计算如下：

$$F_N \geqslant K_1 K_2 K_3 G$$

式中　G——工件所受的重力，N；

K_1——安全系数，通常取 1. 2~2. 0；

K_2——工作情况系数。主要考虑惯性力的影响，可进行如下估算

$$K_2 = 1 + \frac{a}{g}$$

式中　a——运载工件时重力方向的最大加速度；

g——重力加速度；

K_3——方位系数，根据手指与工件形状及手指与工件位置不同进行选定

$$K_3 = 0.5 \times \frac{\tan\theta}{(1 + f\ \tan\theta)}$$

式中　f——摩擦系数；

θ——作用力夹角。

设 $K_1=1.5$，$K_2=1+\frac{a}{g}=1+\frac{0.2/0.5}{9.8}=1.04$，$K_3=0.74$，将已知条件代入，得

$$F_N=1.5\times1.04\times0.74\times490\ \text{N}=566\ \text{N}$$

(2) 气缸的内径。

根据手指的几何关系，得

$$F=\frac{2L_b}{L_a}(\cos\alpha)^2F_N=\frac{40}{18}\times(\cos 30)^2\times566\ \text{N}=943\ \text{N}$$

由设计任务可以知道，要驱动的负载大小为 100 kg，考虑到气缸未加载时实际能输出的力受气缸活塞和缸筒之间的摩擦、活塞杆与前气缸之间的摩擦力的影响，在研究气缸性能和确定气缸缸径时，常用到负载率 β，得

$$\beta=\frac{\text{气缸的实际负载}\ F}{\text{气缸的理论输出力}\ F_t}\times100\%$$

根据表 6-4 所示的气缸的运动状态与负载率，由于任务要求的运动速度为 200 mm/s，因此取 $\beta=45\%$。

表 6-4　气缸的运动状态与负载率

阻性负载（静负载）	惯性负载的运动速度 v		
	<100 mm·s^{-1}	100~500 mm·s^{-1}	>500 mm·s^{-1}
$\beta=80\%$	≤0.65	≤0.5	≤0.3

根据气缸的结构，得

$$F=\frac{\pi}{4}(D^2-d^2)p\beta-F_t$$

式中　D——活塞直径，m；

d——活塞杆直径，m；

p——使用压力，Pa；

F_t——弹簧反作用力，N。

估算时取 $d=0.3D$，$F_t=40$ N，$P=0.5$ MPa。代入式中，得

$$D\approx68.5\ \text{mm}$$

按照 GB/T 2348—2018 标准进行圆整，取 $D=80$ mm。

(3) 活塞杆直径，如表 6-5 所示。

由 $d=0.3D$ 估取活塞杆直径 $d=25$ mm。

表 6-5　气缸的缸筒内径尺寸系列（摘自 GB/T 2348—2018）　　单位：mm

缸径	8	40	125	320
	10	50	(140)	400
	12	63	160	500
	16	80	(180)	630
	20	(90)	200	—
	25	100	(220)	—
	32	(110)	250	—

注：括号内的内径尺寸为非优先采用值。

（4）缸筒长度的确定。

缸筒长度
$$S=L+B+20$$
式中 L——活塞行程；

B——活塞厚度。

活塞厚度
$$B=0.20D=0.20\times80\ \text{mm}=16\ \text{mm}$$

由于气缸的行程 $L=200$ mm，因此，$S=L+B+20=236$ mm。

（5）气缸筒壁厚的确定。

由《液压气动技术速查手册》可知：一般气缸缸筒与内径之比 $\delta/D\leqslant1/10$。其壁厚通常按薄壁筒公式计算，即

$$\delta=DP_{\mathrm{p}}/2\sigma_{\mathrm{p}}$$

式中 P_{p}——试验压力，Pa，一般取 $P_{\mathrm{p}}=1.5p$（p 为气缸工作压力）；

σ_{p}——缸筒材料的许用应力，Pa。

$$\sigma_{\mathrm{p}}=\sigma_{\mathrm{b}}/S$$

式中 σ_{b}——材料的抗拉强度，Pa；

S——安全系数，$S\geqslant6\sim8$。

计算出的壁厚往往很薄，考虑机械加工工艺性，通常将缸筒壁厚适当加厚，且尽量选用标准内径和壁厚的钢管与铝合金管。如表 6-6 所示，所列缸筒壁厚可供参考。

表 6-6　气缸缸筒壁厚　　单位：mm

材料	气缸缸筒内径							
	50	80	100	125	160	200	250	320
	壁厚							
铸铁 HT150	7	8	10	10	12	14	16	16
Q235、45、20 无缝钢管	5	6	7	7	8	8	10	10
铝合金 ZL_3	8~12			12~14			14~17	

假设所选材料为无缝钢管，则由表知

$$\delta=6\ \text{mm}$$

（6）气缸耗气量的计算。

气缸耗气量是指气缸往复运动时消耗的压缩空气量。耗气量大小与气缸的性能无关，但它是选择空压机排气量的重要依据。

$$Q_{\max}=0.047D^2S\frac{P+0.1}{0.1}\times\frac{1}{t}$$

式中 $Q_{\max}$——最大耗气量，L/min；

D——缸径，cm；

S——气缸行程，cm；

t——气缸往复一次所需的时间，s；

p——工作压力，MPa。

代入有关参数，得
$$Q_{\max}=5.7\ \text{L/min}$$

（7）气缸的进、排气口计算。

根据 ISO 15552、ISO 7180，气缸的进、排气口的直径大小通常与气缸速度有关。气缸的进、排气口的直径如表 6-7 所示（ISO 标准规定）。

表 6-7 气缸进、排气口的直径

单位：mm

气缸直径	32	40	50	63	80
气口尺寸	M10×1（G1/8）	M14×1.5（G1/4）	M14×1.5（G1/4）	M18×1.5（G3/8）	M18×1.5（G3/8）
气缸直径	100	125	150	200	250
气口尺寸	M22×1.5（G1/2）	M22×1.5（G1/2）	M27×2（G3/4）	M27×2（G3/4）	M33×2（G1）
气缸直径	320				
气口尺寸	M33×2（G1）				

查上表可知，气缸的进、排气口的规格为 M18 mm×1.5 mm（G3/8）。

2. 纵向气缸的设计

由设计方案可以知道，纵向气缸 1 不仅要承受 50 kg 的负载，还要承受气缸 3 及手指部分的重量，假设此重量为负载的 1/10，即 5 kg。则纵向气缸实际的负载 $F=539$ N。进一步求得理论负载为

$$F_0=F/\beta=539/0.45\ \text{N}=1\ 198\ \text{N}$$

（1）气缸的内径。

由公式

$$F=\frac{\pi}{4}(D^2-d^2)p\beta-F_t$$

得

$$D=58\ \text{mm}$$

查表后得

$$D=63\ \text{mm}$$

（2）活塞杆直径。

由 $d=0.3D$ 估取活塞杆直径 $d=18.9$ mm

查表后得

$$d=20\ \text{mm}$$

（3）缸筒长度的确定。

缸筒长度 $S=L+B+20$

式中 L——活塞行程；

B——活塞厚度。

活塞厚度 $B=0.20D=0.20\times63\ \text{mm}=12.6\ \text{mm}$

由于气缸的行程 $L=400$ mm，因此，$S=L+B+20=432.6$ mm。

（4）气缸筒壁厚的确定。

选用无缝钢管为材料，查表得

$$\delta=5.5\ \text{mm}$$

（5）气缸耗气量的计算。

$$Q_{max}=0.047D^2S\frac{P+0.1}{0.1}\times\frac{1}{t}=3.5\ \text{L/min}$$

（6）气缸的进、排气口计算。

查表可得，气缸的进、排气口的规格为 M18 mm×1.5 mm（G3/8）。

3. 横向气缸的设计

（1）气缸的内径。

根据机械手结构关系，得

$$F=\mu F_N=\mu(50+10+5)g$$

代入相关参数，得

$$F=130\ \mathrm{N}$$

$$F_0=\frac{F}{\beta}=\frac{130}{0.45}\ \mathrm{N}=288.8\ \mathrm{N}\approx 290\ \mathrm{N}$$

根据气缸的结构，得

$$F_0=\frac{\pi}{4}(D^2-d^2)P$$

估算时取 $d=0.3D$，$P=0.5$ MPa，代入上式得

$$D\approx 44.7\ \mathrm{mm}$$

按照 GB/T 2348—2018 标准进行圆整，取 $D=50$ mm。

（2）活塞杆直径。

由 $d=0.3D$ 估取活塞杆直径 $d=15$ mm

查表得

$$d=16\ \mathrm{mm}$$

（3）缸筒长度的确定。

缸筒长度 $S=L+B+20$

式中 L——活塞行程；

B——活塞厚度。

活塞厚度 $B=0.20D=0.20\times 50\ \mathrm{mm}=10\ \mathrm{mm}$

由于气缸的行程 $L=400$ mm，所以 $S=L+B+20=430$ mm。

（4）气缸筒的壁厚的确定。

假设所选材料为无缝钢管，查表得

$$\delta=5\ \mathrm{mm}$$

（5）气缸耗气量的计算。

$$Q_{max}=0.047D^2S\frac{P+0.1}{0.1}\times\frac{1}{t}=2.2\ \mathrm{L/min}$$

（6）气缸的进、排气口计算。

查表可得，气缸的进、排气口的规格为 M18 mm×1.5 mm（G3/8）。

6.6.4 气动回路的设计

由设计任务可知，系统控制的要求是速度控制，即物料在运输过程中的速度保持在一定数值，所以设计的气动回路为调速回路。整个控制原理回路图将在大图中展示。

1. 单作用气缸的调速回路

设计方案一中，纵向气缸 2 和夹紧气缸 1 均为单作用气缸，气缸 2 通过重力恢复，而气缸 1 通过弹簧力恢复。单作用气缸调速回路如图 6-71 所示，该回路由左右两个单向节流阀分别控制活塞杆的升降速度。

2. 双作用气缸的调速回路

设计方案一中，气缸 3 为双活塞杆双作用气缸，气缸 3 的作用是使物料水平移动。双作用气缸的调速回路主要有进气节流和排气节流两种，一般多采用排气节流，如图 6-72（a）所示。图 6-72（b）

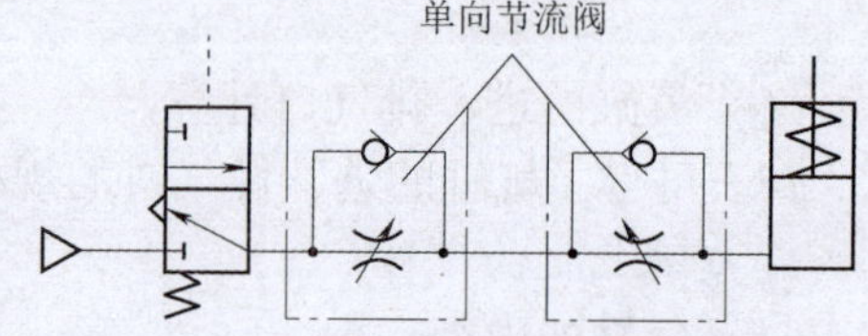

图 6-71 单作用气缸的调速回路

所示也是排气节流回路，在换向阀的排气口安装排气节流阀，以实现速度控制。这种方法比较简单，也比较常用。但是要注意所选用的二位五通换向阀是否允许后接排气节流阀，以免引启动作失常。图 6-72（c）所示是进气节流回路。由于进气流量小而排气流量大，进气腔压力上升缓慢，当进气和排气两腔压差达到刚好克服各种反力时，活塞就突然前进，使进气腔容积突然增大，进气腔压力下降，活塞就停止前进。气缸活塞这种“忽走忽停”的现象称为气缸的“爬行”，较少采用这种调速方法。

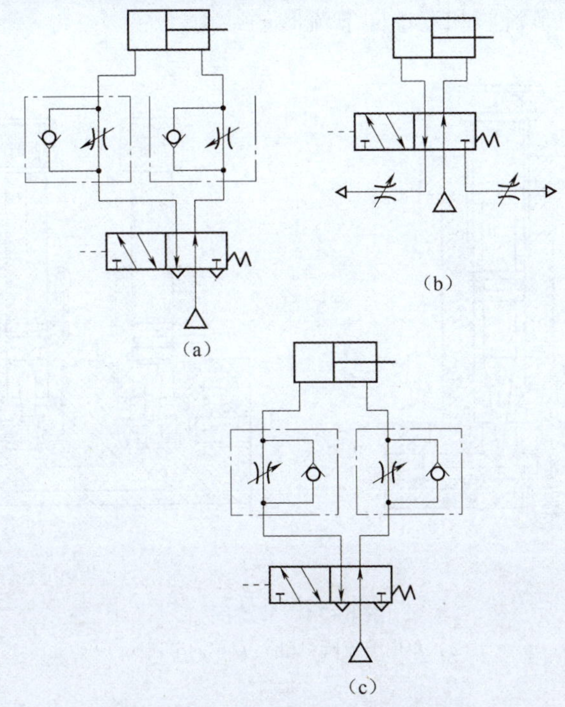

图 6-72　双作用气缸的调速回路

（a）排气节流回路；（b）排气节流回路；（c）进气节流回路

3. 主要元件选择设计

（1）节流阀。

节流阀是依靠改变阀的流通面积来调节流量的。节流阀流量的调节范围较宽，能进行微小流量调节，调节精确，性能稳定，阀芯开度与通过的流量成正比。为使节流阀适用于不同的使用场合，节流阀的结构有多种，图 6-73 所示为常用的典型节流阀结构。

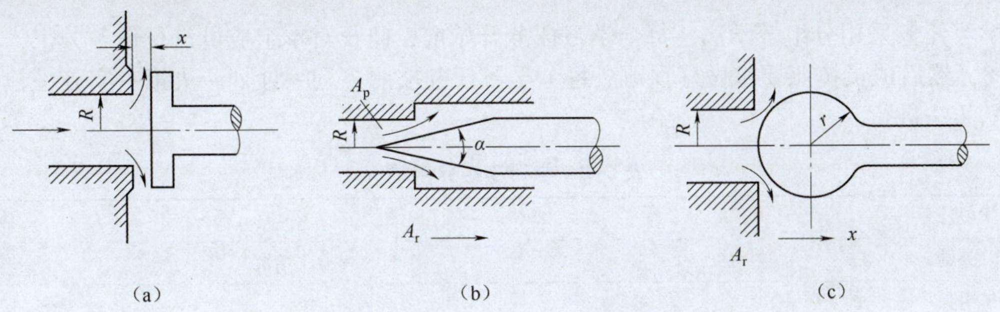

图 6-73　常用的节流阀结构

（a）平板阀；（b）针阀；（c）球阀

由设计方案可知，系统中的速度调节靠普通的节流阀无法实现，应该使用单向节流阀。它是由单向阀和节流阀组合而成的流量控制阀，常用作气缸的速度控制，又称速度控制阀。这种阀仅对一个方向的气流进行节流控制，旁路的单向阀关闭；在相反方向上气流可以通过开启的单向阀自由流过（满流）。

通常，单向节流阀的流量调节范围为管道流量的 20%～30%。对于要求能在较宽范围内进行速度控制的场合，可采用单向阀开度可调的速度控制阀。

图 6-74 所示为单向节流阀和双单向节流阀的结构。

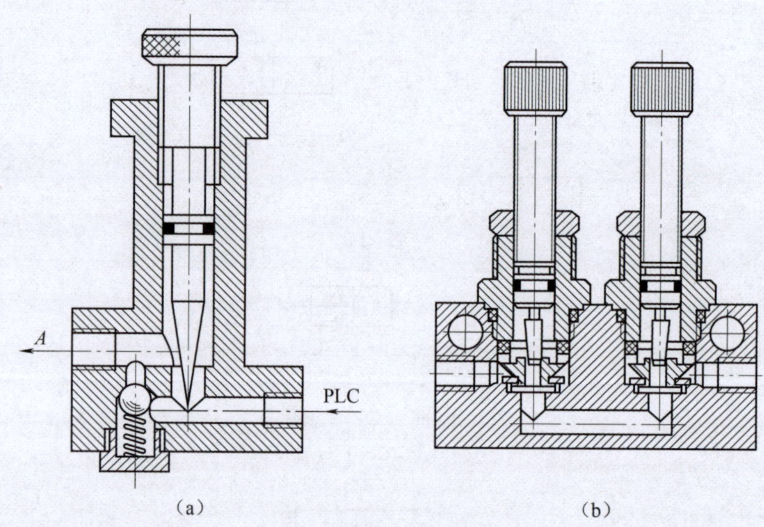

图 6-74　节流阀

（a）单向节流阀；（b）双单向节流阀

（2）换向阀。

按控制方式分类，常用的换向阀有气压控制、电磁控制、人力控制和机械控制 4 类。根据设计方案，选择电磁控制方式换向阀。PLC 控制利用继电器 KM，进而控制电磁线圈中电流的通断，达到换向的目的。

按设计方案要求，此系统中需要两个三位三通电磁换向阀和一个三位五通电磁换向阀。

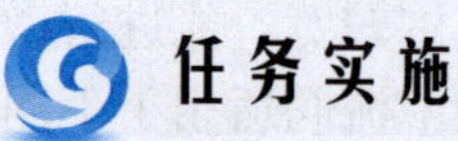

任务实施

1. 分组情况

学习任务采用分组教学法，每个学习任务开始前，组长对本组成员进行任务分工，填写表 6-8，然后成员按照要求做好预习。每个学习任务按照咨询—计划—决策—实施—检查—评价六步法进行。

表 6-8　学习小组分组情况

学习任务		
类别	姓名	分工情况
组长		

续表

成员		

2. 题目

3. 前言

4. 设计依据

5. 工况分析

6. 初步确定气缸参数，绘制工况图

7. 确定气压系统方案和拟定气压系统原理图

8. 选择气压元件

9. 验算气压系统性能

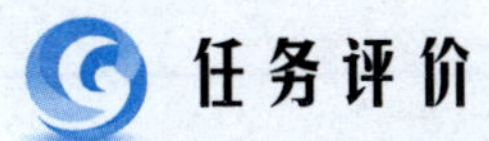

任务评价

填写表 6-9～表 6-11。

表 6-9　小组成绩评分单　　　　评分人：

学习任务				
团队成员				
评价内容	评价标准	赋分	得分	备注
工作目标认知程度	工作目标明确、工作计划合理	10 分		
分工合理程度	工作难易程度与工作强度分配合理	5 分		
咨询	问题查询	10 分		
计划	过程方案	10 分		
决策	报告	15 分		
实施	实施情况良好	15 分		
检查	检查良好	10 分		
评价	学习任务过程反思情况	15 分		
团队精神创新意识	工作态度与工作效果	10 分		
合计		100 分		

表 6-10　个人成绩评分单　　　　评分人：

学习任务				
学生姓名				
评价内容	评价标准	赋分	得分	备注
出勤情况	迟到、早退 1 次扣 2 分	15 分		旷课 3 次以上记 0 分
	病假 1 次扣 0.5 分			
	事假 1 次扣 1 分			
	旷课 1 次扣 5 分			
平时表现	任务完成的及时性，学习、工作态度	15 分		
个人成果	个人完成的任务质量	40 分		
团队协作	分为 3 个级别： 重要：8～10 分 一般：5～8 分 次要：1～5 分	10 分		
创新创意	个人成果或团队创意均发挥引导创新作用	20 分		
合计		100 分		

表 6-11　学生课程考核成绩档案

<table>
<tr><td colspan="2">课程名称</td><td colspan="4"></td></tr>
<tr><td>班级</td><td></td><td>姓名</td><td></td><td>学号</td><td></td></tr>
<tr><td colspan="6">考核过程</td></tr>
<tr><td colspan="3">学习任务名称</td><td colspan="2">团队得分（40%）</td><td>个人得分（60%）</td></tr>
<tr><td colspan="3"></td><td colspan="2"></td><td></td></tr>
<tr><td colspan="3"></td><td colspan="2"></td><td></td></tr>
<tr><td colspan="3"></td><td colspan="2"></td><td></td></tr>
<tr><td colspan="3"></td><td colspan="2"></td><td></td></tr>
<tr><td colspan="3"></td><td colspan="2"></td><td></td></tr>
<tr><td colspan="3"></td><td colspan="2"></td><td></td></tr>
<tr><td colspan="3"></td><td colspan="2"></td><td></td></tr>
<tr><td colspan="3"></td><td colspan="2"></td><td></td></tr>
<tr><td colspan="3">合计得分</td><td colspan="3"></td></tr>
<tr><td colspan="6">授课教师签名：</td></tr>
</table>

任务 7　基于 PLC 的水塔水位控制系统设计

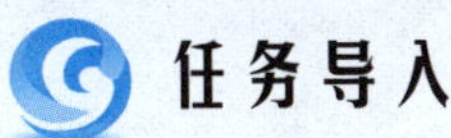

PLC 是 20 世纪 70 年代发展起来的控制设备，是集微处理器、储存器、输入/输出（input/output，I/O）接口与中断于一体的器件，已经被广泛应用于机械制造、冶金、化工、能源、交通等各个行业。计算机在操作系统、应用软件、通信能力上的飞速发展，大大加强了 PLC 的通信能力，丰富了 PLC 编程软件和编程技巧，增强了 PLC 过程控制能力。因此，无论是单机控制、多机控制、流水线控制还是过程控制，都可以采用 PLC，推广和普及 PLC 的使用技术，对提高我国工业自动化生产及生产效率都有十分重要的意义。本任务是设计一套基于 PLC 的水塔水位控制系统。

任务目标

一、知识目标

（1）了解 PLC 的基本结构。
（2）了解 PLC 的工作原理。
（3）掌握 PLC 控制系统设计方法。

二、技能目标

（1）掌握 PLC 等电气元件的选型。
（2）掌握 PLC 控制系统设计的基本步骤及应用。
（3）培养学生查阅电气设计手册和相关资料的能力。
（4）提高学生处理实际工程技术问题的能力。

三、素养目标

（1）理解量变引起质变、普遍联系的原理。
（2）培养学生大局意识与团队协作精神。

相关知识

7.1　PLC 的结构和基本工作原理

PLC 由于其自身的特点，在工业生产的各个领域得到越来越广泛的应用。而作为 PLC 的用户，要正确地应用 PLC 去完成各种不同的控制任务，首先应了解其组成结构和工作原理。

7.1.1　PLC 的基本结构

PLC 实施控制，其实质是按一定的算法进行 I/O 变换，并将这个变换予以物理实现。

I/O 变换和物理实现是 PLC 实施控制的两个基本点，同时，物理实现也是 PLC 与普通微机的不同之处。其需要考虑实际控制的需要，应能排除干扰信号以适应工业现场，输出应放大到工业控制的水平，方便实际控制系统使用，所以 PLC 采用了典型的计算机结构，主要由中央处理器（CPU），存储器（RAM/ROM），I/O 接口电路，通信接口及电源组成。PLC 的基本结构如图 7-1 所示。

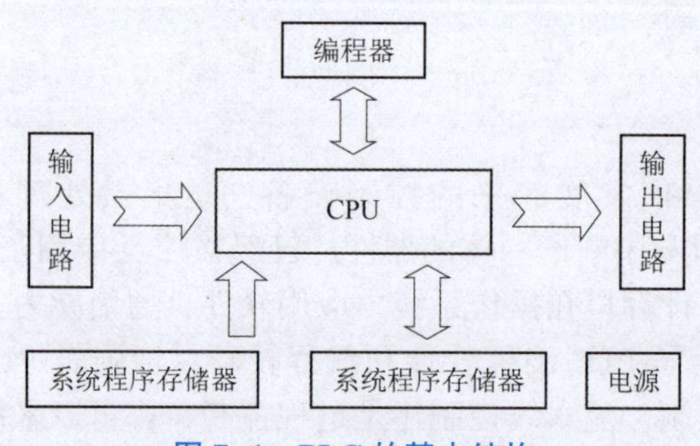

图 7-1　PLC 的基本结构

1. CPU

CPU 是 PLC 的控制核心。它按照 PLC 系统程序赋予的功能如下：(1) 接收并存储用户程序和数据；(2) 检查电源、存储器、I/O 及警戒定时器的状态，并能诊断用户程序中的语法错误。当 PLC 投入运行时，首先它以扫描的方式采集现场各输入装置的状态和数据，并分别存入 I/O 映像寄存区。然后从用户程序存储器中逐条读取用户程序，经过命令解释后，按指令的规定执行逻辑或算术运算，并将结果送入 I/O 映像寄存区或数据寄存器内。等所有的用户程序执行完毕后，最后将 I/O 映像寄存区的各输出状态或输出寄存器内的数据传送到相应的输出装置，如此循环直到停止运行。为了进一步提高 PLC 的可靠性，近年来对大型 PLC 还采用双 CPU 构成冗余系统，或采用三核 CPU 的表决式系统。这样，即使某个 CPU 出现故障，整个系统仍能正常运行。

2. 存储器

PLC 的存储器分为系统程序存储器和用户程序存储器。存放系统软件（包括监控程序、模块化应用功能子程序、命令解释程序、故障诊断程序及其各种管理程序）的存储器称为系统程序存储器；存放用户程序（用户程序和数据）的存储器称为用户程序存储器。

PLC 存储空间的分配：虽然各种 PLC 的 CPU 的最大寻址空间各不相同，但是根据 PLC 的工作原理，其存储空间一般包括以下 3 个区域。

(1) 系统程序存储区。

(2) 系统 RAM 存储区（包括 I/O 映像寄存区和系统软设备等）。

(3) 用户程序存储区。

3. 输入接口电路

I/O 信号有开关量、模拟量、数字量 3 种，在实验室涉及的信号当中，开关量最普遍，也是实验条件所限，在此主要介绍开关量接口电路。

PLC 的优点之一是抗干扰能力强，这也是其 I/O 设计的优点。经过了电气隔离后，信号才送入 CPU 执行，防止现场的强电干扰进入。图 7-2 所示为采用光电耦合器（一般采用反光二极管和光电三极管组成）的开关量输入接口电路。

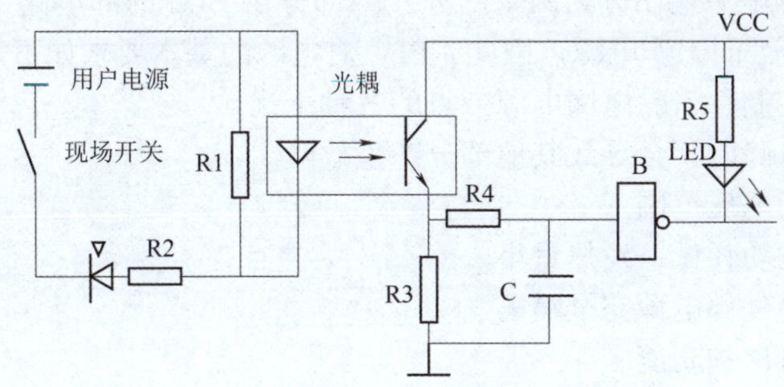

图 7-2　光电耦合器的开关量输入接口电路

4. 输出接口电路

PLC 的输出有继电器输出（M）、晶体管输出（T）、晶闸管输出（SSR）3 种形式。输出接口电路如图 7-3 所示。

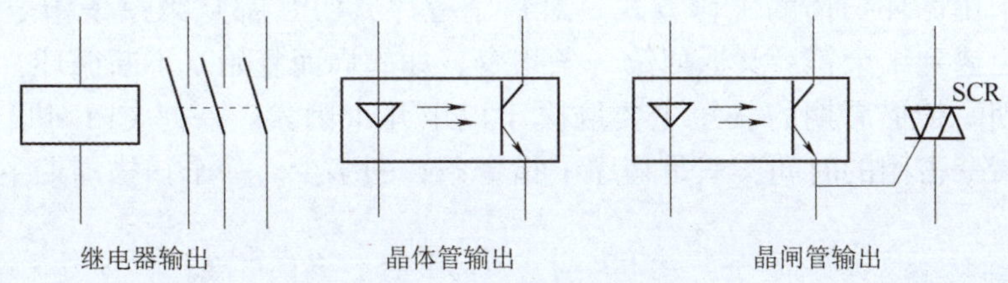

图 7-3　输出接口电路

输出接口电路的主要技术参数如下。

（1）响应时间。响应时间是指 PLC 从 ON 状态转变成 OFF 状态或从 OFF 状态转变成 ON 状态所需要的时间。继电器输出型响应时间平均约为 10 ms；晶闸管输出型响应时间为 1 ms 以下；晶体管输出型响应时间在 0.2 ms 以下，最快。

（2）输出电流。继电器输出型具有较大的输出电流，AC 250 V 以下的电路电压可驱动纯电阻负载 2A /1 点、感性负载 80 VA 以下（AC 100 V 或 AC 200 V）及灯负载 100 W 以下（AC 100 V 或 AC 200 V）的负载；Y0、Y1 以外每输出 1 点的输出电流是 0.5 A，但是由于温度上升，每输出 4 点合计为 0.8 A 的电流，输出晶体管的 ON 电压约为 1.5 V，因此，驱动半导体元件时，请注意元件的输入电压特性。Y0、Y1 每输出 1 点的输出电流是 0.3 A，但是对 Y0、Y1 使用定位指令时需要高速响应，因此，使用 10～100 mA 的输出电流；晶闸管输出电流也比较小，FX1S 无晶闸管输出型。

（3）开路漏电流。开路漏电流是指输出处于 OFF 状态时，输出回路中的电流。继电器输出型输出接点 OFF，是无漏电流；晶体管输出型漏电流在 0.1 mA 以下；晶闸管漏电流较大，主要由内部 RC 电路引起，需要在设计系统时注意。

5. 电源

PLC 的电源在整个系统中起着十分重要的作用。如果没有一个良好的、可靠的电源，则系统无法正常工作，因此，PLC 的制造商对电源的设计和制造也十分重视。一般交流电压波动在+10%范围内可以不采取其他措施，而将 PLC 直接连接到交流电网上。如 FX1S 额定电压为 AC 100～240 V，而电压允许范围在 AC 85～264 V。瞬时停电在 10 ms 以内，系统能继续工作。

一般小型 PLC 的电源输出分为两个部分：一部分供 PLC 内部电路工作；另一部分向外提供作为现场传感器等的工作电源。因此，PLC 对电源的基本要求如下。

（1）能有效地控制、消除电网电源带来的各种干扰。

（2）电源发生故障时不会导致其他部分产生故障。

（3）允许较宽的电压范围。

（4）电源本身的功耗低，发热量小。

（5）内部电源与外部电源完全隔离。

（6）有较强的自保护功能。

7.1.2 PLC 的工作原理

由于 PLC 以 CPU 为核心，因此具有计算机的许多特点，但它的工作方式却与计算机有很大不同。计算机一般采用等待命令的工作方式。如常见的键盘扫描方式或 I/O 扫描方式，若有键按下或有 I/O 变化，则转入相应的子程序；若无，则继续扫描等待。

PLC 则是采用循环扫描的工作方式。对每个程序，CPU 都从第一条指令开始逐条执行用户程序，直至遇到结束符后又返回第一条指令，如此周而复始、不断循环，每一个循环称为一个扫描周期。扫描周期的长短主要取决于以下几个因素：一是 CPU 执行指令的速度；二是执行每条指令占用的时间；三是程序中指令条数的多少。一个扫描周期主要可分为 3 个阶段。

1. 输入刷新阶段

在输入刷新阶段，CPU 扫描全部输入端口，读取其状态并写入输入状态寄存器。完成输入端刷新工作后，将关闭输入端口，转入程序执行阶段。在程序执行期间，即使输入端口状态发生变化，输入状态寄存器的内容也不会改变，而这些变化必须等到下一个工作周期的输入刷新阶段才能被读入。

2. 程序执行阶段

在程序执行阶段，根据用户输入的控制程序，从第一条开始逐步执行，并将相应的逻辑运算结果存入对应的内部辅助寄存器和输出状态寄存器。当最后一条控制程序执行完毕后，即转入输入刷新阶段。

3. 输出刷新阶段

当所有指令执行完毕后，将输出状态寄存器中的内容，依次送到输出锁存电路（输出映像寄存器），并通过一定输出方式输出，驱动外部相应执行元件工作，这才形成 PLC 的实际输出。

由此可见，输入刷新、程序执行和输出刷新 3 个阶段构成 PLC 一个工作周期，由此循环往复，因此称为循环扫描工作方式。由于输入刷新阶段是紧接输出刷新阶段后马上进行的，所以也将这两个阶段统称为 I/O 刷新阶段。实际上，除了执行程序和 I/O 刷新外，PLC 还要进行各种错误检测（自诊断功能）并与编程工具通信，这些操作统称“监视服务”，一般在程序执行之后进行。综上所述，PLC 的扫描工作过程如图 7-4 所示。

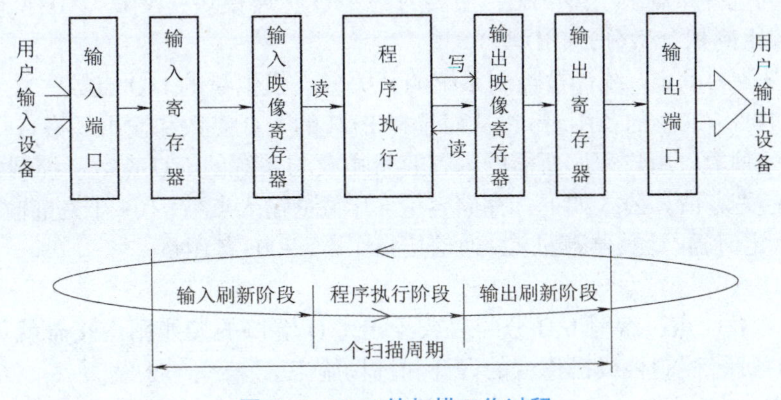

图 7-4　PLC 的扫描工作过程

显然，扫描周期的长短主要取决于程序的长短。扫描周期越长，响应速度越慢。由于每个扫描周期只进行一次 I/O 刷新，即每个扫描周期 PLC 只对 I/O 状态寄存器更新一次，所以系统存在 I/O 滞后现象，这在一定程度上降低了系统的响应速度。但是，由于其对 I/O 的变化使每个周期只输出刷新一次，并且只对有变化部分的进行刷新，这对一般的开关量控制系统来说是完全允许的，不但不会造成影响，还会提高抗干扰能力。这是因为输入采样阶段仅在输入刷新阶段进行，PLC 在一个工作周期的大部分时间是与外部隔离的，而工业现场的干扰常常是脉冲、短时间的，所以误动作将大大减少。但是在快速响应系统中会造成响应滞后现象，因此，一般情况下，PLC 都会采取高速模块。

总之，PLC 采用循环扫描的工作方式，是区别于其他设备的最大特点之一，在学习和使用 PLC 过程中应加以注意。

7.2　PLC 应用系统设计概述

在了解了 PLC 的基本工作原理和指令系统后，可以结合实际进行 PLC 的设计。PLC 的设计包括硬件设计和软件设计两部分，PLC 设计的基本原则如下。

（1）充分发挥 PLC 的控制功能，最大限度地满足被控制的生产机械或生产过程的控制要求。

（2）在满足控制要求的前提下，力求使控制系统经济、简单、维修方便。

（3）保证控制系统安全可靠。

（4）考虑到生产发展和工艺的改进，在选用 PLC 时，在 I/O 点数和内存容量上适当留有余地。

（5）软件设计主要是指编写程序，要求程序结构清楚、可读性强、程序简短、占用内存少、扫描周期短。

7.2.1　PLC 应用系统的设计步骤

1. 工艺分析

深入了解控制对象的工艺过程、工作特点、控制要求，并划分控制的各个阶段，归纳各个阶段的特点和各阶段之间的转换条件，绘出控制流程图或功能流程图。

2. 选择合适的 PLC 类型

在选择 PLC 机型时，主要考虑下面几点。

（1）功能的选择。对于小型 PLC，主要考虑 I/O 扩展模块、A/D 与 D/A 模块及指令功能（如中断、(比例积分微分) PID 等)。

（2）I/O 点数的确定。统计被控制系统的开关量、模拟量的 I/O 点数，并考虑以后的扩充（一般加上 10%~20%的备用量)，从而选择 PLC 的 I/O 点数和输出规格。

（3）内存的估算。用户程序所需的内存容量主要与系统的 I/O 点数、控制要求、程序结构长短等因素有关。估算公式如下：存储容量=开关量输入点数×10+开关量输出点数×8+模拟通道数×100+定时器/计数器数量×2+通信接口个数×300+备用量。

3. 分配 I/O 点

分配 PLC 的 I/O 点，编写 I/O 分配表或绘出 I/O 端口的接线图，接着就可以进行 PLC 程序设计，同时进行控制柜或操作台的设计和现场施工。

4. 程序设计

对于较复杂的控制系统，根据生产工艺要求，绘出控制流程图或功能流程图，然后设计出梯形图，再根据梯形图编写语句表程序清单，对程序进行模拟调试和修改，直到满足控制要求为止。

5. 控制柜或操作台的设计和现场施工

设计控制柜及操作台的电器布置图及安装接线图；设计控制系统各部分的电气互锁图；根据图纸进行现场接线，并检查。

6. 应用系统整体调试

如果控制系统由几个部分组成，则应先作局部调试，然后再进行整体调试；如果控制程序的步序较多，则可先进行分段调试，然后连起来进行总调试。

7. 编制技术文件

技术文件应包括 PLC 的外部接线图等电气图纸、电器布置图、电器元件明细表、顺序功能图、带注释的梯形图和说明等。

7.2.2 PLC 的硬件设计和软件设计及调试

1. PLC 的硬件设计

PLC 硬件设计包括 PLC 及外围线路的设计、电气线路的设计和抗干扰措施的设计等。

选定 PLC 的机型和分配 I/O 点后，硬件设计的主要内容就是电气控制系统原理图的设计、电气控制元器件的选择和控制柜的设计。电气控制系统原理图包括主电路和控制电路。控制电路中包括 PLC 的 I/O 接线和自动、手动部分的详细连接等。电气控制元器件的选择主要是根据控制要求选择按钮、开关、传感器、保护电器、接触器、指示灯、电磁阀等。

2. PLC 的软件设计

PLC 软件设计包括系统初始化程序、主程序、子程序、中断程序、故障应急措施和辅助程序的设计，小型开关量控制一般只有主程序。首先应根据总体要求和控制系统的具体情况，确定程序的基本结构，绘出控制流程图或功能流程图。简单的系统可以用经验法设计，复杂的系统一般用顺序控制设计法设计。

PLC 应用系统的设计步骤如图 7-5 所示。

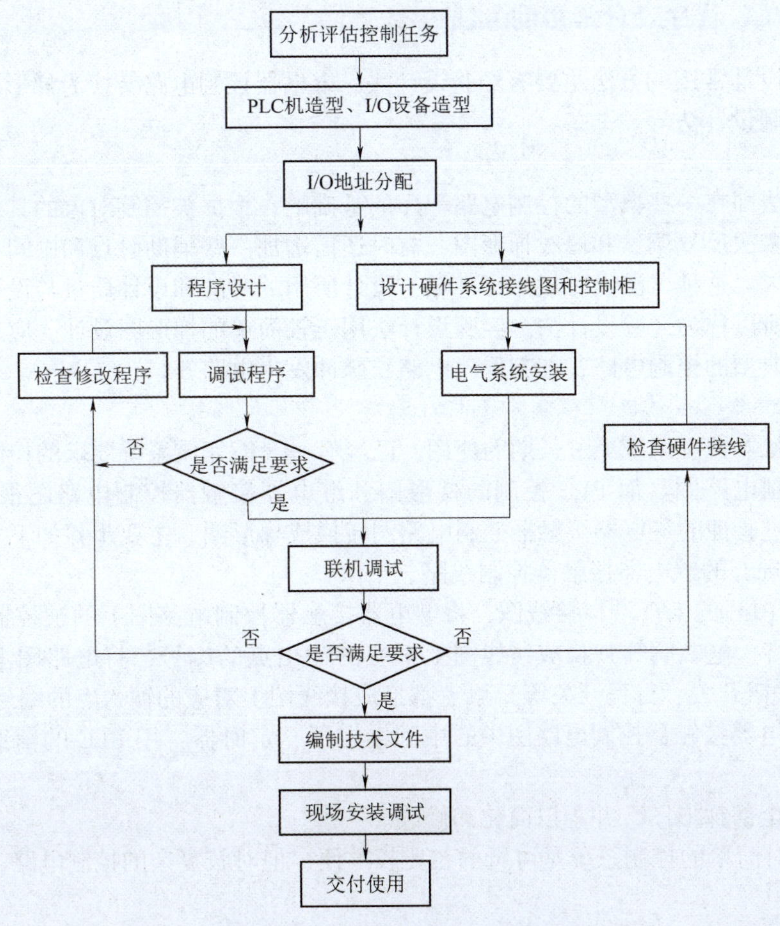

图 7-5 PLC 应用系统的设计步骤

3. 软件、硬件的调试

调试分为模拟调试和联机调试。软件设计好后一般先做模拟调试。模拟调试可以通过仿真软件代替 PLC 硬件在计算机上调试程序。如果有 PLC 硬件，则可以用小开关和按钮模拟 PLC 的实际输入信号（如启动、停止信号）或反馈信号（如限位开关的接通或断开），再通过输出模块上各输出位对应的指示灯，观察输出信号是否满足设计的要求。需要模拟量信号的 I/O 时，可用电位器和万用表配合进行。在编程软件中，可以用状态图或状态图表监视程序的运行或强制某些编程元件。

硬件部分的模拟调试主要是对控制柜或操作台的接线进行测试。可在操作台的接线端口上模拟 PLC 外部的开关量输入信号或操作按钮的指令开关，观察对应 PLC 输入点的状态。用编程软件将输出点强制 ON/OFF，观察对应的控制柜内 PLC 负载（指示灯、接触器等）的动作是否正常，或者对应的接线端口上的输出信号的状态变化是否正确。

联机调试时，把编制好的程序下载到现场的 PLC 中。调试时，主电路一定要断电，只对控制电路进行联机调试。通过现场的联机调试，还会发现新的问题或某些控制功能需要改进的方面。

7.2.3 PLC 程序设计常用的方法

PLC 程序设计常用的方法主要有经验设计法、继电器控制电路转换为梯形图法、逻辑设计法、顺序控制设计法等。

1. 经验设计法

经验设计法即在一些典型的控制电路程序的基础上，根据被控制对象的具体要求，进行选择组合，并多次反复调试和修改梯形图，有时还需增加一些辅助触点和中间编程环节，才能达到控制要求。这种方法没有规律可遵循，设计所用的时间和设计质量与设计者的经验有很大的关系，所以称为经验设计法。经验设计法用于较简单的梯形图设计。应用经验设计法必须熟记一些典型的控制电路，如起保停电路、脉冲发生电路等。

2. 继电器接触器控制电路转换为梯形图法

继电器接触器控制系统经过长期的使用，已经有一套能完成系统要求的控制功能，以及经过验证的控制电路图。而 PLC 控制的梯形图和继电器接触器控制电路图很相似，因此，可以直接将经过验证的继电器接触器控制电路图转换成梯形图，主要步骤如下。

（1）熟悉现有的继电器接触器控制线路。

（2）对照 PLC 的 I/O 端口接线图，将继电器接触器控制电路图上的被控器件（如接触器线圈、指示灯、电磁阀等）换成接线图上对应的输出点的编号，将电路图上的输入装置（如传感器、按钮开关、行程开关等）触点都换成接线图上对应的输入点的编号。

（3）将继电器接触器控制电路图中的中间继电器、定时器，用 PLC 的辅助继电器、定时器代替。

（4）画出全部梯形图，并予以简化和修改。

这种方法对简单的控制系统是可行的，比较方便，但对较复杂的控制电路，则不适用。

3. 逻辑设计法

逻辑设计法是以布尔代数为理论基础，首先，根据生产过程中各工步之间各个检测元件（如行程开关、传感器等）状态的变化，列出检测元件的状态表；其次，确定所需的中间记忆元件；然后，列出各执行元件的工序表；最后，写出检测元件、中间记忆元件和执行元件的逻辑表达式，并转换成梯形图。该方法在单一的条件控制系统中非常好用，相当于组合逻辑电路，但在和时间有关的控制系统中，就会变得很复杂。

4. 顺序控制设计法

顺序控制设计法就是根据功能流程图，以步为核心，从起始步开始一步一步地设计下去，直至完成的方法。此法的关键是画出功能流程图。将被控制对象的工作过程按输出状态的变化分为若干步，并指出工步之间的转换条件和每个工步的控制对象。这种功能流程图集中了工作的全部信息。在进行程序设计时，可以用中间继电器来记忆工步，一步一步地顺序进行，也可以用顺序控制指令来实现。

7.2.4 PLC 程序设计步骤

PLC 程序设计一般分为以下几个步骤。

1. 程序设计前的准备工作

程序设计前的准备工作就是要了解控制系统的全部功能、规模、控制方式、I/O 信号的种类和数量、是否有特殊功能的接口、与其他设备的关系、通信的内容与方式等，从而对整个控制系统建立一个整体的概念。接着进一步熟悉控制对象，可把控制对象和控制功能按照响应要求、信号用途或控制区域分类，确定检测设备和控制设备的物理位置，了解每一个检测信号和控制信号的形式、功能、规模及它们之间的关系。

2. 设计程序框图

根据软件设计规格书的总体要求和控制系统的具体情况，确定应用程序的基本结构，按程序设计标准绘制出程序结构框图，然后再根据工艺要求，绘出各功能单元的功能流程图。

3. 编写程序

根据设计出的框图逐条地编写控制程序。编写过程中要及时给程序加注释。

4. 程序调试

调试时先从各功能单元入手，设定输入信号，观察输出信号的变化情况。各功能单元调试完成后，再调试全部程序，调试各部分的接口，直到满意为止。程序调试可以在实验室进行，也可以在现场进行。如果在现场进行测试，需要将 PLC 系统与现场信号隔离，可以切断 I/O 模板的外部电源，以免引起机械设备动作。程序调试过程中先发现错误后进行纠错，基本原则是“集中发现错误，集中纠正错误”。

5. 编写程序说明书

在程序说明书中通常对程序的控制要求、结构、流程图等给予必要的说明，并且给出程序的安装操作、使用步骤等。

7.3 基于 PLC 的水塔水位控制系统设计

7.3.1 水塔水位控制要求

（1）水塔水位控制系统如图 7-6 所示。保持水池的水位在 S3～S4 之间。当水池水位低于下限液位开关 S3 时，此时 S3 为 ON，电磁阀打开，开始向水池里注水。当注水 4 s 以后，若水池水位没有超过水池下限液位开关 S3，则系统发出警报；若系统正常运行，此时水池下限液位开关 S3 为 OFF，表示水位高于下限水位。当液面高于上限水位 S4 时，则 S4 为 ON，电磁阀关闭。

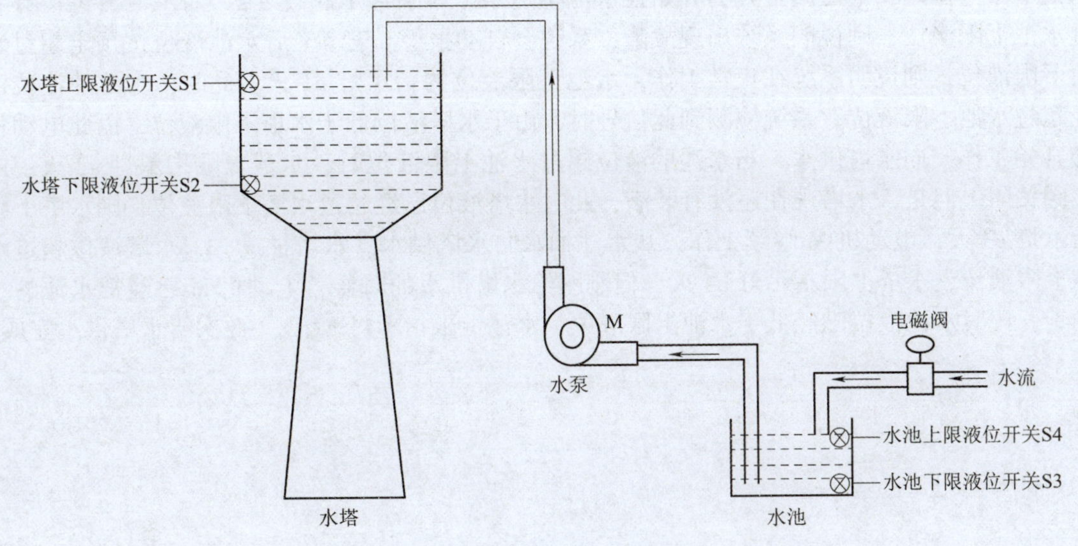

图 7-6　水塔水位控制系统

（2）保持水塔的水位在 S1~S2 之间。当水塔水位低于水塔下限水位开关 S2 时，则水塔下限液位开关 S2 为 ON，驱动电动机 M 开始工作，向水塔供水。当 S2 为 OFF 时，表示水塔水位高于水塔下限水位。当水塔液面高于水塔上限水位开关 S1 时，则 S1 为 ON，电动机 M 停止抽水。当水塔水位低于下限水位，同时水池水位也低于下限水位时，电动机 M 不能启动。

7.3.2 I/O 接口分配

水塔水位系统 PLC 的 I/O 接口分配如表 7-1 所示。

表 7-1 水塔水位系统 PLC 的 I/O 接口分配表

输入继电器	输入变量名	输出继电器	输出变量名
X0	控制开关	Y0	电磁阀
X1	水塔上限液位开关	Y1	电动机 M
X2	水塔下限液位开关	Y2	水池下限指示灯 a1
X3	水池下限液位开关	Y3	水池上限指示灯 a2
X4	水池上限液位开关	Y4	水塔下限指示灯 a3
		Y5	水塔上限指示灯 a4
		Y6	报警指示灯 a5

7.3.3 工作过程

设水塔、水池初始状态都为空，4 个液位指示灯全亮。当执行程序扫描到水池液位低于水池下限液位时，电磁阀打开，开始往水池里进水。如果进水超过 5 s，而水池液位没有超过水池下限液位，则说明系统出现故障，系统会自动报警。若 4 s 后水池液位按预定超过水池下限液位，则说明系统在正常工作，水池下限液位的指示灯 a1 灭。此时，水池的液位已经超过水池下限液位。系统检测到此信号时，由于水塔液位低于水塔下限液位，因此电动机 M 开始工作，向水塔供水，当水池的液位超过水池上限液位时，水池上限指示灯 a2 灭，电磁阀关闭。但是，水塔现在还没有装满，此时水塔液位已经超过水塔下限液位，则水塔下限指示灯 a3 灭，电动机 M 继续工作，从水池抽水向水塔供水。水塔抽满时，水塔液位超过水塔上限液位，水塔上限指示灯 a4 灭，但刚刚给水塔供水的时候，电动机 M 已经把水池的水抽走，此时水池液位已经低于水池上限液位，水池上限指示灯 a2 亮。此次给水塔供水完成。

7.3.4 程序流程图

根据设计要求，水塔水位控制系统的程序流程图如图 7-7 所示。

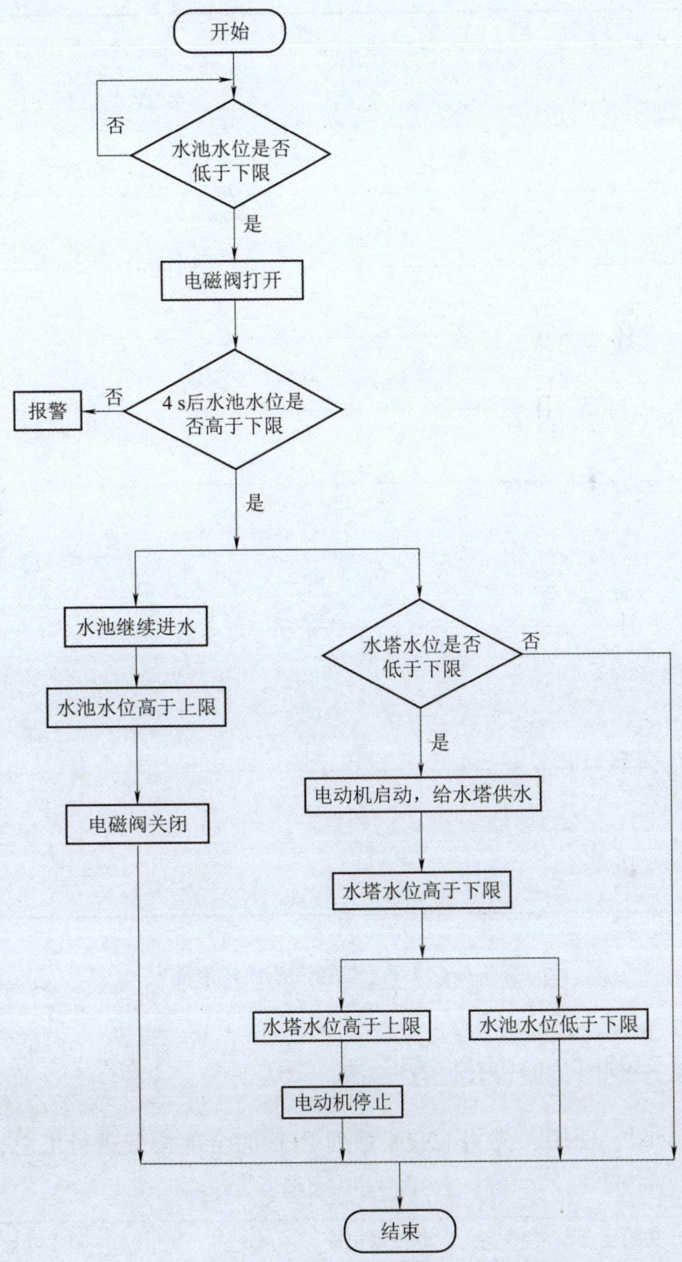

图 7-7　水塔水位控制系统的程序流程图

7.3.5 梯形图

根据程序流程图设计的梯形图如图 7-8 所示。

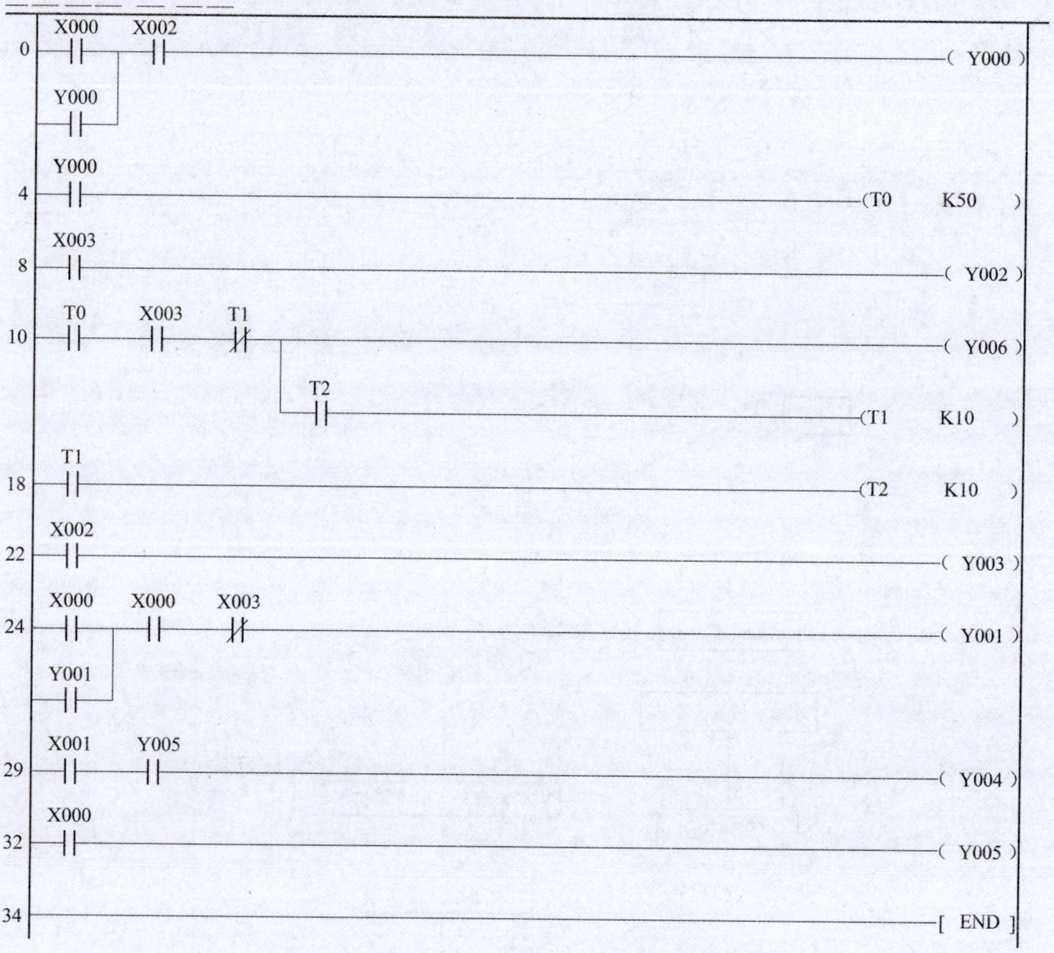

图 7-8 水塔水位控制系统梯形图

7.4 FX2N 系列 PLC 功能指令表

为了便于学生查阅、使用，先将 FX2N 系列 PLC 的全部指令进行汇总，如表 7-2 所示。

表 7-2 FX2N 应用指令一览表

类别	功能号	指令助记符	功能
程序流程	00	CJ	条件跳转
	01	CALL	调用子程序
	02	SRET	子程序返回
	03	IRET	中断返回
	04	EI	开中断

续表

类别	功能号	指令助记符	功能
程序流程	05	DI	关中断
	06	FEND	主程序结束
	07	WDT	监视定时器
	08	FOR	循环区开始
	09	NEXT	循环区结束
传送与比较	10	CMP	比较
	11	ZCP	区间比较
	12	MOV	传送
	13	SMOV	移位传送
	14	CML	取反
	15	BMOV	块传送
	16	FMOV	多点传送
	17	XCH	数据交换
	18	BCD	求 BCD 码
	19	BIN	求二进制码
四则运算与逻辑运算	20	ADD	二进制加法
	21	SUB	二进制减法
	22	MUL	二进制乘法
	23	DIV	二进制除法
	24	INC	二进制加一
	25	DEC	二进制减一
	26	WADN	逻辑字与
	27	WOR	逻辑字或
	28	WXOR	逻辑字与或
	29	ENG	求补码
循环与转移	30	ROR	循环右移
	31	ROL	循环左移
	32	RCR	带进位右移
	33	RCL	带进位左移
	34	SFTR	位右移
	35	SFTL	位左移
	36	WSFR	字右移
	37	WSFL	字左移
	38	SFWR	FIFO 写
	39	SFRD	FIFO 读
数据处理	40	ZRST	区间复位
	41	DECO	解码

续表

类别	功能号	指令助记符	功能
数据处理	42	ENCO	编码
	43	SUM	求置 ON 位的总和
	44	BON	ON 位判断
	45	MEAN	平均值
	46	ANS	标志位置
	47	ANR	标志复位
	48	SOR	二进制平方根
	49	FLT	二进制整数与浮点数
高速处理	50	REF	刷新
	51	REFE	滤波调整
	52	MTR	矩阵输入
	53	HSCS	比较置位（高速计数器）
	54	HSCR	比较复位（高速计数器）
	55	HSZ	区间比较（高速计数器）
	56	SPD	脉冲密度
	57	PLSY	脉冲输出
	58	PWM	脉宽调制
	59	PLSR	带加速减速的脉冲输出
方便指令	60	IST	状态初始化
	61	SER	查找数据
	62	ABSD	绝对值式凸轮控制
	63	INCD	增量式凸轮控制
	64	TTMR	示教定时器
	65	STMR	特殊定时器
	66	ALT	交替输出
	67	RAMP	斜坡输出
	68	ROTC	旋转工作台控制
	69	SORT	列表数据排序
外部设备 I/O	70	TKY	十键输入
	71	HKY	十六键输入
	72	DSW	数字开关输入
	73	SEGD	七段译码
	74	SEGL	带锁存七段码显示
	75	ARWS	方向开关
	76	ASC	ASCII 码转换
	77	PR	ASCII 码打印输出
	78	FROM	读特殊功能模块
	79	TO	写特殊功能模块

续表

类别	功能号	指令助记符	功能
外部设备 SER	80	RS	串行通信指令
	81	PRUN	八进制位传送
	82	ASCI	将十六进制数转换成 ASCII 码
	83	HEX	ASCII 码转换成十六进制数
	84	CCD	校验码
	85	VRRD	模拟量读出
	86	VRSC	模拟量区间
	87		
	88	PID	PID 运算
	89		
浮点数运算	110	ECMP	二进制浮点数比较
	111	EZCP	二进制浮点数区间比较
	118	EBCD	二进制—十进制浮点数变换
	119	EBIN	十进制—二进制浮点数变换
	120	EAAD	二进制浮点数加法
	121	ESUB	二进制浮点数减法
	122	EMUL	二进制浮点数乘法
	123	EDIV	二进制浮点数除法
	127	ESOR	二进制浮点数开方
	129	INT	二进制浮点—二进制整数转换
	130	SIN	浮点数正弦函数
	131	COS	浮点数余弦函数
	132	TAN	浮点数正切函数
	147	SWAP	上下位变换
时钟运算	160	TCMP	时钟数据比较
	161	TZCP	时钟数据区间比较
	162	TADD	时钟数据加法
	163	TSUB	时钟数据减法
	166	TRD	时钟数据读出
	167	TWR	时钟数据写入
格雷	170	GRY	格雷码转换
	171	GBIN	格雷码逆转换
触点比较	224	LD=	(S1) = (S2)
	225	LD>	(S1) > (S2)
	226	LD<	(S1) < (S2)
	228	LD<>	(S1) ≠ (S2)
	229	LD<=	(S1) ≤ (S2)

续表

类别	功能号	指令助记符	功能
触点比较	230	LD>=	(S1) ≥ (S2)
	232	AND=	(S1) = (S2)
	233	AND>	(S1) > (S2)
	234	AND<	(S1) < (S2)
	236	AND<>	(S1) ≠ (S2)
	237	AND<=	(S1) ≤ (S2)
	238	AND>=	(S1) ≥ (S2)
	240	OR=	(S1) = (S2)
	241	OR>	(S1) > (S2)
	242	OR<	(S1) < (S2)
	244	OR<>	(S1) ≠ (S2)
	245	OR<=	(S1) ≤ (S2)
	246	OR>=	(S1) ≥ (S2)

任务实施

1. 分组情况

学习任务采用分组教学法，每个学习任务开始前，组长对本组成员进行任务分工，填写表7-3，然后成员按照要求做好预习。每个学习任务按照咨询—计划—决策—实施—检查—评价六步法进行。

表 7-3 学习小组分组情况表

学习任务		
类别	姓名	分工情况
组长		
成员		

2. 题目

3. 前言

4. 控制对象分析

5. 控制系统的硬件设计

6. 控制系统的软件设计

7. 系统调试

任务评价

填写表 7-4 ~ 表 7-6。

表 7-4　小组成绩评分单　　评分人：

学习任务				
团队成员				
评价内容	评价标准	赋分	得分	备注
工作目标认知程度	工作目标明确、工作计划合理	10 分		
分工合理程度	工作难易程度与工作强度分配合理	5 分		
咨询	问题查询	10 分		
计划	过程方案	10 分		
决策	报告	15 分		
实施	实施情况良好	15 分		
检查	检查良好	10 分		
评价	学习任务过程及反思情况	15		
团队精神创新意识	工作态度与工作效果	10 分		
合计		100 分		

表 7-5　个人成绩评分单　　评分人：

学习任务				
学生姓名				
评价内容	评价标准	赋分	得分	备注
出勤情况	迟到、早退 1 次扣 2 分 病假 1 次扣 0.5 分 事假 1 次扣 1 分 旷课 1 次扣 5 分	15 分		旷课 3 次 以上记 0 分
平时表现	任务完成的及时性，学习、工作态度	15 分		

续表

评价内容	评价标准	赋分	得分	备注
个人成果	个人完成的任务质量	40 分		
团队协作	分为 3 个级别： 重要：8~10 分 一般：5~8 分 次要：1~5 分	10 分		
创新创意	个人成果或团队创意均发挥引导创新作用	20 分		
合计		100 分		

表 7-6　学生课程考核成绩档案

课程名称					
班级		姓名		学号	
考核过程					
学习任务名称		团队得分（40%）		个人得分（60%）	
合计得分					
授课教师签名：					

参 考 文 献

[1] 谢诚．机床夹具设计与使用一本通［M］．北京：机械工业出版社，2018.
[2] 王启平．机床夹具设计［M］．3 版．哈尔滨：哈尔滨工业大学出版社，2019.
[3] 薛源顺．机床夹具设计［M］．2 版．北京：机械工业出版社，2016.
[4] 朱耀祥，浦林祥．现代夹具设计手册［M］．北京：机械工业出版社，2010.
[5] 柳青松．机床夹具设计与应用［M］．北京：化学工业出版社，2011.
[6] 李名望．机床夹具选用简明手册［M］．北京：化学工业出版社，2012.
[7] 成大先．机械设计手册　第四卷［M］．4 版．北京：化学工业出版社，2007.
[8] 宋学义．袖珍液压气动手册［M］．北京：机械工业出版社，1995.
[9] 左建民．液压与气压传动［M］．5 版．北京：机械工业出版社，2016.
[10] 谢群，崔广臣，王健．液压与气压传动［M］．2 版．北京：国防工业出版社，2015.